Angewandte Chemie für Ingenieure

Angewandte Chemie für Ingenieure

von
Prof. Dr. Christian Jentsch
Fachhochschule Lübeck

Wissenschaftsverlag
Mannheim/Wien/Zürich

CIP-Titelaufnahme der Deutschen Bibliothek

Jentsch, Christian:
Angewandte Chemie für Ingenieure / von Christian Jentsch. –
Mannheim ; Wien ; Zürich : BI-Wiss.-Verl., 1990

Gedruckt auf säurefreiem Papier
mit neutralem pH-Wert (bibliotheksfest)

ISBN-13: 978-3-642-95815-1   e-ISBN-13: 978-3-642-95814-4
DOI: 10.1007/978-3-642-95814-4

Vorwort

Chemische Probleme tauchen in nahezu allen Bereichen auf, in denen Ingenieure tätig sind. Lehrveranstaltungen für Chemie sind deshalb ein fester Bestandteil der meisten Studienpläne für Ingenieurstudiengänge. Wenn man Chemievorlesungen für Studierende des Maschinenbaus, der Elektrotechnik, des Bauingenieurwesens oder anderer Studiengänge mit Chemie im Nebenfach hält, wird einem immer wieder die Frage gestellt: „Welches Lehrbuch können Sie uns empfehlen?" Nun gibt es zwar Literatur über allgemeine chemische Grundlagen in großer Auswahl und mit unterschiedlichen Anforderungen an die Studierenden. Auch für viele Spezialgebiete wie Korrosion, Wasserchemie, Bauchemie oder Kunststoffchemie sind z. T. recht gute Lehrbücher auf dem Markt. Sucht man aber nach einem handlichen Lehrbuch, das einerseits chemische Grundlagen – und zwar modern, aber nicht zu tiefschürfend – und zum anderen Spezialwissen für den Ingenieur anbietet, dann ist das Angebot gering.

Das vorliegende Buch soll hier eine Lücke schließen. Ich fasse dabei den Begriff „Chemie" nicht eng, sondern schließe Grenzgebiete wie Reibung und Schmierung, die stark durch die Chemie beeinflußt werden, mit ein. Die Verästelung der Chemie bis in spezielle Bereiche des Ingenieurs ist so fein, und die Probleme sind so vielfältig, daß ein Lehrbuch, das handlich und für Studierende bezahlbar sein soll, notgedrungen unvollständig sein muß. Mancher, der dieses Buch zur Hand nimmt, wird deshalb vielleicht auf seine Frage keine befriedigende Antwort bekommen. Es ist mein Bestreben, schwerwiegende Lücken in einer späteren Auflage zu schließen und sehe deshalb Anregungen aus der Praxis mit großem Interesse entgegen.

Ich danke Herrn Engesser und allen Mitarbeiterinnen und Mitarbeitern des B.I.-Wissenschaftsverlages, die zum Gelingen dieses Buches beigetragen haben.

Lübeck, im März 1990 C. Jentsch

Inhalt

1. Grundbegriffe der Chemie

1.1. Stoffe

Nach einer altbewährten Definition ist Chemie die Wissenschaft von den Stoffen und den Stoffänderungen. Der Begriff Stoff ist danach ein zentraler Begriff für den Chemiker. Er ist aber auch ein wichtiger Begriff für den Ingenieur, dessen Arbeit ohne Werkstoffe, Kraftstoffe, Brennstoffe, Baustoffe, Isolierstoffe oder andere Stoffe undenkbar wäre. Objekte, die wir direkt oder mit Hilfsmitteln wahrnehmen können – es kann sich dabei um so unterschiedliche Dinge wie ein Messer, die Sonne oder ein Chlormolekül handeln – lassen sich durch Form, Größe und Stofflichkeit kennzeichnen. Unter dem Begriff Stofflichkeit – bei festen Objekten kann man auch Material sagen – werden die verschiedenen „inneren Eigenschaften" zusammengefaßt. Nicht alle drei Kennzeichen eines Objektes müssen für einen Betrachter gleich wichtig sein. Ein Konstrukteur im Flugzeugbau z.B., der das Profil einer Tragfläche berechnen will, interessiert sich in erster Linie für Form und Größe. Er sieht sein Objekt als Körper. Ein Ingenieur, der einen säurebeständigen Werkstoff entwickeln will, fragt nach der Stofflichkeit seiner Objekte. Form und Größe sind für ihn weniger interessant. An diesen Beispielen soll verdeutlicht werden, daß es von der Betrachtungsweise abhängt, ob ein Objekt Körper oder Stoff ist.

Stoffe sind Dinge, bei denen die inneren Eigenschaften, und das bedeutet, die beteiligten Atome und die Art ihres Zusammenschlusses im Vordergrund des Interesses stehen. Sie lassen sich wie in Abb. 1.1 dargestellt einteilen.

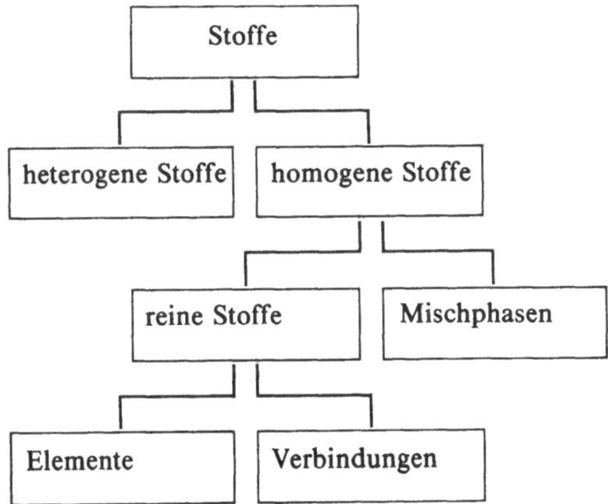

Abb. 1.1 Einteilung der Stoffe

Homogene Stoffe sind einheitlich aufgebaut, d. h. alle Bestandteile erfüllen den Raum gleichmäßig bis in die Bereiche der kleinsten Teilchen von atomarer Größenordnung. Das ist z. B. bei der Luft, bei Salzlösungen oder bei Gold-Silber-Legierungen der Fall, wenn dafür gesorgt wird, daß sich ein Gleichgewichtszustand einstellen kann.

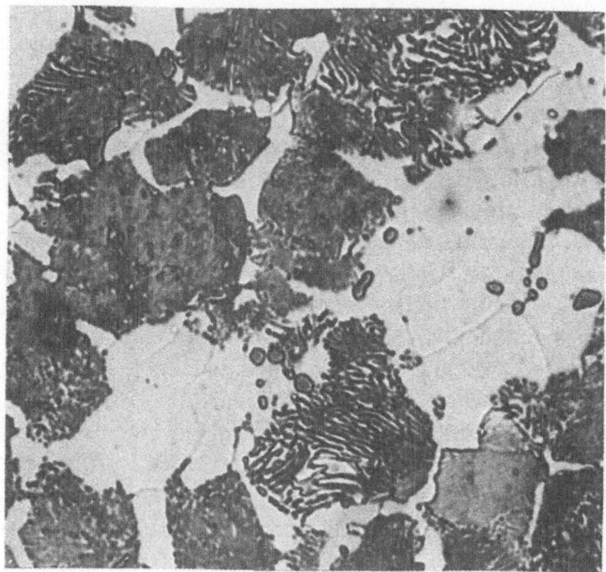

Abb. 1.2 Schliffbild von
unlegiertem Stahl

Heterogene Stoffe sind uneinheitlich aufgebaut. Betrachtet man z. B. ein Stück Stahl unter dem Mikroskop (Abb. 1.2), so lassen sich helle Bereiche aus α-Eisen von dunklen, lamellenartigen Bereichen aus Zementit (Eisencarbid) unterscheiden. Heterogene Stoffe enthalten zwei oder mehrere homogene Bereiche (**Phasen**). Die einzelnen Phasen können gasförmig, flüssig oder fest sein. Sie sind durch Phasengrenzen voneinander getrennt. Häufig ist in einer zusammenhängenden Phase (**Dispergiermittel**) eine andere Phase fein verteilt (**disperse Phase**). Ein solches Stoffsystem wird als **disperses System** bezeichnet. Je nach Teilchengröße in der dispersen Phase unterscheidet man grobdisperse (10 μm bis 1 mm), feindisperse (100 nm bis 10 μm) und **kolloiddisperse Systeme** (1 bis 100 nm). Kolloide Teilchen sind so klein, daß sie unter dem Lichtmikroskop nicht sichtbar gemacht werden können. Licht wird aber an kolloiden Teilchen gestreut, so daß diese in einem seitlich einfallenden Lichtstrahl zum Leuchten gebracht werden können. Die Erscheinung, die z. B. Staub oder Zigarettenrauch in einem Sonnenstrahl „sichtbar" macht, wird als **Tyndall-Effekt** bezeichnet. Kolloide Teilchen können kleine Kriställchen (z. B. Tonminerale), Micellen, d. h. Aggregate aus mehreren gelösten Molekülen (z. B. bei Tensiden) oder große Einzelmoleküle

(z. B. bei Stärke oder synthetischen Polymeren) sein. Wie die Beispiele zeigen, geht die Verteilung der dispersen Phase bis zu molekularen Größenordnungen. Kolloiddisperse Systeme stehen deshalb an der Grenze zwischen heterogenen und homogenen Stoffen.

Tab. 1.1 zeigt die verschiedenen Möglichkeiten für den Aufbau disperser Systeme.

Tab. 1.1: Disperse Systeme

Dispergiermittel	disperse Phase	Bezeichnung	Beispiele
fest	fest	feste Suspension	Kunststoff-Formmassen, Lacke mit Pigmenten
	flüssig	feste Emulsion	Margarine
	gasförmig	feste Schäume	Schaumstoff (Styropor)
flüssig	fest	Suspension	Dispersionsfarbe
	flüssig	Emulsion	Milch, Bohröl
	gasförmig	Schaum	Bierschaum
gasförmig	fest	Rauch, Aerosol	Zigarettenrauch
	flüssig	Nebel, Aerosol	Parfümöl aus der Spraydose

Die Trennung heterogener Stoffe kann durch mechanische (z. B. Filtration, Sedimentation, Zentrifugieren, Flotation), elektrische (z. B. Entstaubung in Elektrofiltern), thermische (z. B. Fest-Flüssig-Extraktion, Trocknen) u. a. Trennverfahren erreicht werden. Ihre technische Durchführung ist Gegenstand der Verfahrenstechnik.

Reine Stoffe[1] haben eine definierte Zusammensetzung und – bei festgelegtem Druck – eine konstante Schmelz- und Siedetemperatur. So besteht Wasser z. B. immer aus 88,89 Gew.-% Sauerstoff und 11,11 Gew.-% Wasserstoff. Bei 1,013 bar ist seine Schmelztemperatur 0 °C und seine Siedetemperatur 100 °C. Reines Eisen besteht zu 100% aus Eisen, seine Schmelztemperatur liegt bei 1535 °C, seine Siedetemperatur bei etwa 3000 °C.

Mischphasen sind homogene Gemische von zwei oder mehreren reinen Stoffen. Der Schmelz- und Siedevorgang beginnt je nach Zusammensetzung bei verschiedenen Temperaturen. Gasgemische sind immer Mischphasen. Flüssige Mischphasen werden als **Lösungen** bezeichnet. Feste Mischphasen (**Mischkristalle**) liegen vor, wenn in *ein* Kristallgitter verschiedene Teilchenarten eingebaut sind.

---

[1] Absolut reine Stoffe gibt es nicht. Die Reinheit wird den jeweiligen praktischen Erfordernissen angepaßt. Reinstsilicium für integrierte Schaltkreise hat eine Reinheit von mindestens 99,9999999%. Viele andere „reine Stoffe" enthalten wesentlich höhere Anteile an Fremdstoffen.

Die technische Auftrennung von Mischphasen in reine Stoffe ist eine wichtige Aufgabe der Verfahrenstechnik. Häufig angewandte Verfahren sind:

- **Destillation, Rektifikation**: Trennung von Flüssigkeitsgemischen aufgrund verschiedener Siedetemperaturen,
- **Eindampfen**: Abtrennung des Lösemittels durch Verdampfung unter Aufkonzentrierung einer Lösung,
- **Kristallisation**: Abscheidung eines kristallinen Stoffes aus Lösungen, Schmelzen oder aus der Dampfphase,
- **Flüssig-Flüssig-Extraktion** (Solventextraktion): Selektives Herauslösen eines Stoffes aus einer Lösung durch ein mit der Lösung nicht mischbares Lösemittel,
- **Absorption**: Selektives Herauslösen eines Stoffes aus Gas- oder Dampfgemischen (Extraktivdestillation) mit Hilfe von Flüssigkeiten, Suspensionen oder festen Phasen,
- **Adsorption**: Anlagerung von Gasen oder gelösten Stoffen an der Oberfläche von Feststoffen,
- **Membranverfahren**: Abtrennung von gasförmigen oder flüssigen Stoffen mit Hilfe selektiv durchlässiger dünner Trennwände (z. B. Reversosmose).

1.2. Atome und chemische Elemente

Als Väter der Atomtheorie gelten die griechischen Philosophen Leukipp und Demokrit. Sie stellten vor mehr als 2400 Jahren die Hypothese auf, daß alle Stoffe aus sehr kleinen, unteilbaren Urkörpern bestehen. Sie stellten sich vor, daß diese Atome (griech. atomos = unteilbar) zwar unterschiedliche Form und Größe haben, aber alle aus „dem Urstoff" bestehen. 1803 versuchte J. Dalton erstmals ein experimentelles Ergebnis – die unterschiedliche Löslichkeit von Gasen in Wasser – durch die Existenz kleinster Gasteilchen und deren unterschiedliche Masse zu erklären. Nach Daltons Atomhypothese besteht ein bestimmtes chemisches Element aus gleichen, unveränderlichen Atomen. Die Atome verschiedener Elemente unterscheiden sich vor allem durch ihre Masse. Nachgewiesen werden konnte die Existenz von Atomen schließlich um 1900, nach Entdeckung der Röntgenstrahlen und der Radioaktivität, und Anfang der 80er Jahre dieses Jahrhunderts gelang es erstmals, Oberflächenatome mit dem Raster-Tunnel-Mikroskop „sichtbar" zu machen.

Um 1900 setzte sich nach der Entdeckung des Elektrons die Erkenntnis immer mehr durch, daß Atome nicht unteilbar sind, sondern aus Elementarteilchen bestehen. Lenard und Rutherford stellten nach 1900 fest, daß Elektronen und α-Strahlen (Kerne von Heliumatomen) Metallfolien durchdringen können. Die

Auswertung dieser Versuche ergab, daß Atome aus einem kompakten Zentrum bestehen, das von einer Hülle umgeben ist, die nur sehr wenig Materie enthält. Das Zentrum, der **Atomkern,** repräsentiert über 99,9% der Masse des Atoms und ist positiv geladen. Der Kernradius hat die Größenordnung von 10^{-14} bis 10^{-15} m und ist damit wesentlich kleiner als der Radius des Atoms, der etwa 10^{-10} m beträgt. Zum Vergleich der Größenverhältnisse kann man sich die Erde mit einem Radius von 6370 km vorstellen, in deren Mittelpunkt eine Kugel mit einem Radius von wenigen hundert Metern angeordnet ist.

Die Hülle des Atoms enthält Elektronen, deren negative Ladung genau so groß ist wie die positive des Kerns.

Seit den 30er Jahren arbeitet man mit der Vorstellung, daß der Atomkern aus Protonen und Neutronen aufgebaut ist. Die wichtigsten Eigenschaften der Atombausteine **Proton, Neutron** und **Elektron** sind in Tab. 1.2 zusammengestellt.

Für den Atomkern gilt die Beziehung

$$A = Z + N$$

Z ist die Anzahl der Protonen im Kern. Da ein Proton die Ladungszahl $+1$ hat, gibt Z die **Kernladungszahl** an. N ist die Anzahl der im Kern enthaltenen Neutronen, A die Gesamtzahl der Kernbausteine (**Nukleonen**). Die Masse des Atomkerns ist durch die Anzahl seiner Nukleonen gegeben, A wird deshalb als **Massenzahl** bezeichnet.

Eine Atomsorte, die durch bestimmte Werte für Z und N gekennzeichnet ist, heißt **Nuklid.**

Die Masse eines Atoms oder eines atomaren Teilchens wird gewöhnlich nicht mit der Basiseinheit Kilogramm oder einem ihrer dezimalen Teile angegeben. Bevorzugt wird die **relative Atommasse** A_r oder relative Teilchenmasse, eine Verhältnisgröße, die als Quotient der Masse des Atoms oder des atomaren Teilchens und dem zwölften Teil der Masse eines Kohlenstoffatoms mit der Massenzahl 12 definiert ist.

$$A_r(X) = \frac{m_a(X)}{\frac{1}{12} m_a(^{12}C)} = \frac{12\, m_a(X)}{m_a(^{12}C)}$$

$m_a(X)$ $\;=$ Masse eines beliebigen Atoms
$m_a(^{12}C) =$ Masse eines Kohlenstoffatoms mit der Massenzahl 12

Aus Tab. 1.2 geht hervor, daß Protonen und Neutronen eine relative Teilchenmasse von etwa eins haben. Die Massenzahl eines Nuklids gibt deshalb angenähert dessen relative Atommasse wieder.

Tab. 1.2: Eigenschaften von Atombausteinen

	Proton	Neutron	Elektron
Symbol	p	n	e
Standort	Kern	Kern	Hülle
Masse kg	$1{,}6725 \cdot 10^{-27}$	$1{,}6748 \cdot 10^{-27}$	$0{,}9109 \cdot 10^{-30}$
relative Teilchenmasse	1,00727	1,00866	0,000548
Ladungszahl	$+1$	0	-1
Ladung As	$1{,}60 \cdot 10^{-19}$	0	$1{,}60 \cdot 10^{-19}$

Der Atomkern bleibt bei chemischen Reaktionen unverändert. Das chemische Verhalten eines Atoms ist durch die Anzahl seiner Elektronen und den Aufbau seiner Elektronenhülle bestimmt. Da aber im elektrisch neutralen Atom die Anzahl der Elektronen gleich der Kernladungszahl ist, bestimmt letztlich Z die chemischen Eigenschaften des Atoms oder – anders ausgedrückt – Atome mit gleichem Z verhalten sich chemisch gleich.

Besteht ein Stoff nur aus Atomen mit der gleichen Kernladungszahl, wird er als **chemisches Element** (Grundstoff) bezeichnet. Zur Kennzeichnung eines chemischen Elements dient der Anfangsbuchstabe – und eventuell zusätzlich ein weiterer Buchstabe – seines meist aus dem Lateinischen oder Griechischen abgeleiteten wissenschaftlichen Namens, z.B. H für Wasserstoff (Hydrogenium von griech. hydro = Wasser und genes = bildend), C für Kohlenstoff (lat. carbo = Kohle), O für Sauerstoff (Oxygenium von griech. oxys = sauer und genes = bildend) und Fe für Eisen (lat. ferrum).

Ein chemisches Element kann aus Atomen bestehen, die sich in ihrer Neutronenzahl und damit in ihrer Massenzahl voneinander unterscheiden. Solche Nuklide mit gleichem Z, aber unterschiedlichem N und A, werden als **Isotope** bezeichnet. Will man ein bestimmtes Isotop kennzeichnen, vermerkt man die Massenzahl links oben und die Kernladungszahl links unten am Elementsymbol. Beim Wasserstoff, gekennzeichnet durch $Z = 1$, existieren die in Tab. 1.3 zusammengestellten Isotope. $^{1}_{1}\mathrm{H}$ und, in sehr geringer Konzentration, $^{2}_{1}\mathrm{H}$ sind Bestandteile des natürlich vorkommenden Wasserstoffs, während $^{3}_{1}\mathrm{H}$ instabil ist und dem radioaktiven Zerfall unterliegt. Einige Elemente, wie z.B. Fluor, Natrium und Aluminium, bestehen nur aus einem stabilen Isotop. Sie werden **Reinelemente** genannt. Die meisten natürlichen Elemente sind Mischelemente, d.h. sie sind aus zwei oder mehreren Isotopen aufgebaut. Chlor besteht z.B. – unabhängig davon, ob es aus dem Wasser des Great Salt Lake in den USA oder aus bergmännisch abgebautem Steinsalz der Norddeutschen Tiefebene hergestellt wird – immer zu 75,5% aus dem Isotop $^{35}_{17}\mathrm{Cl}$ und zu 24,5% aus dem Isotop $^{37}_{17}\mathrm{Cl}$. Wie bereits gesagt wurde, ist die relative Atommasse eines Nuklids etwa gleich seiner Massenzahl. Die relative Atommasse des natürlich vorkommenden Chlor-Isotopengemisches errechnet sich somit aus 75,5% von 35 und 24,5% von 37. Das Ergebnis ist 35,5.

Tab. 1.3: Isotope des Wasserstoffs		Z	N	A
$_1^1$H		1	0	1
$_1^2$H	Deuterium	1	1	2
$_1^3$H	Tritium	1	2	3

1.3. Chemische Verbindungen und Reaktionen – Stoffmenge

Als chemische Elemente existieren in der Natur z. B. die Gase Sauerstoff und Stickstoff sowie Schwefel und Gold. Sehr viel häufiger sind Atome mit Atomen anderer Elemente in einer Verbindung vereinigt. Als **chemische Verbindung** bezeichnet man einen Stoff, der aus Atomen mehrerer Elemente besteht, die sich in definierten und konstanten Zahlenverhältnissen zu Atomverbänden (Moleküle, Ionenkristalle u. a.) zusammengeschlossen haben. Lavoisier hatte bereits 1783 darüber berichtet, daß 1 Pfund Wasser immer aus 0,87 Pfund „Lebensluft" (Sauerstoff) und 0,13 Pfund „brennbarer Wasserluft" (Wasserstoff) besteht. Die Erkenntnis, daß sich Elemente nur in ganz bestimmten Massenverhältnissen zu Verbindungen vereinigen, wurde um 1800 von Richter, Proust und Dalton in den Gesetzen der konstanten und multiplen Proportionen niedergelegt.

Bei chemischen Verbindungen, die aus Molekülen (→3.2.) aufgebaut sind, werden in der **Bruttoformel** (**Summenformel**) die Symbole der beteiligten Elemente aneinandergereiht und die Anzahl der jeweiligen Atome durch Index angegeben, z. B.

H_2O Wasser; CH_4 Methan

Bildet die Verbindung Ionenkristalle (→3.1), stellt die Formel die kleinste mit ganzzahligen Indizes erhältliche Atomgruppe dar. In einem Natriumchloridkristall, der aus einer sehr großen, aber gleichen Anzahl von Na- und Cl-Ionen besteht, ist das NaCl. Charakteristische Gruppen werden in der Bruttoformel meist erkennbar angegeben, wenn mehrere gleichartige vorhanden sind, in Klammer gesetzt und zur Kennzeichnung ihrer Anzahl mit Index versehen, z. B.

$Ca(OH)_2$ Calciumhydroxid; $Al_2(SO_4)_3$ Aluminiumsulfat

Eine **chemische Reaktion** ist ein Vorgang, bei dem Atome in definierten Zahlenverhältnissen zu Atomverbänden zusammentreten oder bei dem Atomverbände in Atome zerfallen oder in andere Atomverbände umgewandelt werden. Der Ablauf einer chemischen Reaktion wird durch die **Reaktionsgleichung** beschrieben. Art und Anzahl der Atome müssen dabei auf beiden Seiten des Reaktionspfeiles gleich sein. Die Stoffe auf der linken Seite des Reaktionspfeiles werden als **Reaktionspartner,** die auf der rechten als **Reaktionsprodukte** bezeichnet.

Die Gleichung

$$3\,H_2 + N_2 \longrightarrow 2\,NH_3$$

bedeutet, daß 3 Wasserstoffmoleküle, die aus jeweils 2 Atomen bestehen, mit einem Stickstoffmolekül, ebenfalls aus 2 Atomen bestehend, zu 2 Ammoniakmolekülen (NH_3) reagieren. Damit liegt bereits eine quantitative Aussage über den Ablauf der Reaktion vor, die allerdings ohne praktischen Nutzen ist, da einzelne Moleküle nicht gezählt werden können. Dieser Nachteil kann durch Einführung der Stoffmenge behoben werden. Die **Stoffmenge** n mit der Einheit **Mol** (mol) ist eine Größe, die auf der Teilchenzahl basiert, und zwar besteht die Stoffmenge von 1 mol immer aus $6{,}022 \cdot 10^{23}$ Teilchen. Bei den Teilchen kann es sich um Atome, Moleküle, halbe Moleküle oder andere zweckmäßig gewählte Teilchen handeln. Die Konstante $N_A = 6{,}022 \cdot 10^{23}\ \text{mol}^{-1}$ wird als **Avogadrokonstante** bezeichnet. Eine Stoffportion, die aus N Teilchen besteht, hat die Stoffmenge

$$n = \frac{N}{N_A}$$

Die Einheit mol ($6{,}022 \cdot 10^{23}$ „Stück") ist vergleichbar mit der im täglichen Leben gebrauchten Zähleinheit „Dutzend" (12 Stück). Bei Angabe der Stoffmenge muß die Art der zugrundeliegenden Teilchen immer eindeutig definiert sein. Schwefel liegt z. B. bei Raumtemperatur meist in Form von ringförmigen S_8-Molekülen vor. Definiert man diese Moleküle als Teilchen, so ergibt sich z. B. für eine Anzahl von $1{,}2 \cdot 10^{24}$ S_8-Molekülen eine Stoffmenge von

$$n(S_8) = \frac{N(S_8)}{N_A} = \frac{1{,}2 \cdot 10^{24}}{6{,}022 \cdot 10^{23}\ \text{mol}^{-1}} = 2\ \text{mol}$$

Bezieht man die Stoffmenge auf S-Atome, so ergibt sich für die gleiche Anzahl von S_8-Molekülen eine achtmal höhere Teilchenzahl und damit eine Stoffmenge von

$$n(S) = \frac{N(S)}{N_A} = \frac{8 \cdot 1{,}2 \cdot 10^{24}}{6{,}022 \cdot 10^{23}\ \text{mol}^{-1}} = 16\ \text{mol}$$

Teilchenzahl und Stoffmenge können nicht, wie etwa die Masse mit einer Waage, direkt gemessen werden. Die Masse ist aber bei einer definierten Teilchenart der Stoffmenge proportional:

$$m = M\,n$$

Der Proportionalitätsfaktor M wird **molare Masse** genannt. Er hat nach $M = m/n$ die Einheit kg mol^{-1} oder vorzugsweise g mol^{-1}. Im Anhang des Buches ist eine

Tabelle mit den molaren Massen einiger Elemente und Verbindungen angegeben. Die Zahlenwerte sind bei chemischen Elementen gleich den häufig tabellierten relativen Atommassen, wenn Atome als Teilchen festgelegt werden. Liegen beliebige mehratomige Teilchen vor, sind die Zahlenwerte der molaren Massen gleich den relativen Teilchenmassen, die sich durch Addition aus den relativen Massen der beteiligten Atome errechnen lassen.

Das Rechnen mit Stoffmengen ist in der Chemie von großem Vorteil, da Atome und Moleküle als Teilchen miteinander reagieren. Chemische Formeln und Gleichungen sagen etwas darüber aus, in welchem Verhältnis diese Teilchen miteinander reagieren oder reagiert haben. Aus ihnen lassen sich deshalb Stoffmengenbeziehungen ableiten.

Aus der Reaktionsgleichung

$$3\,H_2 + N_2 \longrightarrow 2\,NH_3$$

ergeben sich u.a. folgende Stoffmengenbeziehungen:

$$\frac{n(N_2)}{n(H_2)} = \frac{1}{3}; \quad \frac{n(H_2)}{n(NH_3)} = \frac{3}{2}$$

Aus der chemischen Formel Al_2O_3 für Aluminiumoxid und der fiktiven Reaktionsgleichung

$$Al_2O_3 \longrightarrow 2\,Al + 3\,O$$

lassen sich die Stoffmengenbeziehungen

$$\frac{n(Al_2O_3)}{n(Al)} = \frac{1}{2}; \quad \frac{n(Al)}{n(O)} = \frac{2}{3}$$

ableiten.

Damit sind die Grundgesetze der **Stöchiometrie,** d.h. die Grundlagen zur Berechnung des Umsatzes chemischer Reaktionen und der Zusammensetzung chemischer Verbindungen bekannt.

Übungsaufgaben:

1. Wie groß ist der Aluminiumgehalt von Aluminiumoxid in Massenprozenten (Wieviel g Al sind in 100 g Al_2O_3 enthalten)?

$$M(Al) \quad = 27{,}0\,\text{g mol}^{-1} \qquad m(Al) \quad = x$$
$$M(Al_2O_3) = 102{,}0\,\text{g mol}^{-1} \qquad m(Al_2O_3) = 100\,\text{g}$$

$$\frac{n(Al)}{n(Al_2O_3)} = 2; \quad \text{mit Hilfe von } n = m/M \text{ folgt daraus}$$

$$\frac{m(\text{Al})\, M(\text{Al}_2\text{O}_3)}{M(\text{Al})\, m(\text{Al}_2\text{O}_3)} = 2$$

$$x = m(\text{Al}) = \frac{2\, M(\text{Al})\, m(\text{Al}_2\text{O}_3)}{M(\text{Al}_2\text{O}_3)} = \frac{2 \cdot 27\ \text{g mol}^{-1} \cdot 100\ \text{g}}{102\ \text{g mol}^{-1}}$$

$m(\text{Al}) = 52{,}9\ \text{g}$; Al_2O_3 enthält 52,9 Massenprozent Al

2. Wie groß ist das Massenverhältnis zwischen Silicium und Sauerstoff bei Quarz (SiO_2)?

$$M(\text{Si}) = 28{,}1\ \text{g mol}^{-1} \qquad M(\text{O}) = 16{,}0\ \text{g mol}^{-1}$$

$$\frac{n(\text{Si})}{n(\text{O})} = \frac{1}{2} = \frac{m(\text{Si})\, M(\text{O})}{M(\text{Si})\, m(\text{O})}$$

$$x = \frac{m(\text{Si})}{m(\text{O})} = \frac{M(\text{Si})}{2\, M(\text{O})} = \frac{28{,}1\ \text{g mol}^{-1}}{2 \cdot 16\ \text{g mol}^{-1}} = 0{,}878$$

3. Bei der Verbrennung von 10,000 g eines Gemisches aus Methanol (CH_3OH) und Ethanol ($\text{C}_2\text{H}_5\text{OH}$) entstehen genau 11,520 g Wasser. Wieviel g Methanol und wieviel g Ethanol enthielt das Gemisch?

$$M(\text{Me}) = 32{,}0\ \text{g mol}^{-1} \qquad M(\text{H}_2\text{O}) = 18{,}0\ \text{g mol}^{-1}$$
$$M(\text{Et}) \ = 46{,}1\ \text{g mol}^{-1}$$

Reaktionsgleichungen:

$$\text{CH}_3\text{OH} + \tfrac{3}{2}\text{O}_2 \longrightarrow \text{CO}_2 + 2\,\text{H}_2\text{O}$$
$$\text{C}_2\text{H}_5\text{OH} + 3\,\text{O}_2 \longrightarrow 2\,\text{CO}_2 + 3\,\text{H}_2\text{O}$$

Aus den Reaktionsgleichungen erhält man folgende Stoffmengenbeziehungen:

$$\frac{n(\text{Me})}{n(\text{H}_2\text{O})_{\text{Me}}} = \frac{1}{2}; \qquad \frac{n(\text{Et})}{n(\text{H}_2\text{O})_{\text{Et}}} = \frac{1}{3}$$

Mit Hilfe von $n = m/M$ und $m(\text{H}_2\text{O})_{\text{Me}} + m(\text{H}_2\text{O})_{\text{Et}} = 11{,}52$ g leitet sich daraus ab:

$$\frac{2\, m(\text{Me})\, M(\text{H}_2\text{O})}{M(\text{Me})} + \frac{3\, m(\text{Et})\, M(\text{H}_2\text{O})}{M(\text{Et})} = 11{,}52\ \text{g}$$

Nach Einsetzen der Zahlenwerte ergibt sich

$$1{,}125\, m(\text{Me}) + 1{,}1714\, m(\text{Et}) = 11{,}52\ \text{g}$$

und durch Verknüpfung mit der aus dem Aufgabentext zu entnehmenden Beziehung $m(\text{Me}) + m(\text{Et}) = 10$ g erhält man das Ergebnis: $m(\text{Me}) = 4{,}18$ g; $m(\text{Et}) = 5{,}82$ g

1.4. Aggregatzustände – Zustandsgleichung idealer Gase

Der Zustand der Materie ergibt sich aus der Wechselwirkung zwischen kinetischer Energie und gegenseitiger Anziehung der sie bildenden Teilchen. Atome und Moleküle sind in ständiger Bewegung. Mit steigender Temperatur erhöht sich ihre kinetische Energie und damit ihr Streben, sich voneinander zu entfernen und den zur Verfügung stehenden Raum gleichmäßig auszufüllen. Das führt zu einem Zustand, in dem Volumen und Form des Stoffes undefiniert sind, dem gasförmigen Zustand. Zwischen den Teilchen wirken aber auch Anziehungskräfte, deren Stärke von der Art der Teilchen (→3.5.) und vom Teilchenabstand abhängt. Sie treten um so stärker in Erscheinung, je niedriger die Temperatur und damit die kinetische Energie der Teilchen ist. Die Anziehungskräfte wirken der ungehinderten Ausbreitung der Teilchen entgegen. Sind sie stark genug, kommt es zur Aggregation, d.h. zu einer Verdichtung der Teilchen auf engem Raum. Der Teilchenabstand hat dann einen bestimmten mittleren Wert, d.h. das Volumen des Stoffes ist – nahezu – konstant. In einer Flüssigkeit können die verdichteten Teilchen ihre Position ändern, der Stoff hat deshalb keine definierte Form. Geeignete Moleküle bilden im flüssigen Zustand ein- oder zweidimensionale Ordnungszustände aus. In diesem Fall spricht man von **Flüssigkristallen.** Treten die Anziehungskräfte noch stärker in den Vordergrund, werden die Teilchen auf festen Plätzen eines dreidimensionalen Kristallgitters regelmäßig angeordnet (Abb. 1.3). Es entsteht ein kristalliner Feststoff mit beständiger äußerer Form. Im Grenzfall, dem Zustand maximaler Ordnung, sind die Anziehungskräfte so dominierend, daß keinerlei Teilchenbewegung mehr möglich ist. Es liegt ein **idealer Feststoff** vor, der durch ein konstantes, von der Temperatur unabhängiges Volumen gekennzeichnet ist. Dieser Zustand kann nur bei Temperaturen in der Nähe des absoluten Nullpunkts realisiert werden. Bei höheren Temperaturen schwingen die Teilchen auf ihren Gitterplätzen, wobei die Schwingungsamplitude mit steigender Temperatur zunimmt. Da die Schwingungen asymmetrisch sind – eine gegenseitige Annäherung der dicht gepackten Teilchen erfordert mehr Energie als die Entfernung voneinander – dehnt sich der Feststoff beim Erwärmen aus. Am Schmelzpunkt ist die Schwingungsamplitude so groß, daß die Anziehungskräfte überwunden werden; das Kristallgitter bricht zusammen. **Amorphe Stoffe**

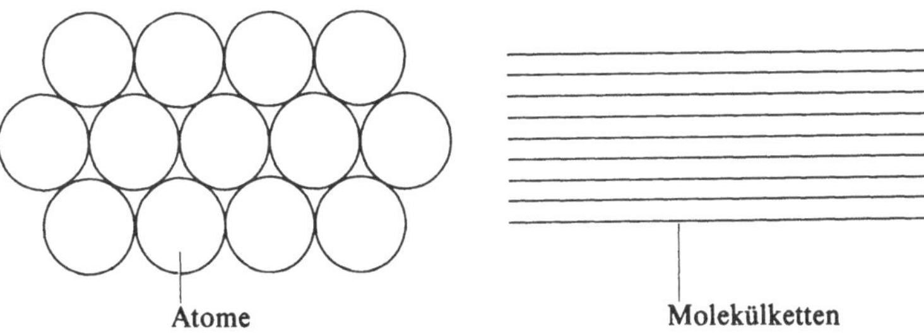

Abb. 1.3 Struktur von kristallinen Stoffen (zweidimensionale Darstellung)

haben im Gegensatz zu kristallinen keinen regelmäßigen Aufbau. Häufig bestehen sie aus langen Molekülketten, die – etwa wie bei einem Wattebausch – ineinander verschlungen sind (Abb. 1.4). Amorphe Stoffe haben keinen scharfen Schmelzpunkt. Mit steigender Temperatur erhöht sich die Beweglichkeit der Molekülketten gegeneinander, die Masse erweicht allmählich und wird plastisch verformbar. Die gute Verarbeitbarkeit im plastischen Zustand – etwa durch Blasen, Extrudieren oder Spritzgießen – macht amorphe Stoffe wie Glas und viele Kunststoffe zu idealen Werkstoffen.

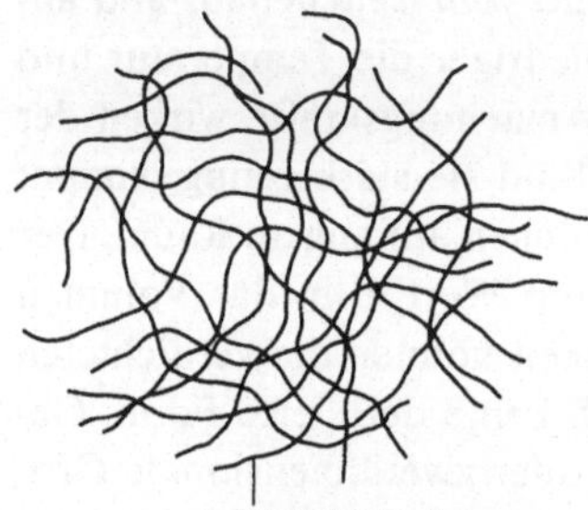

Abb. 1.4 Struktur eines amorphen Stoffes

Im Grenzfall der maximalen Unordnung wird die freie Bewegung der Teilchen durch keinerlei Anziehungskräfte behindert. Es liegt ein **ideales Gas** vor, dessen Verhalten durch die **Zustandsgleichung idealer Gase** beschrieben werden kann:

$$p V = n R T$$

p = Gasdruck in Pascal (1 Pa = 1 N m^{-2}) oder bar (1 bar = 10^5 Pa);
V = Gasvolumen in m^3 oder l;
n = Stoffmenge in mol;
T = thermodynamische Temperatur in Kelvin (K);
R = universelle Gaskonstante.

Das Volumen eines Gases wird häufig für den Normzustand angegeben, der durch die **Normbedingungen** $p_0 = 1{,}013$ bar ($1{,}013 \cdot 10^5$ Pa) und $T_0 = 273{,}15$ K (0 °C) definiert ist. Ein Mol eines beliebigen idealen Gases nimmt unter diesen Bedingungen ein Volumen von 22,4 l ein. Damit ergibt sich für R

$$\frac{p_0 V_0}{n T_0} = \frac{1{,}013 \cdot 10^5 \, \text{N m}^{-2} \cdot 22{,}4 \cdot 10^{-3} \, \text{m}^3}{1 \, \text{mol} \cdot 273{,}15 \, \text{K}} = 8{,}31 \, \text{J K}^{-1} \text{mol}^{-1},$$

wenn der Druck in Pascal und das Volumen in Kubikmeter eingesetzt wird, oder

$$\frac{p_0 V_0}{n T_0} = \frac{1{,}013 \, \text{bar} \cdot 22{,}4 \, \text{l}}{1 \, \text{mol} \cdot 273{,}15 \, \text{K}} = 0{,}0831 \, \text{bar l K}^{-1} \text{mol}^{-1},$$

wenn der Druck in bar und das Volumen in Liter eingesetzt wird.

In Gasgemischen setzt sich der Gesamtdruck additiv aus den Partialdrücken der einzelnen Komponenten zusammen:

$$p = p(A) + p(B) + p(C) + \cdots$$

Dabei geht man davon aus, daß alle Komponenten das gesamte zur Verfügung stehende Volumen V gleichmäßig ausfüllen. Alternativ kann man von der Vorstellung ausgehen, daß das Gesamtvolumen V aus Partialvolumina der einzelnen Komponenten zusammengesetzt ist:

$$V = V(A) + V(B) + V(C) + \cdots$$

In diesem Fall muß für jede Komponente der Gesamtdruck angesetzt werden.

Das Verhalten eines Gases läßt sich um so besser durch die Zustandsgleichung idealer Gase beschreiben, je weiter seine Temperatur von der Siedetemperatur des betreffenden Stoffes entfernt ist und je niedriger sein Druck ist. Weitgehend ideale Bedingungen liegen z. B. für Gase wie Wasserstoff, Stickstoff und Sauerstoff bei Raumtemperatur und Atmosphärendruck vor. Die Gleichung wird in der Praxis aber auch angewandt, wenn die Bedingungen für ideales Verhalten nicht gegeben sind (z. B. bei Wasserdampf). Die dabei erhaltenen Ergebnisse sind für viele praktische Fälle ausreichend genau.

Übungsaufgaben:

1. Eine Stahlflasche mit einem Volumen von 20 l ist bei 20 °C bis zu einem Druck von 45 bar mit Wasserstoff gefüllt. Wieviel Normliter H_2 enthält die Stahlflasche?

   Aus $pV = nRT$ und $n = $ konstant folgt

   $$\frac{pV}{T} = \frac{p_0 V_0}{T_0}$$

   $$V_0 = \frac{pV T_0}{T p_0} = \frac{45\ \text{bar} \cdot 20\ \text{l} \cdot 273,15\ \text{K}}{293,15\ \text{K} \cdot 1,013\ \text{bar}} = 828\ \text{l}$$

2. Die maximale Arbeitsplatzkonzentration (MAK-Wert) von Schwefeldioxid (SO_2) ist $2\ \text{ml}\ \text{m}^{-3}$. Rechnen Sie diesen Wert in mg SO_2 pro Normkubikmeter Luft um.

   $$M(SO_2) = 64,1\ \text{g mol}^{-1}$$

   $$p_0 V(SO_2) = n(SO_2)\, R\, T_0 = \frac{m(SO_2)}{M(SO_2)} \cdot R\, T_0$$

   $$m(SO_2) = \frac{p_0\, V(SO_2)\, M(SO_2)}{R\, T_0}$$

$$m(SO_2) = \frac{1,013 \text{ bar} \cdot 2 \cdot 10^{-3} \text{ l} \cdot 64,1 \text{ g mol}^{-1}}{0,0831 \text{ l bar K}^{-1} \text{mol}^{-1} \cdot 273,15 \text{ K}} = 5,7 \cdot 10^{-3} \text{ g}$$

Der MAK-Wert für SO_2 ist 5,7 mg m^{-3}

3. Wieviel Kubikmeter trockenes Abgas (1 bar; 150°C) entstehen, wenn 1 kg Butan ohne Luftüberschuß verbrannt wird? Auf 1 mol Luftsauerstoff entfallen 3,76 mol Stickstoff und andere Gase, die an der Reaktion nicht teilnehmen. Die Reaktionsgleichung lautet:

$$2\,C_4H_{10} + 13\,O_2 \longrightarrow 8\,CO_2 + 10\,H_2O$$

$$M(Bu) = 58,1 \text{ g mol}^{-1}$$

$$\frac{n(Bu)}{n(CO_2)} = \frac{1}{4}; \quad n(CO_2) = 4\,n(Bu) = \frac{4\,m(Bu)}{M(Bu)}$$

$$n(CO_2) = \frac{4 \cdot 1000 \text{ g}}{58,1 \text{ g mol}^{-1}} = 68,8 \text{ mol}$$

$$\frac{n(Bu)}{n(O_2)} = \frac{2}{13}; \quad n(O_2) = \frac{13 \cdot n(Bu)}{2}$$

$$n(O_2) = \frac{13\,m(Bu)}{2\,M(Bu)} = \frac{13 \cdot 1000 \text{ g}}{2 \cdot 58,1 \text{ g mol}^{-1}} = 111,9 \text{ mol}$$

$$n(N_2) = 111,9 \text{ mol} \cdot 3,76 = 420,7 \text{ mol}$$

$$n(Abgas) = n(CO_2) + n(N_2) = 68,8 \text{ mol} + 420,7 \text{ mol} = 489,5 \text{ mol}$$

$$V(Abgas) = \frac{n(Abgas)\,R\,T}{p}$$

$$V(Abgas) = \frac{489,5 \text{ mol} \cdot 0,0831 \text{ l bar K}^{-1} \text{mol}^{-1} \cdot 423,15 \text{ K}}{1 \text{ bar}} = 17\,200 \text{ l}$$

Bei der Verbrennung entstehen 17,2 m^3 Abgas

2. Aufbau der Elektronenhülle und Periodensystem der Elemente

Chemische Reaktionen sind mit Veränderungen in den Elektronenhüllen der beteiligten Atome verbunden. Um das chemische Verhalten eines Elementes verstehen zu können, sind deshalb Kenntnisse über den Aufbau der Elektronenhülle seiner Atome erforderlich.

Von 1910 an wurden Modelle entwickelt, die nicht nur eine anschauliche Darstellung der Elektronenzustände eines Atoms, sondern auch deren mathematische Behandlung ermöglichen sollten. Nach dem **Atommodell von Bohr** (1913) bewegen sich die Elektronen planetenähnlich auf Kreisbahnen um den Atomkern. Die Zentrifugalkraft eines kreisenden Elektrons wird dabei durch die elektrostatische Anziehungskraft zwischen positiv geladenem Kern und negativ geladenem Elektron kompensiert. Erlaubt sind nur Bahnen mit ganz bestimmten Radien, und jede dieser Bahnen entspricht einem bestimmten Energiezustand des Elektrons, der durch die Quantenzahl beschrieben wird. Beim Übergang des Elektrons von einer erlaubten Bahn auf eine andere wird die Energiedifferenz als elektromagnetische Strahlung emittiert oder absorbiert. Das Bohrsche Atommodell ermöglicht die Berechnung der Wasserstoffspektren, es versagt aber bei Atomen mit mehreren Elektronen und bei chemischen Bindungen.

Das **wellenmechanische Atommodell** basiert auf Arbeiten von E. Schrödinger und W. Heisenberg in den 20er Jahren. Es betrachtet das Elektron nicht als Teilchen, wie das Atommodell von Bohr, sondern als räumlich um den Atomkern verteiltes Feld, das sich in einem besonderen Schwingungszustand befindet. Für das Wasserstoffatom kann die Wellenfunktion, die diesen Schwingungszustand beschreibt, mit einer von Schrödinger aufgestellten Gleichung berechnet werden. Sie ermöglicht eine Aussage darüber, mit welcher Wahrscheinlichkeit das Elektron bei einem bestimmten Energiezustand in einem Volumenelement der Umgebung des Atomkerns anzutreffen ist. Der Gesamtraum, in dem sich das Elektron mit einer hohen Wahrscheinlichkeit von z. B. 99% aufhält, wird **Atomorbital** genannt. Die Schrödinger-Gleichung hat nur für ganz bestimmte Werte der Gesamtenergie eine physikalisch sinnvolle Lösung, d. h. es sind nur ganz bestimmte Atomorbitale zulässig, die sich in Größe und geometrischer Form voneinander unterscheiden.

Mit Hilfe von Näherungsverfahren läßt sich zeigen, daß die Atomorbitale von Mehrelektronenatomen denen des Wasserstoffs ähnlich sind. In einem solchen Atom ist der Energiezustand eines Elektrons durch Haupt- und Nebenquantenzahl gegeben. Die **Hauptquantenzahl** n kann die Zahlenwerte 1, 2, 3, 4 usw. annehmen. Sie äußert sich im Volumen der Atomorbitale. Je größer n ist, um so größer ist die räumliche Ausdehnung des Atomorbitals. Die **Nebenquantenzahl** l kann die Zahlenwerte 0, 1, 2, 3 bis maximal $n-1$ annehmen. Das bedeutet, daß bei der Hauptquantenzahl $n=1$ nur ein Atomorbital mit der Nebenquantenzahl $l=0$ existiert. Bei der Hauptquantenzahl $n=2$ gibt es Atomorbitale mit der Nebenquantenzahl $l=0$ und $l=1$, bei der Hauptquantenzahl $n=3$ mit der Nebenquantenzahl $l=0$, $l=1$ und $l=2$ usw. Atomorbitale mit der Nebenquantenzahl $l=0$ werden als **s-Atomorbitale** bezeichnet, und zwar als 1s-Atomorbital bei $n=1$, 2s-Atomorbital bei $n=2$ usw. Alle s-Atomorbitale sind kugelsymmetrisch um den Atomkern angeordnet (Abb. 2.1). Atomorbitale mit der Nebenquantenzahl $l=1$ werden als **p-Atomorbitale** bezeichnet. Sie breiten sich hantelförmig auf zwei Seiten des Atomkerns aus. Bei jeder Hauptquantenzahl ab $n=2$ existieren drei p-Atomorbitale, die jeweils in einem Winkel von 90° zueinander angeordnet sind und als p_x-, p_y- und p_z-Atomorbitale bezeichnet werden. Bei Hauptquantenzahlen ab $n=3$ existieren fünf durch $l=2$ gekennzeichnete **d-Atomorbitale** und bei Hauptquantenzahlen ab $n=4$ sieben durch $l=3$ gekennzeichnete **f-Atomorbitale**.

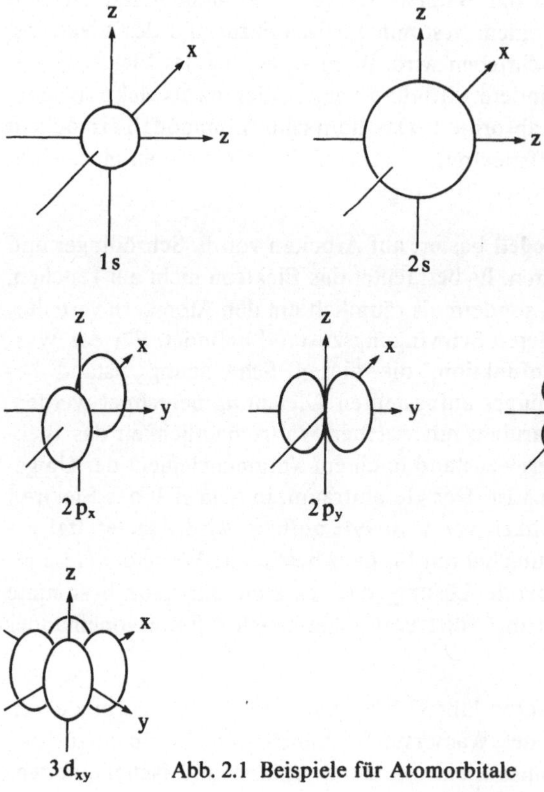

Abb. 2.1 Beispiele für Atomorbitale

Die Elektronenkonfiguration eines beliebigen neutralen Atoms im Grundzustand läßt sich ableiten, indem man vom nackten Kern mit der Kernladungszahl Z ausgeht und genau Z Elektronen unter Beachtung der folgenden Regeln in die Elektronenhülle einbaut.

- **Energieregel:** Die Atomorbitale werden in der Reihenfolge zunehmender Energie mit Elektronen besetzt. Die Energie der Atomorbitale steigt in der Regel mit der Hauptquantenzahl und bei gegebener Hauptquantenzahl in der Reihenfolge s, p, d, f an. Sie ist aber auch von der Kernladungszahl abhängig. Da die Energie der s-Atomorbitale mit steigender Kernladungszahl zunächst sehr viel stärker abfällt als z.B. die der d-Atomorbitale, kommt es zu Überschneidungen der Energieniveaus von Atomorbitalen mit unterschiedlicher Hauptquantenzahl. Bei der Kernladungszahl $Z = 19$ liegt z.B. die Energie des 4s-Atomorbitals unter der des 3d-Atomorbitals. Für den Fall, daß die Anzahl der eingebauten Elektronen jeweils mit der Kernladungszahl übereinstimmt, läßt sich der Energieverlauf der Atomorbitale aus dem in Abb. 2.2 gegebenen Schema ablesen.
- **Pauli-Prinzip:** Vereinfacht dargestellt besagt dieses fundamentale Prinzip, daß ein beliebiges Atomorbital maximal zwei Elektronen enthalten darf, die sich in ihrem Spin voneinander unterscheiden müssen. Der Spin ist der Drehimpuls des Elektrons, für den zwei Einstellungsmöglichkeiten existieren, die häufig durch gegeneinander gerichtete parallele Pfeile dargestellt werden. Mit dem Elektronenspin ist ein magnetisches Moment verknüpft.
- **Regel von Hund:** Nach dieser Regel werden p-, d- und f-Atomorbitale der gleichen Hauptquantenzahl zunächst einfach mit Elektronen parallelen Spins besetzt. Erst die folgenden werden mit den bereits vorhandenen zu Elektronenpaaren kombiniert.

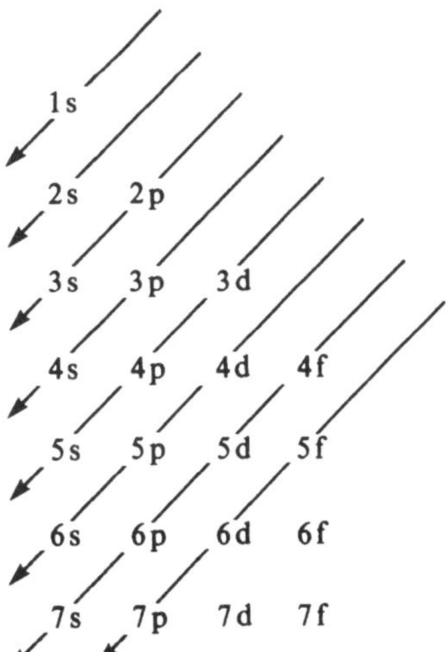

Abb. 2.2 Schema zur Besetzung von Atomorbitalen:
Die Richtung der Pfeile, von oben nach unten gelesen, gibt die Anordnung der Atomorbitale nach steigender Energie.

Tab. 2.1 zeigt die Elektronenkonfiguration der Grundzustände für die Elemente von $Z=1$ bis $Z=20$.

Tab. 2.1 Elektronenkonfiguration der Grundzustände für die Elemente von $Z=1$ bis $Z=20$

Element		Z	1s	2s	2p$_x$	2p$_y$	2p$_z$	3s	3p$_x$	3p$_y$	3p$_z$	4s	Symbol[1]
H	Wasserstoff	1	↑										$1s$
He	Helium	2	↑↓										$1s^2$
Li	Lithium	3	↑↓	↑									$1s^2 2s$
Be	Beryllium	4	↑↓	↑↓									$1s^2 2s^2$
B	Bor	5	↑↓	↑↓	↑								$1s^2 2s^2 2p$
C	Kohlenstoff	6	↑↓	↑↓	↑	↑							$1s^2 2s^2 2p^2$
N	Stickstoff	7	↑↓	↑↓	↑	↑	↑						$1s^2 2s^2 2p^3$
O	Sauerstoff	8	↑↓	↑↓	↑↓	↑	↑						$1s^2 2s^2 2p^4$
F	Fluor	9	↑↓	↑↓	↑↓	↑↓	↑						$1s 2s^2 2p^5$
Ne	Neon	10	↑↓	↑↓	↑↓	↑↓	↑↓						$1s^2 2s^2 2p^6$
Na	Natrium	11	↑↓	↑↓	↑↓	↑↓	↑↓	↑					$1s^2 2s^2 2p^6 3s$
Mg	Magnesium	12	↑↓	↑↓	↑↓	↑↓	↑↓	↑↓					$1s^2 2s^2 2p^6 3s^2$
Al	Aluminium	13	↑↓	↑↓	↑↓	↑↓	↑↓	↑↓	↑				$1s^2 2s^2 2p^6 3s^2 3p$
Si	Silicium	14	↑↓	↑↓	↑↓	↑↓	↑↓	↑↓	↑	↑			$1s^2 2s^2 2p^6 3s^2 3p^2$
P	Phosphor	15	↑↓	↑↓	↑↓	↑↓	↑↓	↑↓	↑	↑	↑		$1s^2 2s^2 2p^6 3s^2 3p^3$
S	Schwefel	16	↑↓	↑↓	↑↓	↑↓	↑↓	↑↓	↑↓	↑	↑		$1s^2 2s^2 2p^6 3s^2 3p^4$
Cl	Chlor	17	↑↓	↑↓	↑↓	↑↓	↑↓	↑↓	↑↓	↑↓	↑		$1s^2 2s^2 2p^6 3s^2 3p^5$
Ar	Argon	18	↑↓	↑↓	↑↓	↑↓	↑↓	↑↓	↑↓	↑↓	↑↓		$1s^2 2s^2 2p^6 3s^2 3p^6$
K	Kalium	19	↑↓	↑↓	↑↓	↑↓	↑↓	↑↓	↑↓	↑↓	↑↓	↑	$1s^2 2s^2 2p^6 3s^2 3p^6 4s$
Ca	Calcium	20	↑↓	↑↓	↑↓	↑↓	↑↓	↑↓	↑↓	↑↓	↑↓	↑↓	$1s^2 2s^2 2p^6 3s^2 3p^6 4s^2$

[1] Die Anzahl der Elektronen in einem Atomorbital oder einer Gruppe von Atomorbitalen gleicher Nebenquantenzahl wird als Exponent am Buchstabensymbol angegeben

Die Elektronen der höchsten Energieniveaus, deren Atomorbitale im äußeren Bereich der Elektronenhülle liegen, bestimmen das chemische Verhalten eines Elementes. Sie werden als **Valenzelektronen** bezeichnet. Wie Tab. 2.1 zeigt, gibt es Elemente mit gleichartiger Valenzelektronenkonfiguration, deren chemische Eigenschaften vergleichbar sein müssen, z.B. Lithium (2s), Natrium (3s) und Kalium (4s) oder Neon ($2s^2 2p^6$) und Argon ($3s^2 3p^6$). Diese Elemente nennt man **homologe Elemente**. Um die beim Ablauf chemischer Reaktionen stattfindenden Elektronenverschiebungen in Reaktionsgleichungen deutlich machen zu können, werden häufig Elektronenformeln (**Lewis-Formeln**) verwendet. In diesen Formeln werden einzelne Valenzelektronen als Punkt, gepaarte als Doppelpunkt oder Strich am Elementsymbol dargestellt, z.B.

Wasserstoff	1s	H·		
Kohlenstoff	$2s^2 2p^2$	:C̈·	oder	|C̈·
Argon	$3s^2 3p^6$	:Är:	oder	|Ar|

Zwischen s- und p-Elektronen wird bei dieser Darstellung nicht unterschieden.

Mitte des 19. Jahrhunderts häuften sich die Bestrebungen, chemische Eigenschaften der Elemente zu ihren Atomgewichten (relativen Atommassen) in Beziehung zu setzen und diese Beziehungen in einem System tabellarisch oder bildlich darzustellen. Als Väter des **Periodensystems der Elemente** gelten heute D. Mendelejew und L. Meyer, die 1869 unabhängig voneinander die damals bekannten chemischen Elemente nach steigendem Atomgewicht so anordneten, daß Gruppen mit chemisch ähnlichen Elementen entstanden. Mendelejew konnte anhand der Lücken in seinem System die Existenz noch unbekannter Elemente voraussagen. Unregelmäßigkeiten führte er auf die ungenaue Kenntnis einiger Atomgewichte zurück. Erst 1913 erkannte Moseley, daß nicht das Atomgewicht, sondern die von ihm aus Röntgenspektren experimentell bestimmte Kernladungszahl (**Ordnungszahl**) das Ordnungsprinzip der Elemente darstellt. Als Grundlage für den Aufbau des Periodensystems bis zum Element Calcium kann Tab. 2.1 dienen. Die Elemente werden nach steigender Kernladungszahl Z so angeordnet, daß homologe Elemente in acht Gruppen (Hauptgruppen) untereinanderstehen und Elemente mit gleicher Hauptquantenzahl der Valenzelektronen waagerechte Reihen (**Perioden**) bilden (Abb. 2.3). Die Gruppen werden meist mit römischen, die Perioden mit arabischen Ziffern gekennzeichnet. In der ersten Periode gibt es, da 1p-Atomorbitale nicht existieren, nur zwei Elemente. Vom Scandium mit der Kernladungszahl $Z = 21$ an werden erstmals d-Atomorbitale mit Elektronen aufgefüllt. Da fünf 3d-Atomorbitale existieren, die mit je zwei Elektronen besetzt werden können, müssen zehn Elemente in neu einzurichtenden Gruppen (Nebengruppen) untergebracht werden. Bei den häufig verwendeten sog. Langperiodensystemen geschieht das durch Einschieben zwischen der zweiten und dritten Hauptgruppe. Es ist üblich, die chemisch verwandten Elemente Eisen, Kobalt und Nickel gemeinsam in einer Nebengruppe unterzubringen, so daß sich nur acht Nebengruppen ergeben. Der Vorgang wiederholt sich bei Auffüllung der 4d- und 5d-Atomorbitale. Bei Auffüllung der jeweils sieben f-Atomorbitale mit je zwei Elektronen müßte das Periodensystem noch einmal, und zwar um vierzehn Plätze auseinandergerückt werden. Aus Gründen der Übersichtlichkeit werden aber die f-Elemente, das sind die Lanthanoide (Seltenerdmetalle) und die Actinoide meist außerhalb des eigentlichen Periodensystems gesondert dargestellt.

Hauptgruppen — Nebengruppen

	I	II	III	IV	V	VI	VII	VIII			I	II	III	IV	V	VI	VII	VIII
1	^{1}H																	^{2}He
2	^{3}Li	^{4}Be											^{5}B	^{6}C	^{7}N	^{8}O	^{9}F	^{10}Ne
3	^{11}Na	^{12}Mg											^{13}Al	^{14}Si	^{15}P	^{16}S	^{17}Cl	^{18}Ar
4	^{19}K	^{20}Ca	^{21}Sc	^{22}Ti	^{23}V	^{24}Cr	^{25}Mn	^{26}Fe	^{27}Co	^{28}Ni	^{29}Cu	^{30}Zn	^{31}Ga	^{32}Ge	^{33}As	^{34}Se	^{35}Br	^{36}Kr
5	^{37}Rb	^{38}Sr	^{39}Y	^{40}Zr	^{41}Nb	^{42}Mo	^{43}Tc	^{44}Ru	^{45}Rh	^{46}Pd	^{47}Ag	^{48}Cd	^{49}In	^{50}Sn	^{51}Sb	^{52}Te	^{53}I	^{54}Xe
6	^{55}Cs	^{56}Ba	^{57}La	^{72}Hf	^{73}Ta	^{74}W	^{75}Re	^{76}Os	^{77}Ir	^{78}Pt	^{79}Au	^{80}Hg	^{81}Tl	^{82}Pb	^{83}Bi	^{84}Po	^{85}At	^{86}Rn
7	^{87}Fr	^{88}Ra	^{89}Ac	^{104}Ku	^{105}Ha													

Lanthanoide	^{58}Ce	^{59}Pr	^{60}Nd	^{61}Pm	^{62}Sm	^{63}Eu	^{64}Gd	^{65}Tb	^{66}Dy	^{67}Ho	^{68}Er	^{69}Tm	^{70}Yb	^{71}Lu
Actinoide	^{90}Th	^{91}Pa	^{92}U	^{93}Np	^{94}Pu	^{95}Am	^{96}Cm	^{97}Bk	^{98}Cf	^{99}Es	^{100}Fm	^{101}Md	^{102}No	^{103}Lr

Abb. 2.3 Periodensystem der Elemente

Bei Betrachtung des Periodensystems lassen sich folgende Elementblöcke unterscheiden:

Hauptgruppenelemente: Die Konfiguration der Valenzelektronen variiert bei diesen Elementen von ns^1 bis $ns^2 np^6$. Die d- und f-Atomorbitale sind entweder gar nicht oder voll besetzt. Eine weitere Unterteilung trennt die s-Elemente mit der Elektronenkonfiguration ns^1 und ns^2 von den p-Elementen mit Elektronenkonfigurationen von $ns^2 np^1$ bis $ns^2 np^6$.

Die **erste Hauptgruppe (Alkalimetalle)** ist durch die Elektronenkonfiguration ns^1 gekennzeichnet. Wasserstoff hat zwar dieselbe Elektronenkonfiguration, nimmt aber hinsichtlich seines chemischen und physikalischen Verhaltens eine Sonderstellung ein. Besondere Bedeutung haben Natrium, Kalium und in geringerem Maße Lithium. Die Alkalimetalle sind weiche, silberglänzende Metalle mit geringer Dichte (Natrium: $970\ \mathrm{kg\ m^{-3}}$, Kalium: $860\ \mathrm{kg\ m^{-3}}$) und niedriger Schmelztemperatur (Natrium: 98 °C, Kalium: 64 °C), die mit Luftsauerstoff und Wasser sehr heftig reagieren, wobei es unter bestimmten Bedingungen zur Entzündung kommen kann. Wegen ihrer hohen Reaktionsfähigkeit kommen sie in der Natur nicht in elementarem Zustand vor. Als Bestandteile von Verbindungen sind Natrium und Kalium im Meerwasser, in Salzlagerstätten und Silicaten (z. B. Feldspäte) enthalten und mit etwa je 2,5% am Aufbau der Erdkruste beteiligt.

Die Elemente der **zweiten Hauptgruppe (Erdalkalimetalle)** haben die Elektronenkonfiguration ns^2. Magnesium und Calcium, die wichtigsten Vertreter dieser Gruppe, sind silberglänzende Leichtmetalle, die sich an feuchter Luft sehr schnell mit einer Oxidhaut überziehen, die beim Magnesium das Metall vor weiterem Angriff schützt. Beim Erhitzen an der Luft verbrennen die Erdalkalimetalle, Magnesium mit blendend weißer, die anderen mit charakteristisch gefärbter Flamme. Calcium ist in Form von Kalkstein, Gips, Silicaten u. a. Verbindungen zu 3,5% am Aufbau der Erdkruste beteiligt, Magnesium, vor allem in Silicaten, zu 2,0%.

In der **dritten Hauptgruppe,** gekennzeichnet durch die Elektronenkonfiguration $ns^2 np$, steht an erster Stelle das je nach Struktur braune oder schwarzgraue Nichtmetall Bor. Die anderen Elemente dieser Gruppe sind Metalle, unter denen das Aluminium die größte Bedeutung hat. Es ist als Betandteil von Feldspäten, Glimmern, Tonmineralen und Bauxit mit einem Anteil von etwa 8% in der Erdkruste das häufigste Metall.

Die Elemente der **vierten Hauptgruppe** haben die Elektronenkonfiguration $ns^2 np^2$. Von den Elementen Kohlenstoff, Silicium, Germanium, Zinn und Blei sind die ersten beiden Nichtmetalle. Kohlenstoff kommt als Diamant und Graphit in elementarer Form vor. Im gebundenen Zustand ist er wichtiger Bestandteil der Biosphäre. Sein mittlerer Gehalt in der Erdkruste beträgt 0,09%, wobei der Hauptanteil auf Carbonate (z. B. Kalkstein) entfällt. Silicium ist, in Siliciumdioxid und Silicaten gebunden, mit 26% das zweithäufigste Element in der Erdkruste. Das seltene Element Germanium ist ein schwarzgraues, sprödes Metall, dessen metallischer Charakter allerdings, wie die niedrige elektrische Leitfähigkeit zeigt, nur schwach ausgeprägt ist. Solche Elemente werden als **Halbmetalle** bezeichnet. Beim Zinn existiert neben der metallischen (β-Zinn) eine nichtmetallische Modifikation (graues α-Zinn). Blei kommt nur als Metall vor.

Zur **fünften Hauptgruppe** gehören die Nichtmetalle Stickstoff und Phosphor, die Halbmetalle Arsen und Antimon sowie das Metall Bismut. Die Elemente haben die Elektronenkonfiguration $ns^2 np^3$. Der sehr reaktionsträge Stickstoff kommt in der Natur, als Hauptbestandteil der Luft, überwiegend elementar vor. Phosphor ist in der Natur vor allem in Phosphaten (z. B. Apatit) gebunden. Vom elementaren Phosphor sind drei Modifikationen bekannt, eine wachsartige, aus P_4-Molekülen aufgebaute, die sich bei erhöhter Temperatur an der Luft leicht selbst entzündet (weißer Phosphor), eine amorphe, pulverförmige (roter Phosphor) und eine metallartig kristalline (schwarzer Phosphor).

Die Elemente der **sechsten Hauptgruppe** mit der Elektronenkonfiguration $ns^2 np^4$ werden häufig als **Chalkogene** (Erzbildner) bezeichnet. Sauerstoff ist mit einem Anteil von 49% das häufigste Element in der Erdkruste. In elementarer Form, als O_2, ist er Bestandteil der Luft. Daneben existiert die giftige, Augen und Schleimhäute reizende und sehr reaktionsfähige Modifikation O_3 (Ozon), von der geringe Mengen vor allem in der Stratosphäre vorkommen. In gebundener Form ist Sauerstoff Bestandteil des Wassers und der meisten gesteinsbildenden Minerale. **Schwefel** findet man in der Natur elementar, in Form von Sulfaten (z. B. Gips) und als Bindungspartner von Schwermetallen in Erzen, die als Kiese, Blenden oder Glanze bezeichnet werden. Schwefelatome haben große Neigung, sich miteinander zu verbinden und dabei Ring- und Kettenmoleküle zu bilden, deren Größe sich mit der Temperatur ändert. Der gelbe, kristalline Schwefel liegt bei Raumtemperatur in Form von kronenförmigen S_8-Molekülen vor. Bei 119 °C geht er in eine dünnflüssige Schmelze über, die mit steigender Temperatur zunächst zähflüssiger und in Nähe der Siedetemperatur von 445 °C wieder dünnflüssig wird.

Die **siebente Hauptgruppe** enthält die unter der Bezeichnung **Halogene** (Salzbildner) zusammengefaßten Nichtmetalle Fluor, Chlor, Brom und Iod mit der Elektronenkonfiguration $ns^2 np^5$. Fluor, ein blaßgelbes Gas, ist das reaktionsfähigste aller chemischen Elemente. Es reagiert mit fast allen Stoffen, z. T. explosionsartig. Auch Chlor, ein gelbgrünes, stechend riechendes Gas, ist äußerst reaktionsfähig. Die Reaktionsfähigkeit der Halogene nimmt vom Fluor zum Iod ab. Brom ist eine dunkelbraune, schwere Flüssigkeit, Iod bildet grauschwarze Kristalle, die beim Erhitzen in einen violetten Dampf übergehen. Alle Halogene bilden zweiatomige Moleküle. Sie kommen wegen ihrer großen Reaktionsfähigkeit nur in Verbindungen vor. Am häufigsten ist Fluor, das in Mineralen wie Flußspat und Apatit zu 0,08% am Aufbau der Erdkruste beteiligt ist. Chlor, Brom und Iod sind als Anionen vor allem im Meerwasser enthalten.

In der **achten Hauptgruppe,** häufig auch als nullte bezeichnet, stehen die Edelgase mit der Elektronenkonfiguration ns^2np^6 (beim Helium: $1s^2$). Die durch voll besetzte s- und p-Atomorbitale gekennzeichnete **Edelgaskonfiguration** zeichnet sich durch sehr hohe Stabilität aus. Edelgase gehen deshalb, wenn überhaupt, nur äußerst schwer chemische Reaktionen ein. In der Natur kommen sie nur elementar vor, Argon z. B. als Bestandteil der Luft, Helium in bestimmten Erdgasen.

Die 16 km dicke Erdkruste ist zu fast 95% aus Hauptgruppenelementen aufgebaut, wobei einige dominieren.

Im Periodensystem angeordnet, nimmt der metallische Charakter der Elemente von der ersten bis zur siebenten Hauptgruppe ab und von der ersten bis zur sechsten Periode zu. Demnach steht das typischste Nichtmetall rechts oben und das typischste Metall links unten im Block der ersten bis siebenten Hauptgruppe. Im Grenzgebiet zwischen Metallen und Nichtmetallen sind die Halbmetalle angesiedelt.

Nebengruppenelemente: Diese Elemente werden auch **Übergangselemente** oder, da es sich ausschließlich um Metalle handelt, **Übergangsmetalle** genannt. Bei den Übergangsmetallen werden innerhalb einer Periode die d-Atomorbitale aufgefüllt. Man spricht deshalb auch von d-Elementen. Die Konfiguration der Valenzelektronen wird am besten durch die Formel $(n-1)d^{1-10}ns^{1-2}$ wiedergegeben. Ausnahmen bilden die Metalle Palladium und Iridium, die keine s-Valenzelektronen haben. Tab. 2.2 zeigt die Besetzung der 3d- und 4s-Atomorbitale bei den Übergangsmetallen der vierten Periode. Man sieht, daß die „normale Besetzung" des 4s-Atomorbitals mit zwei Elektronen aufgegeben wird, wenn durch Übergang eines Elektrons aus dem 4s- in ein 3d-Atomorbital die Konfiguration $3d^5$ oder $3d^{10}$ erreicht werden kann. Diese Zustände sind offensichtlich energetisch begünstigt.

Tab. 2.2 Besetzung der 3d- und 4s-Atomorbitale bei den Übergangsmetallen der 4. Periode

	Sc	Ti	V	Cr	Mn	Fe	Co	Ni	Cu	Zn
3d	1	2	3	5	5	6	7	8	10	10
4s	2	2	2	1	2	2	2	2	1	2

Unter den Übergangsmetallen befinden sich technisch wichtige Gebrauchsmetalle wie Chrom, Mangan, Nickel, Eisen, Kupfer und Zink. Das Letztgenannte nimmt eine Sonderstellung ein, da bei ihm sowohl das 4s- als auch die 3d-Atomorbitale voll besetzt sind. Eisen, das Übergangsmetall mit der größten Bedeutung, ist mit einem Anteil von knapp 5% in der Erdkruste auch das häufigste.

Lanthanoide (Seltenerdmetalle) und **Actinoide:** Die Elektronenkonfiguration der Valenzelektronen ist bei diesen Elementen $(n-2)f^{2-14}(n-1)d^{0-2}ns^2$. Da vorzugsweise f-Atomorbitale aufgefüllt werden, spricht man von f-Elementen. Das wichtigste Actinoid ist Uran.

3. Chemische Bindungen

Atomverbände, wie sie in chemischen Verbindungen, aber auch zwischen den gleichartigen Atomen chemischer Elemente auftreten, setzen Bindungskräfte voraus. Chemische Bindungen liegen dann vor, wenn zwischen Atomen, die einen bestimmten Abstand voneinander haben, ein stabiles Gleichgewicht der elektrostatischen Kräfte besteht. Dieses Gleichgewicht ist dadurch gekennzeichnet, daß bei Verringerung des Abstandes die Abstoßungskräfte und bei Vergrößerung des Abstandes die Anziehungskräfte überwiegen. Zur qualitativen Beschreibung chemischer Bindungen wird eine Unterteilung in vier Idealtypen vorgenommen: die Ionenbeziehung, die kovalente Bindung, die Metallbindung und die zwischenmolekularen Kräfte.

3.1. Ionenbeziehung

Ionen sind elektrisch geladene Atome oder Atomgruppen. Zu ihrer Kennzeichnung wird die Ladungszahl rechts oben am Elementsymbol oder an der Summenformel vermerkt.

Ein positiv geladenes Ion (**Kation**) kann durch Abtrennung von Elektronen aus einem elektrisch neutralen Atom gebildet werden. Dieser Vorgang läßt sich allgemein durch die Gleichung

$$A \longrightarrow z\,e + A^{z+}$$

beschreiben. Die Energie, die zur Abtrennung eines Elektrons aus einem isolierten Atom im Grundzustand erforderlich ist, wird **Ionisierungsenergie** genannt.

Tab. 3.1 Ionisierungsenergien der Elemente der zweiten und dritten Periode des Periodensystems (in kJ mol^{-1})

Li	Be	B	C	N	O	F	Ne
520	900	800	1085	1400	1315	1680	2080
Na	Mg	Al	Si	P	S	Cl	Ar
495	740	575	785	1010	1000	1250	1520

Wie Tab. 3.1 zeigt, ist die Ionisierungsenergie von der Elektronenkonfiguration abhängig. Die in den ersten Gruppen des Periodensystems angeordneten Metalle haben niedrige Ionisierungsenergien und lassen sich deshalb leicht in Kationen überführen. Innerhalb einer Periode steigt die Ionisierungsenergie von links nach rechts an. Abweichungen treten bei den Elementen der dritten und sechsten Hauptgruppe auf. Die Abtrennung eines Elektrons führt bei diesen Elementen zur Konfiguration ns^2 oder $ns^2 np_x{}^1 np_y{}^1 np_z{}^1$, Konfigurationen, die offensichtlich energetisch begünstigt sind. Aus Edelgasatomen lassen sich Elektronen nur mit sehr großem Energieaufwand abtrennen. Das gilt wegen der höheren Kernladungszahl in noch stärkerem Maße für Kationen mit Edelgaskonfiguration. Atome von Hauptgruppenmetallen können deshalb in der Regel nur so viele Elektronen abgeben, wie zur Ausbildung einer Edelgaskonfiguration notwendig sind. Die folgenden Beispiele sollen das verdeutlichen.

Erste Hauptgruppe

$$Na \longrightarrow Na^+ + e; \quad 1s^2 2s^2 2p^6[3s \quad \text{Neonkonfiguration}$$

Zweite Hauptgruppe

$$Ca \longrightarrow Ca^{2+} + 2e; \quad 1s^2 2s^2 2p^6 3s^2 3p^6[4s^2 \quad \text{Argonkonfiguration}$$

Dritte Hauptgruppe

$$Al \longrightarrow Al^{3+} + 3e; \quad 1s^2 2s^2 2p^6[3s^2 3p \quad \text{Neonkonfiguration}$$

Aus den Beispielen geht hervor, daß die Ladungszahl (**Ionenwertigkeit**) eines Kations höchstens gleich der Nummer der Hauptgruppe sein kann, in der das betreffende Metall angeordnet ist. Übergangsmetalle haben ähnlich niedrige Ionisierungsenergien wie die Metalle der Hauptgruppen. Da sich die Energieniveaus der 3d- und 4s-, der 4d- und 5s- sowie der 5d- und 6s-Atomorbitale nicht stark voneinander unterscheiden, können bei der Kationenbildung entweder nur s-Elektronen oder zusätzlich auch d-Elektronen abgegeben werden. Übergangsmetalle bilden deshalb häufig unterschiedlich geladene Ionen, z. B.

$$Fe \longrightarrow Fe^{2+} + 2e; \quad 1s^2 2s^2 2p^6 3s^2 3p^6 3d^6[4s^2$$

$$Fe \longrightarrow Fe^{3+} + 3e; \quad 1s^2 2s^2 2p^6 3s^2 3p^6 3d^5[{}^{+1}4s^2$$

Eine Edelgaskonfiguration wird in diesen Fällen nicht erreicht. Beim Eisen müßten bis zum Erreichen der Argonkonfiguration insgesamt acht Elektronen abgegeben werden. Bei der Abtrennung jedes einzelnen Elektrons erhöht sich die positive Ladungszahl um eins. Mit der positiven Ladung erhöht sich aber auch die Ionisierungsenergie, bis schließlich unter den Bedingungen einer chemischen Reaktion die Abtrennung eines weiteren Elektrons nicht mehr möglich ist.

Durch Einlagerung von Elektronen in ein elektrisch neutrales Atom kann sich ein negativ geladenes Ion (**Anion**) bilden:

$$A + ze \longrightarrow A^{z-}$$

Die Energie, die bei diesem Vorgang frei wird (**Elektronenaffinität**), ist bei Nichtmetallen der sechsten und siebenten Hauptgruppe besonders groß, da durch Aufnahme weniger Elektronen die stabile Edelgaskonfiguration erreicht wird, z. B.

Sechste Hauptgruppe

$$O + 2e \longrightarrow O^{2-}; \quad 1s^2 2s^2 2p^{4 \leftarrow 2} \quad \text{Neonkonfiguration}$$

Siebente Hauptgruppe

$$Cl + e \longrightarrow Cl^-; \quad 1s^2 2s^2 2p^6 3s^2 3p^{5 \leftarrow 1} \quad \text{Argonkonfiguration}$$

Die maximale Ladungszahl (**Ionenwertigkeit**) eines einatomigen Anions erhält man, wenn man die Nummer der Hauptgruppe, in der das Nichtmetall angeordnet ist, von der Zahl Acht abzieht.

Einatomige Ionen haben annähernd Kugelgestalt, ihre Größe kann deshalb durch den **Ionenradius** beschrieben werden. Für die vergleichende Betrachtung von Ionenradien gelten folgende Regeln:

- Bei gleicher Elektronenkonfiguration hat das negativ geladene Ion einen größeren Radius als das positiv geladene, z. B.

	r pm	Z	Elektronenkonfiguration
F^-	131	9	$1s^2 2s^2 2p^6$
Na^+	102	11	

Der Grund liegt in der höheren Kernladungszahl des Kations und die dadurch bedingte stärkere Anziehung der Elektronen.

- Der Radius positiv und negativ geladener Ionen nimmt bei den Hauptgruppenelementen innerhalb einer Periode des Periodensystems von links nach rechts ab, z. B.

	r pm	Z	Elektronenkonfiguration
Na^+	102	11	
Mg^{2+}	72	12	$1s^2 2s^2 2p^6$
Al^{3+}	53	13	

Der Grund liegt auch hier in der zunehmenden Kernladungszahl bei gleicher Elektronenkonfiguration.

- Innerhalb einer Gruppe des Periodensystems nimmt der Ionenradius von oben nach unten zu, da sich die Anzahl der besetzten Atomorbitale erhöht, z. B.

	r pm	Elektronenkonfiguration
F^-	131	$1s^2 2s^2 2p^6$
Cl^-	181	$1s^2 2s^2 2p^6 3s^2 3p^6$
Br^-	195	$1s^2 2s^2 2p^6 3s^2 3p^6 3d^{10} 4s^2 4p^6$

Ionenbeziehungen sind Bindungen zwischen Kationen und Anionen. Die zwischen zwei Ionen (genauer: punktförmigen Ladungen) auftretende elektrostatische Kraft F_{es} ergibt sich aus dem **Gesetz von Coulomb**:

$$F_{es} = \frac{1}{4\,\pi\,\varepsilon_0\,\varepsilon_r} \cdot \frac{Q_1 \cdot Q_2}{r^2}$$

Q_1, Q_2 = Ladungen der Ionen;

r = Abstand zwischen den Atomkernen;

ε_0 = elektrische Feldkonstante, $8,85 \cdot 10^{-12}$ A s V^{-1} m^{-1};

ε_r = relative Dielektrizitätskonstante.

Bei unterschiedlichen Ladungsvorzeichen ist F_{es} negativ, d.h. die Ionen ziehen sich an. Gleiches Ladungsvorzeichen führt zu positivem F_{es}, d.h. zur gegenseitigen Abstoßung der Ionen.

Aufgrund elektrostatischer Kräfte ordnen sich Kationen und Anionen zu einem dreidimensionalen, im Prinzip unbegrenzten Atomverband (**Ionengitter, Ionenkristall**). Dabei wird nach Möglichkeit ein direkter Kontakt von Ionen gleicher Ladung vermieden. Für den Ionenkristall gilt die **Elektroneutralitätsbedingung**, d.h. die Summe der Kationenladungen muß gleich der Summe der Anionenladungen sein. Die Art der Packung (Gittertyp) hängt vom Stoffmengenverhältnis und vom Radienverhältnis der beteiligten Ionen ab. Beim **Natriumchloridgitter** (Kochsalzgitter), in dem außer NaCl z.B. auch KCl, AgCl, FeO, NiO und PbS kristallisieren, ist ein Ion jeweils von sechs entgegengesetzt geladenen Ionen umgeben (Abb. 3.1). Es kann sich ausbilden, wenn bei gleicher Anzahl von Kationen und Anionen das Verhältnis der Ionenradien zwischen 0,414 und 0,732 liegt. Bei einem größeren Radienverhältnis ist jedes Ion von acht Ionen entgegengesetzter Ladung umgeben. Liegen darüber hinaus Kationen und Anionen im Stoffmengenverhältnis 1:2 vor, kann sich das **Calciumfluoridgitter** bilden (Abb. 3.2), in dem außer CaF$_2$ z.B. ZrO$_2$ und UO$_2$ kristallisieren.

Verbindungen, die im festen Zustand Ionenkristalle bilden, werden als **Salze** bezeichnet. Ausgenommen werden dabei meist solche Verbindungen, die als einziges Anion das Hydroxidanion OH$^-$ enthalten wie z.B. NaOH. Der typische Bindungscharakter von Salzen geht aus Summenformeln wie NaCl, CaF$_2$, (NH$_4$)$_2$SO$_4$ usw. nicht hervor. Korrekter wären die Formeln $[\text{Na}^+\text{Cl}^-]_n$, $[\text{Ca}^{2+}(\text{F}^-)_2]_n$, $[(\text{NH}_4^+)_2\text{SO}_4^{2-}]_n$ usw.

Beim Schmelzen eines Ionenkristalls müssen die starken, das Ionengitter zusammenhaltenden elektrostatischen Kräfte (Gitterkräfte) durch Energiezufuhr überwunden werden. Salze haben deshalb in der Regel hohe Schmelztemperaturen.

Ionenbeziehungen treten besonders häufig in der anorganischen Chemie auf. Sie bilden sich vor allem zwischen Metallionen und den durch Abtrennung von Protonen aus Säuremolekülen entstandenen, negativ geladenen Säureresten (z.B. Cl$^-$, SO$_4^{2-}$, CO$_3^{2-}$).

Abb. 3.1
Natriumchloridgitter

Abb. 3.2
Calciumfluoridgitter

3.2. Kovalente Bindung

Bei der kovalenten Bindung (Atombindung, Elektronenpaarbindung) gehören bestimmte Elektronen (Bindungselektronen) den aneinander gebundenen Atomen gleichzeitig an. Dieser Bindungstyp soll mit Hilfe von Abb. 3.3 an der Bindung zwischen den beiden Atomen eines Wasserstoffmoleküls erläutert werden.

Wenn sich zwei isolierte H-Atome (1 und 2) einander nähern, werden die folgenden elektrostatischen Kräfte wirksam:

- Abstoßung zwischen Kern 1 und Kern 2
- Abstoßung zwichen Elektron 1 und Elektron 2
- Anziehung zwischen Kern 1 und Elektron 2
- Anziehung zwischen Kern 2 und Elektron 1

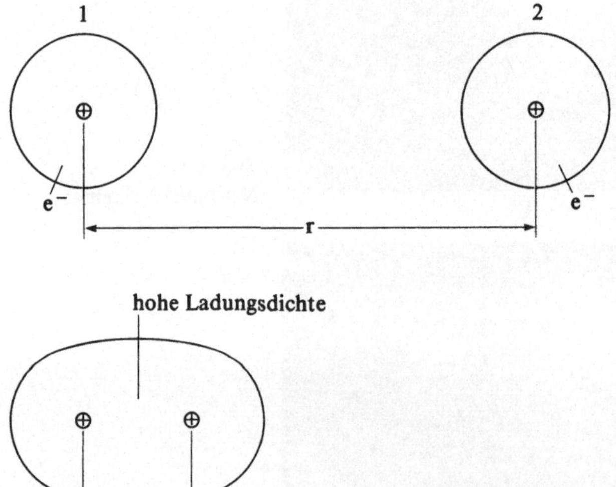

Abb. 3.3 Kovalente Bindung zwischen zwei Wasserstoffatomen

Nach dem Gesetz von Coulomb nehmen sowohl Anziehungs- als auch Abstoßungskräfte mit abnehmendem Abstand zu. Da die Atomorbitale keine starren Gebilde sind, sondern durch die Kernladungen in ihrer Ausdehnung und Dichte beeinflußt werden, können sich die Atomkerne bis auf einen energetisch begünstigten Abstand r_0 einander nähern. Dieser Abstand wird als **Bindungslänge** bezeichnet. Die Atomorbitale der Bindungspartner verschmelzen dabei zu einem gemeinsamen Orbital. Durch hohe Ladungsdichte zwischen den Kernen wird jeder Kern vor der Abstoßung durch den anderen geschützt. Eine weitere Annäherung der Kerne würde zur Verdrängung der abschirmenden Elektronen führen. Dadurch würden die Abstoßungskräfte größer als die Anziehungskräfte und der Abstand r_0 würde wiederhergestellt. Der Energieverlauf dieser Vorgänge ist in

Abb. 3.4 dargestellt. Die Energie, die im Fall vollständig isolierter Atome gleich Null gesetzt wird, erreicht beim Abstand r_0 ein Minimum. Um die Bindung wieder zu spalten und die Atome soweit voneinander zu entfernen, daß sie nicht mehr in Wechselwirkung miteinander stehen, muß die **Dissoziationsenergie** W_D aufgebracht werden. Der gleiche Energiebetrag wird bei der Vereinigung der isolierten Atome als **Bindungsenergie** frei.

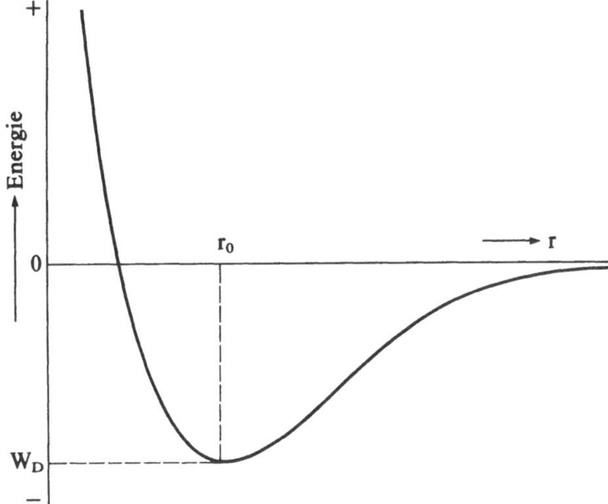

Abb. 3.4 Energiekurve des Wasserstoffmoleküls

Im Gegensatz zu Ionenbeziehungen führen kovalente Bindungen in der Regel zu Atomverbänden mit einer begrenzten Anzahl von Atomen. Solche Atomverbände werden **Moleküle** genannt. Für die durch Verschmelzung der Atomorbitale entstandenen **Molekülorbitale, MO,** gilt genau wie für die Atomorbitale das Pauli-Prinzip, d. h. sie dürfen maximal zwei Elektronen mit antiparallelem Spin enthalten. Die einsamen Elektronen der isolierten H-Atome werden in den neu gebildeten Molekülorbitalen zu Elektronenpaaren kombiniert. Dieser Vorgang läßt sich vereinfacht mit Hilfe von Lewis-Formeln beschreiben. Der Valenzstrich zwischen den Elementsymbolen stellt dabei das bindende Elektronenpaar dar:

$$H\cdot + \cdot H \longrightarrow H-H$$

Je nach Anzahl der Elektronenpaare, die an einer Bindung beteiligt sind, wird zwischen Einfachbindungen, Doppelbindungen oder Dreifachbindungen unterschieden. Nicht an Bindungen beteiligte Elektronen werden als nichtbindende Elektronen bezeichnet. Die folgenden Beispiele für Lewis-Formeln von einfachen Molekülen sollen zur Verdeutlichung beitragen:

$$H-\overline{N}-H \qquad NH_3 \qquad \text{Ammoniak}$$
$$| \atop H$$

$$H-\underline{\overline{O}}-H \qquad H_2O \qquad \text{Wasser}$$

$$|N\equiv N| \qquad N_2 \qquad \text{Stickstoff}$$

$$\underline{\overline{O}}=C=\underline{\overline{O}} \qquad CO_2 \qquad \text{Kohlendioxid}$$

$$S_8 \qquad \text{Schwefel}$$

Die Anzahl der Bindungen, die von einem Atom ausgehen, ist die **Bindigkeit** (**Bindungswertigkeit**) des Atoms. In den angegebenen Beispielen ist Wasserstoff einbindig, Sauerstoff und Schwefel zweibindig, Stickstoff dreibindig und Kohlenstoff vierbindig. Die maximale Bindigkeit eines Atoms ist durch die Anzahl der verfügbaren Atomorbitale gegeben. Wasserstoff besitzt nur ein s-Atomorbital und kann deshalb nur einbindig sein. Die Elemente der zweiten Periode des Periodensystems haben vier Atomorbitale (ein s-AO, drei p-AO), die mit insgesamt acht Valenzelektronen besetzt werden können. Sie sind deshalb maximal vierbindig. Diese Aussage ist als **Oktettregel** bekannt. Elemente höherer Perioden verfügen zusätzlich über d-Atomorbitale, ihre maximale Bindigkeit kann deshalb höher sein.

Nach dem von L. Pauling eingeführten Modell der **Hybridisierung** können verschiedenartige, energetisch ähnliche Atomorbitale beim Eingehen von Bindungen in gleichartige **Hybridorbitale**[1] umgewandelt werden. Die keulenförmigen Hybridorbitale eines Atoms stoßen sich als Räume hoher Ladungsdichte gegenseitig ab und ordnen sich so an, daß ihr gegenseitiger Abstand den größtmöglichen Wert annimmt. Die für die Hybridisierung erforderliche Promotionsenergie wird durch eine höhere Bindungsenergie aufgebracht. Aus der Anzahl der Hybridorbitale, die ein Zentralatom ausbildet, leiten sich die Bindungswinkel und damit die

---

[1] Hybrid = Bastard

42

beteiligte Atomorbitale	geometrische Form	
sp	linear	 180°
sp^2	trigonal planar	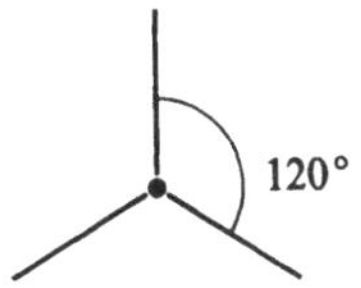 120°
sp^3	tetraedrisch	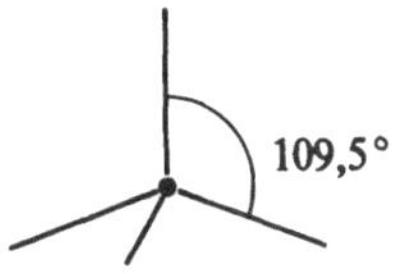 109,5°
sp^2d	quadratisch planar	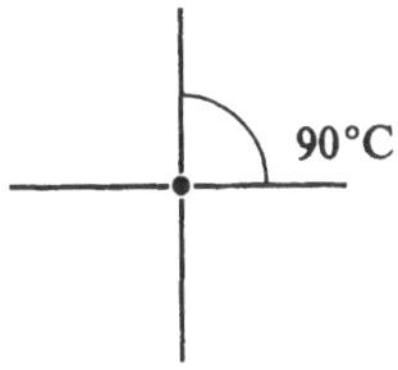 90°C
sp^3d	trigonal bipyramidal	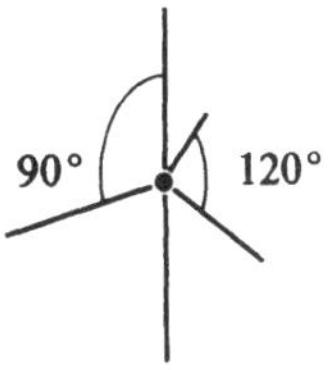 90° 120°
sp^3d^2	oktaedrisch	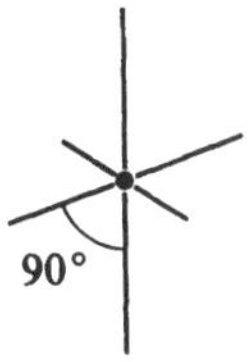 90°

Abb. 3.5 Hybridisierung und Molekülform

geometrische Form des entstehenden Moleküls ab (Abb. 3.5). Bei der Bildung des Methanmoleküls aus einem C-Atom und vier H-Atomen unterliegen die Valenzelektronen des C-Atoms einer sp^3-Hybridisierung. Jedes der vier Hybridorbitale enthält eines der vier Valenzelektronen des Kohlenstoffatoms. Durch Verschmelzung der Hybridorbitale mit s-Atomorbitalen von H-Atomen entsteht das tetraedrisch aufgebaute CH_4-Molekül (Abb. 3.6). Beim Wassermolekül liegt eine sp^3-Hybridisierung des O-Atoms vor. Da Sauerstoff sechs Valenzelektronen hat, sind im Unterschied zum Kohlenstoff bereits zwei Hybridorbitale mit je einem Elektronenpaar besetzt (Abb. 3.7). Sauerstoff kann deshalb nur zwei H-Atome binden. Die nicht an der Bindung beteiligten Hybridorbitale sind stärker negativ geladen und wirken deshalb auch stärker abstoßend als die bindenden, deren negative Ladung durch die positive Kernladung der gebundenen H-Atome teilweise kompensiert wird. Der Bindungswinkel des H_2O-Moleküls ist deshalb mit 104,5° etwas kleiner als der ideale Tetraederwinkel.

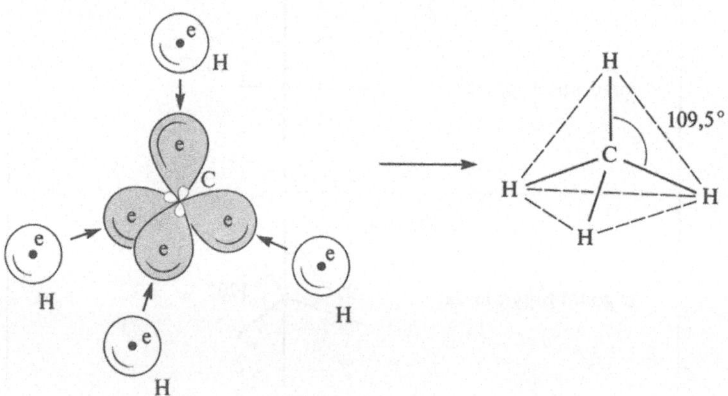

Abb. 3.6 Bildung eines Methanmoleküls

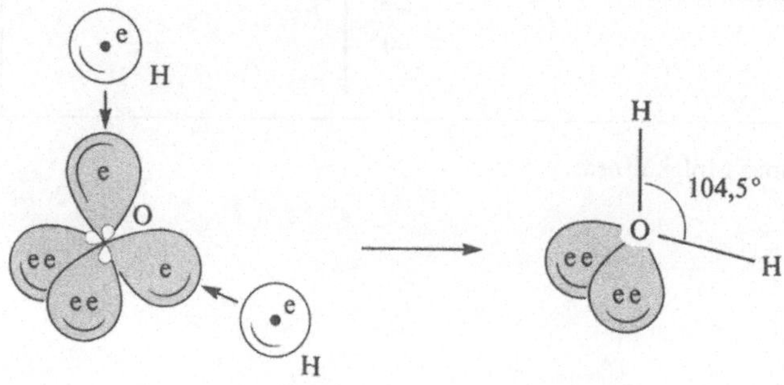

44

Abb. 3.7 Bildung eines
Wassermoleküls

Bei den bisher besprochenen kovalenten Bindungen sind die bindenden Molekülorbitale rotationssymmetrisch um die Bindungsachse, d.h. um die Verbindungslinie zwischen den Kernen der gebundenen Atome angeordnet. Solche Bindungen heißen **σ-Bindungen.** Ihre charakteristische Eigenschaft ist die mehr oder weniger freie Drehbarkeit. Aus räumlichen Gründen können zwischen zwei Atomen nicht gleichzeitig zwei σ-Bindungen ausgebildet werden. An Doppel- oder Dreifachbindungen ist deshalb nur eine σ-Bindung beteiligt. Alle weiteren Bindungen werden als **π-Bindungen** bezeichnet. Ihre Molekülorbitale sind in zwei Zentren axialsymmetrisch zur Bindungsachse angeordnet. Durch π-Bindungen gebundene Atome oder Atomgruppen können ohne Lösen dieser Bindungen nicht um die Bindungsachse gegeneinander gedreht werden. Doppel- und Dreifachbindungen sind also im Unterschied zu Einfachbindungen starr. π-Bindungen sind schwächer als σ-Bindungen und stellen einen Angriffspunkt für „elektronensuchende" Reaktionspartner dar. Stoffe mit Doppel- oder Dreifachbindungen gehen deshalb leicht Additionsreaktionen ein. Die Bildung einer Doppelbindung soll am Beispiel des Ethylenmoleküls verdeutlicht werden. Der Kohlenstoff unterliegt in diesem Fall einer sp^2-Hybridisierung. Zwei der in einer Ebene mit einem Winkel von 120° zueinander angeordneten drei Hybridorbitale bilden σ-Bindungen mit H-Atomen, das dritte bildet eine σ-Bindung mit dem jeweils anderen C-Atom des Moleküls. Die nicht an der Hybridisierung beteiligten p-Atomorbitale verschmelzen zu einem π-Molekülorbital, dessen Zentren oberhalb und unterhalb der Molekülebene liegen (Abb. 3.8).

Beim Acetylenmolekül, H—C≡C—H, führt die sp-Hybridisierung der C-Atome zu einem linearen Molekül, in dem die C-Atome durch eine σ-Bindung und zwei π-Bindungen aneinander gebunden sind.

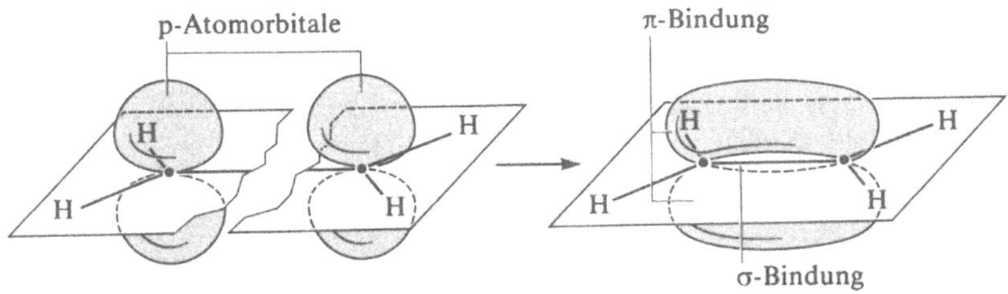

Abb. 3.8 Ausbildung der Doppelbindung im Ethylenmolekül (die σ-Bindungen sind zwecks besserer Anschaulichkeit als Striche dargestellt)

3.3. Metallbindung

Erste Modellvorstellungen über Bindungen zwischen den Atomen von reinen Metallen und Legierungen wurden 1905 von P. Drude entwickelt. Danach geben die Atome des metallischen Festkörpers, begünstigt durch die niedrige Ionisierungsenergie der Metalle, einen Teil ihrer Valenzelektronen ab. Im Metallgitter besetzen die entstehenden Kationen die Gitterplätze, die abgegebenen Elektronen sind in den Gitterlücken als sog. Elektronengas frei beweglich (Abb. 3.9). Die Bindung beruht auf elektrostatischen Kräften zwischen Metallionen und Elektronen oder, bildlich gesprochen, die Elektronen sind der Kitt, der die positiv geladenen Metallionen zusammenhält. Da das Metallgitter im Unterschied zum Ionengitter keine entgegengesetzt geladenen und damit abstoßend wirkenden Anionen enthält, können die Atome vieler Metalle so dicht gepackt werden, wie es ihre Geometrie zuläßt (dichteste Kugelpackungen). Beim Anlegen eines äußeren elektrischen Feldes werden die delokalisierten Elektronen bevorzugt in einer Richtung transportiert, es fließt ein elektrischer Strom.

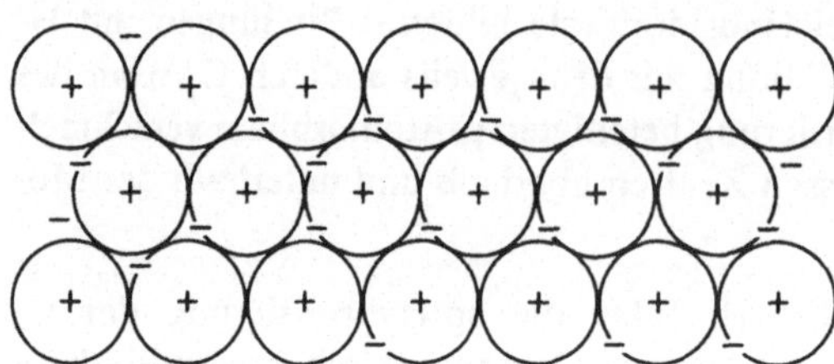

Abb. 3.9 Delokalisierte Elektronen in einem Metallgitter

Tatsächlich sind die Elektronen in einem Metallgitter nicht mit Molekülen eines Gases vergleichbar, die frei beweglich sind und deren Energie kontinuierlich mit der Temperatur zunimmt. Metallelektronen existieren wie Bindungselektronen in den Molekülorbitalen der kovalenten Bindung nur in ganz bestimmten Energiezuständen. Die Atomorbitale der isolierten Metallatome können als Energieniveaus in einem Termschema dargestellt werden. Wenn einzelne Atome einander nähergebracht und schließlich zu einem Kristallverband vereinigt werden, treten ihre Atomorbitale miteinander in Wechselwirkung. Die Atomorbitale von N Metallatomen vereinigen sich dabei zu N delokalisierten Molekülorbitalen. Da jedes Molekülorbital nach dem Pauli-Prinzip höchstens zwei Elektronen enthalten kann, müssen in einem makroskopischen Kristall mit etwa 10^{23} Atomen sehr viele Energieniveaus existieren, die sich nur geringfügig voneinander unterscheiden. Die scharfen Energieniveaus der isolierten Metallatome verbreitern sich im Kristall zu **Energiebändern** (Abb. 3.10). Diese Energiebänder sind um so breiter, je größer die Wechselwirkungen zwischen den Atomorbitalen sind. Besonders breit ist das oberste der mit Elektronen besetzten Bänder, das **Valenzband.** Damit Elektronen im Kristall bevorzugt in einer Richtung transportiert werden können, müssen sie durch die Feldstärke eines elektrischen Feldes auf höheres Energieniveau gehoben werden. Das ist im vollständig besetzten Valenzband nicht möglich. Magnesium, Calcium und andere Metalle mit vollbesetzten s-Atomorbitalen zeigen dennoch elektrische Leitfähigkeit, weil sich das Valenzband mit dem nächst höheren, nicht mit Elektronen besetzten Band, dem **Leitungsband,** überschneidet. Elektronen können dadurch aus dem Valenzband in Energieniveaus des Leitungsbandes übertreten, und ein Stromfluß wird ermöglicht.

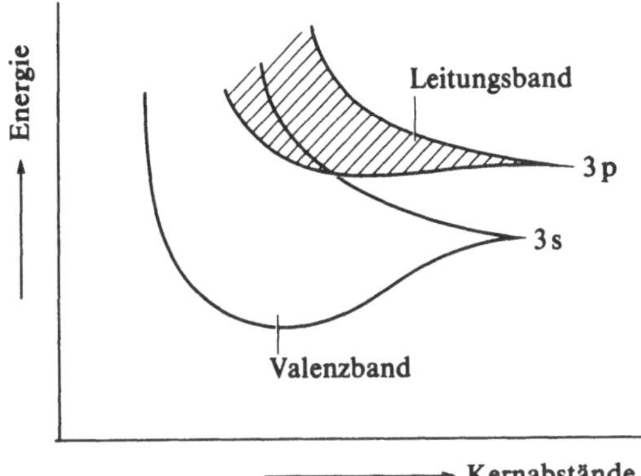

Abb. 3.10 Bildung von Energiebändern bei der Vereinigung von Metallatomen zu einem Kristall

3.4. Reale Bindungen

In der Natur vorkommende Bindungen werden häufig nicht befriedigend durch einen idealen Bindungstyp repräsentiert. Die für den Aufbau der Erdkruste so bedeutende Si—O-Bindung kann z. B. als kovalente Bindung mit ionischem Anteil aufgefaßt werden. Der Charakter einer realen Bindung läßt sich durch die Elektronegativitäten der an der Bindung beteiligten Atome beschreiben. Die von L. Pauling 1932 eingeführte **Elektronegativität** ist eine Maßzahl für das Vermögen eines Atoms, Bindungselektronen an sich zu ziehen. Fluor, das Element mit der größten Elektronegativität, erhielt willkürlich den Wert 4,0. Wie Tab. 3.2 zeigt, haben Sauerstoff, Chlor und Stickstoff nach Fluor die größten Elektronegativitäten. Metalle zeichnen sich durch niedrige Elektronegativitäten aus.

Eine **ideale kovalente Bindung** kann sich nur zwischen Bindungspartnern gleicher oder zumindest annähernd gleicher Elektronegativität ausbilden. Die Elektronegativität der Bindungspartner darf darüber hinaus nicht zu klein sein. Diese Voraussetzungen sind z. B. bei den Bindungen in H_2-, Cl_2- und PH_3-Molekülen, annähernd auch im CH_4-Molekül erfüllt.

Tab. 3.2 Elektronegativitäten der Hauptgruppenelemente bis zur vierten Periode (nach Pauling)

H 2,1						
Li 1,0	Be 1,5	B 2,0	C 2,5	N 3,0	O 3,5	F 4,0
Na 0,9	Mg 1,2	Al 1,5	Si 1,8	P 2,1	S 2,5	Cl 3,0
K 0,8	Ca 1,0	Ga 1,6	Ge 1,8	As 2,0	Se 2,4	Br 2,8

Unterschiedliche Elektronegativitäten der Bindungspartner führen zu unsymmetrischen Elektronendichteverteilungen und damit zu **polaren kovalenten Bindungen**. Der Bindungspartner mit der höheren Elektronegativität erhält wegen seines größeren Anziehungsvermögens für die Bindungselektronen eine negative Partialladung (δ^-), der Bindungspartner mit der niedrigeren Elektronegativität wird entsprechend positiv (δ^+). Sind in einem Molekül mit polaren kovalenten Bindungen die positiven und negativen Ladungsschwerpunkte räumlich voneinander getrennt, wird das Molekül zum Dipol. Das gewinkelt aufgebaute Wassermolekül

$$\overset{\delta^+}{H}\diagdown \overset{2\delta^-}{O} \diagup \underset{\delta^+}{H}$$

hat z. B. ein Dipolmoment von $6{,}17 \cdot 10^{-30}$ A s m, das lineare Kohlendioxidmolekül $\overset{\delta^-}{\underline{O}} = \overset{2\delta^+}{C} = \overset{\delta^-}{\underline{O}}$ hat keinen Dipolcharakter. Ist die Elektronegativitätsdifferenz zwischen den Bindungspartnern sehr groß, gehen die Bindungselektronen vollständig auf den Partner mit der größeren Elektronegativität über, die Bindung ist dann eine **ideale Ionenbeziehung**. Die verschiedenen Zustände sollen durch Abb. 3.11 verdeutlicht werden. Übergangsformen gibt es auch zwischen Metallbindung und kovalenter Bindung sowie zwischen Metallbindung und Ionenbeziehung. Bei der **idealen Metallbindung** haben die Bindungspartner gleiche Elektronegativität, im Unterschied zur kovalenten Bindung ist die Elektronegativität aber klein. Dadurch existieren quasifreie Leitungselektronen als Träger der metallischen Leitfähigkeit. Mit steigender Elektronegativität – oder genauer, mit steigender Ionisierungsenergie – werden immer mehr Elektronen als Bindungselektronen festgelegt, und damit stehen immer weniger Leitungselektronen zur Verfügung. Elemente mit mittleren Werten für die Ionisierungsenergie, wie z. B. Germanium und Silicium, haben in der Regel sehr geringe elektrische Leitfähigkeit. Durch Temperaturerhöhung lassen sich die Gitterschwingungen aber so weit anregen, daß Bindungen aufreißen und Bindungselektronen abgetrennt werden.

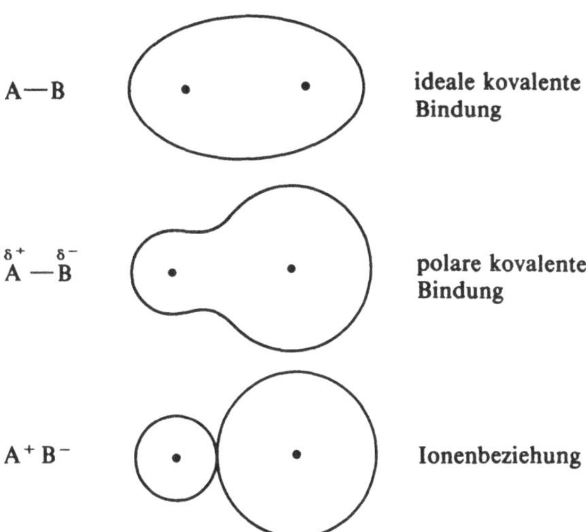

Abb. 3.11 Die polare kovalente Bindung als Übergang
zwischen idealer kovalenter Bindung und Ionenbeziehung

Im Bändermodell heißt das, daß Elektronen durch die zugeführte Energie ΔW
aus dem Valenzband unter Überwindung einer verbotenen Zone in das Leitungsband transportiert werden (Abb. 3.12). Stoffe mit diesem Verhalten werden **Halb-
leiter (Eigenhalbleiter)** genannt. Durch eingelagerte Fremdionen, Unregelmäßigkeiten im Kristallgitter oder andere Störungen können innerhalb der verbotenen
Zonen erlaubte Energieniveaus erzeugt werden. Die verbotene Zone verbreitert
sich mit zunehmender Ionisierungsenergie – z.B. von 0,68 eV bei Germanium
über 1,08 eV bei Silicium auf 5,4 eV bei Diamant – und kann schließlich durch
thermische Anregung nicht mehr überwunden werden. Diamant, in dessen Kristallgitter die C-Atome durch rein kovalente Bindungen miteinander verknüpft
sind, ist ein elektrischer Isolator.

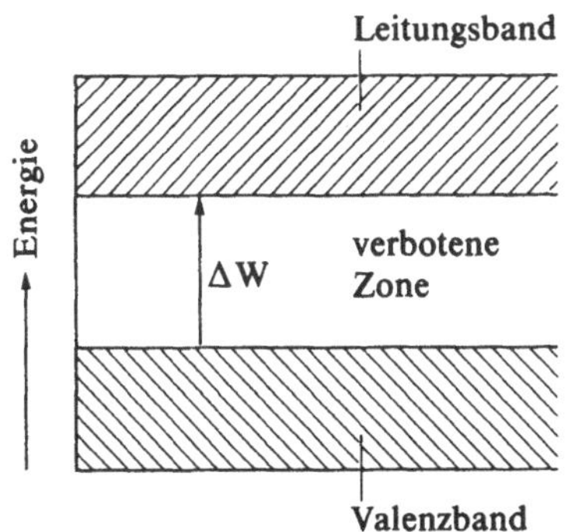

Abb. 3.12 Energiebändermodell
eines Eigenhalbleiters

3.5. Zwischenmolekulare Kräfte

Damit ein Gas wie Helium, Stickstoff, Methan oder überhitzter Wasserdampf bei Abkühlung zu einer Flüssigkeit kondensieren und schließlich zu einem kristallinen Feststoff erstarren kann, müssen Anziehungskräfte zwischen den Gasmolekülen oder -atomen wirksam werden. Solche Anziehungskräfte werden zwischenmolekulare Kräfte oder, nach dem holländischen Physiker J. D. Van der Waals, **Van-der-Waals-Kräfte** genannt. Zwischenmolekulare Kräfte sind wesentlich schwächer als die bisher behandelten Bindungstypen und können deshalb bei Temperaturerhöhung durch verstärkte Wärmebewegung der Teilchen leicht überwunden werden. Bedeutung haben sie insbesondere für Schmelz- und Siedetemperaturen sowie für Viskosität, Oberflächenspannung und Lösevermögen von Verbindungen, die aus Molekülen aufgebaut sind.

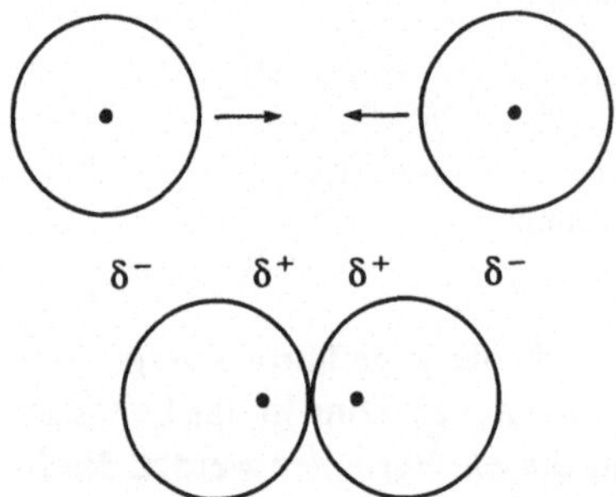

Abb. 3.13 Durch Teilchenstoß induzierte Dipole

In elektrisch neutralen Teilchen treten beim Stoß auf andere Teilchen oder auf die Gefäßwand, bedingt durch die Massenträgheit des Atomkerns, zeitlich begrenzte Ladungsverschiebungen auf, d.h. die Teilchen werden kurzzeitig zu Dipolen (Abb. 3.13). Anziehungskräfte zwischen entgegengesetzt geladenen Polen induzierter Dipole werden als **Dispersionskräfte** bezeichnet. Dispersionskräfte sind die schwächsten unter den zwischenmolekularen Kräften und wirken nur bei sehr geringen Teilchenabständen. Sie nehmen zu mit der Polarisierbarkeit der Atome, d.h. mit der Verformbarkeit ihrer Elektronenhülle. Das bedeutet, daß große Atome leichter polarisierbar sind als kleine. Die Polarisierbarkeit eines Moleküls setzt sich additiv aus den Polarisierbarkeiten der an seinem Aufbau beteiligten Atome zusammen. Mehrfachbindungen leisten wegen ihres Elektronenüberschusses einen zusätzlichen Beitrag zur Polarisierbarkeit.

Moleküle mit permanentem Dipolmoment orientieren sich so zueinander, daß entgegengesetzte Ladungen benachbart sind, z.B.

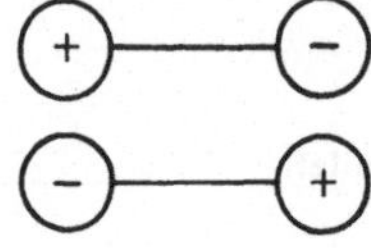

Die zwischen molekularen Dipolen wirkenden Anziehungskräfte werden **Richtkräfte** genannt. Als **Induktionskräfte** werden Anziehungskräfte zwischen polaren Molekülen und Molekülen mit induziertem Dipolmoment bezeichnet.

Besonders starke zwischenmolekulare Kräfte sind die **Wasserstoffbrückenbindungen.** Sie treten auf, wenn H-Atome an Atome hoher Elektronegativität gebunden sind. In einer solchen Konstellation wird dem H-Atom die Elektronenhülle weitgehend entzogen. Dadurch entsteht ein sehr kleiner, positiver Ladungsschwerpunkt, der starke Anziehungskräfte auf negative Partialladungen in Molekülen ausüben kann (Abb. 3.14).

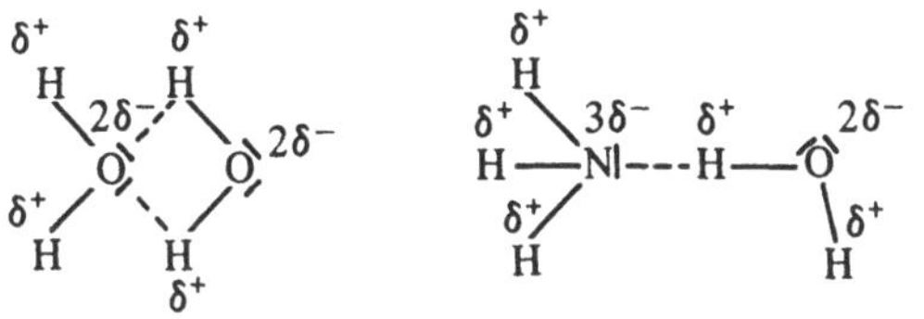

Abb. 3.14 Wasserstoffbrückenbindungen (---)

a) zwischen zwei Wassermolekülen

b) zwischen Wasser- und Ammoniakmolekül

Tab. 3.3 Siedetemperaturen und Viskositäten ausgewählter Alkane		
Name und Struktur des Kohlenstoffskeletts	Siede-temperatur °C	kinematische Viskosität bei 20 °C mm^2 s^{-1}
n-Octan C—C—C—C—C—C—C—C	125,7	0,77
2,2,4-Trimethylpentan	99,2	0,73
n-Nonan C—C—C—C—C—C—C—C—C	150,8	0,99
n-Decan C—C—C—C—C—C—C—C—C—C	174,1	1,27
2,7-Dimethyloctan	159,9	1,13

Je stärker die Anziehungskräfte zwischen den Molekülen einer Flüssigkeit sind, um so größer ist die thermische Energie, die zur Abtrennung einzelner Moleküle aus dem Flüssigkeitsverband erforderlich ist, und um so mehr mechanische Energie muß aufgewendet werden, um zwei benachbarte Flüssigkeitsschichten gegeneinander zu verschieben. Das bedeutet, daß sich mit zunehmenden zwischenmolekularen Kräften Siedetemperatur und Viskosität erhöhen. Bei Kohlenwasserstoffen erhöhen sich die Dispersionskräfte mit der Anzahl der C-Atome im Molekül, Tab. 3.3 zeigt den Einfluß auf Siedetemperaturen und Viskositäten. Aus der Tabelle geht außerdem hervor, daß – bei gleicher C-Zahl – verzweigte Alkane niedrigere Viskositäten und Siedetemperaturen haben als geradkettige. Die sperrigeren Moleküle der verzweigten Alkane können sich einander nicht weit genug nähern, so daß die Dispersionskräfte mit ihrer extrem kurzen Reichweite nicht voll wirksam werden. Hydroxylgruppen ermöglichen die Ausbildung von Wasserstoffbrücken. Mit der Anzahl der OH-Gruppen im Molekül steigen deshalb Siedetemperatur und Viskosität an (Tab. 3.4).

Tab. 3.4 Einfluß von OH-Gruppen auf Siedetemperatur und Viskosität

Verbindung		Siedetemperatur °C	dynam. Viskosität bei 0°C mPa s
Propan	$CH_3-CH_2-CH_3$	-42	0,13
1-Propanol	$CH_3-CH_2-CH_2$ $\quad\quad\quad\quad\ \ |$ $\quad\quad\quad\quad\ OH$	97,5	4,14
Glycerin	$CH_2-CH-CH_2$ $\ |\quad\ \ |\quad\ \ |$ $OH\ \ OH\ \ OH$	290	12 110

4. Lösungen

4.1. Theoretische Grundlagen der Löslichkeit

In 1.1 wurden Lösungen als flüssige Mischphasen definiert. Ihre Bestandteile sind das flüssige Lösemittel und ein oder mehrere gelöste Stoffe, bei denen es sich um Feststoffe, Flüssigkeiten oder Gase handeln kann. Bei Lösungen, die nur aus Flüssigkeiten bestehen, ist eine Unterscheidung zwischen Lösemittel und gelöstem Stoff nicht sinnvoll.

Als **Lösemittel** haben Metallschmelzen – z. B. Roheisen für Graphit – Salzschmelzen, vor allem aber kovalente Verbindungen Bedeutung. Kovalente Lösemittel lassen sich wie folgt unterteilen:

- **Aprotische Lösemittel:** Ihre Moleküle können weder Protonen abgeben noch aufnehmen. Sie werden als dipolar bezeichnet, wenn ihre Moleküle Dipolcharakter haben – z. B. Acetonitril, $CH_3-\overset{\delta^+}{C}\equiv\overset{\delta^-}{N|}$, Dimethylsulfoxid, $(CH_3)_2\overset{\delta^+}{S}=\overset{\delta^-}{\underline{O}}$, – und als apolar, wenn das nicht der Fall ist (z. B. Benzin, Chlorkohlenwasserstoffe).
- **Amphiprotische Lösemittel:** Ihre Moleküle können Protonen sowohl abgeben als auch aufnehmen (z. B. Wasser).
- **Protogene Lösemittel:** Ihre Moleküle können Protonen abgeben (z. B. Fluorwasserstoff, Essigsäure).
- **Protophile Lösemittel:** Ihre Moleküle können Protonen aufnehmen (z. B. flüssiges Ammoniak).

Ein Stoff ist nur in ganz bestimmten Lösemitteltypen löslich. Wie für alle physikalisch-chemischen Vorgänge, sind für das Lösen zwei „Triebkräfte" entscheidend: die Zunahme der Entropie und die Abnahme der Enthalpie.

Die **Entropie** S ist ein Maß für die Unordnung eines Systems. Sie erhöht sich z. B. wenn ein Feststoff verdampft und seine Teilchen aus dem geordneten Kristallverband in den ungeordneten Gaszustand übergehen. Zunahme der Entropie wird durch die Beziehung $\Delta S > 0$, Abnahme der Entropie durch die Beziehung $\Delta S < 0$ beschrieben.

Die **Enthalpie** H ist ein Maß für den Wärmeinhalt eines Systems. Ihre absolute Größe ist nicht bestimmbar, die Enthalpieänderung ΔH ist aber gleich der Wärme, die einem System von außen zugeführt wird ($\Delta H > 0$) oder die ein System an die Umgebung abgibt ($\Delta H < 0$), wenn der Druck bei diesem Vorgang konstant gehalten wird. Die zur Verdampfung eines Stoffes zugeführte Wärme führt z. B. zur Enthalpieerhöhung im System.

Der wechselseitige Einfluß von ΔS und ΔH auf den Ablauf eines physikalisch-chemischen Vorgangs kommt in der **Gibbs-Helmholtz-Gleichung** zum Ausdruck:

$$\Delta G = \Delta H - T\Delta S$$

ΔG ist die Änderung der **Freien Enthalpie**. Ein Vorgang kann nur dann freiwillig ablaufen, wenn die Freie Enthalpie abnimmt, d. h. wenn die Beziehung $\Delta G < 0$ erfüllt ist.

Beim Lösen von Natriumchlorid in Wasser gehen die im Kristall regelmäßig angeordneten Ionen in einen ungeordneten Zustand über, es gilt $\Delta S > 0$. Die Enthalpieänderung des Vorgangs (**Lösungsenthalpie** ΔH_{ls}) resultiert aus den unterschiedlichen Bindungskräften vor und nach dem Lösevorgang. Die einzelnen Schritte sollen mit Hilfe von Abb. 4.1 erläutert werden. Wasserdipole, die in reinem Wasser über Wasserstoffbrücken ($\to$ 3.5.) assoziiert sind, werden von den Ionen der Kristalloberfläche angezogen und an diese angelagert. Dieser mit einer Erniedrigung der Enthalpie verbundene Vorgang wird als **Hydratation** bezeichnet. Mit der freigesetzten **Hydratationsenthalpie** ($\Delta H_{hyd} < 0$) kann die Enthalpieerhöhung bewirkt werden, die zur Auftrennung des Kristalls in einzelne Ionen (**Dissoziation**) erforderlich ist. Diese Enthalpieänderung wird als **Gitterenthalpie**

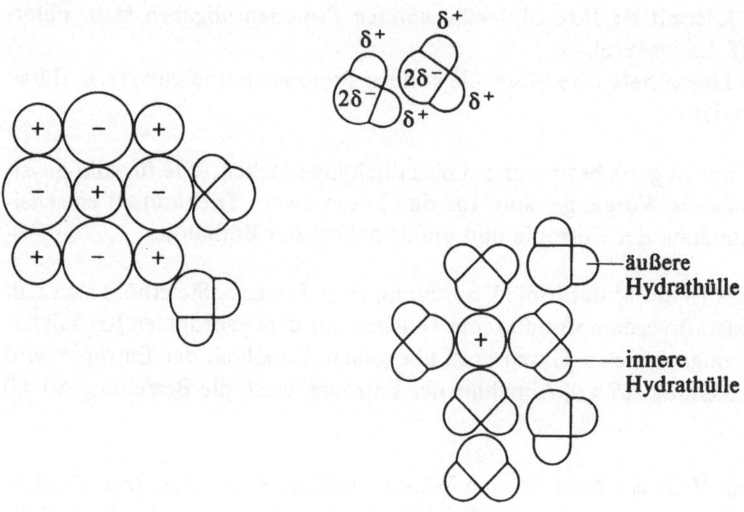

Abb. 4.1 Dissoziation eines Ionenkristalls in Wasser

ΔH_{git} bezeichnet. Es gilt $\Delta H_{\text{git}} > 0$. Nach Abtrennung der Ionen aus dem Kristallverband werden diese in der Lösung vollständig mit einer Hydrathülle umgeben. Die Dicke der Hydrathülle wächst mit zunehmender Ionenladung und mit abnehmendem Ionenradius.

Die Lösungsenthalpie ist die Summe von Hydratationsenthalpie und Gitterenthalpie:

$$\Delta H_{\text{hyd}} + \Delta H_{\text{git}} = \Delta H_{\text{ls}}$$

Bei Natriumchlorid ergibt das

$$-784 \text{ kJ mol}^{-1} + 787 \text{ kJ mol}^{-1} = +3 \text{ kJ mol}^{-1}.$$

Der sehr kleine Wert für ΔH_{ls} und der positive Wert für ΔS ergeben nach der Gibbs-Helmholtz-Gleichung einen negativen Wert für die Änderung der Freien Enthalpie. Daraus folgt, daß sich Natriumchlorid in Wasser löst.

Für Verbindungen wie $CaCl_2$ und $NaOH$ gilt

$$|\Delta H_{\text{hyd}}| > |\Delta H_{\text{git}}|.$$

Damit ist $\Delta H_{\text{ls}} < 0$, d.h. die Lösung erwärmt sich beim Lösevorgang.
Für KNO_3, $KMnO_4$, $CaCl_2 \cdot 6 H_2O$ und andere Verbindungen gilt

$$|\Delta H_{\text{hyd}}| < |\Delta H_{\text{git}}|$$

und damit $\Delta H_{\text{ls}} > 0$. Der für die Aufspaltung des Gitters fehlende Enthalpiebetrag wird in diesem Fall der Umgebung entzogen, so daß sich die Lösung beim Lösevorgang abkühlt.

Im Fall

$$|\Delta H_{\text{hyd}}| \ll |\Delta H_{\text{git}}|$$

wird schließlich ΔH_{ls} größer als der $T\Delta S$-Term und damit ΔG positiv. In diesem Fall löst sich der betreffende Stoff nicht in Wasser. Eine Verbesserung der Löslichkeit kann durch Erhöhung der Temperatur erreicht werden.

Diese Überlegungen gelten im Prinzip auch für nichtwäßrige Lösemittel. In diesem Fall wird für die elektrostatische Anziehung zwischen den Teilchen des Lösemittels und des gelösten Stoffes der Begriff **Solvatation** verwendet. Dipolare Lösemittel liefern in vielen Fällen eine ausreichende Solvatationsenthalpie, so daß Ionenkristalle von ihnen gelöst werden. Bei apolaren Lösemitteln ist die Solvatation von Ionen und die damit verbundene Enthalpieabnahme sehr gering, und die zur Dissoziation des Ionengitters erforderliche Enthalpieerhöhung kann nicht erreicht werden. Salze sind deshalb in Benzin, Toluol oder Dichlormethan nicht löslich.

Feststoffe und Flüssigkeiten lösen sich nur dann merklich in einem Lösemittel, wenn zwischen den Teilchen des zu lösenden Stoffes und den Teilchen des Lösemittels etwa gleich große Anziehungskräfte wirken. In diesem Fall ist die Lösungsenthalpie gering und – da der Lösevorgang mit einer Entropiezunahme verbunden ist – nimmt die Freie Enthalpie ab.

Zur Verdeutlichung dieser Zusammenhänge sollen folgende Beispiele dienen:

– Wasser löst Methanol, Ethanol, Glycerin und andere niedere Alkohole. Im reinen Alkohol sind, ebenso wie im reinen Wasser, die Moleküle über starke Wasserstoffbrückenbindungen miteinander verknüpft. Die Auftrennung der Wasserstoffbrücken zwischen den gleichartigen Molekülen erhöht die Enthalpie etwa um den gleichen Betrag, um den sie nach Mischung der Komponenten bei der Bildung von Wasserstoffbrücken zwischen den verschiedenartigen Molekülen wieder erniedrigt wird. Die Änderung der Gesamtenthalpie ist deshalb gering.
– Toluol löst Polystyrol. Zwischen den Molekülketten des Polystyrols auf der einen Seite und den Toluolmolekülen auf der anderen wirken schwache Dispersionskräfte. Die zur Überwindung der Dispersionskräfte erforderliche Enthalpieerhöhung ist etwa genau so groß, wie die Enthalpieerniedrigung, die auftritt, wenn die Toluolmoleküle zwischen die Moleküle des Polymeren treten und mit diesen über Dispersionskräfte in Wechselwirkung treten (Abb. 4.2).
– Wasser löst Polystyrol nicht. Die Enthalpieerhöhung für das Aufbrechen der Wasserstoffbrücken im Wasser ist wesentlich größer als die Enthalpieerniedrigung, die beim Wirksamwerden von Dispersionskräften zwischen Wasser- und Polystyrolmolekülen eintritt. Daraus folgt ein hoher positiver Wert für die Lösungsenthalpie und, trotz $\Delta S > 0$, eine Zunahme der Freien Enthalpie (Abb. 4.2).

Beim Lösen von Gasen wird die Unordnung der Moleküle und damit die Entropie erniedrigt. Das bedeutet, daß sich Gase nur dann merklich in einem Lösemittel lösen, wenn zwischen Gas- und Lösemittelmolekülen starke zwischenmolekulare Kräfte wirksam werden. Die Lösungsenthalpie ist dann stark negativ. So beruht z. B. die hohe Löslichkeit von Ammoniak in Wasser auf der Bildung von Wasserstoffbrücken zwischen Ammoniak- und Wassermolekülen (Abb. 3.14). Mit steigender Temperatur nimmt nach

$$\Delta G = \underset{(-)}{\Delta H} - \underset{(-)}{T \Delta S}$$

die Freie Enthalpie zu, d. h. die Löslichkeit verschlechtert sich.

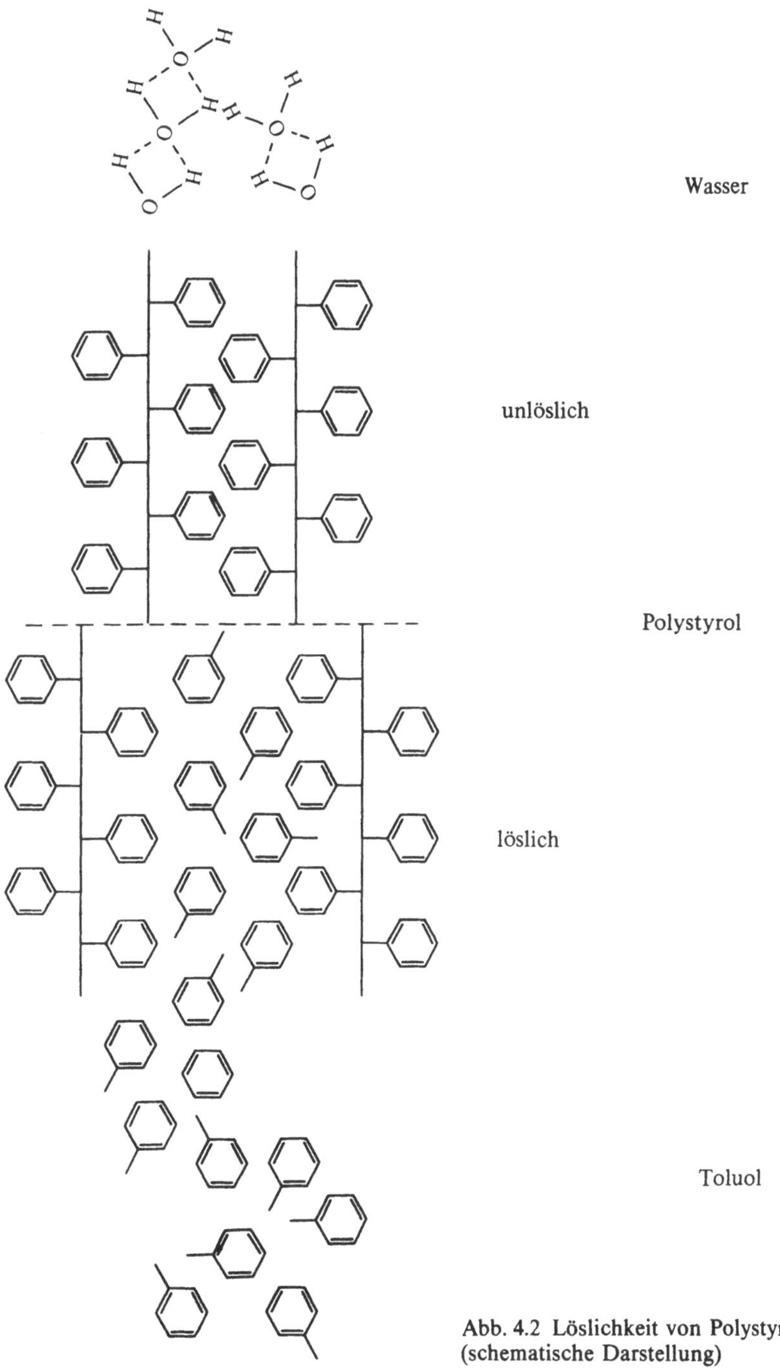

Abb. 4.2 Löslichkeit von Polystyrol
(schematische Darstellung)

4.2. Gehalt von Lösungen

Eine Lösung wird nicht nur durch die Art der gelösten Stoffe und des Lösemittels charakterisiert, sondern auch durch ihre quantitative Zusammensetzung, die meist als Gehalt einer bestimmten Komponente angegeben wird. Der Gehalt der Komponente B in einer Lösung Ls, die außer B noch die Stoffe A, C usw. (Lösemittel, andere gelöste Stoffe) enthält, kann auf unterschiedliche Weise definiert werden.

Massenanteil w:

$$w(\mathrm{B}) = \frac{m(\mathrm{B})}{m(\mathrm{Ls})} = \frac{m(\mathrm{B})}{m(\mathrm{A}) + m(\mathrm{B}) + \cdots}$$

Den Massenanteil von B in Prozent (Massenprozente, Gewichtsprozente) erhält man durch Multiplikation von $w(\mathrm{B})$ mit 100.

Volumenanteil φ:

$$\varphi(\mathrm{B}) = \frac{V(\mathrm{B})}{V(\mathrm{Ls})}$$

Der Volumenanteil ist nur dann eine sinnvolle Gehaltsangabe, wenn die Lösung ausschließlich Flüssigkeiten enthält. Das Volumen der Lösung setzt sich in vielen Fällen nicht additiv aus den Einzelvolumina der Komponenten zusammen. Der Volumenanteil von B in Prozent (Volumenprozente, Volumenkonzentration) ergibt sich durch Multiplikation von $\varphi(\mathrm{B})$ mit 100.

Stoffmengenanteil x:

$$x(\mathrm{B}) = \frac{n(\mathrm{B})}{n(\mathrm{Ls})} = \frac{n(\mathrm{B})}{n(\mathrm{A}) + n(\mathrm{B}) + \cdots}$$

Der Stoffmengenanteil wird häufig noch als „Molenbruch" bezeichnet. Er kann, wie Massenanteil und Volumenanteil, in Prozent („Molprozente") angegeben werden.

Stoffmengenkonzentration c:

$$c(\mathrm{B}) = \frac{n(\mathrm{B})}{V(\mathrm{Ls})}; \quad \text{gebräuchliche Einheit: } [c] = \frac{\mathrm{mol}}{\mathrm{l}}$$

Mit $n = \dfrac{m}{M}$ ergibt sich die Beziehung

$$c(\text{B}) = \frac{m(\text{B})}{M(\text{B})\ V(\text{Ls})}$$

„Molarität" ist eine veraltete Bezeichnung für Stoffmengenkonzentration. Eine Schwefelsäure, $c(\text{H}_2\text{SO}_4) = 0{,}05\ \text{mol}\,l^{-1}$, wird z.B. häufig noch als $0{,}05\ M$ Schwefelsäure (gesprochen: $0{,}05$ molare Schwefelsäure) bezeichnet.

Äquivalenzkonzentration c_{eq}:

Bei Säure-Base-, Redox- und Ionenaustauschreaktionen werden häufig quantitativ erfaßbare Wirkungen verschiedener Stoffe miteinander verglichen. Für die vollständige Neutralisation von 1 mol NaOH werden z.B. 1 mol HCl, aber nur $\tfrac{1}{2}$ mol H_2SO_4 oder $\tfrac{1}{3}$ mol H_3PO_4 benötigt. Der Grund liegt in der unterschiedlichen **Verbindungswertigkeit** z dieser Säuren. Je nach Anzahl der von einem Säuremolekül übertragenen H^+-Ionen spricht man von einwertigen (z.B. HCl), zweiwertigen (z.B. H_2SO_4) oder dreiwertigen (z.B. H_3PO_4) Säuren. Bei Redoxreaktionen ist die Verbindungswertigkeit durch die Anzahl der Elektronen gegeben, die pro Teilchen (z.B. Molekül oder Ion) abgegeben oder aufgenommen werden.

Die **Äquivalenzstoffmenge** n_{eq} trägt der unterschiedlichen Wertigkeit Rechnung. Sie ergibt sich durch Multiplikation der Stoffmenge mit der Wertigkeit der zugrundeliegenden Teilchen:

$$n_{\text{eq}}(\text{B}) = n(\text{B}) \cdot z(\text{B}).$$

Für die dreiwertige Phosphorsäure bedeutet das

$$n_{\text{eq}}(\text{H}_3\text{PO}_4) = n(\text{H}_3\text{PO}_4) \cdot 3,$$

für das fünfwertige Oxidationsmittel Permanganat

$$n_{\text{eq}}(\text{MnO}_4^-) = n(\text{MnO}_4^-) \cdot 5.$$

Die Äquivalenzstoffmenge hat wie jede Stoffmenge die Einheit mol. Früher wurde die spezielle Einheit „val" verwendet. Die Äquivalenzkonzentration ergibt sich analog der Stoffmengenkonzentration:

$$c_{\text{eq}}(\text{B}) = \frac{n_{\text{eq}}(\text{B})}{V(\text{Ls})} = \frac{n(\text{B}) \cdot z(\text{B})}{V(\text{Ls})} = c(\text{B}) \cdot z(\text{B}).$$

Für die Äquivalenzkonzentration wird häufig noch die alte Bezeichnung „Normalität" verwendet. Eine Schwefelsäure, $c_{\text{eq}}(\text{H}_2\text{SO}_4) = 0{,}1\ \text{mol}\,l^{-1}$, wird z.B. als $0{,}1$ N Schwefelsäure (gesprochen: $0{,}1$ normale Schwefelsäure) bezeichnet.

Die Äquivalenzkonzentration ist entbehrlich und kann durch die Stoffmengenkonzentration ersetzt werden. Dabei muß die Stoffmenge auf Äquivalenzteilchen bezogen werden, d. h. auf fiktive einwertige Teilchen. Solche Äquivalenzteilchen sind z. B. bei Säure-Base-Reaktionen ein halbes H_2SO_4-Molekül oder ein drittel H_3PO_4-Molekül:

$$c_{eq}(H_2SO_4) = c(\tfrac{1}{2}H_2SO_4) = \frac{n(\tfrac{1}{2}H_2SO_4)}{V(Ls)} = \frac{m(H_2SO_4)}{M(\tfrac{1}{2}H_2SO_4)\,V(Ls)}\;;$$

$$c_{eq}(H_3PO_4) = c(\tfrac{1}{3}H_3PO_4) = \frac{n(\tfrac{1}{3}H_3PO_4)}{V(Ls)} = \frac{m(H_3PO_4)}{M(\tfrac{1}{3}H_3PO_4)\,V(Ls)}.$$

Molalität b:

Im Unterschied zu den anderen Gehaltsgrößen, die sich auf Masse, Volumen oder Stoffmenge der Lösung beziehen, ist bei der Molalität die Masse des Lösemittels Lm die Bezugsgröße:

$$b(B) = \frac{n(B)}{m(Lm)}\;;\quad \text{bevorzugte Einheit: } [b] = \frac{mol}{kg}$$

Um Gehaltsgrößen ineinander umrechnen zu können, wird häufig die **Dichte** ρ der Lösung benötigt.

$$\rho(Ls) = \frac{m(Ls)}{V(Ls)}\;;\quad \text{gebräuchliche Einheiten: } [\rho] = \frac{kg}{m^3} = \frac{g}{l}$$

$$[\rho] = \frac{g}{cm^3} = \frac{kg}{l}$$

Übungsaufgaben:

1. Wieviel kg Schwefelsäure mit einem H_2SO_4-Massenanteil von 96% müssen mit wieviel kg Wasser verdünnt werden, damit 250 kg einer Säure mit einem H_2SO_4-Massenanteil von 20% entstehen?

   Für die verdünnte Säure (20%ig) gilt:

$$0{,}20 = \frac{m(H_2SO_4)}{m(Ls\,20)}$$

$$m(H_2SO_4) = 0{,}20 \cdot m(Ls\,20) = 0{,}20 \cdot 250\ kg = 50\ kg$$

   Für die konzentrierte Säure (96%ig) gilt:

$$0{,}96 = \frac{m(H_2SO_4)}{m(Ls\,96)}$$

$$m(Ls\,96) = \frac{m(H_2SO_4)}{0{,}96} = \frac{50\ kg}{0{,}96} = 52\ kg$$

Die Masse des Verdünnungswassers ist:

$$m(H_2O) = m(Ls\,20) - m(Ls\,96) = 250\ kg - 52\ kg = 198\ kg$$

2. Wieviel Liter einer Eisen(III)-chlorid-Lösung, $c(FeCl_3) = 0{,}01\ mol\ l^{-1}$, müssen mit 500 Liter Wasser vermischt werden, damit die entstehende Lösung einen Eisengehalt von $150\ mg\ l^{-1}$ hat?

$$M(Fe) = 55{,}9\ g\ mol^{-1}$$

Für die unverdünnte Eisenchloridlösung (Ls) gilt:

$$c(FeCl_3) = c(Fe) = \frac{m(Fe)}{M(Fe)\ V(Ls)}$$

$$m(Fe) = c(Fe) \cdot M(Fe) \cdot V(Ls) = 0{,}01\ mol\ l^{-1} \cdot 55{,}9\ g\ mol^{-1} \cdot V(Ls)$$

Nach der Verdünnung gilt:

$$m(Fe) = 0{,}15\ g\ l^{-1}\,(500\ l + V(Ls))$$

Verknüpfung beider Beziehungen über $m(Fe)$ führt zu

$$0{,}15\ g\ l^{-1}\,(500\ l + V(Ls)) = 0{,}01\ mol\ l^{-1} \cdot 55{,}0\ g\ mol^{-1} \cdot V(Ls)$$

$$V(Ls) = 183\ l$$

3. Wie groß ist die Stoffmengenkonzentration $c(EG)$ einer Ethylenglykol-Wasser-Mischung mit dem Glykolvolumenanteil $\varphi(EG) = 0{,}20$? Die Dichte von reinem Glykol ist $1109\ g\ l^{-1}$.

$$M(EG) = 61{,}1\ g\ mol^{-1}$$

$$c(EG) = \frac{m(EG)}{M(EG)\ V(Ls)}\,; \qquad \varphi(EG) = \frac{V(EG)}{V(Ls)} = 0{,}2\,;$$

$$\rho(EG) = \frac{m(EG)}{V(EG)}\,;$$

$$c(EG) = \frac{\rho(EG)\ V(EG) \cdot 0{,}2}{M(EG)\ V(EG)} = \frac{1109\ g\ l^{-1} \cdot 0{,}2}{61{,}1\ g\ mol^{-1}} = 3{,}63\ mol\ l^{-1}.$$

5. Chemische Reaktionen

5.1. Reaktionsenthalpien

Die allgemeine Bedingung für das freiwillige Ablaufen eines physikalisch-chemischen Vorgangs ($\rightarrow$4.1.).

$$\Delta G = \Delta H - T\Delta S < 0$$

gilt auch für chemische Reaktionen. Das bedeutet, daß der Ablauf einer Reaktion dann begünstigt wird, wenn die Entropie zunimmt ($\Delta S > 0$) und die Enthalpie abnimmt ($\Delta H < 0$).

Die Entropie nimmt zu, wenn die Reaktionsprodukte einen niedrigeren Ordnungszustand haben als die Reaktionspartner. Das ist bei Gasreaktionen meist daran zu erkennen, daß sich die Anzahl der Teilchen bei der Reaktion vergrößert, wie es z. B. bei der Spaltung von Ethanol in Ethylen und Wasserdampf

$$C_2H_5OH \longrightarrow C_2H_4 + H_2O$$

oder bei der Reaktion von Methan mit Wasserdampf zu Kohlenmonoxid und Wasserstoff

$$CH_4 + H_2O \longrightarrow CO + 3\,H_2$$

der Fall ist.

Die bei einer chemischen Reaktion auftretende Enthalpieänderung wird **Reaktionsenthalpie** ΔH_r genannt. Sie wird meistens auf ein Mol des Reaktionspartners oder Reaktionsproduktes bezogen, dessen Formel in die Reaktionsgleichung ohne Faktor eingeht. Die Reaktionsenthalpie ist gleich der bei der Reaktion umgesetzten Wärme (**Reaktionswärme**), wenn der Druck während der Reaktion konstant gehalten wird. Bei Druckänderung unterscheiden sich Reaktionswärme und Reaktionsenthalpie voneinander. Der Unterschied ist aber meist so gering, daß er bei technischen Wärmeberechnungen vernachlässigt werden kann. Eine **endotherme Reaktion** liegt vor, wenn die Enthalpie im Verlauf der Reaktion steigt ($\Delta H_r > 0$). Bei einer **exothermen Reaktion** nimmt die Enthalpie ab ($\Delta H_r < 0$). Findet die Reaktion in einem System statt, das keinen Wärmeaustausch mit der Umgebung zuläßt (adiabatisches System), führt eine endotherme Reaktion zur Temperaturerniedrigung, eine exotherme Reaktion zur Temperaturerhöhung. Die Reaktionsenthalpie ist von Druck und Temperatur abhängig. Reaktionsenthalpien werden in Tabellen und Reaktionsgleichungen sehr häufig für den Fall angegeben, daß die Reaktionspartner vor und die Reaktionsprodukte nach der Reaktion im Standardzustand vorliegen, und dann als **Standard-Reaktionsenthalpien** ΔH_r°

bezeichnet. Der Standardzustand ist durch den Druck von 1 bar und die Temperatur von 298,15 K (25 °C) gekennzeichnet. Wenn es erforderlich ist, den Aggregatzustand der Stoffe anzugeben, geschieht das mit Hilfe der Buchstaben „s" (engl. solid) für fest, „l" (engl. liquid) für flüssig und „g" (engl. gaseous) für gasförmig.

Für die exotherme Verbrennung von Wasserstoff gilt die folgende Reaktionsgleichung und Standard-Reaktionsenthalpie, wenn das gebildete Wasser bei der Standardtemperatur von 25 °C als Wasserdampf anfällt, was bei großer Verdünnung – z. B. in einem Rauchgas – sehr häufig der Fall ist.

$$H_2 + \tfrac{1}{2}O_2 \longrightarrow H_2O\,(g); \quad \Delta H_r^{\circ}\,(g) = -242\ \mathrm{kJ\,mol^{-1}}.$$

Für den Fall, daß Wasser in flüssiger Form entsteht, gilt

$$H_2 + \tfrac{1}{2}O_2 \longrightarrow H_2O\,(l); \quad \Delta H_r^{\circ}\,(l) = -285\ \mathrm{kJ\,mol^{-1}}.$$

Aus der Differenz der beiden Reaktionsenthalpien läßt sich die **Verdampfungsenthalpie** des Wassers bei 25 °C berechnen:

$$H_2O\,(l) \longrightarrow H_2O\,(g) \quad \Delta H_v^{\circ} = \Delta H_r^{\circ}\,(g) - \Delta H_r^{\circ}\,(l)$$
$$= -242 - (-285) = +43\ \mathrm{kJ\,mol^{-1}}$$

Vertauscht man in der Reaktionsgleichung Reaktionspartner und Reaktionsprodukte miteinander, wird aus der exothermen Wasserstoffverbrennung die endotherme Wasserspaltung:

$$H_2O\,(g) \longrightarrow H_2 + \tfrac{1}{2}O_2 \quad \Delta H_r^{\circ} = +242\ \mathrm{kJ\,mol^{-1}}$$

Der Betrag der Reaktionsenthalpie bleibt gleich, nur das Vorzeichen ändert sich.

Nach dem **Satz von Heß** ist bei gleichem Anfangs- und Endzustand die Reaktionsenthalpie unabhängig vom Reaktionsweg. Damit lassen sich Reaktionsenthalpien berechnen, die experimentell nicht oder schwer bestimmbar sind. Die Reaktionsenthalpie der Verbrennung von Kohlenstoff (Graphit) kann z. B. in der kalorimetrischen Bombe (→ 14.2.) bestimmt werden.

$$C\,(s) + O_2 \longrightarrow CO_2 \quad \Delta H_r^{\circ} = -393\ \mathrm{kJ\,mol^{-1}}$$

Experimentell zugänglich ist auch die Reaktionsenthalpie der Verbrennung von Kohlenmonoxid.

$$CO + \tfrac{1}{2}O_2 \longrightarrow CO_2 \quad \Delta H_r^{\circ} = -283\ \mathrm{kJ\,mol^{-1}}$$

Bei der unvollständigen Verbrennung von Kohlenstoff zu Kohlenmonoxid

$$C\,(s) + \tfrac{1}{2}O_2 \longrightarrow CO$$

entsteht immer auch Kohlendioxid. Die experimentelle Bestimmung der Reaktionsenthalpie ist deshalb schwierig. Da aber für den direkten Weg vom Kohlenstoff zum Kohlendioxid und für den „Umweg" über das Kohlenmonoxid die Enthalpieänderungen gleich sind, läßt sich die Reaktionsenthalpie für die Bildung von Kohlenmonoxid berechnen (Abb. 5.1).

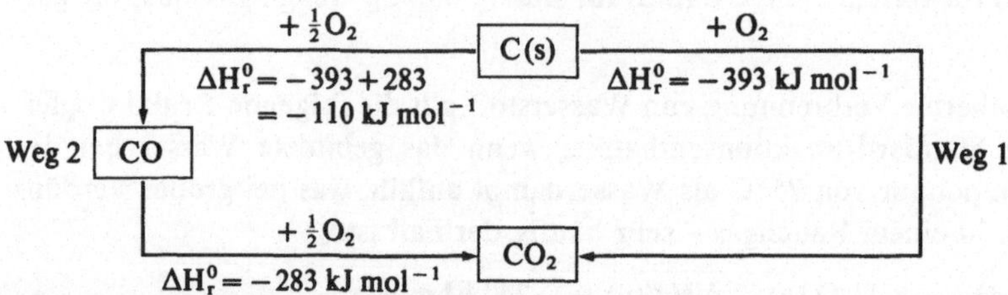

Abb. 5.1 Beispiel für den Satz von Heß

Grundlage für Enthalpieberechnungen sind häufig die in Tabellen angegebenen **Standard-Bildungsenthalpien** ΔH_f^0. Sie sind definiert als die Enthalpieänderungen, die bei der Bildung von einem Mol einer Verbindung aus den Elementen unter Standardbedingungen auftreten oder auftreten würden. Bei den Elementen wird dabei jeweils der Aggregatzustand zugrunde gelegt, der unter Standardbedingungen der stabilste ist. Die Standard-Bildungsenthalpien der Elemente sind definitionsgemäß gleich null. Bildungsreaktion und Standard-Bildungsenthalpie sind z. B. für Schwefeldioxid

$$S\,(s) + O_2\,(g) \longrightarrow SO_2\,(g) \qquad \Delta H_f^0\,(SO)_2 = -297 \text{ kJ mol}^{-1}$$

Übungsaufgabe:

Welche Reaktionswärme (Reaktionsenthalpie) tritt auf, wenn 1 m^3 eines Gasgemisches aus 50 Vol.-% Methan und 50 Vol.-% Kohlendioxid vollständig verbrennt? Gasgemisch und Verbrennunngsprodukte (Wasser als Wasserdampf) sollen bei 1 bar und 25 °C vorliegen. Folgende Standard-Bildungsenthalpien sind gegeben: $\Delta H_f^0\,(CH_4) = -75$ kJ mol^{-1}; $\Delta H_f^0\,(CO_2) = -393$ kJ mol^{-1}, $\Delta H_f^0\,(H_2O, g) = -242$ kJ mol^{-1}

Da sich CO_2 bei der Verbrennung inert verhält, reduziert sich der Vorgang auf die Reaktion

$$CH_4 + 2\,O_2 \longrightarrow CO_2 + 2\,H_2O$$

Die folgende Tabelle enthält für die an der Reaktion beteiligten Verbindungen die Gleichungen der Bildungsreaktionen und die Standard-Bildungsenthalpien. Bei Reaktion 3 müssen beide mit zwei multipliziert werden, da die Zielgleichung 2 H$_2$O enthält. Durch Addition der Zeilen 2 und 3 und Subtraktion von Zeile 1 erhält man die Zielgleichung und die dazugehörige Reaktionsenthalpie.

	Reaktion	ΔH_r° kJ mol^{-1}
1 −	$C\,(s) + 2\,H_2 \longrightarrow CH_4$	$-(-75)$
2 +	$C\,(s) + O_2 \longrightarrow CO_2$	-393
3 +	$2\,H_2 + O_2 \longrightarrow 2\,H_2O\,(g)$	$-2\cdot242$
	$-C\,(s) - 2\,H_2 + C\,(s) + O_2 + 2\,H_2 + O_2$ $\longrightarrow -CH_4 + CO_2 + 2\,H_2O\,(g)$ zusammengefaßt: $CH_4 + 2\,O_2 \longrightarrow CO_2 + 2\,H_2O\,(g)$	 -802

Das bedeutet verkürzt, daß man die Reaktionsenthalpie erhält, wenn von den Bildungsenthalpien der Reaktionsprodukte die Bildungsenthalpien der Reaktionspartner abgezogen werden.

Nach der Zustandsgleichung idealer Gase ($\rightarrow$1.4.) sind in 1 m^3 Gasgemisch enthalten

$$n(CH_4) = \frac{p\,V(CH_4)}{R\,T} = \frac{1{,}013\ \text{bar} \cdot 500\ \text{l}}{0{,}0831\ \text{l bar K}^{-1}\,\text{mol}^{-1} \cdot 298{,}15\ \text{K}} = 20{,}44\ \text{mol}$$

Die Reaktionswärme ergibt sich durch Multiplikation der molaren Reaktionsenthalpie mit der Stoffmenge des Methans und beträgt 16390 kJ m^{-3}

5.2. Chemische Gleichgewichte

Daß eine chemische Reaktion im Sinne der Reaktionsgleichung vollständig abläuft, ist nicht als selbstverständlich, sondern eher als Grenzfall anzusehen. Bei 1 bar und 600 °C und unter der Bedingung, daß die Reaktionspartner im stöchiometrischen Verhältnis eingesetzt werden, ist z. B. der maximal erreichbare Umsatz bei der Reaktion

$$N_2 + 3\,H_2 \longrightarrow 2\,NH_3 \qquad\qquad \text{kleiner als } 1\%,$$

bei der Reaktion

$$CH_4 + H_2O \longrightarrow 3\,H_2 + CO \qquad\qquad \text{etwa } 45\%,$$

65

und bei der Reaktion

$$2\,H_2 + O_2 \longrightarrow 2\,H_2O \qquad\qquad \text{größer als 99\%.}$$

Die Reaktionen streben einem von Temperatur und Druck abhängigen Gleichgewichtszustand zu, nach dessen Einstellung sich die Zusammensetzung des Reaktionsgemisches nicht mehr verändert. Gleichgewichtsreaktionen werden durch einen Doppelpfeil gekennzeichnet, z. B.

$$CH_4 + H_2O \rightleftharpoons 3\,H_2 + CO$$

Dadurch wird zum Ausdruck gebracht, daß die Gleichgewichtszusammensetzung sowohl durch Reaktion der Stoffe auf der linken, als auch durch Reaktion der Stoffe auf der rechten Seite der Reaktionsgleichung erreicht werden kann.

Chemische Gleichgewichte wurden 1867 von Guldberg und Waage erstmals quantitativ behandelt. Die mathematische Beziehung für ihre Beschreibung ist unter der Bezeichnung **Massenwirkungsgesetz** bekannt.

Chemische Reaktionen bestehen in den meisten Fällen aus einer Folge von Einzelschritten. Die Anzahl der Moleküle, die an einem Reaktionsschritt beteiligt sind, wird als **Molekularität** bezeichnet. Von einem unimolekularen Reaktionsschritt spricht man, wenn ein Molekül von selbst in ein anderes Molekül umgelagert wird oder in andere Moleküle zerfällt. Bei einem bimolekularen Reaktionsschritt ist der Zusammenstoß von zwei Molekülen Voraussetzung für die chemische Reaktion. Betrachten wir ein geschlossenes System mit definiertem Volumen, so kann die **Reaktionsgeschwindigkeit** r durch die differentielle zeitliche Änderung der Stoffmenge einer an der Reaktion beteiligten Komponente beschrieben werden. Die Reaktionsgeschwindigkeit einer unimolekularen Reaktion

$$A \longrightarrow D$$

ist um so größer, je mehr Moleküle von A im Reaktionsvolumen enthalten sind oder, anders ausgedrückt, sie ist proportional der Stoffmengenkonzentration $c(A)$:

$$r_1 = k_1\,c(A)$$

Der Proportionalitätsfaktor k_1 – allgemein k – ist von den an der Reaktion beteiligten Stoffen und von der Temperatur abhängig. Er wird als **Geschwindigkeitskonstante** der Reaktion bezeichnet.

Durch den Verbrauch von A während der Reaktion erniedrigt sich $c(A)$ und damit r_1. Ist die betrachtete Reaktion eine Gleichgewichtsreaktion, dann gewinnt mit der Bildung von D die Reaktion

$$D \longrightarrow A$$

an Bedeutung. Für die Reaktionsgeschwindigkeit der „Rückreaktion" gilt

$$r_2 = k_2\,c(D)$$

Da sich $c(D)$ im Verlauf der Reaktion zunächst erhöht, steigt r_2 an. Die Abhängigkeit der Reaktionsgeschwindigkeiten von der Zeit ist in Abb. 5.2 graphisch dargestellt. Das Gleichgewicht ist dann erreicht, wenn die Bildung von D aus A und die Rückbildung von A aus D mit gleicher Geschwindigkeit ablaufen. Wie Abb. 5.2 zeigt, gilt dann

$$r_1 = r_2$$

und damit

$$k_1 \, c(A) = k_2 \, c(D)$$

$$\frac{k_1}{k_2} = \frac{c(D)}{c(A)}$$

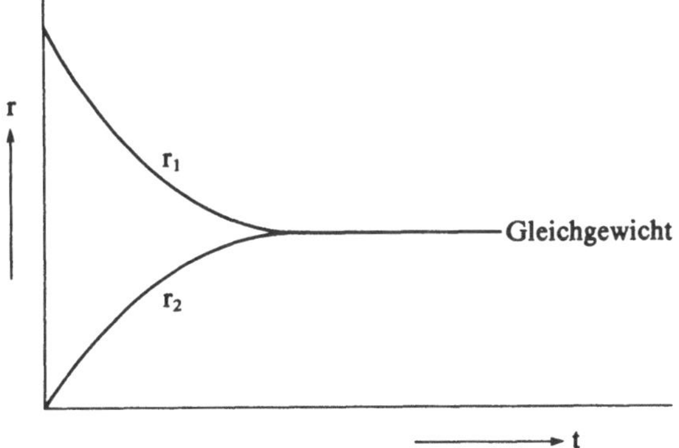

Abb. 5.2 Zeitabhängigkeit der Reaktionsgeschwindigkeiten einer Gleichgewichtsreaktion

Wird der Quotient der Geschwindigkeitskonstanten k_1 und k_2 durch die **Gleichgewichtskonstante** K_c ersetzt, erhält man als Gleichgewichtsbedingung für die Reaktion A $\rightleftharpoons$ D:

$$K_c = \frac{c(D)}{c(A)}$$

Die Gleichgewichtskonstante ist ein Maß für die Gleichgewichtslage der Reaktion bei konstanter Temperatur. Da definitionsgemäß im Zähler immer die Konzentration der Stoffe steht, die sich auf der rechten Seite der Reaktionsgleichung befinden, bedeutet ein hoher Zahlenwert von K_c im betrachteten Fall, daß sich im Gleichgewicht ein großer Anteil von A zu D umgesetzt hat und umgekehrt.

Bei einer bimolekularen Reaktion zwischen den Reaktionspartnern A und B ist die Reaktionsgeschwindigkeit um so größer, je häufiger in einem bestimmten Volumen Teilchen von A und B zusammenstoßen. Die Anzahl der möglichen Zusammenstöße ergibt sich nach Abb. 5.3 aus dem Produkt der Teilchenzahlen von

3*

A und B, d.h. aber, die Reaktionsgeschwindigkeit r ist dem Produkt der Stoffmengenkonzentrationen von A und B proportional. Für die bimolekulare Gleichgewichtsreaktion

$$A + B \; \underset{r_2}{\overset{r_1}{\rightleftharpoons}} \; D + E$$

gilt dann

$$r_1 = k_1 \cdot c(A) \cdot c(B),$$

$$r_2 = k_2 \cdot c(D) \cdot c(E)$$

und für den Gleichgewichtszustand

$$k_1 \cdot c(A) \cdot c(B) = k_2 \cdot c(D) \cdot c(E),$$

$$K_c = \frac{k_1}{k_2} = \frac{c(D) \cdot c(E)}{c(A) \cdot c(B)}.$$

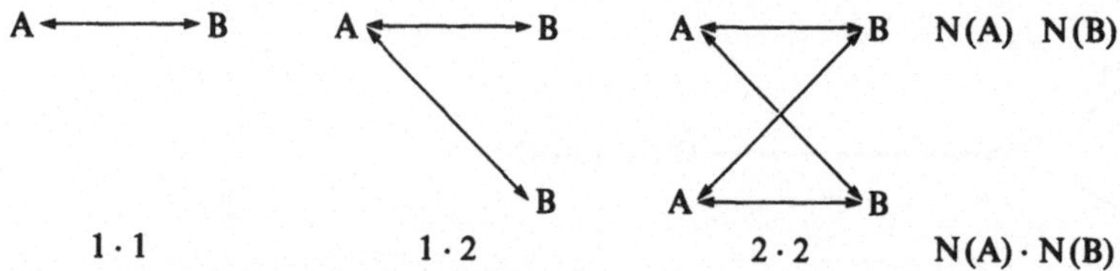

Abb. 5.3 Stoßmöglichkeiten zwischen zwei verschiedenen Teilchenarten A und B

Auch bei komplizierten Reaktionsmechanismen läßt sich das Massenwirkungsgesetz anwenden. Eine Reaktion

$$A + B \; \rightleftharpoons \; D$$

bei der sich z. B. zunächst ein unbeständiges Zwischenprodukt A B bildet, kann in die Einzelschritte

$$A + B \; \rightleftharpoons \; A B,$$

$$A B \; \rightleftharpoons \; D$$

zerlegt werden, für die die Gleichgewichtsbedingungen

$$\frac{k_1}{k_2} = \frac{c(AB)}{c(A) \cdot c(B)},$$

$$\frac{k_3}{k_4} = \frac{c(D)}{c(A B)}$$

gelten.

Durch Multiplikation der beiden Gleichungen erhält man

$$\frac{k_1}{k_2}\cdot\frac{k_3}{k_4} = \frac{c(AB)\cdot c(D)}{c(A)\cdot c(B)\cdot c(AB)} = \frac{c(D)}{c(A)\cdot c(B)} = K_c.$$

Danach gilt, unabhängig vom Reaktionsmechanismus, aber unter der Bedingung, daß jeder Einzelschritt im Gleichgewicht genau so schnell abläuft wie seine Umkehrung:

Eine chemische Reaktion ist bei gegebener Temperatur im Gleichgewichtszustand, wenn der Quotient aus dem Produkt der Stoffmengenkonzentrationen der Reaktionsprodukte und dem Produkt der Stoffmengenkonzentrationen der Reaktionspartner konstant ist. Stöchiometrische Zahlen, die als Faktoren vor der Formel stehen, erscheinen im Massenwirkungsgesetz als Exponenten der Stoffmengenkonzentrationen. Für die Reaktion

$$N_2 + 3\,H_2 \rightleftharpoons 2\,NH_3$$

heißt die Gleichgewichtsbedingung damit

$$K_c = \frac{c(NH_3)^2}{c(N_2)\cdot c(H_2)^3}.$$

Das Massenwirkungsgesetz gilt für homogene Reaktionen und streng nur für ideale Systeme. Homogen sind Reaktionen, die in der Gasphase oder in Lösung ablaufen. In idealen Systemen sind die Anziehungskräfte zwischen den Teilchen vernachlässigbar ($\rightarrow$1.4.). Das ist bei hohen Gasdrücken oder in Lösungen mit hohen Ionenkonzentrationen nicht der Fall. Für genaue Berechnungen muß deshalb statt der Stoffmengenkonzentration die **Aktivität** a verwendet werden, die durch Multiplikation der Stoffmengenkonzentration mit dem Aktivitätskoeffizienten f_a erhalten wird:

$$a = c\cdot f_a.$$

Der Aktivitätskoeffizient ist von der Konzentration abhängig und geht bei niedrigen Konzentrationen gegen eins.

Statt der Stoffmengenkonzentrationen – bzw. der Aktivitäten – können auch andere Gehaltsgrößen verwendet werden, wenn sie der Teilchenzahl proportional sind. Da das z. B. bei der Massenkonzentration nicht der Fall ist, ist die Bezeichnung „Massenwirkungsgesetz" irreführend. Bei Gasreaktionen werden die Gehalte der Komponenten häufig als Partialdrücke angegeben. Die Gleichgewichtskonstante wird in diesem Fall mit K_p bezeichnet. Bei Verwendung der Partialdrücke heißt die Gleichgewichtsbedingung für die oben formulierte Ammoniakbildung

$$K_p = \frac{p(NH_3)^2}{p(N_2)\cdot p(H_2)^3}.$$

Die **Beeinflussung von Gleichgewichten** ist auf unterschiedliche Weise möglich.

Änderung der Temperatur:

Eine Vergrößerung der Gleichgewichtskonstanten kann bei endothermen Reaktionen durch Temperaturerhöhung und bei exothermen Reaktionen durch Temperaturerniedrigung erreicht werden. Die Erklärung gibt die Gibbs-Helmholtz-Gleichung ($\rightarrow$ 4.1.). Für den Gleichgewichtszustand gilt

$$\Delta G = \Delta H - T\Delta S = 0.$$

Diese Bedingung kann nur erfüllt werden, wenn ΔH und ΔS das gleiche Vorzeichen haben oder null sind. Damit aus einem Gleichgewichtszustand heraus ein weiterer Umsatz der Reaktionspartner im Sinne der Reaktionsgleichung erreicht werden kann, muß ΔG negativ werden. Das ist bei endothermen Reaktionen ($\Delta H > 0$; $\Delta S > 0$) durch Temperaturerhöhung möglich. Temperaturerniedrigung führt zu einem kleineren $T\Delta S$-Term. Da dieser bei exothermen Reaktionen ($\Delta H < 0$; $\Delta S < 0$) mit positivem Vorzeichen in die Gleichung eingeht, wird ΔG negativ.

Änderung des Systemdrucks bei Gasreaktionen:

Obwohl die Gleichgewichtskonstante vom Druck unabhängig ist, verändert sich bei Druckerhöhung das Gleichgewicht zugunsten der Seite, auf der laut Reaktionsgleichung die Summe der Stoffmengen kleiner ist. Das ist z. B. bei der Ammoniakbildung

$$\underset{4x\,mol}{N_2 + 3\,H_2} \;\rightleftharpoons\; \underset{2x\,mol}{2\,NH_3}$$

die rechte Seite und bei der Steamreforming-Reaktion

$$\underset{2x\,mol}{CH_4 + H_2O} \;\rightleftharpoons\; \underset{4x\,mol}{3\,H_2 + CO}$$

die linke Seite. Das Gleichgewicht der Reaktion

$$\underset{2x\,mol}{CO + H_2O} \;\rightleftharpoons\; \underset{2x\,mol}{CO_2 + H_2}$$

ist druckunabhängig.

Der Gesamtdruck eines Gasgemisches, das sich z. B. aus Stickstoff, Wasserstoff und Ammoniak zusammensetzt, ergibt sich bei idealem Verhalten aus den Partialdrücken der Komponenten nach

$$p_1 = p(N_2)_1 + p(H_2)_1 + p(NH_3)_1 \qquad (\rightarrow 1.4.)$$

Nehmen wir an, daß es sich bei $p(N_2)_1$, $p(H_2)_1$ und $p(NH_3)_1$ um Gleichgewichtspartialdrücke handelt, die sich bei dem Gesamtdruck p_1 über die Ammoniakbildungsreaktion eingestellt haben, so gilt

$$K_p = \frac{p(NH_3)_1^2}{p(N_2)_1 \cdot p(H_2)_1^3}$$

Wird nun, bei konstanter Temperatur und damit bei konstantem K_p, der Gesamtdruck um den Faktor $x > 1$ erhöht, erhöhen sich sämtliche Partialdrücke um den Faktor x:

$$x p_1 = x p(N_2)_1 + x p(H_2)_1 + x p(NH_3)_1$$

Die neuen Partialdrücke bewirken eine Störung des Gleichgewichtszustandes

$$K_p \neq \frac{x^2 \cdot p(NH_3)_1^2}{x \cdot p(N_2)_1 \cdot x^3 \cdot p(H_2)_1^3}$$

die das System dadurch ausgleicht, daß $x \cdot p(NH_3)_1$ unter gleichzeitigem Absinken von $x \cdot p(N_2)_1$ und $x \cdot p(H_2)_1$ steigt oder, anders ausgedrückt, im Gleichgewicht wird ein größerer Anteil des Stickstoffs und Wasserstoffs zu Ammoniak umgesetzt.

Änderung der Konzentration oder des Partialdrucks:
Der Gleichgewichtsumsatz eines Reaktionspartners läßt sich z. B. dadurch erhöhen, daß ein anderer Reaktionspartner – häufig ein billiger oder leicht rückgewinnbarer – im stöchiometrischen Überschuß zugegeben wird. Für die Reaktion

$$SO_2 + \tfrac{1}{2}O_2 \; \rightleftharpoons \; SO_3$$

gilt die Gleichgewichtsbedingung

$$K_p = \frac{p(SO_3)}{p(SO_2) \cdot \sqrt{p(O_2)}}.$$

Durch Umformung erhält man die Beziehung

$$K_p \sqrt{p(O_2)} = \frac{p(SO_3)}{p(SO_2)},$$

aus der abzulesen ist, daß ein hoher SO_2-Umsatz, d. h. ein großer Wert für den Quotienten $p(SO_3)/p(SO_2)$, durch einen hohen Sauerstoffpartialdruck erreicht werden kann.

Entfernen von Komponenten aus dem Gleichgewicht:
Selbst bei niedrigen Gleichgewichtskonstanten können Reaktionen nahezu vollständig im Sinne der Reaktionsgleichung ablaufen, wenn es gelingt, ein Reaktionsprodukt kontinuierlich aus dem Reaktionssystem zu entfernen. Für die Veresterung organischer Säuren mit Alkoholen ($\rightarrow$ 12.3.) nach der allgemeinen Gleichung

$$\underset{\text{Säure}}{R_1-COOH} + \underset{\text{Alkohol}}{HO-R_2} \; \rightleftharpoons \; \underset{\text{Ester}}{R_1-COO-R_2} + \underset{\text{Wasser}}{H_2O}$$

heißt die Gleichgewichtsbedingung

$$K_c = \frac{c\,(\text{Ester})\cdot c\,(H_2O)}{c\,(\text{Säure})\cdot c\,(\text{Alkohol})}$$

Wird während der Reaktion das Gleichgewicht gestört, indem $c\,(H_2O)$ z. B. durch Verdampfung des Reaktionswassers auf einem sehr niedrigen Wert gehalten wird, reagiert das System unter Neubildung von Wasser – und Ester – über die Veresterungsreaktion, bis Säure und Alkohol nahezu vollständig umgesetzt sind.

Übungsaufgaben:

1. 10 Normkubikmeter Kohlenmonoxid sollen mit 25 kg Wasserdampf bei 400 °C nach Gleichung

$$CO + H_2O \;\rightleftharpoons\; CO_2 + H_2$$

umgesetzt werden. Wieviel Prozent des Kohlenmonoxids können bei $K_c = 11{,}7$ bis zur Einstellung des Gleichgewichts mit Wasserdampf reagieren?

$$K_c = \frac{c\,(CO_2)\cdot c\,(H_2)}{c\,(CO)\cdot c\,(H_2O)} = \frac{n\,(CO_2)\cdot n\,(H_2)\cdot V\cdot V}{V\cdot V\cdot n\,(CO)\cdot n\,(H_2)} = \frac{n\,(CO_2)\cdot n\,(H_2)}{n\,(CO)\cdot n\,(H_2O)}\,;$$

$$n\,(CO) \;= \frac{10\,000\ \text{l}}{22{,}4\ \text{l mol}^{-1}} = \;446{,}4\ \text{mol}\,;$$

$$n\,(H_2O) = \frac{25\,000\ \text{g}}{18\ \text{g mol}^{-1}} = 1388{,}9\ \text{mol}.$$

Wenn sich im Gleichgewicht x mol CO umsetzen, gilt für die Stoffmengen der beteiligten Komponenten:

n	CO	H_2O	CO_2	H_2
Beginn	446,4	1388,9	—	—
Gleichgewicht	$446{,}4-x$	$1388{,}9-x$	x	x

Durch Einsetzen in die Gleichgewichtsbeziehung erhält man

$$11{,}7 = \frac{x^2}{(446{,}4-x)(1388{,}9-x)}.$$

Die quadratische Gleichung hat die Lösungen $x_1 = 1577$ mol und $x_2 = 430$ mol. Nur x_2 ist sinnvoll, da sich von 446,4 mol CO nicht 1577 mol umsetzen lassen.

Ergebnis: 96,3% des CO können mit Wasserdampf reagieren.

2. Mit welchen Stoffmengenanteilen sind die an der Reaktion beteiligten Gaskomponenten im Gleichgewicht enthalten, wenn Methan und Wasserdampf im stöchiometrischen Verhältnis bei 600 °C und 10 bar nach Gleichung

$$CH_4 + H_2O \rightleftharpoons CO + 3H_2$$

zur Reaktion gebracht werden?

$$K_p = 0,493 \text{ bar}^2 = \frac{p(CO) \cdot p(H_2)^3}{p(CH_4) \cdot p(H_2O)}$$

Bei der Berechnung der Gleichgewichts-Stoffmengenanteile muß berücksichtigt werden, daß sich die Gesamtstoffmenge erhöht.

$\dfrac{n(B)}{n(Ms)}$	CH_4	H_2O	CO	H_2
Beginn	0,5	0,5	—	—
Gleichgewicht	$\dfrac{0,5-x}{1+2x}$	$\dfrac{0,5-x}{1+2x}$	$\dfrac{x}{1+2x}$	$\dfrac{3x}{1+2x}$

Die Partialdrücke der Einzelkomponenten sind den Stoffmengenanteilen proportional

$$p(B) = \frac{n(B)}{n(Ms)} \cdot p,$$

damit gilt

$$p(CH_4) = \frac{0,5-x}{1+2x} \cdot 10 \text{ bar}; \quad p(H_2O) = \frac{0,5-x}{1+2x} \cdot 10 \text{ bar};$$

$$p(CO) = \frac{x}{1+2x} \cdot 10 \text{ bar}; \quad p(H_2) = \frac{3x}{1+2x} \cdot 10 \text{ bar};$$

$$0,493 \text{ bar}^2 = \frac{x \cdot 3^3 \cdot x^3 \cdot (1+2x)^2 \cdot 10^4 \text{ bar}^4}{(1+2x) \cdot (1+2x)^3 \cdot (0,5-x)^2 \cdot 10^2 \text{ bar}^2};$$

$$x^4 = 1,826 \cdot 10^{-4} \cdot (1+2x)^2 \cdot (0,5-x)^2$$

Die Lösung erfolgt durch Iteration:

Schätzung: $x = 0,2$;

$$x_1^4 = 1,826 \cdot 10^{-4} \cdot 1,4^2 \cdot 0,3^2 \qquad = 0,322 \cdot 10^{-4}; \quad x_1 = 0,075;$$

$$x_2^4 = 1,826 \cdot 10^{-4} \cdot 1,15^2 \cdot 0,425^2 = 0,436 \cdot 10^{-4}; \quad x_2 = 0,081;$$

$$x_3^4 = 1,826 \cdot 10^{-4} \cdot 1,162^2 \cdot 0,419^2 = 0,438 \cdot 10^{-4}; \quad x_3 = 0,081.$$

Die Stoffmengenanteile der Komponenten lassen sich wie folgt berechnen:

$$x(CH_4) = x(H_2O) = \frac{0,5-0,081}{1+0,162} = 0,3605;$$

$$x(CO) = \frac{0,081}{1+0,162} = 0,070;$$

$$x(H_2) = \frac{3 \cdot 0,081}{1+0,162} = 0,209.$$

Da die Stoffmengenanteile bei idealen Gasen gleich den Volumenanteilen sind, ergibt sich eine Gleichgewichtszusammensetzung von 36,05 Vol.-% CH_4, 36,05 Vol.-% H_2O-Dampf, 7,0 Vol.-% CO und 20,9 Vol.-% H_2.

Die im Hochofen ($\rightarrow$11.1.) bei etwa 1000°C ablaufende Reaktion

$$FeO + CO \;\rightleftharpoons\; Fe + CO_2$$

ist eine **heterogene Gleichgewichtsreaktion,** da außer den Gasen Kohlenmonoxid und Kohlendioxid die Feststoffe Eisen(II)-oxid und Eisen an der Reaktion beteiligt sind. Die in der Gleichgewichtsbedingung

$$K_p' = \frac{p(Fe) \cdot p(CO_2)}{p(FeO) \cdot p(CO)}$$

enthaltenen Dampfdrücke $p(Fe)$ und $p(FeO)$ sind sehr klein und, solange die entsprechenden Feststoffe anwesend sind, konstant. Sie werden deshalb in die Gleichgewichtskonstante einbezogen:

$$K_p' \cdot \frac{p(FeO)}{p(Fe)} = K_p = \frac{p(CO_2)}{p(CO)}.$$

Ein heterogenes Gleichgewicht kann sich auch dann einstellen, wenn eine Ionenverbindung mit Wasser oder einem anderen Lösemittel in Kontakt steht. Calciumcarbonat löst sich in Wasser nur in sehr geringem Maße. Der Lösevorgang kann durch die Reaktionsgleichung

$$CaCO_3\,(s) \;\rightleftharpoons\; Ca^{2+} + CO_3^{2-}$$

beschrieben werden. Durch den Doppelpfeil wird zum Ausdruck gebracht, daß sich solange festes Calciumcarbonat lösen kann, bis ganz bestimmte Ionenkonzentrationen erreicht sind, und daß umgekehrt Calcium- und Carbonationen als festes Calciumcarbonat auskristallisieren, wenn diese Gleichgewichtskonzentrationen überschritten werden. Im Gleichgewichtszustand sind die Geschwindigkeiten von Auflösung und Kristallisation gleich und die Konzentration der Lösung bleibt konstant. Das Gleichgewicht zwischen einer festen Ionenverbindung und der gesättigten wäßrigen Lösung ihrer Ionen wird durch das **Löslichkeitspro-**

dukt K_L beschrieben. Es ist im Fall des Calciumcarbonats durch die Beziehung

$$K_L(CaCO_3) = c(Ca^{2+}) \cdot c(CO_3^{2-})$$

und im Fall des Eisen(II)-hydroxids durch die Beziehung

$$K_L(Fe(OH)_2) = c(Fe^{2+}) \cdot c(OH^-)^2$$

gegeben. Beziehungen dieser Art gelten streng nur bei niedrigen Ionenkonzentrationen (Aktivitätskoeffizient ≈ 1) wie sie bei schwerlöslichen Ionenverbindungen auftreten. Die Konstante K_L ist wie alle Gleichgewichtskonstanten von der Temperatur abhängig. Tab. 5.1 gibt die Löslichkeitsprodukte einiger schwerlöslicher Verbindungen bei 25°C.

Tab. 5.1 Löslichkeitsprodukte bei 25°C

Verbindung	K_L
$MgCO_3$	10^{-5} mol^2 l^{-2}
$CaCO_3$	10^{-8} mol^2 l^{-2}
$AgCl$	$2 \cdot 10^{-10}$ mol^2 l^{-2}
$BaSO_4$	10^{-10} mol^2 l^{-2}
$FeCO_3$	10^{-11} mol^2 l^{-2}
$AgBr$	$5 \cdot 10^{-13}$ mol^2 l^{-2}
$Fe(OH)_2$	10^{-15} mol^3 l^{-3}
$Cu(OH)_2$	10^{-20} mol^3 l^{-3}

Je kleiner das Löslichkeitsprodukt ist, um so geringer ist bei gleichem Stoffmengenverhältnis zwischen Anionen und Kationen die Löslichkeit der Verbindung in Wasser. Bei schwerlöslichen Verbindungen ist das Volumen des Lösemittels etwa gleich dem Volumen der entstehenden Lösung. Die **Löslichkeit,** meist angegeben als Masse der Verbindung, die sich in 100 g Wasser lösen läßt, kann deshalb aus dem Löslichkeitsprodukt errechnet werden.

Übungsaufgaben:

1. Wie groß ist die Löslichkeit von Calciumcarbonat in Wasser bei 25°C?

$K_L(CaCO_3) = 10^{-8}$ mol^2 l^{-2}; $M(CaCO_3) = 100{,}1$ g mol^{-1};

$c(Ca^{2+}) \, c(CO_3^{2-}) = 10^{-8}$ mol^2 l^{-2}.

Beim Lösen von Calciumcarbonat in reinem Wasser gilt

$$c(CaCO_3) = c(Ca^{2+}) = c(CO_3^{2-})$$

und damit

$$c(Ca^{2+})^2 = 10^{-8} \text{ mol}^2 \text{ l}^{-2},$$

$$c(\mathrm{Ca}^{2+}) = \frac{m(\mathrm{CaCO_3})}{M(\mathrm{CaCO_3})\,V(\mathrm{Ls})} = 10^{-4}\ \mathrm{mol\,l^{-1}},$$

$$\frac{m(\mathrm{CaCO_3})}{V(\mathrm{Ls})} = 100{,}1\,\mathrm{g\,mol^{-1}} \cdot 10^{-4}\ \mathrm{mol\,l^{-1}} = 10^{-2}\,\mathrm{g\,l^{-1}}.$$

Bei einer Dichte der wäßrigen Lösung von $1000\ \mathrm{g\,l^{-1}}$ errechnet sich eine Löslichkeit von etwa 1 mg pro 100 g Wasser.

2. Wie groß ist die maximale Stoffmengenkonzentration der Eisenionen in einer wäßrigen Lösung mit dem pH-Wert 9 ($c(\mathrm{OH}^-) = 10^{-5}\ \mathrm{mol\,l^{-1}}$; →6.4.)?

$$K_\mathrm{L}(\mathrm{Fe(OH)_2}) = c(\mathrm{Fe}^{2+})\,c(\mathrm{OH}^-)^2 = 10^{-15}\ \mathrm{mol^3\,l^{-3}};$$

$$c(\mathrm{Fe}^{2+}) = \frac{10^{-15}\ \mathrm{mol^3\,l^{-3}}}{(10^{-5})^2\ \mathrm{mol^2\,l^{-2}}} = 10^{-5}\ \mathrm{mol\,l^{-1}}.$$

Die maximale Eisenkonzentration beträgt $10\ \mathrm{\mu mol\,l^{-1}}$.

Zur **Fällung** kommt es, wenn durch die in der Lösung enthaltenen Ionen das Löslichkeitsprodukt einer schwerlöslichen Verbindung überschritten wird. Bei einer Überschreitung um mehrere Zehnerpotenzen läuft dieser Vorgang sehr schnell ab, und die Bildung des kristallinen Feststoffs erfolgt über amorphe Zwischenstufen. Durch Fällungsreaktionen lassen sich unerwünschte Ionen aus wäßrigen Lösungen – z. B. aus Abwasser – entfernen. Das geschieht durch Zusatz eines Fällungsmittels, das die zur Überschreitung des Löslichkeitsproduktes erforderlichen Gegenionen enthält. Da die meisten Metallhydroxide schwerlöslich sind, eignet sich Natriumhydroxidlösung (Natronlauge) als Fällungsmittel für Metallionen, z. B.

$$\underbrace{\mathrm{Cu}^{2+} + \mathrm{SO_4^{2-}}}_{\substack{\text{Metallsalz-}\\\text{lösung}}} + \underbrace{2\,\mathrm{Na}^+ + 2\,\mathrm{OH}^-}_{\text{Fällungsmittel}} \longrightarrow \underbrace{\mathrm{Cu(OH)_2}}_{\text{Niederschlag}} + \underbrace{2\,\mathrm{Na}^+ + \mathrm{SO_4^{2-}}}_{\substack{\text{verbleibende}\\\text{Lösung}}}$$

Durch Komplexbildung kann die Konzentration einer Ionenart so stark vermindert werden, daß die Fällung unterbleibt oder bereits ausgefallene Niederschläge wieder aufgelöst werden.

Komplexe sind mehr oder weniger stabile Gebilde von molekularer Größenordnung, die durch Anlagerung von Molekülen oder Ionen – den Liganden – an ein Zentralatom oder -ion gebildet werden. Zur Komplexbildung neigen insbesondere Übergangsmetalle, die zur Bindung befähigte, nicht voll besetzte d-Atomorbitale besitzen. Die Bildung bzw. der Zerfall von Komplex-Verbindungen sind Gleichgewichtsreaktionen.

Silberionen bilden z. B. mit Ammoniak Diaminkomplexe

$$\mathrm{Ag}^+ + 2\,\mathrm{NH_3} \rightleftharpoons [\mathrm{Ag(NH_3)_2}]^+$$

und mit Natriumthiosulfat, $\mathrm{Na_2S_2O_3}$, Thiosulfatokomplexe, z. B.

$$\mathrm{Ag}^+ + 2\,\mathrm{S_2O_3^{2-}} \rightleftharpoons [\mathrm{Ag(S_2O_3)_2}]^{3-}$$

Die Stabilität eines Komplexes wird durch die Gleichgewichtskonstante seiner Bildungsreaktion (Stabilitätskonstante) beschrieben, die sich z. B. für das komplexe Silberdiaminion aus der folgenden Beziehung ergibt:

$$K_c = \frac{c\left([\mathrm{Ag(NH_3)_2}]^+\right)}{c(\mathrm{Ag}^+)\cdot c(\mathrm{NH_3})^2}$$

Die Stabilitätskonstante hat in diesem Fall bei 25 °C einen Zahlenwert von 10^7. Für das komplexe Silberthiosulfatoanion liegt er bei 10^{13}.

Die hohe Stabilität und leichte Löslichkeit von Silberthiosulfatokomplexen ist die chemische Grundlage für das Fixieren von photographischem Material. Beim Fixieren wird nichtreduziertes, lichtempfindliches Silberbromid durch Baden in Natrium- oder Ammoniumthiosulfatlösung aus der photographischen Schicht herausgelöst. Das schwerlösliche Silberbromid geht nach

$$\mathrm{AgBr\,(s)} \rightleftharpoons \mathrm{Ag}^+ + \mathrm{Br}^- \qquad K_\mathrm{L} = 5\cdot 10^{-13}\ \mathrm{mol^2\,l^{-2}}$$

so gut wie nicht in Lösung. Die komplexe Bindung der Silberionen durch das Thiosulfat führt aber zu einer Störung des Gleichgewichtes, das sich solange neu einstellt, bis nahezu das gesamte Silberbromid gelöst ist.

Ob eine schwerlösliche Ionenverbindung durch Komplexbildung gelöst werden kann, hängt vom Löslichkeitsprodukt der Verbindung und von der Stabilitätskonstanten des Komplexes ab. Multipliziert man beide miteinander, so erhält man die Gleichgewichtskonstante der Lösereaktion. Im Falle des Lösens von Silberbromid durch Thiosulfatlösungen werden die Beziehungen

$$5\cdot 10^{-13} = c(\mathrm{Ag}^+)\cdot c(\mathrm{Br}^-)$$

und

$$10^{13} = \frac{c\left([\mathrm{Ag(S_2O_3)_2}]^{3-}\right)}{c(\mathrm{Ag}^+)\cdot c(\mathrm{S_2O_3^{2-}})^2}$$

zu

$$5 = \frac{c\left([\mathrm{Ag(S_2O_3)_2}]^{3-}\right)\cdot c(\mathrm{Br}^-)}{c(\mathrm{S_2O_3^{2-}})^2}$$

vereinigt. Das aber ist die Gleichgewichtsbedingung für die Lösereaktion, wie nach Wiedereinführung des festen Silberbromids in die Reaktionsgleichung leicht erkannt werden kann:

$$\mathrm{AgBr\,(s)} + 2\,\mathrm{S_2O_3^{2-}} \rightleftharpoons [\mathrm{Ag(S_2O_3)_2}]^{3-} + \mathrm{Br}^-$$

Ein Zahlenwert von 5 für die Gleichgewichtskonstante bedeutet eine ausreichend günstige Gleichgewichtslage. Für die Auflösung von Silberbromid in Ammoniak errechnet sich ein Zahlenwert von $5\cdot 10^{-13}\cdot 10^7 = 5\cdot 10^{-6}$, d. h. die Reaktion kann nicht ablaufen.

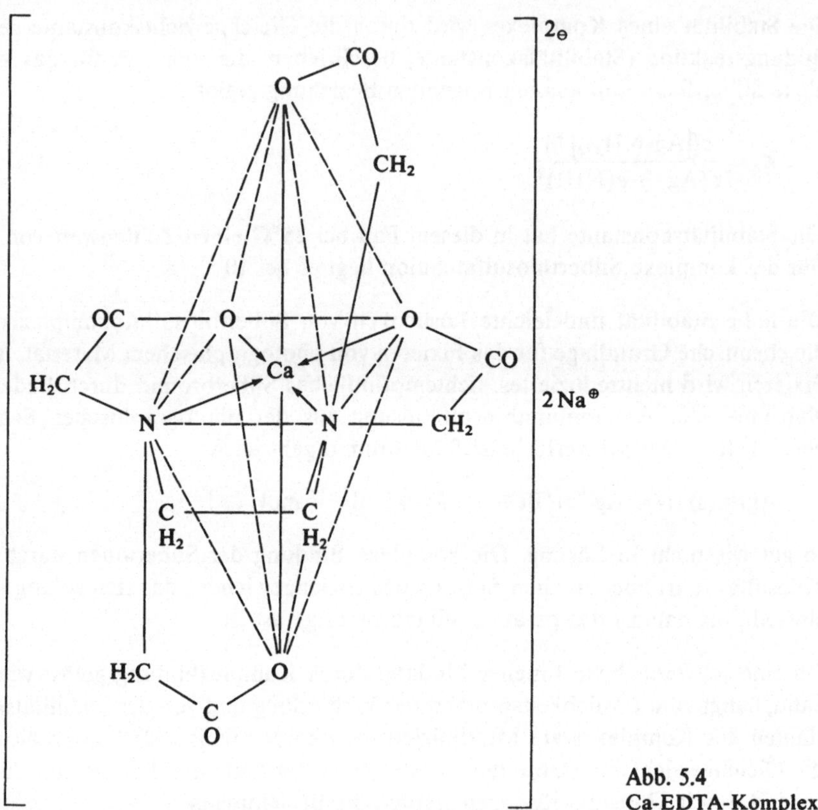

Abb. 5.4
Ca-EDTA-Komplex

Komplexe, deren Liganden zu einem Zentralatom oder -ion mehrere Bindungen ausbilden und dieses ringförmig umgeben, werden als **Chelate**[1] bezeichnet. Chelatbildner sind z. B. Natriumtriphosphat

$$NaO-\overset{\overset{\displaystyle O}{\|}}{\underset{\underset{\displaystyle ONa}{|}}{P}}-O-\overset{\overset{\displaystyle O}{\|}}{\underset{\underset{\displaystyle ONa}{|}}{P}}-O-\overset{\overset{\displaystyle O}{\|}}{\underset{\underset{\displaystyle ONa}{|}}{P}}-ONa$$

das wegen der düngenden Wirkung in Oberflächengewässern seine dominierende Rolle als Komplexbildner in Waschmitteln verloren hat, Nitrilotriessigsäure, NTA

$$HOOC-CH_2-N\begin{cases} CH_2-COOH \\ CH_2-COOH \end{cases}$$

---

[1] von griech. chelae = Krebsschere

und Ethylendiaminotetraessigsäure, EDTA

$$\begin{array}{ccc}
HOOC-CH_2 & & CH_2-COOH \\
\diagdown & & \diagup \\
& N-CH_2-CH_2-N & \\
\diagup & & \diagdown \\
HOOC-CH_2 & & CH_2-COOH
\end{array}$$

Abb. 5.4 zeigt den räumlichen Aufbau eines Ca-EDTA-Komplexes.

5.3. Katalysatoren

Das Gleichgewicht der Reaktion

$$2\,H_2 + O_2 \;\rightleftharpoons\; 2\,H_2O$$

liegt bei Raumtemperatur nahezu vollständig auf der rechten Seite. Dennoch kann ein Gemisch aus Wasserstoff und Sauerstoff in einem Gefäß über lange Zeit aufbewahrt werden, ohne daß es zu einer nennenswerten Reaktion kommt. Der Grund liegt darin, daß die Reaktionsgeschwindigkeit bei Raumtemperatur extrem niedrig ist. Bei der Ableitung des Massenwirkungsgesetzes in 5.2. wurde die Gleichgewichtskonstante K_c für den Quotienten zweier Geschwindigkeitskonstanten k_1 und k_2 eingeführt. Es ist leicht erkennbar, daß auch zwei sehr kleine Geschwindigkeitskonstanten eine große Gleichgewichtskonstante ergeben können, z. B.

$$K_c = \frac{k_1}{k_2} = \frac{10^{-10}}{10^{-12}} = 10^2.$$

Die Geschwindigkeitskonstante erhöht sich mit steigender Temperatur. Erhitzt man ein Wasserstoff-Sauerstoff-Gemisch an einer Stelle auf etwa 600 °C, dann erfolgt Zündung und explosionsartige Reaktion. Temperaturerhöhung ist nicht immer ein praktikabler Weg zur Erhöhung der Reaktionsgeschwindigkeit. Bei exothermen Reaktionen verschieben z. B. hohe Temperaturen das Gleichgewicht zuungunsten der Reaktionsprodukte, so daß die Reaktion zwar schneller, aber unvollständig abläuft. Die Reaktion zwischen Wasserstoff und Sauerstoff läßt sich auch zünden, wenn etwas feinverteiltes Platin mit dem Gasgemisch in Kontakt gebracht wird. Das Platin wirkt in diesem Fall als Katalysator.

Ein **Katalysator** ist ein Stoff, der die Geschwindigkeit einer chemischen Reaktion erhöht, ohne selbst verbraucht zu werden. Das Gleichgewicht wird durch ihn nicht beeinflußt. Die Steuerung chemischer Reaktionen mit Hilfe von Katalysatoren wird als **Katalyse** bzeichnet. Der Begriff wurde 1836 von J. Berzelius eingeführt und um 1900 von W. Ostwald erstmals genau definiert. Heute durchlaufen die meisten chemischen Erzeugnisse und Mineralölprodukte bei ihrer Herstellung mindestens ein katalytisches Verfahren. Die Katalyse hat außerdem zunehmende Bedeutung bei der Reinigung von Abgasen.

Von **homogener Katalyse** spricht man, wenn der Katalysator im Reaktionsmedium gelöst ist. Größere Bedeutung hat die **heterogene Katalyse,** bei der die Reaktion an der Oberfläche eines festen Katalysators stattfindet. Damit in einem bestimmten Reaktionsvolumen eine große Reaktionsfläche untergebracht werden kann, sind Katalysatoren in den meisten Fällen poröse Festkörper mit großer innerer Oberfläche.

Bevor eine chemische Reaktion ablaufen kann, müssen häufig Bindungen in den Molekülen der Reaktionspartner gespalten oder umgruppiert werden. Die dafür erforderliche Energie wird als **Aktivierungsenergie** bezeichnet. Bei der heterogenen Katalyse wird mindestens ein Reaktionspartner durch Bindung an einem Oberflächenplatz (Chemisorption) aktiviert. Die Aktivierung beruht einmal auf der räumlichen Annäherung und Fixierung der Moleküle und zum anderen auf der Schwächung von Bindungen, die sich in einer Erniedrigung der Aktivierungsenergie äußert. Die zwischen den Molekülen der Reaktionspartner und den aktiven Zentren der Katalysatoroberfläche ausgebildeten Bindungen müssen einerseits stark genug sein, um die Aktivierung zu bewirken, sie dürfen aber nicht so stark sein, daß eine stabile chemische Verbindung entsteht. In Abb. 5.5 sind die Oberflächenreaktionen dargestellt, die bei der Oxidation von Kohlenmonoxid an Platinkatalysatoren ablaufen. Abb. 5.6 zeigt schematisch die Erniedrigung der Aktivierungsenergie bei der katalytischen CO-Oxidation im Vergleich zur rein thermischen Verbrennung.

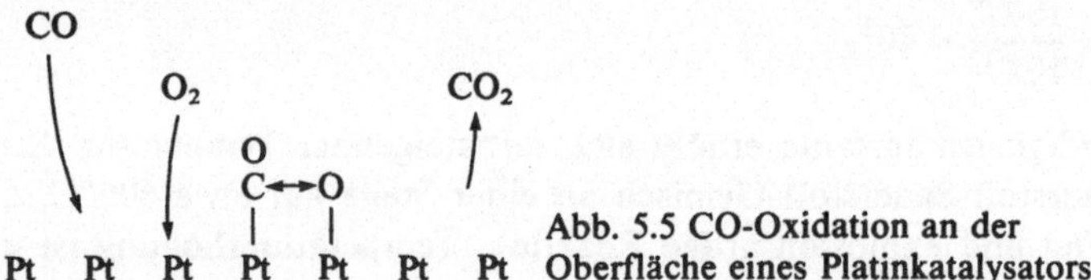

Abb. 5.5 CO-Oxidation an der Oberfläche eines Platinkatalysators

Katalysatoren lassen sich in Redoxkatalysatoren und Säure-Base-Katalysatoren unterteilen. **Redoxkatalysatoren** katalysieren Reaktionen, bei denen Elektronenübergänge stattfinden ($\rightarrow$7.). Dazu gehören Ammoniaksynthese, Hydrierungen, Hydrotreating, Dehydrierungen und Oxidationen mit molekularem Sauerstoff, bei denen die Gewinnung chemischer Stoffe – z. B. SO_3 aus SO_2 – oder die Totaloxidation organischer Stoffe zum Zwecke der Abgasreinigung das Ziel sein kann. Als Redoxkatalysatoren wirken Übergangsmetalle wie Platin, Nickel oder Eisen, deren unvollständig besetzte d-Atomorbitale Bindungen zu den Molekülen der Reaktionspartner ausbilden können, und halbleitende Oxide von Vanadium, Chrom, Molybdän und anderen Übergangsmetallen.

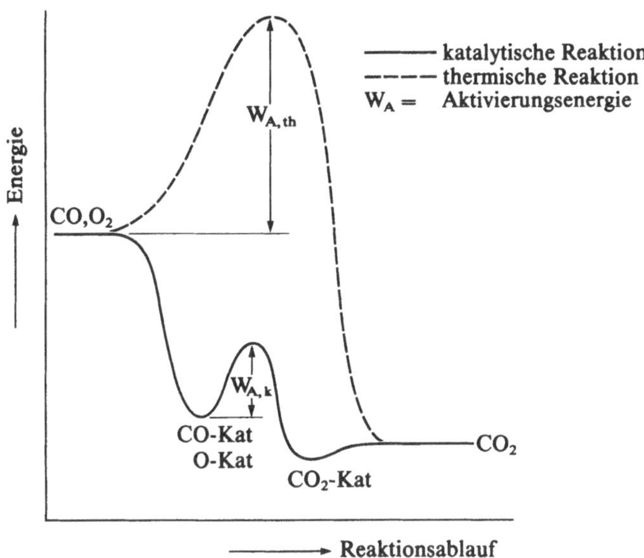

Abb. 5.6 Energiediagramm für die Reaktion $CO + \frac{1}{2}O_2 \longrightarrow CO_2$

Die Oberflächen von **Säure-Base-Katalysatoren** sind mit sauren oder basischen Zentren ausgestattet. Unter sauren Zentren werden dabei nicht nur Oberflächenplätze verstanden, die Protonen abgeben können ($\rightarrow$6.), sondern auch solche, die aufgrund einer Elektronenlücke Atome oder Atomgruppen mit nichtbindenden Elektronenpaaren anlagern können (**Lewis-Säuren**). Typische Reaktionen, die in Gegenwart saurer Katalysatoren ablaufen, sind das katalytische Cracken, Alkylierungen, Isomerisierungen, Hydratisierungen und Dehydratisierungen. Unter den stark sauren Katalysatoren haben Zeolithe die größte Bedeutung. γ-Aluminiumoxid enthält je nach Herstellungsbedingungen schwach saure oder schwach basische Zentren.

Bifunktionelle Katalysatoren enthalten an ihren Oberflächen sowohl Redox- als auch Säure-Base-Zentren. Ihre wichtigsten Anwendungsgebiete sind das katalytische Reformieren und das Hydrocracken.

Obwohl Katalysatoren laut Definition bei der Reaktion nicht verbraucht werden, nimmt ihre Aktivität im praktischen Betrieb meist mit der Zeit mehr oder weniger schnell ab. Bei hohen Temperaturen unterliegen Katalysatoren einer Alterung, die auf Umwandlungen aktiver Phasen oder Vergröberungen der Struktur zurückzuführen sind. Verunreinigungen, die in geringer Konzentration im Reaktionsgemisch enthalten sind, wirken als **Katalysatorgifte,** wenn sie fester an der Oberfläche chemisorbiert werden als die Reaktionspartner. Platinkatalysatoren werden z. B. durch Schwefelwasserstoff und organische Schwefelverbindungen vergiftet.

In Motorabgasen enthaltene Bleiverbindungen schädigen Abgaskatalysatoren durch Blockierung der aktiven Oberfläche. Bei katalytischen Verfahren der Erdölverarbeitung können sich mit der Zeit kohlenstoffreiche Ablagerungen bilden (Katalysatorverkokung), die sich allerdings in den meisten Fällen durch vorsichtige Oxidation wieder entfernen lassen (**Katalysatorregenerierung**).

6. Säure-Base-Reaktionen

6.1. Saure und basische Eigenschaften

Stoffe mit saurem Geschmack wie Essigsäure waren schon im Altertum bekannt. In ihrer Wirkung gegensätzliche Stoffe wurden zunächst Alkali[1] genannt und wegen ihrer seifigen Beschaffenheit vor allem als Waschmittel verwendet. Im 17. Jahrhundert erkannte R. Boyle, daß Säuren Marmor und bestimmte Metalle auflösen und bei gewissen Pflanzenfarbstoffen (z. B. Lackmus) charakteristische Färbungen bewirken, die durch Alkali wieder rückgängig gemacht werden können. Für Stoffe wie Metallhydroxide und -oxide, die flüchtige Säuren an eine feste Grundlage (Basis) binden, wurde in dieser Zeit der Begriff „Base" geprägt. A. L. Lavoisier kam in der zweiten Hälfte des 18. Jahrhunderts durch seine Experimente zu der falschen Auffassung, daß der Sauerstoff allen Säuren gemeinsam ist. Erst im Laufe des 19. Jahrhunderts wurde durch H. Davy, J. v. Liebig und S. A. Arrhenius der Wasserstoff oder genauer, das in Lösung vorliegende Wasserstoffion, für die typischen Eigenschaften von Säuren verantwortlich gemacht.

In der modernen Chemie wird bevorzugt die 1923 von J. N. Brönsted und T. M. Lowry aufgestellte Säure-Base-Theorie verwendet. Danach ist eine Säure ein Stoff, der zur Abgabe eines Protons befähigt ist (**Protonendonor**) und eine Base ein Stoff, der in der Lage ist, ein Proton aufzunehmen (**Protonenakzeptor**). Dabei handelt es sich um Gleichgewichtsvorgänge nach folgendem Schema:

$$\text{Säure} \rightleftharpoons \text{Base} + H^+$$

Jede Säure bildet bei der Abgabe des Protons eine Base, die durch Aufnahme eines Protons in die ursprüngliche Säure zurückverwandelt wird. Säuren und Basen, die sich nur durch ein Proton voneinander unterscheiden, werden als **korrespondierendes Säure-Base-Paar** bezeichnet, z. B.

$$H_2SO_4 \rightleftharpoons HSO_4^- + H^+ \tag{1}$$

$$H_2O \rightleftharpoons OH^- + H^+ \tag{2}$$

$$H_3O^+ \rightleftharpoons H_2O + H^+ \tag{3}$$

$$NH_4^+ \rightleftharpoons NH_3 + H^+ \tag{4}$$

Das Proton besitzt eine ungewöhnlich hohe Affinität zu anderen Teilchen, insbesondere zu solchen mit freien Elektronenpaaren, und ist deshalb in wäßriger Lösung nicht beständig. Reaktionen, wie sie unter (1) bis (4) formuliert werden, lau-

---

[1] arab. al kali = Holzasche

fen für sich allein nicht ab. Vielmehr gibt eine Säure nur dann ihr Proton ab, wenn dieses von einer gleichzeitig anwesenden Base (z. B. H_2O) aufgenommen wird. So entsteht durch Kombination von zwei korrespondierenden Säure-Base-Paaren (Teilreaktionen) eine Säure-Base-Reaktion, z. B.

$$\underset{\text{Säure 1}}{H_2SO_4} + \underset{\text{Base 3}}{H_2O} \rightleftharpoons \underset{\text{Base 1}}{HSO_4^-} + \underset{\text{Säure 3}}{H_3O^+} \qquad (1)+(3)$$

$$\underset{\text{Säure 4}}{NH_4^+} + \underset{\text{Base 3}}{H_2O} \rightleftharpoons \underset{\text{Base 4}}{NH_3} + \underset{\text{Säure 3}}{H_3O^+} \qquad (3)+(4)$$

So verschiedene Säuren wie H_2SO_4 (Schwefelsäure) und NH_4^+ (zugegeben z. B. in Form des Salzes Ammoniumchlorid, NH_4Cl) haben gemeinsam, daß sie mit Wasser H_3O^+ (**Oxoniumionen, Hydroniumionen**) bilden. Diese Ionen sind die eigentlichen Träger der sauren Eigenschaften in wäßriger Lösung.

Wie aus den angeführten Beispielen hervorgeht, kann Wasser sowohl als Säure als auch als Base wirken. Stoffe mit dieser Eigenschaft werden als **amphotere Stoffe** bezeichnet. Ob ein amphoterer Stoff im speziellen Fall als Säure oder als Base regiert, hängt vom Reaktionspartner ab. Gegenüber starken Säuren übernimmt er die Rolle der Base, mit starken Basen reagiert er als Säure. Amphoter verhalten sich, außer Wasser, z. B. Aluminiumhydroxokomplexe ($\rightarrow$ Abb. 8.5), Aminosäuren und Anionen wie das in Grund- und Oberflächenwässern gelöste Hydrogencarbonation HCO_3^-:

$$\underset{\text{Base}}{HCO_3^-} + \underset{\text{starke Säure}}{H_3O^+} \rightleftharpoons H_2CO_3 + H_2O$$
$$\downarrow$$
$$CO_2 + H_2O$$
$$\underset{\text{Säure}}{HCO_3^-} + \underset{\text{starke Base}}{OH^-} \rightleftharpoons CO_3^{2-} + H_2O$$

Säuren und Basen können auch aus unterschiedlichen Phasen miteinander reagieren. Eine solche heterogene Säure-Base-Reaktion läuft z. B. ab, wenn ein Metalloxid in einer Säure aufgelöst wird. Als Base wirken in diesem Fall O^{2-}-Ionen oder durch Reaktion mit Wasser an der Kristalloberfläche entstandene OH^--Ionen. Die Reaktion, die etwa beim Beizen von Metalloberflächen oder bei der hydrometallurgischen Verhüttung von oxidischen Erzen eine Rolle spielt, kann wie folgt formuliert werden:

$$Me^{2+}O^{2-} + H_3O^+ \rightleftharpoons Me^{2+}OH^- + H_2O$$

$$Me^{2+}OH^- + H_3O^+ \rightleftharpoons Me^{2+} + 2H_2O$$

Zusammenfassend läßt sich sagen, daß bei Säure-Base-Reaktionen nach Brönsted und Lowry stets Protonen von einer Säure auf eine Base übertragen werden. Reaktionen dieser Art werden auch als **Protolysereaktionen** bezeichnet.

6.2. Technisch wichtige Säuren und Basen

Schwefelsäure, H_2SO_4, hat von allen Säuren die größte technische Bedeutung. Sie wird zur Herstellung von Düngemitteln, Pigmenten und bei vielen Synthesen der organischen Chemie verwendet. Für den Ingenieur ist die Verwendung zum Beizen und Entzundern sowie als Akkusäure von besonderem Interesse. Die von der Schwefelsäure abgeleiteten Salze heißen **Sulfate.** Handelsübliche konzentrierte Schwefelsäure mit einem Massenanteil von 95 bis 98% H_2SO_4 ist eine farblose bis bräunliche, ölige, stark ätzende Flüssigkeit mit einer Dichte von 1840 kg m^{-3}, die begierig Feuchtigkeit aufnimmt und sich mit Wasser unter starker Wärmeentwicklung mischt. In konzentrierte Schwefelsäure darf deshalb niemals Wasser eingegossen werden. Zum Verdünnen läßt man die Säure vorsichtig unter Rühren in das vorgelegte Wasservolumen einfließen. Konzentrierte Schwefelsäure zerstört organische Stoffe wie Holz und Papier unter Verkohlung. Unlegierter Stahl wird bei Säuregehalten von über 70 Gew.-% kaum angegriffen, da sich in konzentrierter Säure schwerlösliche Schutzschichten aus Eisensulfat bilden. Die Herstellung erfolgt nach dem **Kontaktverfahren,** bei dem Schwefeldioxid, durch Verbrennung von Schwefel oder als Nebenprodukt der Metallverhüttung gewonnen, bei etwa 450°C an vanadiumhaltigen Katalysatoren zu Schwefeltrioxid oxidiert wird:

$$SO_2 + \tfrac{1}{2}O_2 \rightleftharpoons SO_3$$

Das gebildete SO_3 wird in konzentrierter Schwefelsäure gelöst, wobei sich Dischwefelsäure (rauchende Schwefelsäure, Oleum) mit der Formel $H_2S_2O_7$ bildet, die mit Wasser zu konzentrierter Schwefelsäure umgesetzt wird:

$$H_2S_2O_7 + H_2O \longrightarrow 2\,H_2SO_4$$

Salzsäure ist eine wäßrige Lösung von Chlorwasserstoff. Sie wird unter anderem zum Beizen von Eisen und zum Regenerieren von Ionenaustauschern verwendet. Ihre Salze heißen **Chloride.** Chlorwasserstoff, HCl, ein die Schleimhäute stark reizendes Gas, fällt in großen Mengen als Nebenprodukt bei der Herstellung von Chlorkohlenwasserstoffen an. Er greift im trockenen Zustand Stahl nicht an, da sich ohne Wasser keine Oxoniumionen bilden können ($\rightarrow$ 17.2). In Wasser löst sich HCl unter starker Wärmeentwicklung. Konzentrierte Salzsäure enthält etwa 37 Gew.-% Chlorwasserstoff und hat eine Dichte von 1180 kg m^{-3}. Die farblose bis gelbliche, stechend riechende und stark ätzende Flüssigkeit neigt an der Luft zu Nebelbildung und wird deshalb auch „rauchende Salzsäure" genannt. Sie ist äußerst aggressiv und greift alle technisch wichtigen Metalle mehr oder weniger stark an.

Salpetersäure, HNO_3, wird überwiegend zur Herstellung von Düngemitteln und bei Synthesen in der organischen Chemie (Nitrierungen) verwendet. Daneben hat sie Bedeutung als Beiz- und Ätzmittel (z. B. für Kupfer). Ihre Salze heißen **Nitra-**

te. Handelsübliche konzentrierte Salpetersäure mit einem HNO_3-Massenanteil von etwa 65% und einer Dichte von 1400 kg m^{-3} ist eine wasserhelle bis gelbliche, stark ätzende Flüssigkeit. Wasserfreie und hochkonzentrierte Säure raucht an der Luft und wirkt auf organische Stoffe stark zerstörend, wobei es zu Entzündungen kommen kann (Vorsicht bei Putzwolle und ölverschmutzter Kleidung!).

Die technische Herstellung geht von Ammoniak aus, das zunächst bei 800 bis 950 °C mit Luftsauerstoff an Platin-Rhodium-Netzen katalytisch zu Stickstoff(II)-oxid (Stickstoffmonoxid) oxidiert wird:

$$4\,NH_3 + 5\,O_2 \longrightarrow 4\,NO + 6\,H_2O$$

Nach Abkühlung des Gasgemisches setzt sich die Oxidation unter Bildung von Stickstoff(IV)-oxid (Stickstoffdioxid) fort

$$2\,NO + O_2 \longrightarrow 2\,NO_2$$

das mit Wasser zu Salpetersäure umgesetzt werden kann:

$$3\,NO_2 + H_2O \longrightarrow 2\,HNO_3 + NO$$

Phosphorsäure (Orthophosphorsäure), H_3PO_4, wird in Form ihrer Salze, der **Phosphate,** überwiegend als Düngemittel, aber auch als Bestandteil von Nahrungs-, Futter- und Waschmitteln verwendet. Die freie Säure spielt bei der Behandlung von Metalloberflächen (Beizen, Elektropolieren, Phosphatieren) eine Rolle. Reine Phosphorsäure ist eine kristalline Verbindung, die bei 42,3 °C schmilzt. Die konzentrierten wäßrigen Lösungen mit Gehalten zwischen 75 und 89 Gew.-% H_3PO_4 sind sirupartig und wirken nur schwach ätzend.

Zur Herstellung werden Rohphosphate mit Schwefelsäure nach der folgenden, vereinfachten Reaktionsgleichung aufgeschlossen:

$$\underset{\substack{\text{tertiäres}\\\text{Calciumphosphat}}}{Ca_3(PO_4)_2} + 3\,H_2SO_4 \longrightarrow \underset{\text{Calciumsulfat}}{3\,CaSO_4} + 2\,H_3PO_4$$

Das gebildete Calciumsulfat ist schwerlöslich und kann abfiltriert werden. Die nach diesem Verfahren erzeugte „Naßphosphorsäure" wird vor allem zu Düngemitteln weiterverarbeitet. Von höherer Reinheit ist die „thermische Phosphorsäure", die durch Verbrennung von Phosphor

$$4\,P + 5\,O_2 \longrightarrow P_4O_{10}$$

und Umsetzen des gebildeten Phosphor(V)-oxids mit Wasser hergestellt wird:

$$P_4O_{10} + 6\,H_2O \longrightarrow 4\,H_3PO_4$$

Flußsäure ist eine wäßrige Lösung von Fluorwasserstoff, HF. Ihre Salze heißen **Fluoride.** Wasserfreier Fluorwasserstoff hat eine Siedetemperatur von 19,5 °C und wird vor allem zur Herstellung von Chlorfluorkohlenstoffen verwendet.

Handelsübliche Flußsäure mit etwa 40 Gew.-% HF ist eine stechend riechende Flüssigkeit, die auf der Haut schwer heilende, schmerzhafte Wunden erzeugt. Sie löst Quarz und Silicate und kann deshalb nicht in Glas- oder Keramikgefäßen aufbewahrt werden. Flußsäure und Ammoniumhydrogenfluorid, NH_4HF_2, werden zum Ätzen von Glas und Metallen (z. B. zum chemischen Polieren von Aluminium) sowie zum Beizen von Sandguß verwendet.

Zur technischen Herstellung von Fluorwasserstoff wird Flußspat (Calciumfluorid) mit konzentrierter Schwefelsäure umgesetzt:

$$CaF_2 + H_2SO_4 \longrightarrow CaSO_4 + 2\,HF$$

Die wichtigste Base ist **Natronlauge,** eine wäßrige Lösung von Natriumhydroxid, NaOH, die als Kuppelprodukt von Chlor bei der Chloralkalielektrolyse anfällt ($\rightarrow$7.8.) und vielfältige industrielle Anwendung findet, etwa bei der Herstellung von Natriumsalzen, zum Neutralisieren von Säuren, beim Bauxitaufschluß zur Aluminiumgewinnung, in der Textilindustrie bei der Herstellung von Viskose, zur Erzeugung von Seifen und Waschmitteln sowie zum Regenerieren von Ionenaustauschern. Konzentrierte Natronlauge mit 25 bis 32 Gew.-% NaOH und einer Dichte von etwa 1300 kg m^{-3} kann auf der Haut und insbesondere in den Augen zu schweren Verätzungen führen. Die stark basische Reaktion ist auf Hydroxidionen, OH$^-$, zurückzuführen. Natriumhydroxid (Ätznatron) wird durch Eindampfen von Natronlauge gewonnen. Es ist eine weiße, salzartige Substanz, die in Form von Schuppen oder Plätzchen in den Handel kommt. In Wasser löst es sich unter starker Erwärmung, die zum Sieden der Lösung führen kann.

Ammoniak, NH_3, ist ein stechend riechendes Gas, das bei $-33\,°C$ kondensiert und sich leicht in Wasser löst. Es wird bei Drücken zwischen 200 und 350 bar und Temperaturen um 450 °C aus Stickstoff und Wasserstoff synthetisiert, wobei Katalysatoren verwendet werden, die aus Eisen und verschiedenen Zusätzen (z. B. Al_2O_3, K_2O, CaO) bestehen ($\rightarrow$5.2.). Ammoniak ist Schlüsselprodukt für die Herstellung von Stickstoffdüngemitteln. Für den Ingenieur ist die Verwendung als Kältemittel, zum Nitrierhärten und als flüchtige Base zur Konditionierung von Kesselspeisewasser von Bedeutung. Konzentriertes Ammoniakwasser enthält 25 bis 30 Gew.-% NH_3 und hat eine Dichte von etwa 900 kg m^{-3}. Es ist eine farblose Flüssigkeit, die Haut und Schleimhäute stark angreift. Inhalation des Dampfes kann zur Verätzung der Bronchialschleimhaut und tödlichem Lungenödem führen. Das aus Ammoniak durch Aufnahme eines Protons gebildete Ammoniumion, NH_4^+, hat ähnliche Eigenschaften wie Alkalimetallionen und kann wie diese Bestandteil von Salzen sein.

Als weitere Basen für technische Neutralisationen einschließlich der Entschwefelung von Rauchgasen werden wäßrige Suspensionen von Calciumhydroxid und Calciumcarbonat ($\rightarrow$10.1.) sowie Lösungen von Natriumcarbonat, Na_2CO_3

(Soda), verwendet. Als Brönsted-Base wirkt bei Carbonaten das Anion CO_3^{2-}, das mit Oxoniumionen nach

$$CO_3^{2-} + H_3O^+ \longrightarrow HCO_3^- + H_2O$$

zunächst zu Hydrogencarbonat und schließlich zu freier Kohlensäure reagieren kann.

6.3. Protolysegleichgewichte, Säure- und Basenkonstante

Um zu quantitativen Aussagen über Säure-Base-Reaktionen zu kommen, wird das Massenwirkungsgesetz auf Protolysereaktionen angewendet. Mit seiner Hilfe können Größen zur Beschreibung der Stärke von Säuren und Basen abgeleitet werden.

Die Aussage „Salzsäure ist eine starke Säure" bedeutet, daß diese Säure in wäßriger Lösung nahezu vollständig nach folgender Reaktionsgleichung der Protolyse unterliegt:

$$HCl + H_2O \rightleftharpoons H_3O^+ + Cl^-$$

Der nach rechts verstärkte Pfeil soll verdeutlichen, daß das Gleichgewicht sehr weit auf der rechten Seite liegt und, statt HCl-Molekülen, im wesentlichen H_3O^+- und Cl^--Ionen vorliegen. Die Gleichgewichtsbedingung für diese Reaktion heißt

$$K_c(HCl) = \frac{c(H_3O^+) \cdot c(Cl^-)}{c(HCl) \cdot c(H_2O)}$$

Diese Gleichung gilt streng nur für niedrige Ionenkonzentrationen. Bei konzentrierten Lösungen müssen, wie bereits erwähnt, statt der Stoffmengenkonzentrationen die Aktivitäten verwendet werden. In verdünnten Lösungen ist die Stoffmengenkonzentration des Wassers nur unwesentlich niedriger als in reinem Wasser, und sie wird durch die Protolysereaktion auch kaum verändert. Es ist deshalb üblich, $c(H_2O)$ in die Gleichgewichtskonstante einzubeziehen und für das Produkt $K_c \cdot c(H_2O)$ die **Säurekonstante** K_a einzuführen[1]. Die Säurekonstante von Salzsäure ist danach durch die Gleichung

$$K_a(HCl) = \frac{c(H_3O^+) \cdot c(Cl^-)}{c(HCl)}$$

gegeben. Bei starken Säuren ist die Konzentration der Oxoniumionen – und der Säureanionen – gegenüber der Konzentration der unprotolysierten Säure hoch und damit der Zahlenwert für K_a groß. Bei der relativ schwachen Flußsäure liegt

---

[1] engl. acid = Säure

das Gleichgewicht der Reaktion

$$HF + H_2O \rightleftharpoons H_3O^+ + F^-$$

weitgehend auf der linken Seite, und der Zahlenwert für die durch

$$K_a(HF) = \frac{c(H_3O^+) \cdot c(F^-)}{c(HF)}$$

gegebene Säurekonstante ist entsprechend klein.

So wie die Säurekonstante ein Maß für die Stärke einer Säure in wäßriger Lösung ist, ist die **Basenkonstante** K_b ein Maß für die Stärke einer Base. Die relativ schwache Base Ammoniak liegt in wäßriger Lösung überwiegend als hydratisiertes NH_3-Molekül vor. Die Protolyse nach

$$NH_3 + H_2O \rightleftharpoons NH_4^+ + OH^-$$

findet nur zu einem geringen Teil statt. Dementsprechend ist der Zahlenwert der durch

$$K_b(NH_3) = \frac{c(NH_4^+) \cdot c(OH^-)}{c(NH_3)}$$

definierten Basenkonstante klein. Starke Basen wie NaOH enthalten häufig schon im kristallinen Zustand Hydroxidionen, die bei der elektrolytischen Dissoziation lediglich von ihren Plätzen im Kristallgitter in Lösung übergehen. Die Reaktion

$$(Na^+OH^-)_{Kristall} \longrightarrow Na^+_{Lösung} + OH^-_{Lösung}$$

verläuft also vollständig in Richtung des Reaktionspfeiles und führt zur größtmöglichen Konzentration an Hydroxidionen.

Statt der Säure- und Basenkonstanten werden häufig die negativen dekadischen Logarithmen ihrer Zahlenwerte angegeben. Für den **Säureexponenten** pK_a und den **Basenexponenten** pK_b gilt danach

$$pK_a = -\lg \frac{K_a}{1 \text{ mol } l^{-1}}$$

$$pK_b = -\lg \frac{K_b}{1 \text{ mol } l^{-1}}$$

Hohe Werte für pK_a und pK_b stehen für schwache Säuren und Basen, niedrige, d.h. negative Werte kennzeichnen starke Säuren und Basen. In Tab. 6.1 sind einige korrespondierende Säure-Base-Paare mit den Werten für K_a, pK_a, K_b und pK_b angegeben. Die Anordnung erfolgt nach fallendem K_a, d.h. nach abnehmender Säurestärke. Unter den Säuren sind nicht nur neutrale Moleküle wie HCl und H_3PO_4, sondern auch Kationen wie NH_4^+ und $[Al(H_2O)_6]^{3+}$ sowie Anionen wie HSO_4^- und HCO_3^- aufgeführt, die nach Brönsted und Lowry als Säuren aufzufassen sind und deren saure Reaktion experimentell nachgewiesen werden kann. Sehr starke Säuren mit $K_a > 100$ unterliegen in wäßriger Lösung nahezu vollständig der Protolyse. Ihre Säurekonstanten können deshalb nur ungenau bestimmt werden. Da nach der Protolyse im wesentlichen nur H_3O^+ als Säure vorliegt, sind diese Säuren in verdünnten wäßrigen Lösungen gleich stark. H_3O^+ ist die stärkste Säure, die in wäßrigen Lösungen vorkommen kann.

Tab. 6.1 Stärke von Säuren und Basen bei 25 °C

K_a mol l^{-1}	pK_a	korrespondierendes Paar Säure	Base	pK_b	K_b mol l^{-1}
$\approx 10^6$	≈ -6	HCl	Cl^-	$\approx$ 20	$\approx 10^{-20}$
$\approx 10^3$	≈ -3	H_2SO_4	HSO_4^-	$\approx$ 17	$\approx 10^{-17}$
55	$-1,74$	H_3O^+	H_2O	15,74	$1,8 \cdot 10^{-16}$
20	$-1,32$	HNO_3	NO_3^-	15,32	$4,8 \cdot 10^{-16}$
$1,2 \cdot 10^{-2}$	1,92	HSO_4^-	SO_4^{2-}	12,08	$8,3 \cdot 10^{-13}$
$1 \cdot 10^{-2}$	2,0	H_3PO_4	$H_2PO_4^-$	12,0	$1 \cdot 10^{-12}$
$6 \cdot 10^{-4}$	3,2	HF	F^-	10,8	$1,7 \cdot 10^{-11}$
$1,75 \cdot 10^{-5}$	4,75	CH_3COOH	CH_3COO^-	9,25	$5,7 \cdot 10^{-10}$
$1,41 \cdot 10^{-5}$	4,85	$[Al(H_2O)_6]^{3+}$	$[AlOH(H_2O)_5]^{2+}$	9,15	$7,09 \cdot 10^{-10}$
$4 \cdot 10^{-7}$	6,4	H_2O/CO_2	HCO_3^-	7,6	$2,5 \cdot 10^{-8}$
$6 \cdot 10^{-8}$	7,2	$H_2PO_4^-$	HPO_4^{2-}	6,8	$1,6 \cdot 10^{-7}$
$5,6 \cdot 10^{-10}$	9,25	NH_4^+	NH_3	4,75	$1,8 \cdot 10^{-5}$
$5 \cdot 10^{-11}$	10,3	HCO_3^-	CO_3^{2-}	3,7	$2 \cdot 10^{-4}$
$4 \cdot 10^{-13}$	12,4	HPO_4^{2-}	PO_4^{3-}	1,6	$2,5 \cdot 10^{-2}$
$1,8 \cdot 10^{-16}$	15,74	H_2O	OH^-	$-$ 1,74	55
$\approx 10^{-24}$	24	OH^-	O^{2-}	≈ -10	$\approx 10^{10}$

Mehrwertige Säuren, d. h. Säuren, die mehrere Protonen abgeben können, unterliegen stufenweise der Protolyse. Die Säurekonstanten der ersten, zweiten und weiterer Stufen, die mit K_{a1}, K_{a2}, K_{a3} usw. bezeichnet werden, unterscheiden sich voneinander, wie am Beispiel der Schwefelsäure zu sehen ist:

1. Stufe: $H_2SO_4 + H_2O \rightleftharpoons HSO_4^- + H_3O^+$

$$K_{a1}(H_2SO_4) = \frac{c(HSO_4^-) \cdot c(H_3O^+)}{c(H_2SO_4)} \approx 10^3 \text{ mol l}^{-1}$$

2. Stufe: $HSO_4^- + H_2O \rightleftharpoons SO_4^{2-} + H_3O^+$

$$K_{a2}(H_2SO_4) = K_a(HSO_4^-) = \frac{c(SO_4^{2-}) \cdot c(H_3O^+)}{c(HSO_4^-)} = 1,2 \cdot 10^{-2} \text{ mol l}^{-1}$$

Danach liegen in einer Schwefelsäurelösung überwiegend H_3O^+- und HSO_4^--Ionen vor. Die zweite Protolysestufe, die zu SO_4^{2-}-Ionen führt, ist nur von untergeordneter Bedeutung. Generell gilt $K_{a1} > K_{a2} > K_{a3}$. Das ist darauf zurückzuführen, daß die Energie für die Abtrennung eines (positiv geladenen) Protons von einem Teilchen mit Zunahme der negativen Ladung des Teilchens steigt.

Die Stärke der in Tab. 6.1 angegebenen Basen nimmt von oben nach unten zu. Die stärkste Base korrespondiert also mit der schwächsten Säure und umgekehrt. Für jedes korrespondierende Paar gilt

$$K_a \cdot K_b = 10^{-14} \ \text{mol}^2 \ \text{l}^{-2}$$

$$pK_a + pK_b = 14$$

Aus K_a oder pK_a, die in vielen Tabellenwerken für eine große Anzahl von Säuren angegeben werden, lassen sich damit K_b oder pK_b für die korrespondierenden Basen berechnen.

In 6.1. wurden Protolysereaktionen rein formal mit Hilfe von Gleichgewichtspfeilen aufgestellt. Diese Darstellungsweise läßt offen, ob die Reaktion bevorzugt von links nach rechts oder von rechts nach links abläuft. Mit Hilfe der Säure- und Basenkonstanten lassen sich die Gleichgewichtskonstanten berechnen, d.h. man erhält eine Information über die Gleichgewichtslage. Als Beispiel soll die Reaktion einer starken Säure (z. B. Salzsäure) mit Sodalösung untersucht werden. An der Reaktion nehmen die Ionen H_3O^+ und CO_3^{2-} teil. Das Cl^--Ion der Salzsäure und das Na^+-Ion des Natriumcarbonats verändern sich bei der Reaktion nicht. Die Reaktionsgleichung

$$H_3O^+ + CO_3^{2-} \ \rightleftharpoons \ H_2O + HCO_3^-$$

führt zur Gleichgewichtsbedingung

$$K_c = \frac{c(HCO_3^-) \cdot c(H_2O)}{c(H_3O^+) \cdot c(CO_3^{2-})}.$$

Aus Tab. 6.1 können folgende Säurekonstanten entnommen werden:

$$K_a(HCO_3^-) = \frac{c(H_3O^+) \cdot c(CO_3^{2-})}{c(HCO_3^-)} = 5 \cdot 10^{-11} \ \text{mol} \ \text{l}^{-1}.$$

Basisgleichung: $HCO_3^- + H_2O \ \rightleftharpoons \ CO_3^{2-} + H_3O^+$

$$K_a(H_3O^+) = \frac{c(H_2O) \cdot c(H_3O^+)}{c(H_3O^+)} = c(H_2O) = 55 \ \text{mol} \ \text{l}^{-1}.$$

Basisgleichung: $H_3O^+ + H_2O \ \rightleftharpoons \ H_2O + H_3O^+$.

Durch Einsetzen in die Gleichgewichtsbedingung für die Reaktion zwischen Salzsäure und Natriumcarbonat erhält man:

$$K_c = \frac{K_a(H_3O^+)}{K_a(HCO_3^-)} = \frac{55 \ \text{mol} \ \text{l}^{-1}}{5 \cdot 10^{-11} \ \text{mol} \ \text{l}^{-1}} \approx 10^{12}.$$

Die sehr hohe Gleichgewichtskonstante zeigt, daß das Gleichgewicht weit auf der rechten Seite liegt, d.h. die starke Säure wird durch das Natriumcarbonat nahezu vollständig umgesetzt. Als Regel gilt, daß Säure-Base-Reaktionen stets so ablaufen, daß im Gleichgewicht bevorzugt die schwächere Säure und die schwächere Base vorliegen.

Beispiele

1. Reaktion von Salzsäure mit Natronlauge. Da HCl als H_3O^+ und Cl^-, NaOH als Na^+ und OH^- vorliegen, kann die Reaktion durch folgende Protolysegleichung beschrieben werden:

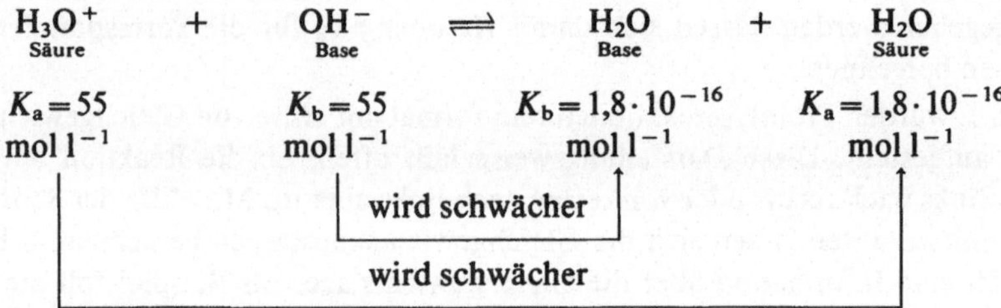

Eine Reaktion, bei der eine Säure und eine Base zu einer sehr viel schwächeren Säure und Base ragieren (häufig H_2O), wird als **Neutralisation** bezeichnet.

2. Reaktion von Ammoniumchlorid mit Wasser.

Das Gleichgewicht liegt weit auf der linken Seite, d.h. die Reaktion läuft nur in sehr geringem Maße ab.

6.4. Ionenprodukt des Wassers und pH-Wert

Nach der Säure-Base-Theorie von Brönsted und Lowry kann Wasser sowohl als Säure als auch als Base wirken. Wasser muß danach eine Säure-Base-Reaktion mit sich selbst eingehen können (Autoprotolyse):

$$H_2O + H_2O \rightleftharpoons OH^- + H_3O^+$$

Diese Reaktion ist die Umkehrung der Reaktion zwischen einer starken Säure und einer starken Base, von der in 6.3. gesagt wurde, daß ihr Gleichgewicht sehr stark auf der Seite der Wassermoleküle liegt. Das bedeutet, daß die Gleichgewichtskonstante

$$K_c = \frac{c(\text{OH}^-) \cdot c(\text{H}_3\text{O}^+)}{c(\text{H}_2\text{O})^2}$$

sehr klein ist. $c(\text{H}_2\text{O})$ bleibt nahezu unverändert, wie bei Einführung der Säurekonstanten festgestellt wurde, und kann in die Konstante einbezogen werden. Die neue Konstante K_w wird als **Ionenprodukt des Wassers** bezeichnet:

$$K_w = c(\text{H}_3\text{O}^+) \cdot c(\text{OH}^-).$$

Sie ist, wie alle Gleichgewichtskonstanten, von der Temperatur abhängig. Für 25 °C kann sie aus den in Tab. 6.1 angegebenen Säurekonstanten berechnet werden:

$$K_a(\text{H}_3\text{O}^+) = c(\text{H}_2\text{O}) = 55 \text{ mol l}^{-1},$$

$$K_a(\text{H}_2\text{O}) = \frac{c(\text{H}_3\text{O}^+) \cdot c(\text{OH}^-)}{c(\text{H}_2\text{O})} = 1{,}8 \cdot 10^{-16} \text{ mol l}^{-1}.$$

Basisgleichung: $\text{H}_2\text{O} + \text{H}_2\text{O} \rightleftharpoons \text{H}_3\text{O}^+ + \text{OH}^-.$

Durch Einsetzen in die Gleichung für das Ionenprodukt des Wassers erhält man

$$K_w = K_a(\text{H}_2\text{O}) \cdot K_a(\text{H}_3\text{O}^+) = 55 \text{ mol l}^{-1} \cdot 1{,}8 \cdot 10^{-16} \text{ mol l}^{-1}$$
$$= 10^{-14} \text{ mol}^2 \text{ l}^{-2}$$

Berücksichtigt man, daß für reines Wasser

$$c(\text{OH}^-) = c(\text{H}_3\text{O}^+)$$

gilt, dann kommt man zu der Beziehung

$$c(\text{H}_3\text{O}^+)^2 = 10^{-14} \text{ mol}^2 \text{ l}^{-2}$$

und nach Ziehen der Wurzel zu

$$c(\text{H}_3\text{O}^+) = 10^{-7} \text{ mol l}^{-1}.$$

Die Konzentrationen der Oxonium- und Hydroxidionen haben danach in reinem Wasser den sehr niedrigen Wert von 10^{-7} mol l^{-1}. Das bedeutet, in einem Wasservolumen von 1 Mio Liter befinden sich nur 1,9 g H_3O^+- und 1,7 g OH^--Ionen.

Zur Charakterisierung der Oxoniumionenkonzentration in verdünnten wäßrigen Lösungen wird meist der **pH-Wert** verwendet. Die Größe wurde 1909 von Sörensen eingeführt. Die Buchstabensymbole sind wahrscheinlich von lat. potentia hydrogenii abgeleitet, was so viel wie „Kraft des Wasserstoffs" bedeutet. Der pH-Wert ist der negative dekadische Logarithmus des Zahlenwertes der Oxoniumionenkonzentration (genauer, der Aktivität der Oxoniumionen), wenn diese mit der Einheit mol l^{-1} angegeben wird. Vereinfacht läßt sich das durch die Gleichung

$$pH = -\lg \frac{c(H_3O^+)}{1\ mol\ l^{-1}}$$

zum Ausdruck bringen. Entsprechend ist der pOH-Wert der negative dekadische Logarithmus der Hydroxidionenkonzentration:

$$pOH = -\lg \frac{c(OH^-)}{1\ mol\ l^{-1}}$$

Beide Größen sind durch die Beziehung

$$pH + pOH = 14$$

miteinander verbunden.

Der pH-Wert von reinem Wasser ist

$$-\lg 10^{-7} = 7.$$

Das Ionenprodukt des Wassers gilt aber auch für verdünnte Lösungen. Gelöste Säuren erhöhen die Konzentration der Oxoniumionen, für saure Lösungen gilt deshalb

$$c(H_3O^+) > c(OH^-),$$

pH-Wert < 7.

Durch Basen werden Oxoniumionen des Wassers gebunden, für basische Lösungen gilt deshalb

$$c(H_3O^+) < c(OH^-),$$

pH-Wert > 7.

Lösungen mit einem pH-Wert von 7 werden als neutral bezeichnet.

Berechnen von pH-Werten

In wäßrigen Lösungen laufen häufig mehrere Protolysereaktionen gleichzeitig ab, deren Gleichgewichte in ihrer Gesamtheit den pH-Wert der Lösung bestimmen. Bei der Berechnung von pH-Werten genügt es aber oft, sich auf die Reaktion zu beschränken, die den größten Einfluß auf den pH-Wert hat.

Bei starken Säuren und Basen (K_a, $K_b > 10$) kann vereinfachend angenommen werden, daß die Säure oder Base vollständig der Protolyse unterliegt, z. B. $HCl + H_2O \longrightarrow H_3O^+ + Cl^-$. Das bedeutet, daß die ursprüngliche Stoffmengenkonzentration der Säure (Base) gleich der Stoffmengenkonzentration der H_3O^+-(OH^--)Ionen ist. Der negative Logarithmus des Zahlenwertes dieser Konzentrationen gibt direkt den pH-Wert (pOH-Wert).

Übungsaufgaben:

1. Wie groß ist der pH-Wert einer Salzsäure, $c(\text{HCl}) = 0{,}1$ mol l^{-1}?

   $c(\text{HCl})_0 = c(\text{H}_3\text{O}^+) = 10^{-1}$ mol l^{-1},

   $\text{pH} = -\lg 10^{-1} = 1{,}0.$

   $c(\text{HCl})_0$ ist die Stoffmengenkonzentration, die ohne Protolyse vorliegen würde.

2. Wie groß ist der pH-Wert einer Natronlauge, $c(\text{NaOH}) = 0{,}02$ mol l^{-1}?

   $c(\text{NaOH})_0 = c(\text{OH}^-) = 2 \cdot 10^{-2}$ mol l^{-1},

   $\text{pOH} = 2 - \lg 2 = 1{,}7,$
   $\text{pH} \ \ = 14 - 1{,}7 = 12{,}3.$

Bei mittelstarken und schwachen Säuren oder Basen muß der Grad der Protolyse, d.h. K_a bzw. K_b berücksichtigt werden.

Übungsaufgabe:

Wie groß ist der pH-Wert einer Phosphorsäurelösung mit einem H_3PO_4-Massenanteil von 1%? Nährungsweise kann für 1 Liter Phosphorsäurelösung eine Masse von 1 kg angenommen werden. Phosphorsäure ist eine dreiwertige Säure:

$$\text{H}_3\text{PO}_4 + \text{H}_2\text{O} \rightleftharpoons \text{PO}_4^{3-} + \text{H}_3\text{O}^+ \qquad K_{a3} = 4 \cdot 10^{-13} \text{ mol l}^{-1}$$

$$\text{H}_2\text{PO}_4^- + \text{H}_2\text{O} \rightleftharpoons \text{H}_2\text{PO}_4^- + \text{H}_3\text{O}^+ \qquad K_{a1} = 10^{-2} \text{ mol l}^{-1}$$

$$\text{HPO}_4^{2-} + \text{H}_2\text{O} \rightleftharpoons \text{HPO}_4^{2-} + \text{H}_3\text{O}^+ \qquad K_{a2} = 6 \cdot 10^{-8} \text{ mol l}^{-1}$$

Da K_{a2} und K_{a3} um mehrere Zehnerpotenzen kleiner sind als K_{a1}, tragen die zweite und dritte Protolysestufe nur unwesentlich zur Gesamtkonzentration der H_3O^+-Ionen bei. Zur Berechnung des pH-Wertes ist deshalb die erste Protolysestufe und damit die Gleichung

$$K_{a1} = \frac{c(\text{H}_3\text{O}^+) \cdot c(\text{H}_2\text{PO}_4^-)}{c(\text{H}_3\text{PO}_4)}$$

ausreichend. Aus der Protolysegleichung folgt für den Gleichgewichtszustand

$$c(\text{H}_3\text{O}^+) = c(\text{H}_2\text{PO}_4^-)$$

und, da für jedes gebildete H_3O^+-Teilchen ein H_3PO_4-Teilchen verbraucht wird

$$c(\text{H}_3\text{PO}_4) = c(\text{H}_3\text{PO}_4)_0 - c(\text{H}_3\text{O}^+)$$

Die Stoffmengenkonzentration der Phosphorsäure, die ohne Protolyse vorliegen würde, ist bei einer einprozentigen Lösung

$$c(H_3PO_4)_0 = \frac{m(H_3PO_4)}{M(H_3PO_4)\ V(Ls)} = \frac{1\ g}{98\ g\ mol^{-1}\cdot 0{,}1\ l} = 0{,}102\ mol\ l^{-1}.$$

Die Beziehung zur Berechnung von $c(H_3O^+)$ heißt dann

$$K_{a1} = \frac{c(H_3O^+)^2}{c(H_3PO_4)_0 - c(H_3O^+)}$$

und nach Einsetzen der Zahlenwerte

$$10^{-2}\ mol\ l^{-1} = \frac{c(H_3O^+)^2}{0{,}102\ mol\ l^{-1} - c(H_3O^+)}.$$

Die quadratische Gleichung hat die Lösungen

$$c(H_3O^+)_1 = \quad 2{,}73\cdot 10^{-2}\ mol\ l^{-1},$$

$$c(H_3O^+)_2 = -3{,}73\cdot 10^{-2}\ mol\ l^{-1},$$

von denen nur $c(H_3O^+)_1$ sinnvoll ist. Daraus folgt

$$pH = 1{,}56.$$

Zur weiteren Vereinfachung der Rechnung kann man davon ausgehen, daß die Konzentration der mittelstarken Säure durch die Protolyse nur unwesentlich erniedrigt wird, d.h. es gilt

$$c(H_3PO_4)_0 \approx c(H_3PO_4)$$

Damit ist

$$K_{a1} \approx \frac{c(H_3O^+)^2}{c(H_3PO_4)_0},$$

$$c(H_3O^+) \approx \sqrt{K_{a1}\ c(H_3PO_4)_0}$$

und nach Einsetzen der Zahlenwerte

$$c(H_3O^+) \approx \sqrt{0{,}102\cdot 10^{-2}\ mol^2\ l^{-2}} = 3{,}19\cdot 10^{-2}\ mol\ l^{-1},$$

$$pH \approx 1{,}50.$$

Die vereinfachte Methode bringt um so genauere Ergebnisse, je kleiner die Säurekonstante (oder Basenkonstante) und je höher die Konzentration der Säure (Base) ist. Bei $K_a = 10^{-3}\ mol\ l^{-1}$ und $c(\text{Säure}) = 0{,}1\ mol\ l^{-1}$ unterscheiden sich die nach den beiden Methoden berechneten pH-Werte nur noch in der zweiten Stelle hinter dem Komma. Eine genauere Berechnung des pH-Wertes ist häufig ohnehin nicht möglich, wenn statt der Aktivität der Ionen die Stoffmengenkonzentration verwendet wird.

6.5. pH-Wert von Salzlösungen und Pufferlösungen

Prüft man den pH-Wert von wäßrigen Lösungen verschiedener Salze, so stellt man z.B. bei $NaCl$ und KNO_3 neutrale, bei Na_2CO_3 und CH_3COONa basische und bei NH_4Cl, $AlCl_3$ und $NaHSO_4$ saure Reaktion fest.

Nach der Säure-Base-Theorie von Brönsted und Lowry können Kationen und Anionen als Säuren oder Basen wirken. Das Verhalten von Salzen ist deshalb ohne Schwierigkeiten aus den Protolysereaktionen zu erklären, die die Salzionen mit Wasser eingehen. Der Begriff „Hydrolyse", der in der klassischen Säure-Base-Theorie zur Erklärung dieser Phänomene verwendet wird, ist hier überflüssig und sollte nur für Reaktionen kovalenter Stoffe mit Wasser verwendet werden. Am einfachsten stellen sich die Verhältnisse dar, wenn *eine* Protolysereaktion so stark bevorzugt wird, daß sie allein für den pH-Wert der Lösung von Bedeutung ist. Das ist z.B. bei einer Ammoniumchloridlösung der Fall. Das Chloridion ist nach Tab. 6.1 eine äußerst schwache Base, d.h. das Gleichgewicht der Protolysereaktion

$$Cl^- + H_2O \rightleftharpoons HCl + OH^-$$

liegt so weit auf der linken Seite, daß eine Beeinflussung des pH-Wertes durch die bei der Reaktion gebildeten Hydroxidionen nicht stattfindet. Der pH-Wert wird nur durch die Ammoniumionen bestimmt. Das Ammoniumion ist eine schwache Säure. Das Gleichgewicht der Reaktion

$$NH_4^+ + H_2O \rightleftharpoons NH_3 + H_3O^+$$

liegt, wie in 6.3. gezeigt wurde, ebenfalls auf der linken Seite. Es werden aber immerhin so viele Oxoniumionen gebildet, daß deren Konzentration gegenüber dem reinen Wasser erhöht wird, d.h. der pH-Wert ist kleiner als 7, die Lösung reagiert sauer. Für Kationen- und Anionensäuren gilt deshalb genau wie für klassische Säuren: Der pH-Wert ist bei gleicher Säurekonzentration um so niedriger, je größer die Säurekonstante ist. Nicht ohne weiteres verständlich ist die saure Reaktion von dreiwertigen Metallionen wie Al^{3+} und Fe^{3+}. Eine Protolysereaktion läßt sich aber ohne Schwierigkeiten formulieren, wenn man das Hydratwasser einbezieht, das die Ionen in wäßriger Lösung umgibt:

$$[Al(H_2O)_6]^{3+} + H_2O \rightleftharpoons [AlOH(H_2O)_5]^{2+} + H_3O^+$$

Mehrwertige Kationen ziehen die Elektronen der Wassermoleküle besonders stark an, so daß die OH-Bindungen stärker polarisiert werden und die Abtrennung eines Protons begünstigt wird.

In einer wäßrigen Sodalösung liegen Natrium- und Carbonationen vor. Für den pH-Wert ist in diesem Fall nur die Protolyse der Base CO_3^{2-} von Bedeutung:

$$CO_3^{2-} + H_2O \rightleftharpoons HCO_3^- + OH^-$$

97

Obwohl auch dieses Gleichgewicht weit auf der linken Seite liegt, wird die Konzentration der Hydroxidionen gegenüber dem reinen Wasser erhöht, d.h. der pH-Wert ist größer als 7, die Lösung reagiert basisch.

Der pH-Wert wird bei gleicher Konzentration um so stärker erhöht, je größer die Basenkonstante der Base oder je kleiner die Säurekonstante der korrespondierenden Säure ist. Anionen reagieren danach um so stärker basisch, je schwächer die Säure ist, von der sie sich ableiten.

Übungsaufgabe:

Wie groß ist der pH-Wert einer Kaliumcarbonatlösung, $c(K_2CO_3) = 0,25 \ mol \ l^{-1}$?

Aus der oben angegebenen Reaktionsgleichung für die Protolyse des Carbonations ergibt sich die Gleichgewichtsbeziehung

$$K_b = \frac{c(HCO_3^-) \cdot c(OH^-)}{c(CO_3^{2-})}$$

Außerdem folgen aus der Reaktionsgleichung

$$c(HCO_3^-) = c(OH^-)$$
und
$$c(CO_3^{2-}) = c(CO_3^{2-})_0 - c(OH^-)$$

K_b besitzt laut Tab. 6.1 den Wert $2 \cdot 10^{-4} \ mol \ l^{-1}$. Nach Einsetzen der Zahlenwerte erhält man

$$2 \cdot 10^{-4} \ mol \ l^{-1} = \frac{c(OH^-)^2}{0,25 \ mol \ l^{-1} - c(OH^-)}$$

und das sinnvolle Ergebnis der quadratischen Gleichung ist

$$c(OH^-) = 6,97 \cdot 10^{-3} \ mol \ l^{-1},$$
$$pOH = 2,2,$$
$$pH = 11,8.$$

Das Ergebnis liegt etwas über dem gemessenen Wert von 11,6, da in Salzlösungen mit ihren hohen Ionenkonzentrationen die Aktivität der Oxoniumionen deutlich niedriger ist als die für die Berechnung verwendete Stoffmengenkonzentration.

Wäßrige Lösungen, die ihren pH-Wert beim Zusatz von Säuren oder Basen und beim Verdünnen weitgehend konstant halten, werden als **Pufferlösungen** bezeichnet. Stoffwechselvorgänge, viele elektrochemische Reaktionen und analytische Methoden wie z.B. die komplexometrische Titration laufen nur in einem bestimmten pH-Bereich in der gewünschten Weise ab. Die entsprechenden Systeme müssen deshalb gepuffert sein. Pufferlösungen mit definiertem pH-Wert werden als Standards bei der pH-Messung benötigt.

Ein Puffersystem enthält eine schwache bis mittelstarke Säure zusammen mit ihrer korrespondierenden Base.

Beispiele sind:

Essigsäure und Natriumacetat (korrespondierendes Säure-Base-Paar: CH_3COOH/CH_3COO^-),

primäres Kaliumphosphat, KH_2PO_4, und sekundäres Natriumphosphat, Na_2HPO_4 (korrespondierendes Säure-Base-Paar: $H_2PO_4^-/HPO_4^{2-}$),

Ammoniumchlorid und Ammoniak (korrespondierendes Säure-Base-Paar: NH_4^+/NH_3).

Bei Zusatz einer starken Säure wird die Base des Puffersystems unter Verbrauch von Oxoniumionen in die korrespondierende Säure umgewandelt. Bei Zusatz einer starken Base läuft unter Verbrauch von Hydroxidionen der umgekehrte Vorgang ab.

Für einen Acetatpuffer lassen sich die Vorgänge wie folgt darstellen:

$$OH^- \quad + \quad \boxed{\begin{array}{c} CH_3COOH \\ \updownarrow \\ CH_3COO^- \end{array}} \quad + \quad H_3O^+$$

Basezusatz   Puffersystem   Säurezusatz

Die Pufferwirkung ist erschöpft, wenn Säure oder Base des Puffersystems verbraucht sind, eine Pufferlösung hat also nur eine bestimmte Pufferkapazität.

Der pH-Wert einer Pufferlösung läßt sich näherungsweise berechnen, wenn für die am Puffersystem beteiligte Säure die Definitionsgleichung für die Säurekonstante aufgestellt wird. Für Essigsäure als Bestandteil des Acetatpuffers ist das

$$CH_3COOH + H_2O \rightleftharpoons CH_3COO^- + H_3O^+$$

$$K_a(CH_3COOH) = \frac{c(CH_3COO^-) \cdot c(H_3O^+)}{c(CH_3COOH)}$$

Der Hauptteil der im Gleichgewicht vorhandenen Acetationen stammt aus dem gelösten Natriumacetat, das vollständig in Na^+- und CH_3COO^--Ionen dissoziiert ist. Die im Puffersystem gelöste Essigsäure liefert nur wenig Acetationen, da die ohnehin geringe Protolyse der schwachen Säure durch das anwesende Natriumacetat noch weiter unterdrückt wird.

Es gilt näherungsweise:

$c(CH_3COOH) \approx$ Stoffmengenkonzentration der gelösten Essigsäure
$c(CH_3COO^-) \approx$ Stoffmengenkonzentration des gelösten Natriumacetats

Für eine beliebige Säure HA und ihre korrespondierende Base A^- steht die allgemeine Beziehung

$$K_a(HA) = \frac{c(A^-) \cdot c(H_3O^+)}{c(HA)}$$

Durch Umstellung erhält man

$$c(H_3O^+) = K_a(HA) \cdot \frac{c(HA)}{c(A^-)}$$

und durch Logarithmieren folgt die **Henderson-Hasselbach-Gleichung**:

$$pH = pK_a(HA) + lg \frac{c(A^-)}{c(HA)}$$

Bei Anwendung dieser Gleichung gilt wie bei Salzlösungen, daß die Übereinstimmung zwischen berechnetem und gemessenem pH-Wert mit steigender Ionenkonzentration abnimmt.

Übungsaufgabe:

Wie groß ist der pH-Wert eines Standardpuffers bei 25°C, der 0,008695 mol KH_2PO_4 und 0,03043 mol Na_2HPO_4 im Liter enthält?

$$pH = pK_a(H_2PO_4^-) + lg \frac{c(HPO_4^{2-})}{c(H_2PO_4^-)} = 7,2 + lg \frac{0,03043 \text{ mol } l^{-1}}{0,008695 \text{ mol } l^{-1}} = 7,7;$$

gemessener Wert: 7,41.

6.6. Säure-Base-Titrationen

Die **Maßanalyse** oder **Titrimetrie** ist eine wichtige Methode der analytischen Chemie zur quantitativen Bestimmung gelöster Stoffe. Beim Vorgang der **Titration** wird ein bekanntes Volumen der Lösung des zu bestimmenden Stoffes in einem Erlenmeyerkolben oder Becherglas vorgelegt. Zu dieser Lösung läßt man aus einer Bürette eine Reagenzlösung zufließen (Abb. 6.1), deren Konzentration genau bekannt ist (Maßlösung). Die quantitative Umsetzung des zu bestimmenden Stoffes mit dem Reagenz der Maßlösung wird durch den Farbumschlag eines Indikators oder durch physikalisch-chemische Messung – z. B. von pH-Wert oder

Leitfähigkeit – angezeigt. Säure-Base-Titrationen umfassen die Bestimmung von Basen mit Lösungen starker Säuren (**Acidimetrie**) und die Bestimmung von Säuren mit Lösungen starker Basen (**Alkalimetrie**). Voraussetzung für die Anwendbarkeit dieser Methoden ist, daß das Gleichgewicht der bei der Titration ablaufenden Säure-Base-Reaktion sehr weit auf der Seite der Reaktionsprodukte liegt. Eine solche Reaktion wird, wie bereits erwähnt, als Neutralisation bezeichnet.

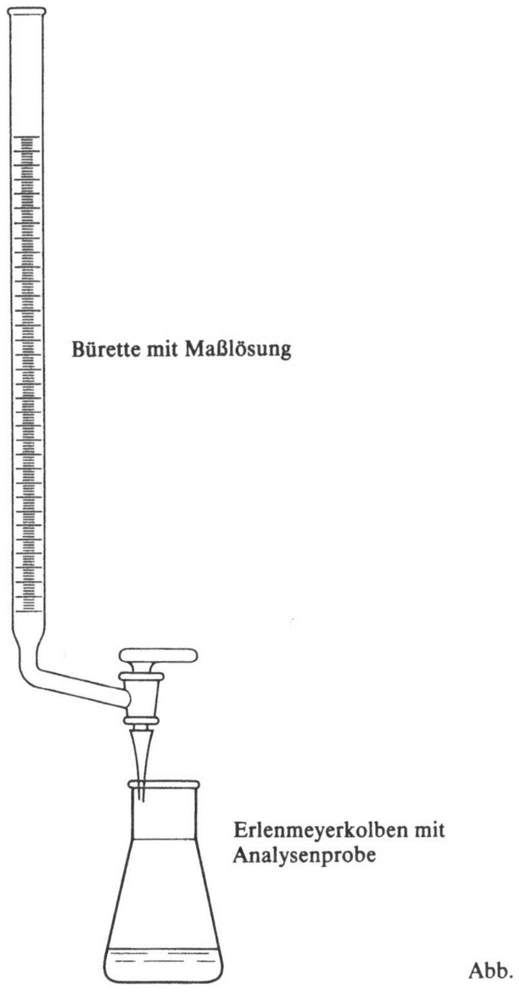

Abb. 6.1 Titration

pH-Indikatoren, deren Aufgabe es ist, den Endpunkt einer Titration anzuzeigen, sind schwache organische Säuren oder Basen, die innerhalb bestimmter pH-Bereiche ihre Farbe ändern. Einige Beispiele sind in Tab. 6.2 angegeben. Die Protolysereaktion des Methylrots in wäßriger Lösung

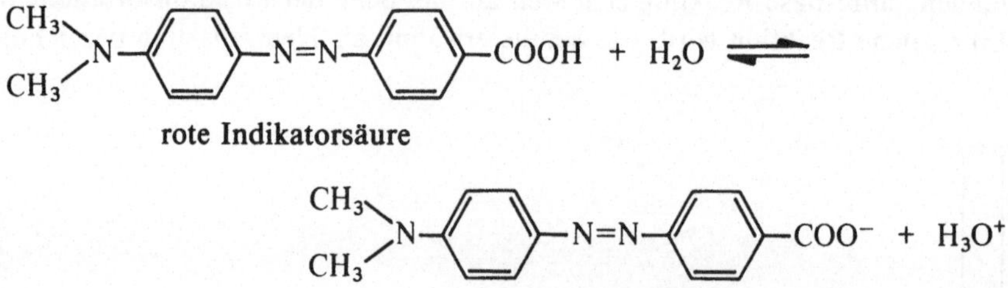

$$CH_3{-}N{<}_{CH_3}\!\!-\!\!\langle\!\!\langle\rangle\!\!\rangle\!\!-\!\!N{=}N{-}\langle\!\!\langle\rangle\!\!\rangle\!\!-\!\!COOH \;+\; H_2O \;\rightleftharpoons$$

rote Indikatorsäure

$$CH_3{-}N{<}_{CH_3}\!\!-\!\!\langle\!\!\langle\rangle\!\!\rangle\!\!-\!\!N{=}N{-}\langle\!\!\langle\rangle\!\!\rangle\!\!-\!\!COO^- \;+\; H_3O^+$$

gelbe Indikatorbase

kann, wie die anderer pH-Indikatoren, vereinfacht folgendermaßen formuliert werden:

$$H\,Ind + H_2O \;\rightleftharpoons\; Ind^- + H_3O^+$$

Für die Gleichgewichtsreaktion gelten die Beziehungen

$$K_a = \frac{c(Ind^-)\cdot c(H_3O^+)}{c(H\,Ind)},$$

$$c(H_3O^+) = K_a\,\frac{c(H\,Ind)}{c(Ind^-)},$$

$$pH = pK_a + \lg\frac{c(Ind^-)}{c(H\,Ind)}.$$

Danach ist das Konzentrationsverhältnis der verschiedenfarbigen Komponenten Ind^- und $H\,Ind$ und damit die Färbung des Indikatorsystems vom pH-Wert abhängig. Die Lage des Umschlagbereichs ist durch den pK_a der Indikatorsäure gegeben.

Tab. 6.2 pH-Indikatoren

	pH-Umschlagsbereich			pK_a
Methylorange	rot	3,1– 4,4	orange	3,7
Bromkresolgrün	gelb	3,8– 5,4	blau	4,7
Methylrot	rot	4,4– 6,2	gelb	5,1
Phenolphthalein	farblos	8,2–10,0	rot	9,6

Bei der Titration von schwachen und stark verdünnten Säuren oder Basen ist ein Farbumschlag von rot nach orange und gelb oder umgekehrt häufig nicht eindeutig zu erkennen. In diesen Fällen führen **Mischindikatoren** zum Erfolg. Methylrot gibt z. B. zusammen mit dem nicht pH-empfindlichen Methylenblau im sauren Bereich eine rotviolette Mischfarbe, die beim Übergang in den basischen Bereich gut erkennbar über ein schmutziges Grau nach Grün umschlägt.

Der Gehalt von Maßlösungen sollte als Stoffmengenkonzentration angegeben werden. In der Praxis wird allerdings häufig noch die Äquivalenzkonzentration (Normalität) verwendet. Die rechnerische Auswertung von Titrationen erfolgt nach den bekannten Gesetzen der Stöchiometrie.

Übungsaufgaben:

1. Bei der Titration eines bestimmten Volumens Natronlauge unbekannter Konzentration (Analysenprobe) werden 32,7 ml Schwefelsäurelösung, $c(\frac{1}{2}H_2SO_4) = 0,1$ mol l^{-1} (0,1 N H_2SO_4), verbraucht. Wieviel Gramm NaOH enthielt die Analysenprobe?

Aus der stöchiometrischen Gleichung

$$2\,NaOH + H_2SO_4 \longrightarrow Na_2SO_4 + 2\,H_2O$$

folgt

$$\frac{n(NaOH)}{n(\frac{1}{2}H_2SO_4)} = 1$$

und mit

$$c(\tfrac{1}{2}H_2SO_4) = \frac{n(\frac{1}{2}H_2SO_4)}{V(H_2SO_4 - Ls)}$$

ergibt sich daraus

$$n(NaOH) = \frac{m(NaOH)}{M(NaOH)} = c(\tfrac{1}{2}H_2SO_4) \cdot V(H_2SO_4 - Ls)$$

$$m(NaOH) = c(\tfrac{1}{2}H_2SO_4) \cdot V(H_2SO_4 - Ls) \cdot M(NaOH)$$
$$= 0,1 \text{ mol } l^{-1} \cdot 0,0327\, l \cdot 40 \text{ g mol}^{-1} = 0,131 \text{ g.}$$

2. Wie groß ist die Stoffmengenkonzentration der Hydrogencarbonationen in mol l^{-1} in einem Wasser, wenn bei der Titration von 70 ml Wasserprobe 5,2 ml Salzsäure, $c(HCl) = 0,1$ mol l^{-1}, verbraucht werden?

Stöchiometrische Gleichung: $HCO_3^- + HCl \longrightarrow H_2CO_3 + Cl^-$

$$n(\text{HCO}_3^-) = n(\text{HCl}),$$

$$c(\text{HCO}_3^-) \cdot V(\text{HCO}_3^- - \text{Ls}) = c(\text{HCl}) \cdot V(\text{HCl} - \text{Ls}),$$

$$c(\text{HCO}_3^-) = \frac{c(\text{HCl}) \cdot V(\text{HCl} - \text{Ls})}{V(\text{HCO}_3^- - \text{Ls})} = \frac{0,1 \ \text{mol} \ \text{l}^{-1} \cdot 5,2 \cdot 10^{-3} \ \text{l}}{0,07 \ \text{l}} = 7,43 \ \text{mmol} \ \text{l}^{-1}.$$

Die **Titrationskurve** zeigt den pH-Wert im Verlauf einer Säure-Base-Titration. In Tab. 6.3 sind berechnete pH-Werte angegeben, die sich bei der Titration von einem Liter Salzsäure, $c(\text{HCl}) = 0,01 \ \text{mol} \ \text{l}^{-1}$, mit Natronlauge, $c(\text{NaOH}) = 1 \ \text{mol} \ \text{l}^{-1}$, einstellen. Dabei ist vereinfachend angenommen worden, daß durch den Zusatz der Natronlauge das Ausgangsvolumen von einem Liter erhalten bleibt. Aus den Werten der Tabelle resultiert die in Abb. 6.2 dargestellte Titrationskurve. Charakteristisch ist der pH-Sprung bei vollständiger Neutralisation. Bei der Titration von starken Säuren mit starken Basen – oder umgekehrt – tritt ein besonders starker pH-Sprung auf, und der Wendepunkt der Kurve liegt bei pH = 7. In Abb. 6.2 sind auch die Umschlagsbereiche für die pH-Indikatoren Methylrot und Phenolphthalein eingezeichnet. Man erkennt, daß beide Indikatoren trotz unterschiedlicher Umschlagsbereiche am Neutralisationspunkt nahezu gleichzeitig ihre Farbe ändern. Sie sind deshalb bei der Titration von starken Säuren mit starken Basen beide zur Anzeige des Endpunktes geeignet. Der pH-Sprung ist um so schwächer, je schwächer die an der Titration beteiligte Säure und/oder Base ist. Der Wendepunkt liegt bei der Titration von schwachen Basen mit starken Säuren im sauren, bei der Titration von schwachen Säuren mit starken Basen im basischen Bereich. Die Titrationskurve einer mehrwertigen Säure zeigt mehrere pH-Sprünge (Abb. 8.3).

Tab. 6.3 pH-Werte bei der Titration von Salzsäure, $c(\text{HCl}) = 0,01 \ \text{mol} \ \text{l}^{-1}$, mit Natronlauge, $c(\text{NaOH}) = 1 \ \text{mol} \ \text{l}^{-1}$

Natronlaugezusatz ml	$c(\text{H}_3\text{O}^+) \ \text{mol} \ \text{l}^{-1}$	pH-Wert
0	10^{-2}	2
9	$10^{-2} - 9 \cdot 10^{-3} = 10^{-3}$	3
9,9	$10^{-2} - 9,9 \cdot 10^{-3} = 10^{-4}$	4
10	10^{-7} (entspr. reinem Wasser)	7
11	$10^{-14}/10^{-3} = 10^{-11}$	11
20	$10^{-14}/10^{-2} = 10^{-12}$	12

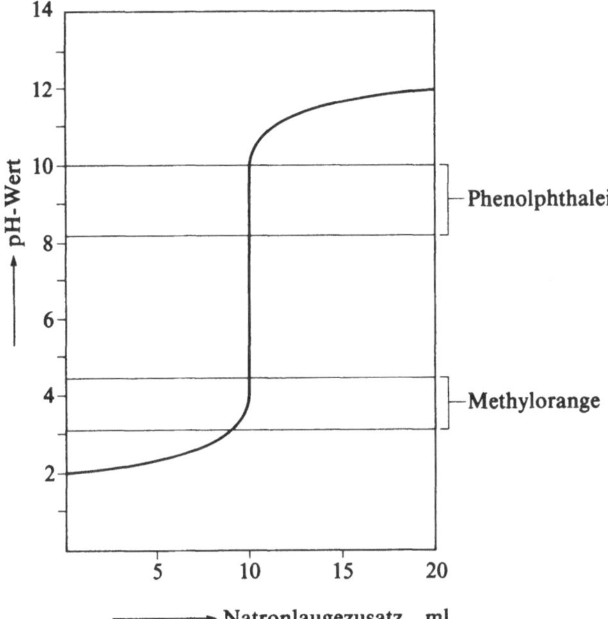

Abb. 6.2 Titrationskurve für die Titration einer starken Säure mit einer starken Base (Tab. 6.3)

7. Redoxreaktionen und Einführung in die Elektrochemie

7.1. Redoxgleichungen

Seit den Entdeckungen, die A. L. Lavoisier in der zweiten Hälfte des 18. Jahrhunderts machte, wurde die Reaktion eines Elementes oder einer Verbindung mit Sauerstoff[1] als Oxidation bezeichnet. Unter Reduktion[2] wurde die Umkehrung der Oxidation verstanden. In der modernen Chemie werden die Begriffe Oxidation und Reduktion weiter gefaßt. Wir definieren heute **Oxidation** als Elektronenabgabe, z. B.

$$Na \longrightarrow Na^+ + e$$

$$O^{2-} \longrightarrow \tfrac{1}{2}O_2 + 2e$$

Ein **Oxidationsmittel** ermöglicht die Oxidation, indem es die frei werdenden Elektronen aufnimmt. Es ist ein **Elektronenakzeptor**.

Reduktion ist nach moderner Definition Elektronenaufnahme, z. B.

$$\tfrac{1}{2}Cl_2 + e \longrightarrow Cl^-$$

$$Fe^{3+} + e \longrightarrow Fe^{2+}$$

Ein **Reduktionsmittel** ermöglicht die Reduktion, indem es die für die Reduktion erforderlichen Elektronen abgibt. Es ist ein **Elektronendonor**.
Die Reaktionen müssen als Gleichgewichte formuliert werden, denn Fe^{3+} kann z. B. durch Elektronenaufnahme als Oxidationsmittel wirken (wobei es selbst zu Fe^{2+} reduziert wird), das entstehende Fe^{2+} kann aber auch durch Elektronenabgabe als Reduktionsmittel wirken (wobei es selbst zu Fe^{3+} oxidiert wird). Ob das eine oder das andere geschieht, hängt vor allem vom Reaktionspartner ab. Fe^{3+} und Fe^{2+}, Cl_2 und Cl^- usw. sind **korrespondierende Redoxpaare**. Darunter wird ein Oxidationsmittel und ein Reduktionsmittel verstanden, die sich nur durch die Anzahl ihrer Elektronen voneinander unterscheiden. Für die bereits erwähnten Beispiele sind die Zusammenhänge in Tab. 7.1 dargestellt.

Unter den Bedingungen von chemischen Reaktionen sind freie Elektronen meist nicht existenzfähig. Das bedeutet, daß ein Reduktionsmittel nur dann Elektronen abgibt, wenn ein Oxidationsmittel anwesend ist, das diese Elektronen aufnimmt.

---

[1] frz. oxygène; [2] lat. reducere = zurückführen

Oxidation und Reduktion treten in einem System gleichzeitig auf, der Gesamtvorgang wird als **Redoxreaktion** bezeichnet.

Tab. 7.1 Beispiele für korrespondierende Redoxpaare				
	Reduktionsmittel	$\xrightleftharpoons[\text{Reduktion}]{\text{Oxidation}}$	Oxidationsmittel	$+ \, z\,e$
1	Na	$\rightleftharpoons$	Na^+	$+ \, e$
2	Fe^{2+}	$\rightleftharpoons$	Fe^{3+}	$+ \, e$
3	Cl^-	$\rightleftharpoons$	$\frac{1}{2}Cl_2$	$+ \, e$
4	O^{2-}	$\rightleftharpoons$	$\frac{1}{2}O_2$	$+ \, 2\,e$

Eine Redoxreaktion, wie sie im Reagenzglas, in einem technischen Reaktor oder an einem korrodierenden Metall abläuft, läßt sich durch Kombination von zwei korrespondierenden Redoxpaaren (Halbreaktionen) erhalten, z. B. durch Kombination der Halbreaktionen 1 und 3 in Tab. 7.1:

$$\underset{\text{Red 1}}{Na} + \underset{\text{Ox 3}}{\tfrac{1}{2}Cl_2} \longrightarrow \underset{\text{Ox 1}}{Na^+} \underset{\text{Red 3}}{Cl^-}$$

Der Sachverhalt soll an diesem Beispiel noch einmal anschaulich dargestellt werden: Natriummetall, das z. B. unter Vakuum in einem Glasrohr eingeschmolzen ist, verändert sich chemisch nicht. Die durch Halbreaktion 1 beschriebene Elektronenabgabe findet nicht statt. Sobald man das Natrium aber mit Chlorgas in Kontakt bringt, reagieren beide äußerst heftig unter Elektronenaustausch zu der Ionenverbindung Natriumchlorid.

Redoxvorgänge sind nicht ganz so leicht erkennbar, wenn statt Ionen kovalente Verbindungen vorliegen. Von Oxidation spricht man auch dann, wenn Elektronen von einem Atom nicht vollständig abgegeben, sondern nur partiell in Richtung eines anderen Atoms verschoben werden. Das gleiche gilt umgekehrt für die Reduktion. Am Beispiel der Oxidation von Wasserstoff mit Sauerstoff zu Wasser bedeutet das: Die Moleküle H_2 und O_2 bestehen jeweils aus gleichartigen Atomen mit derselben Elektronegativität. Die Bindungselektronen werden deshalb von den an der Bindung beteiligten Atomen gleich stark angezogen. In den bei der Reaktion entstehenden H_2O-Molekülen ist Wasserstoff an Sauerstoff gebunden, der aufgrund seiner größeren Elektronegativität die Bindungselektronen stärker an sich heranzieht. Im Vergleich zur Ausgangssituation haben sich die Bindungselektronen von den H-Atomen entfernt und den O-Atomen genähert. Das bedeutet, Wasserstoff wurde oxidiert und Sauerstoff reduziert:

$$\begin{matrix} H{-}H \\ H{-}H \end{matrix} \;+\; O{=}O \;\longrightarrow\; 2\; \begin{matrix} H \searrow \\ \;O \\ H \nearrow \end{matrix}$$

Zur Behandlung von Redoxreaktionen ist die **Oxidationszahl** ein wertvolles Hilfsmittel. Die Oxidationszahl eines Atoms gibt die Ladungszahl an, die das Atom tragen würde, wenn die Verbindung aus einfachen Ionen aufgebaut wäre. Dabei werden die Bindungselektronen jeweils dem Atom mit der größeren Elektronegativität zugeordnet. Oxidationszahlen können positiv oder negativ sein. Bindungspartner mit der jeweils höheren Elektronegativität erhalten eine Oxidationszahl mit negativem Vorzeichen.

Zur Bestimmung der Oxidationszahl dienen folgende Regeln:

– Die Oxidationszahl einfacher Ionen ist gleich der Ladungszahl dieser Ionen, z. B.

$$\overset{+I}{Na^+}, \ \overset{+II}{Ca^{2+}}, \ \overset{-I}{Cl^-}$$

– In kovalenten Verbindungen werden die Bindungselektronen dem Bindungspartner mit der höheren Elektronegativität zugeordnet. Dadurch erhalten die
– Atome hypothetische Ladungszahlen, die gleich der Oxidationszahl sind, z. B.

$$\overset{+I}{H}(-\overset{-I}{\underline{Cl}}| \ , \ \overset{-II}{\underline{O}}=)\overset{+IV}{\underline{S}}(=\overset{-II}{\underline{O}}$$

Aus den beiden Regeln folgt für Verbindungen:

Alkalimetalle haben stets die Oxidationszahl $+I$, und Erdalkalimetalle haben stets die Oxidationszahl $+II$. Fluor als Element mit der größten Elektronegativität hat stets die Oxidationszahl $-I$. Sauerstoff hat meist die Oxidationszahl $-II$. Eine wichtige Ausnahme ist Wasserstoffperoxid, H_2O_2, in dem Sauerstoff die Oxidatioszahl $-I$ hat. Wasserstoff hat meist die Oxidationszahl $+I$. Ausnahmen bilden Metallhydride wie $\overset{+I}{Li}\overset{-I}{H}$.

– Atome von Stoffen, die im elementaren Zustand vorliegen, haben die Oxidationszahl null, z. B.

$$\overset{\pm 0}{S_8}, \ \overset{\pm 0}{H_2}, \ \overset{\pm 0}{Fe}$$

– Summenregel: Die Summe der Oxidationszahlen aller vorhandenen Atome ist für ein ungeladenes Molekül oder einen Ionenkristall gleich null, für ein Molekülion gleich dessen Ladungszahl.

Mit Hilfe der angegebenen Regeln sollen die Oxidationszahlen der folgenden Atome errechnet werden:

Chrom in Kaliumdichromat,
$$\overset{+I}{K_2}\overset{x}{Cr_2}\overset{-II}{O_7}$$
$$2(+1) + 2x + 7(-2) = 0$$
$$x = +6$$

Phosphor im primären Phosphation, $\overset{+I}{H_2}\overset{x}{P}\overset{-II}{O_4^-}$

$$2(+1) + x + 4(-2) = -1$$
$$x = +5$$

Eine Redoxreaktion liegt immer dann vor, wenn sich die Oxidationszahl bestimmter Atome ändert, und zwar ist eine Erhöhung der Oxidationszahl gleichbedeutend mit Oxidation und eine Erniedrigung der Oxidationszahl gleichbedeutend mit Reduktion.

Das **Aufstellen von Redoxgleichungen** mit Hilfe der Oxidationszahlen soll am folgenden Beispiel demonstriert werden:

Kupfer löst sich in konzentrierter Salpetersäure, wobei Cu in Cu^{2+} übergeht und Stickstoff(II)-oxid als Gas frei wird. Aus diesen Angaben folgt der Gleichungsansatz

$$Cu + HNO_3 \longrightarrow Cu^{2+} + NO$$

Für Atome, deren Oxidationszahl sich bei der Reaktion ändert, wird die Oxidationszahl ermittelt und über dem jeweiligen Elementsymbol angegeben:

$$\overset{\pm 0}{Cu} + H\overset{+V}{N}O_3 \longrightarrow \overset{+II}{Cu^{2+}} + \overset{+II}{N}O$$

Im nächsten Schritt wird festgestellt, wie sich die Oxidationszahlen im Verlauf der Reaktion ändern, z.B. $+2$ für Cu und -3 für N. Von beiden Zahlenwerten wird das kleinste gemeinsame Vielfache gesucht, im Beispiel $= 6$. Die Faktoren, mit denen die Beträge der Oxidationszahländerungen (Δ0Z) dabei multipliziert werden müssen, ergeben die stöchiometrischen Faktoren der Reaktionspartner.

$$3\ \underset{\underset{3\cdot(+2)}{\Delta 0Z}}{\overset{\pm 0}{Cu}}\ +\ 2\,\underset{\underset{2\cdot(-3)}{\Delta 0Z}}{H\overset{+V}{N}O_3}\ \longrightarrow\ 3\,\overset{+II}{Cu^{2+}}\ +\ 2\,\overset{+II}{N}O$$

Die Summe der Ionenladungen muß links und rechts vom Reaktionspfeil gleich sein. Der Ladungsausgleich erfolgt mit den Ionen des Lösemittels, z.B. mit H_3O^+ in saurer und OH^- in basischer wäßriger Lösung. Dieser Schritt entfällt, wenn keine Ionen vorliegen.

$$3\overset{\pm 0}{Cu} + 2H\overset{+V}{N}O_3 + \boxed{6\,H_3O^+} \longrightarrow 3\overset{+II}{Cu^{2+}} + 2\overset{+II}{N}O$$

Summe der Ladungszahlen	0	$+6$
für Ladungsausgleich hinzufügen	$\boxed{+6}$	

Zum Schluß wird überprüft, ob Art und Anzahl der Atome auf beiden Seiten der Reaktionsgleichung gleich sind. Bei Reaktionen in wäßriger Lösung muß meist ein Defizit an H und O durch Hinzufügen von H_2O ausgeglichen werden. Damit lautet die vollständige Reaktionsgleichung für das gewählte Beispiel

$$3\overset{\pm 0}{Cu} + 2\,H\overset{+V}{N}O_3 + 6\,H_3O^+ \longrightarrow 3\,\overset{+II}{Cu}{}^{2+} + 2\,\overset{+II}{N}O + 10\,H_2O$$

7.2. Elektrochemische Grundbegriffe

Für Redoxreaktionen ist der Elektronenübergang zwischen den Reaktionspartnern charakteristisch. Da Elektronen auch die Träger der elektrischen Leitfähigkeit von Metallen sind, besteht die Möglichkeit, chemische und elektrophysikalische Vorgänge miteinander zu verknüpfen. Diese Verknüpfungen sind Gegenstand der **Elektrochemie.** Zentrale Bestandteile eines elektrochemischen Systems sind Elektrolyt und Elektrode, die als unterschiedliche Phasen miteinander in Kontakt stehen. Der **Elektrolyt** ist ein Medium mit beweglichen Ionen. Bedeutung haben vor allem wäßrige Lösungen von Salzen oder Säuren, aber auch nichtwäßrige Lösungen sowie Salzschmelzen und Ionenkristalle bei hohen Temperaturen (Festelektrolyte). Die elektrische Leitfähigkeit des Elektrolyten beruht auf Ionenwanderung. In **Festelektrolyten** wid die Ionenwanderung durch die Existenz von Leerstellen im Kristallgitter begünstigt. Leerstellen können als Folge der Elektroneutralitätsbedingung entstehen, wenn Kationen des Gitters durch Kationen mit geringerer Ladungszahl ersetzt werden (Abb. 7.1). **Elektroden** sind elektronische Leiter. Verwendet werden Metalle und Graphit mit unterschiedlicher Form und Oberflächenbeschaffenheit. Elektroden, an deren Phasengrenze zum Elektrolyten eine Reduktion stattfindet, werden als **Kathoden** bezeichnet. **Anoden** sind Elektroden, an deren Oberfläche eine Oxidation abläuft.

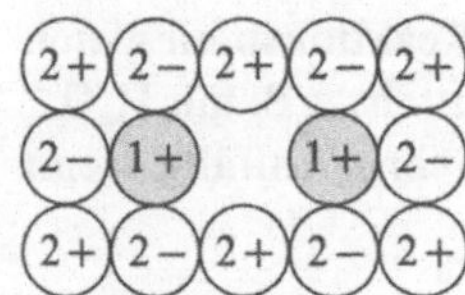

Abb. 7.1 Bildung von Leerstellen in einem Festelektrolyten durch Dotierung mit Kationen geringerer Ladungszahl

Die Elektrochemie beschäftigt sich vor allem mit den Gesetzmäßigkeiten der Ionenleitung im Elektrolyten und mit den Vorgängen an der Phasengrenze zwischen Elektrolyt und Elektrode. Bei freiwillig ablaufenden elektrochemischen Reaktionen wandelt sich chemische Energie in elektrische Energie um. Systeme, in denen das geschieht, werden als **galvanische Elemente, galvanische Zellen** oder auch galvanische Ketten bezeichnet. Dabei bewirkt die Oxidation an der Anode einen Elektronenüberschuß und die Reduktion an der Kathode einen Elektronenmangel. Bei galvanischen Elementen ist deshalb die Anode gegenüber der

Kathode negativ aufgeladen. Chemische Reaktionen, die nicht freiwillig ablaufen, können durch Zufuhr elektrischer Energie erzwungen werden. Dieser elektrochemische Vorgang wird als **Elektrolyse** bezeichnet. In Elektrolysezellen werden der Kathode von außen Elektronen zugeführt, so daß sich diese gegenüber der Anode negativ auflädt. Der Stromfluß bewirkt im Elektrolyten die Wanderung der Anionen zur Anode und der Kationen zur Kathode.

Das Prinzip von galvanischer und elektrolytischer Zelle ist in Abb. 7.2 für den Elektrolyten Salzsäure dargestellt.

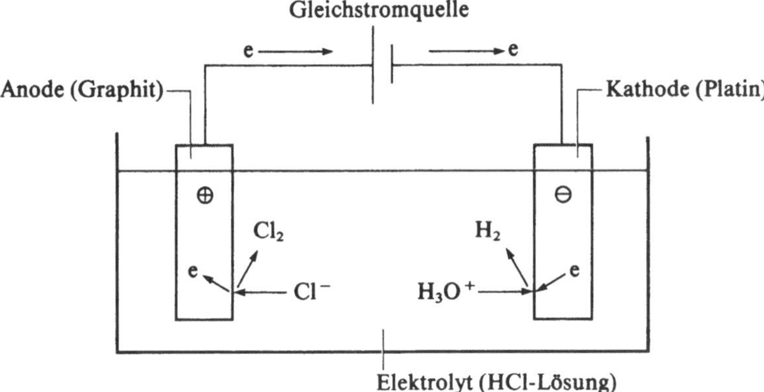

a) Elektrolysezelle

Kathodenreaktion: $2\,H_3O^+ + 2e \;\rightleftharpoons\; 2\,H_2O + H_2$

Anodenreaktion: $2\,Cl^- \;\rightleftharpoons\; Cl_2 + 2e$

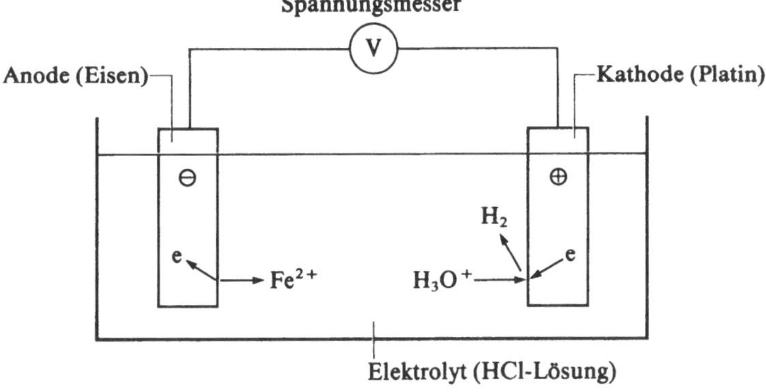

b) Galvanisches Element

Kathodenreaktion: $2\,H_3O^+ + 2e \;\rightleftharpoons\; 2\,H_2O + H_2$

Anodenreaktion $Fe \;\rightleftharpoons\; Fe^{2+} + 2e$

Abb. 7.2 Elektrochemische Systeme

7.3. Faradaysches Gesetz

M. Faraday legte in der ersten Hälfte des 19. Jahrhunderts die Grundlagen für die Elektrochemie und erforschte die quantitativen Beziehungen zwischen Stromfluß und Stoffumsatz bei der Elektrolyse. Die an den Elektroden umgesetzte Stoffmenge ist der transportierten Elektrizitätsmenge proportional. Nach der Anodenreaktion von Abb. 7.2 a gilt z. B. $n(Cl^-) = n(e)$, d. h. zur Abscheidung von einem Mol Chloridionen als Chlorgas wird ein Mol Elektronen benötigt. Die Ladung (Elektrizitätsmenge) von einem Mol Elektronen ergibt sich aus dem Produkt der Ladung eines Elektrons ($\rightarrow$ Tab. 1.2) und der Avogadrokonstanten N_A:

$$F = e N_A = 1{,}6 \cdot 10^{-19} \text{ A s} \cdot 6{,}022 \cdot 10^{23} \text{ mol}^{-1} = 96\,487 \text{ A s mol}^{-1}$$

Sie wird als **Faradaykonstante** F bezeichnet.

Die tatsächlich durch die Elektrolysezelle fließende Elektrizitätsmenge ergibt sich aus dem Produkt von Stromstärke I und Zeit t:

$$Q = I t$$

Die Stoffmenge der Elektronen, die dieser Elektrizitätsmenge entspricht, ist

$$n(e) = \frac{I t}{F}$$

Im vorliegenden Beispiel ist die Stoffmenge der Elektronen gleich der Stoffmenge der Chlorionen. Bei mehrwertigen Ionen, wie z. B. Cu^{2+} oder Cr^{3+} gilt

$$\frac{n(Cu^{2+})}{n(e)} = \frac{1}{2} \quad \text{bzw.} \quad \frac{n(Cr^{3+})}{n(e)} = \frac{1}{3}.$$

Bei der Errechnung der abgeschiedenen Kupfer- oder Chrommenge muß deshalb die jeweilige Ionenwertigkeit $z(B)$ berücksichtigt werden, z. B.

$$n(e) = 3 n(Cr^{3+}) = \frac{I t}{F}$$

oder allgemein

$$n(e) = z(B) \, n(B) = \frac{I t}{F}$$

Soll die Masse des umgesetzten Stoffes errechnet werden, wird die Gleichung mit Hilfe der Beziehung $n = m/M$ in die moderne Form des Faradayschen Gesetzes umgewandelt:

$$m(B) = \frac{M(B) \, I t}{z(B) \, F}.$$

Bei technischen Elektrolysen lassen sich unerwünschte Elektrodenreaktionen und Folgereaktionen der abgeschiedenen Stoffe meist nicht vollständig verhindern. Tatsächlich wird deshalb weniger von dem gewünschten Stoff umgesetzt, als nach dem Faradayschen Gesetz zu erwarten ist. Der Quotient von praktisch umgesetzter Masse – oder Stoffmenge – und theoretisch zu erwartender, wird als **Stromausbeute** η_s bezeichnet.

$$\eta_s = \frac{m(B)_{pr}}{m(B)_{th}}$$

7.4. Leitfähigkeit von Elektrolytlösungen

Der Widerstand eines Leiters läßt sich nach folgender Gleichung errechnen:

$$R = \rho \frac{l}{A}$$

Bei Elektrolytlösungen ist l der Elektrodenabstand und A der wirksame Elektrodenquerschnitt. Zum Vergleich verschiedener Elektrolyte wird der spezifische Widerstand ρ oder sein reziproker Wert, die **spezifische Leitfähigkeit** $\varkappa$ angegeben:

$$\varkappa = \frac{1}{\rho} = \frac{l}{R \cdot A}$$

Die gebräuchliche Einheit für $\varkappa$ ist $\Omega^{-1}\,cm^{-1}$ oder, da Ω^{-1} als Siemens, S, bezeichnet wird, $S\,cm^{-1}$ bzw. $\mu S\,cm^{-1}$.

Der Quotient $\dfrac{l}{A}$ einer Leitfähigkeitszelle wird Widerstandskapazität oder Zellenkonstante genannt. Er wird, da er nicht rechnerisch ermittelt werden kann, mit Kaliumchloridlösungen bekannter Leitfähigkeit experimentell bestimmt.

Für Leitfähigkeitsmessungen wird Wechselstrom verwendet, da Gleichstrom eine Polarisation der Elektroden bewirkt, was zu einer scheinbaren Erhöhung des Elektrolytwiderstandes führt. Die Leitfähigkeit eines Elektrolyten steigt mit der Ionenkonzentration bis zu einem Maximalwert an und fällt dann als Folge gegenseitiger Behinderung der Ionen wieder ab. Sie erhöht sich außerdem mit der Temperatur, da mit steigender Temperatur die Viskosität der Lösung und damit die Behinderung der Ionenwanderung durch die Lösemittelmoleküle abnimmt. Oxonium- und Hydroxid-Ionen zeichnen sich durch besonders hohe Wanderungsgeschwindigkeit im elektrischen Feld aus, wäßrige Lösungen starker Säuren und Basen haben deshalb eine besonders hohe Leitfähigkeit.

Leitfähigkeitsmessungen haben besondere Bedeutung bei der Beurteilung der Effektivität von Verfahren der Wasserentsalzung. Die Leitfähigkeit des Elektrolyten ist für den Energieverbrauch und damit für die Wirtschaftlichkeit von Elektrolyseverfahren besonders wichtig. Die elektrische Energie ist gegeben durch die Gleichung

$$W_{el} = UIt$$

It ist nach dem Faradayschen Gesetz festgelegt, wenn die Produktionshöhe vorgegeben ist. Der Energieverbrauch kann aber – in gewissen Grenzen – durch Erniedrigung der Elektrolysespannung reduziert werden, und das ist nach dem Ohmschen Gesetz

$$U = RI$$

durch eine Erniedrigung des Elektrolytwiderstandes möglich.

7.5. Elektrodenpotentiale und Spannungsreihe

In 7.1. wurden Redoxgleichungen rein formal aufgestellt. Die Frage, ob eine Redoxreaktion im Sinne der Reaktionsgleichung freiwillig von links nach rechts abläuft oder nicht vielleicht in umgekehrter Richtung, konnte bisher nur aus der Erfahrung beantwortet werden. Dieses Kapitel beschäftigt sich mit der Lage von Redoxgleichgewichten. In diesem Zusammenhang wird eine Aussage über die Stärke eines Oxidations- oder Reduktionsmittels gemacht.

Wenn ein Stück Zinkblech in eine Kupfersulfatlösung eintaucht, überzieht es sich mit einer Schicht aus metallischem Kupfer. Außerdem läßt sich feststellen, daß etwas von dem Zink in Form von Ionen in Lösung gegangen ist. Taucht man dagegen ein Stück Kupferdraht in eine Zinksulfatlösung ein, findet keine meßbare Reaktion statt. Die Redoxreaktion

$$Cu^{2+} + Zn \; \rightleftharpoons \; Cu + Zn^{2+}$$

läuft freiwillig offenbar nur von links nach rechts in nennenswertem Umfang ab, oder – anders ausgedrückt – das Gleichgewicht der Reaktion liegt sehr weit auf der rechten Seite. Die betrachtete Redoxreaktion setzt sich aus den korrespondierenden Redoxpaaren (Halbreaktionen)

$$Cu \; \rightleftharpoons \; Cu^{2+} + 2e$$

$$Zn \; \rightleftharpoons \; Zn^{2+} + 2e$$

zusammen, wobei das Gleichgewicht der zweiten Halbreaktion stärker auf der rechten Seite liegt als das der ersten. Für ein beliebiges Metall läßt sich die Halbreaktion folgendermaßen formulieren:

$$\underset{\text{Reduktionsmittel}}{\text{Me}} \; \rightleftharpoons \; \underset{\text{Oxidationsmittel}}{\text{Me}^{z+}} \; + z\,e$$

Liegt das Gleichgewicht der Halbreaktion sehr weit auf der linken Seite, dann hat das Metall nur geringe Neigung, unter Elektronenabgabe in Lösung zu gehen, es ist ein schwaches Reduktionsmittel. Dafür ist die Neigung der Metallionen, sich unter Elektronenaufnahme als Metall abzuscheiden groß, d. h. die Metallionen sind ein starkes Oxidationsmittel. Liegt das Gleichgewicht der Halbreaktion sehr weit auf der rechten Seite, dann ist das Metall ein starkes Reduktionsmittel, seine Ionen sind aber nur ein schwaches Oxidationsmittel.

Halbreaktionen dieser Art lassen sich experimentell darstellen, indem man eine Elektrode aus dem jeweiligen Metall in eine Lösung eintaucht, die ein Salz dieses Metalls gelöst enthält. Ein System, das aus einer Elektrode und einem Elektrolyten besteht, nennt man **Halbzelle.**

Zink ist ein relativ starkes Reduktionsmittel und hat beim Eintauchen in eine Zinksalzlösung große Neigung, in Form von Ionen in Lösung zu gehen. Das Metall lädt sich dabei negativ auf. Durch die negative Ladung werden die abgetrennten Metallionen in der Nähe der Phasengrenze festgehalten. Es kommt zum Aufbau einer elektrischen Doppelschicht und zur Ausbildung einer Potentialdifferenz (Galvanispannung) wie in Abb. 7.3 vereinfacht dargestellt wird. Mit steigender Ionenkonzentration an der Phasengrenze gewinnt die Rückreaktion, d. h. die Abscheidung von Ionen als Metall, an Bedeutung, und schließlich stellt sich an der Phasengrenze zwischen Elektrolyt und Elektrode ein Gleichgewichtszustand ein. Das ist nur im stromlosen Zustand möglich, wenn Elektronen weder von außen zu- noch nach außen abgeführt werden. Ähnliche Vorgänge laufen ab, wenn das Metall wie Kupfer ein schwaches Reduktionsmittel ist. In diesem Fall lädt sich die Elektrode gegenüber dem Elektrolyten positiv auf.

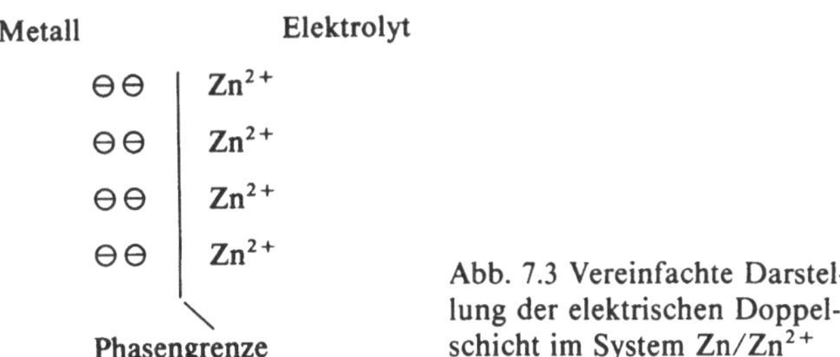

Abb. 7.3 Vereinfachte Darstellung der elektrischen Doppelschicht im System Zn/Zn^{2+}

Das elektrische Potential der Elektrode unter Gleichgewichtsbedingungen wird als **Gleichgewichtspotential** bezeichnet. Bildet es sich wie in den beschriebenen Beispielen zwischen einem Metall und seinen Ionen aus, spricht man von **Metallelektrodenpotential.** Das Gleichgewichtspotential gibt die Energie an, die bei der Umwandlung eines Metallatoms in ein Ion und dessen Durchtritt durch die Phasengrenze umgesetzt wird. Liegen die Reaktionspartner im Standardzustand vor (Stoffmengenkonzentration oder genauer, Aktivität der Ionen: $1 \, \text{mol} \, l^{-1}$; $25\,°C$; 1 bar), so spricht man vom **Standardpotential** der Halbzelle. Weder die Galvanispannungen noch die Elektrodenpotentiale der Halbzellen sind direkt meßbar. Kombiniert man aber eine Halbzelle mit einer anderen Halbzelle (**Bezugselektrode**), so läßt sich eine Potentialdifferenz zwischen den beiden Elektroden als Zellspannung messen. Dabei werden die Elektrolyte beider Halbzellen durch ein **Diaphragma** voneinander getrennt, das für Ionen durchlässig ist, eine Vermischung der beiden Lösungen aber verhindert. Als Diaphragma kann z.B. ein Glasfilter verwendet werden. In der Literatur wird für die Gleichgewichtsspannung häufig der Begriff „EMK" (elektromotorische Kraft) verwendet.

Potentiale treten nicht nur an den Oberflächen der Elektroden, sondern – als Folge unterschiedlicher Ionenbeweglichkeiten – auch an den Berührungsstellen der beiden Elektrolyte auf. Zur Unterdrückung dieser **Diffusionspotentiale** dient häufig eine Salzbrücke (Stromschlüssel), ein U-förmiger Heber, der mit der gesättigten Lösung eines Salzes gefüllt ist, dessen Anion und Kation etwa gleiche Beweglichkeit haben (z.B. Kaliumchlorid).

Als Bezugselektrode für die Messung von Potentialdifferenzen wurde von W. Nernst die **Standardwasserstoffelektrode** eingeführt. Sie besteht aus einem mit fein verteiltem Platin (Platinmohr) überzogenen Platinblech, das bei $25\,°C$ in Salzsäure $c(H_3O^+) = 1 \, \text{mol} \, l^{-1}$ (genauer: $a(H_3O^+) = 1 \, \text{mol} \, l^{-1}$), eintaucht und das von Wasserstoffgas mit einem Druck von 1 bar umspült wird. Der potentialbildende Vorgang ist die Reaktion

$$H_2 + 2\,H_2O \;\rightleftharpoons\; 2\,H_3O^+ + 2\,e$$

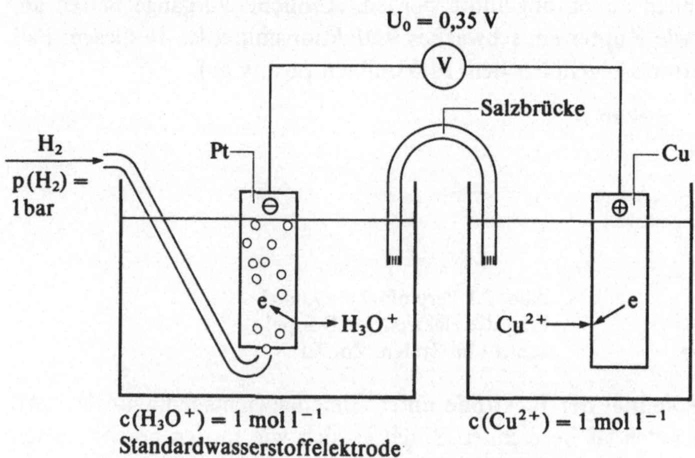

Abb. 7.4 Messung der Standardspannung einer Kupferelektrode.
Symbol: $H_2(Pt)/HCl//CuSO_4/Cu$ (ein einfacher Schrägstrich bedeutet Phasengrenze, ein Doppelschrägstrich Salzbrücke)

Besondere Bedeutung hat die zwischen der Standardwasserstoffelektrode und einer beliebigen Halbzelle im Standardzustand gemessene Potentialdifferenz. Sie wird als **elektrische Standardspannung** U_0, häufig auch als „Normalpotential" bezeichnet (Abb. 7.4). Gibt die untersuchte Halbzelle leichter Elektronen ab als die Standardwasserstoffelektrode, erhält die gemessene Standardspannung ein Minuszeichen, gibt sie schwerer Elektronen ab als die Standardwasserstoffelektrode, ist die Standardspannung positiv.

Die Standardwasserstoffelektrode ist umständlich zu handhaben und sehr empfindlich gegenüber Verunreinigungen. In der Praxis werden Potentialdifferenzen deshalb gegenüber einer anderen Bezugselektrode gemessen und auf die Standardwasserstoffelektrode umgerechnet. Die **Kalomelelektrode**[1] enthält Quecksilber als Metall und schwerlösliches Quecksilber(I)-chlorid, die mit einer Kaliumchloridlösung in Kontakt stehen, in der auch – dem Löslichkeitsprodukt entsprechend – etwas Quecksilberchlorid gelöst ist. Die Stromleitung zum Quecksilber erfolgt durch einen Platindraht, der in ein Glasrohr eingeschmolzen ist. Der potentialbildende Vorgang der Kalomelelektrode ist die Reaktion

$$2\,Hg + 2\,Cl^- \; \rightleftharpoons \; Hg_2Cl_2 + 2\,e$$

Die Potentialdifferenz zwischen Kalomelelektrode mit gesättigter KCl-Lösung und Standardwasserstoffelektrode beträgt $+0,24$ V. Die **Silberchloridelektrode** besteht aus einem Silberstab, der mit Silberchlorid überzogen ist und in eine mit Silberchlorid gesättigte Kaliumchloridlösung eintaucht. Der potentialbildende Vorgang ist die Reaktion

$$Ag + Cl^- \; \rightleftharpoons \; AgCl + e$$

Die Potentialdifferenz zwischen Silberchloridelektrode mit gesättigter KCl-Lösung und Standardwasserstoffelektrode beträgt $+0,20$ V.

Die bei Korrosionsuntersuchungen häufig verwendete **Kupfersulfatelektrode** besteht aus Kupfer und gesättigter Kupfersulfatlösung. Sie hat gegenüber der Standardwasserstoffelektrode eine Potentialdifferenz von $+0,32$ V.

Ordnet man die aus Metall und Metallion bestehenden Halbelemente nach steigender Standardspannung, so erhält man die **Spannungsreihe** der Metalle (Tab. 7.2). Im oberen Teil der Tabelle stehen mit niedriger Standardspannung die starken Reduktionsmittel. Diese Metalle geben sehr leicht ihre Valenzelektronen ab. Sie reagieren leicht mit Luftsauerstoff und Wasser und werden deshalb auch als unedel bezeichnet. Alkali- und Erdalkalimetalle können aus diesem Grund nicht direkt als Elektrodenmaterial verwendet werden. Zur Bestimmung ihrer Standardspannung werden sie als Amalgame[2] eingesetzt. Mit steigender Standard-

---

[1] Kalomel = alte Bezeichnung für Quecksilber(I)-chlorid
[2] Legierungen mit Quecksilber

spannung werden die Reduktionsmittel schwächer. Im unteren Teil der Tabelle stehen schließlich Metalle wie Gold und Platin, die nur sehr geringe Neigung zur Elektronenabgabe haben. Sie reagieren weder mit Luftsauerstoff noch mit Säuren und werden deshalb als Edelmetalle bezeichnet. Umgekehrt haben die Metallionen im oberen Teil der Tabelle nur geringe Neigung, unter Elektronenaufnahme in das Metall überzugehen. Sie sind sehr schwache Oxidationsmittel und äußerst reaktionsträge. Mit steigender Standardspannung nimmt die Stärke des Oxidationsmittels zu.

Tab. 7.2 Spannungsreihe der Metalle

Reduktionsmittel		Oxidationsmittel		U_0 Volt
Li	$\rightleftharpoons$	Li^+	$+\ e$	$-3,04$
K	$\rightleftharpoons$	K^+	$+\ e$	$-2,92$
Ca	$\rightleftharpoons$	Ca^{2+}	$+2e$	$-2,76$
Na	$\rightleftharpoons$	Na^+	$+\ e$	$-2,71$
Mg	$\rightleftharpoons$	Mg^{2+}	$+2e$	$-2,37$
Al	$\rightleftharpoons$	Al^{3+}	$+3e$	$-1,66$
Mn	$\rightleftharpoons$	Mn^{2+}	$+2e$	$-1,18$
Zn	$\rightleftharpoons$	Zn^{2+}	$+2e$	$-0,76$
Cr	$\rightleftharpoons$	Cr^{3+}	$+3e$	$-0,74$
Fe	$\rightleftharpoons$	Fe^{2+}	$+2e$	$-0,44$
Cd	$\rightleftharpoons$	Cd^{2+}	$+2e$	$-0,40$
Co	$\rightleftharpoons$	Co^{2+}	$+2e$	$-0,28$
Ni	$\rightleftharpoons$	Ni^{2+}	$+2e$	$-0,23$
Sn	$\rightleftharpoons$	Sn^{2+}	$+2e$	$-0,14$
Pb	$\rightleftharpoons$	Pb^{2+}	$+2e$	$-0,13$
$H_2 + 2\,H_2O$	$\rightleftharpoons$	$2\,H_3O^+$	$+2e$	$0,00$
Cu	$\rightleftharpoons$	Cu^{2+}	$+2e$	$+0,35$
Ag	$\rightleftharpoons$	Ag^+	$+\ e$	$+0,80$
Hg	$\rightleftharpoons$	Hg^{2+}	$+2e$	$+0,85$
Pt	$\rightleftharpoons$	Pt^{2+}	$+2e$	$+1,2$
Au	$\rightleftharpoons$	Au^{3+}	$+3e$	$+1,42$

Zusammenfassend läßt sich sagen:

Niedrige Standardspannung kennzeichnet starke Reduktionsmittel und schwache Oxidationsmittel.

Hohe Standardspannung kennzeichnet schwache Reduktionsmittel und starke Oxidationsmittel.

Auch für Nichtmetalle und homogene Redoxsysteme, bei denen sowohl Oxidations- als auch Reduktionsmittel Bestandteile des Elektrolyten sind, lassen sich Standardspannungen angeben. Zur Bestimmung werden inerte Platinelektroden verwendet, die von Gas umspült werden oder die in die Lösung der beteiligten Ionen eintauchen. Je nachdem, ob reduzierende oder oxidierende Eigenschaften der Lösung überwiegen, entsteht an der Elektrode ein Elektronenüberschuß oder

-mangel und damit ein Gleichgewichtspotential, das im Unterschied zum Metall-elektrodenpotential als **Redoxpotential** bezeichnet wird. Für das korrespondierende Redoxpaar Fe^{2+}/Fe^{3+} sind die Vorgänge vereinfacht in Abb. 7.5 dargestellt. Tab. 7.3 gibt die Standardspannungen für einige nichtmetallische und homogene Redoxpaare. Da auch in dieser Tabelle die korrespondierenden Redoxpaare nach steigender Standardspannung geordnet sind, gilt sinngemäß, was zu Tab. 7.2 gesagt wurde. Das bedeutet, daß z.B. die Stärke der Oxidationsmittel in der Reihenfolge O_2, H_2O_2 (Wasserstoffperoxid), O_3 (Ozon) zunimmt. Das stärkste Oxidationsmittel ist Fluor.

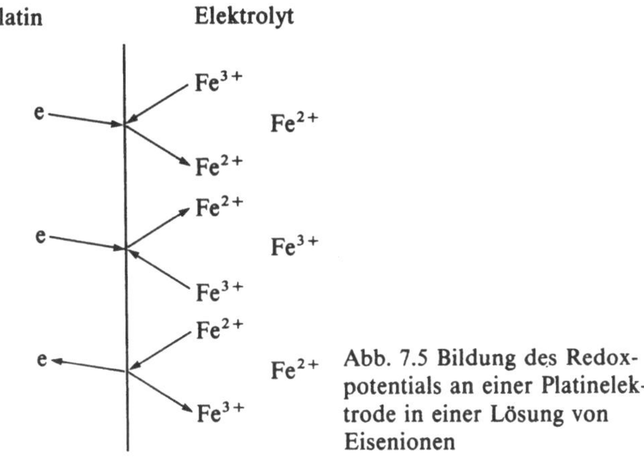

Abb. 7.5 Bildung des Redoxpotentials an einer Platinelektrode in einer Lösung von Eisenionen

Tab. 7.3 Standardspannungen nichtmetallischer und homogener Redoxpaare

Reduktionsmittel		Oxidationsmittel		U_0 Volt
S^{2-}	$\rightleftharpoons$	S	$+2e$	$-0,51$
$2\,OH^-$	$\rightleftharpoons$	$\frac{1}{2}O_2 + H_2O$	$+2e$	$+0,40$
$2\,I^-$	$\rightleftharpoons$	I_2	$+2e$	$+0,54$
Fe^{2+}	$\rightleftharpoons$	Fe^{3+}	$+\ e$	$+0,77$
$NO + 6\,H_2O$	$\rightleftharpoons$	$NO_3^- + 4H_3O^+$	$+3e$	$+0,96$
$2\,Br^-$	$\rightleftharpoons$	Br_2	$+2e$	$+1,07$
$3\,H_2O$	$\rightleftharpoons$	$\frac{1}{2}O_2 + 2H_3O^+$	$+2e$	$+1,23$
$2\,Cr^{3+} + 21\,H_2O$	$\rightleftharpoons$	$Cr_2O_7^{2-} + 14H_3O^+$	$+6e$	$+1,33$
$2\,Cl^-$	$\rightleftharpoons$	Cl_2	$+2e$	$+1,36$
$Mn^{2+} + 12\,H_2O$	$\rightleftharpoons$	$MnO_4^- + 8H_3O^+$	$+5e$	$+1,51$
$4\,H_2O$	$\rightleftharpoons$	$H_2O_2 + 2H_3O^+$	$+2e$	$+1,77$
$O_2 + 3\,H_2O$	$\rightleftharpoons$	$O_3 + 2H_3O^+$	$+2e$	$+2,07$
$2\,F^-$	$\rightleftharpoons$	F_2	$+2e$	$+2,85$

Wenn die Stärke eines Oxidationsmittels oder Reduktionsmittels bekannt ist, können Aussagen über den Ablauf von Redoxreaktionen gemacht werden. Analog zu Säure-Base-Reaktionen gilt, daß im Gleichgewicht bevorzugt das schwächere Oxidationsmittel und das schwächere Reduktionsmittel vorliegen, d.h. bei freiwillig ablaufenden Redoxreaktionen wird die Standardspannung des Oxidationsmittels erniedrigt und die Standardspannung des Reduktionsmittels erhöht.

Zur Verdeutlichung sollen folgende Beispiele dienen:

$$Cu^{2+} \; + \; Zn \; \rightleftharpoons \; Cu \; + \; Zn^{2+}$$

$$Ox \qquad Red \qquad\quad Red \qquad Ox$$

$$U_0 \quad +0{,}35 \quad -0{,}76 \qquad +0{,}35 \quad -0{,}76$$

Erhöhung

Erniedrigung

Die Reaktion verläuft im Sinne der Reaktionsgleichung von links nach rechts, die am Anfang dieses Kapitels gemachte Aussage wird damit bestätigt.

$$Fe \; + \; 2\,H_3O^+ \; \rightleftharpoons \; Fe^{2+} \; + \; H_2 + 2\,H_2O$$

$$Red \qquad Ox \qquad\quad Ox \qquad\quad Red$$

$$U_0 \quad -0{,}44 \quad 0{,}00 \qquad -0{,}44 \qquad 0{,}00$$

Erniedrigung

Erhöhung

Die Reaktion verläuft im Sinne der Reaktionsgleichung von links nach rechts, d.h. Eisen löst sich in verdünnten Säuren unter Wasserstoffentwicklung.

$$Cu \; + \; 2\,H_3O^+ \; \rightleftharpoons \; Cu^{2+} \; + \; H_2 + 2\,H_2O$$

$$Red \qquad Ox \qquad\quad Ox \qquad\quad Red$$

$$U_0 \quad +0{,}35 \quad 0{,}00 \qquad +0{,}35 \qquad 0{,}00$$

Erniedrigung

Erhöhung

Die Reaktion verläuft freiwillig von rechts nach links, d.h. Kupfer löst sich nicht in verdünnten Säuren.

In verdünnten Säuren lösen sich danach nur Metalle mit negativer Standardspannung. Die Wirkung von Salzsäure, Flußsäure und Phosphorsäure als Bestandteile von **Ätzmitteln** für Stahl, Aluminium, Zink, Zinn, Chrom und andere Metalle beruht auf diesen Vorgängen.

$$3\,Cu \; + \; 2\,NO_3^- + 8\,H_3O^+ \; \rightleftharpoons \; 3\,Cu^{2+} + 2\,NO + 12\,H_2O$$

Red	Ox	Ox	Red
U_0 +0,35	+0,96	+0,35	+0,96

Erniedrigung

Erhöhung

Das Gleichgewicht der Reaktion liegt auf der rechten Seite, d. h. Salpetersäure eignet sich als Ätzmittel für Kupfer.

7.6. Konzentrationszellen und Nernstsche Gleichung

Zwei vollständig identische Halbzellen haben dasselbe Elektrodenpotential, und wenn sie zu einer galvanischen Zelle kombiniert werden, ist die Zellspannung null. Ist aber die Ionenkonzentration in zwei Halbzellen unterschiedlich, läßt sich eine Zellspannung messen, auch wenn Elektrodenmetall und Art der Ionen identisch sind. Es liegt eine **Konzentrationszelle** vor. Wie Abb. 7.6 zeigt, gehen in die Lösung mit der niedrigeren Konzentration bis zur Einstellung des Gleichgewichts mehr Ionen über als in die mit der höheren Konzentration. Daraus resultiert ein höherer Elektronenüberschuß an der Elektrode, die in die Lösung mit niedrigerer Konzentration eintaucht und – als Folge davon – eine Potentialdifferenz.

Die Abhängigkeit der gegen die Standardwasserstoffelektrode gemessenen Gleichgewichtsspannung U_{GL} von Konzentration und Temperatur wird durch die **Nernstsche Gleichung** gegeben. Sie lautet für die allgemeine Halbreaktion

$$\underset{\text{Reduktionsmittel}}{a\,A + b\,B} \; \rightleftharpoons \; \underset{\text{Oxidationsmittel}}{d\,D + e\,E} \; + z\,e$$

$$U_{GL} = U_0 + \frac{RT}{zF} \ln \frac{{}^*c(D)^d \, {}^*c(E)^e}{{}^*c(A)^a \, {}^*c(B)^b}$$

U_0	= elektrische Standardspannung in Volt,
R	= 8,314 J K^{-1} mol^{-1},
F	= 96 487 A s mol^{-1},
T	= thermodynamische Temperatur in K,
z	= elektrochemische Wertigkeit (Anzahl der laut Reaktionsgleichung ausgetauschten Elektronen),
${}^*c(A)$,	= auf die Stoffmengenkonzentration $c = 1$ mol l^{-1} bezogene relative
${}^*c(B)$ usw.	Stoffmengenkonzentrationen (genauer: Aktivitäten), z. B. ${}^*c(A) = c(A)/1$ mol l^{-1}. Bei Gasen werden die auf den Standarddruck von 1 bar bezogenen relativen Partialdrücke verwendet.

Liegt eine an der Reaktion beteiligte Komponente ungelöst vor, z. B. als Metall, oder handelt es sich um das in großem Überschuß vorhandene Lösmittel (z. B. Wasser), dann wird für diese Komponenten $*c(A)$, $*c(B)$ usw. = 1.

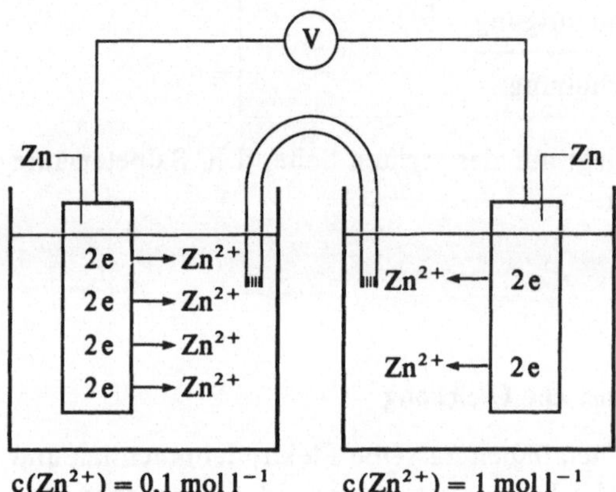

$c(Zn^{2+}) = 0,1 \ mol \ l^{-1}$ $c(Zn^{2+}) = 1 \ mol \ l^{-1}$

Abb. 7.6 Konzentrationszelle
Symbol: Zn/Zn^{2+} (0,1 mol l^{-1})//
Zn^{2+} (1 mol l^{-1})/Zn

Beim Einsetzen der Zahlenwerte für R und F und für eine Temperatur von 298 K (25 °C) erhält die Nernstsche Gleichung folgende, häufig verwendete Form:

$$U_{GL} = U_0 + \frac{0{,}059 \ V}{z} \lg \frac{*c(D)^d \, *c(E)^e}{*c(A)^a \, *c(B)^b}$$

Für eine Halbreaktion vom Typ

$$Me \ \rightleftharpoons \ Me^{z+} + ze$$

wird daraus

$$U_{GL} = U_0 + \frac{0{,}059 \ V}{z} \lg *c(Me^{z+}).$$

Für die Halbreaktion

$$2 Cr^{3+} + 21 H_2O \ \rightleftharpoons \ Cr_2O_7^{2-} + 14 H_3O^+ + 6e$$

lautet die Nernstsche Gleichung

$$U_{GL} = 1{,}33 \ V + \frac{0{,}059 \ V}{6} \lg \frac{*c(Cr_2O_7^{2-}) \, *c(H_3O^+)^{14}}{*c(Cr^{3+})^2}.$$

Wenn alle an der Halbreaktion beteiligten Komponenten die Stoffmengenkonzentration 1 mol l^{-1} haben, d. h. unter Standardbedingungen, gilt:

$$U_{GL} = U_0 + \frac{0{,}059 \ V}{z} \lg 1 = U_0.$$

Die Nernstsche Gleichung ist die Grundlage für die elektrochemische **Messung von pH-Werten.** Dazu wird die Zellspannung zwischen einer Wasserstoffhalbzelle mit der Probelösung als Elektrolyt (Meßelektrode) und der Standardwasserstoffelektrode (Bezugselektrode) gemessen. Die Gleichgewichtsspannung der Wasserstoffhalbzelle mit der potentialbildenden Reaktion

$$\tfrac{1}{2}H_2 + H_2O \rightleftharpoons H_3O^+ + e$$

ist

$$U_{GL} = U_0 + \frac{0{,}059\ V}{1}\,lg\,{}^*c(H_3O^+).$$

Als Zellspannung für die Konzentrationszelle

$$H_2(Pt)/H_3O^+\ (x\ mol\ l^{-1})//H_3O^+\ (1\ mol\ l^{-1})/H_2(Pt)$$

ergibt sich damit

$$U_Z = U_{GL1} - U_{GL2} = U_0 + \frac{0{,}059\ V}{1}\,lg\,{}^*c(H_3O^+) - U_0 - \frac{0{,}059\ V}{1}\,lg\,1.$$

Definitionsgemäß ist

$$lg\,{}^*c(H_3O^+) = -pH$$

und damit erhält man folgende einfache Beziehung zwischen Zellspannung und pH-Wert:

$$U_Z = -0{,}059\ V\ pH.$$

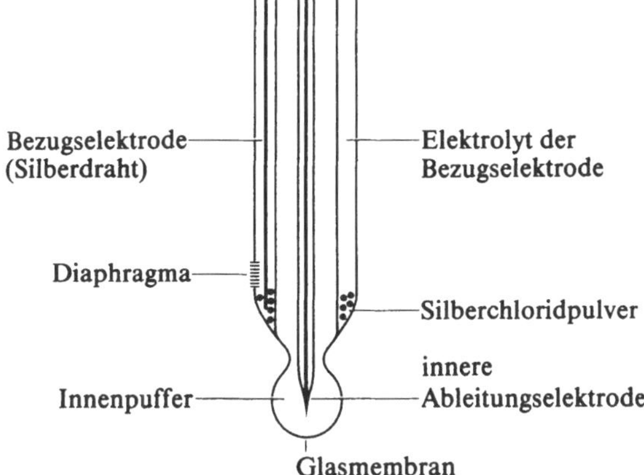

Abb. 7.7
pH-Einstabmeßkette

Als Meßelektrode zur pH-Messung wird statt der Wasserstoffhalbzelle fast ausschließlich die **Glaselektrode** verwendet. Der wirksame Teil einer Glaselektrode ist ein dünnwandiges Kölbchen aus Spezialglas (Glasmembran). Im Inneren des

Glaskölbchens befindet sich eine Pufferlösung mit dem pH-Wert 7 und einer definierten Kaliumchlorid-Konzentration. Wird das Glaskölbchen in eine wäßrige Probelösung getaucht, entsteht zwischen Innen- und Außenseite der ionenleitenden Glasmembran eine Potentialdifferenz, die vom pH-Wert der Probelösung abhängig ist. Als Bezugselektroden können Kalomel- oder Silberchloridelektroden verwendet werden. Sehr häufig werden Einstabmeßketten verwendet, bei denen Meß- und Bezugselektrode in einem Schaft vereinigt sind (Abb. 7.7).

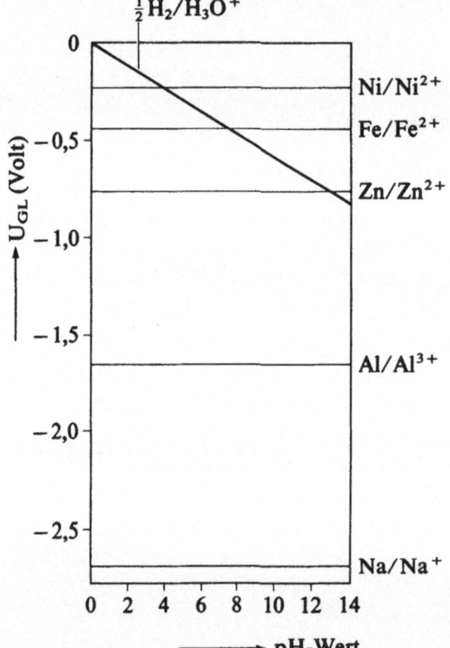

Abb. 7.8 ph-Abhängigkeit der Gleichgewichtsspannung für die Wasserstoffentwicklung

Die in 7.5. mit Hilfe der Standardspannungen gemachten Aussagen über den Ablauf von Redoxreaktionen sind nur streng gültig, wenn Standardbedingungen vorliegen. Dazu gehört, daß die Konzentrationen aller an der Reaktion beteiligten Komponenten $1\,mol\,l^{-1}$ sind. Geringe Veränderungen der Konzentration sind ohne praktische Bedeutung. Weicht aber eine Konzentration um mehrere Zehnerpotenzen von der Standardkonzentration ab, wie das häufig bei der Konzentration der Oxoniumionen der Fall ist, muß der Konzentrationseinfluß mit Hilfe der Nernstschen Gleichung berechnet und berücksichtigt werden. In Abb. 7.8 ist das gegen die Standardwasserstoffelektrode gemessene Gleichgewichtspotential der Halbreaktion

$$\tfrac{1}{2}H_2 + H_2O \;\rightleftharpoons\; H_3O^+ + e$$

in Abhängigkeit vom pH-Wert aufgetragen. Außerdem sind die Standardspannungen einiger Metalle angegeben. Ein Metall sollte sich unter Wasserstoffentwicklung in einer wäßrigen Lösung auflösen, wenn U_{GL} der Wasserstoffhalbzelle die Standardspannung des betreffenden Metalles übersteigt. Metalle mit einer Standardspannung kleiner als $-0,41$ V sollten sich danach bereits in Wasser (pH = 7) auflösen. Daß Aluminium und Zink gegenüber Wasser beständig sind, liegt unter anderem daran, daß diese Metalle durch dichte Oberflächenschichten aus Oxid, Hydroxid und/oder Carbonat geschützt werden. Behindert man die Ausbildung der Schutzschichten bei Aluminium z. B. durch Behandlung der Oberfläche mit Quecksilber oder durch hohe pH-Werte der wäßrigen Lösung, löst sich das Metall unter Wasserstoffentwicklung. Natrium kann keine Schutzschichten ausbilden und reagiert deshalb sehr heftig mit allen wäßrigen Lösungen ($\rightarrow$ 17.2.).

7.7. Galvanische Elemente

Ein galvanisches Element ist eine elektrochemische Zelle, in der chemische Energie direkt in elektrische Energie umgewandelt wird. Die maximale elektrische Energie, die dabei gewonnen werden kann, ist gleich der bei der chemischen Reaktion auftretenden Änderung der Freien Enthalpie ΔG. Die Spannung der unbelasteten Zelle (Gleichgewichtsspannung) ergibt sich aus folgender Gleichung:

$$U_{GL} = -\frac{\Delta G}{zF}$$

Primärelemente sind elektrochemische Energiequellen für eine einmalige Verwendung. Ein Laden der verbrauchten Zelle ist nicht möglich. **Sekundärelemente (Akkumulatoren)** sind Energiespeicher, in denen beim Zuführen von Gleichstrom elektrische in chemische Energie umgewandelt wird (Laden). Beim Anschluß eines Stromverbrauchers wird die chemische in elektrische Energie zurückverwandelt (Entladen). Bei Primär- und Sekundärelementen ist die gesamte Energie in den chemischen Stoffen der Elektroden und des Elektrolyten gespeichert. **Brennstoffzellen** sind galvanische Elemente, bei denen die Reaktionspartner Brennstoff (Reduktionsmittel) und Oxidationsmittel den Elektroden kontinuierlich von außen zugeführt werden. Die Elektroden dienen nur noch als Katalysator. Die Zuordnung zu einer dieser Gruppen ist nicht immer exakt möglich. So können Primärelemente begrenzt aufladbar sein oder es kann – wie bei Zink-Luft-Zellen – ein Reaktionspartner als Elektrodenmaterial vorliegen, während der andere aus der Luft zugeführt wird. Eine **Batterie** ist eine aus mehreren Zellen bestehende Einheit. In der Umgangssprache wird dieser Begriff häufig als Synonym für galvanisches Element verwendet.

Der **Bleiakkumulator** ist das wichtigste Sekundärelement. „Bleiakkus" werden als ortsfeste Batterien z. B. für Notstromquellen, als Traktionsbatterien zum Antrieb von Elektrokarren und Gabelstaplern sowie als Starterbatterien für Kraftfahrzeuge verwendet. Die aktiven Massen sind Bleidioxid, PbO_2, an der geladenen positiven Elektrode und metallisches Blei an der geladenen negativen Elektrode. Bei den häufig verwendeten Gitterplattenzellen sind die aktiven Massen in poröser Form auf einem gitterförmigen Träger aus einer Bleilegierung aufgebracht. Als Elektrolyt wird wäßrige Schwefelsäurelösung verwendet, deren Konzentration zwischen $4{,}9 \, \text{mol} \, l^{-1}$ (Dichte bei $20\,°C$: $1280 \, \text{kg m}^{-3}$) und $0{,}8 \, \text{mol} \, l^{-1}$ (Dichte bei $20\,°C$: $1050 \, \text{kg m}^{-3}$) liegen kann. Bei höheren Konzentrationen wird das metallische Blei angegriffen, niedrigere Konzentrationen führen zu ungenügender Leitfähigkeit und Kältebeständigkeit. Berücksichtigt man, daß Schwefelsäure in wäßriger Lösung überwiegend in Form von H_3O^+- und HSO_4^--Ionen vorliegt ($\rightarrow$6.3.), lassen sich die chemischen Reaktionen im Bleiakku wie folgt formulieren:

$$\text{negative Elektrode} \qquad \overset{\pm 0}{Pb} + HSO_4^- + H_2O \; \rightleftharpoons \; \overset{+\text{II}}{PbSO_4} + H_3O^+ + 2e \qquad -0{,}356 \, V$$

$$\text{positive Elektrode} \qquad \overset{+\text{IV}}{PbO_2} + HSO_4^- + 3\,H_3O^+ + 2e \; \rightleftharpoons \; \overset{+\text{II}}{PbSO_4} + 5\,H_2O \qquad +1{,}685 \, V$$

$$\text{Zellreaktion} \quad Pb + PbO_2 + 2\,HSO_4^- + 2\,H_3O^+ \; \underset{\text{Laden}}{\overset{\text{Entladen}}{\rightleftharpoons}} \; 2\,PbSO_4 + 4\,H_2O$$

Beim Entladen wird an der negativen Elektrode metallisches Blei zu zweiwertigen Bleiionen oxidiert, die mit der Schwefelsäure des Elektrolyten schwerlösliches, weißes Bleisulfat bilden. An der positiven Elektrode bildet sich durch Reduktion von Bleidioxid ebenfalls Bleisulfat. Die Zellspannung ergibt sich angenähert aus der Differenz der Standardspannungen für die an den Elektroden ablaufenden Halbreaktionen (Abb. 7.9). Ihr genauer Wert ist nach der Nernstschen Gleichung von der Säurekonzentration abhängig. Er liegt bei einer unbelasteten, geladenen Zelle zwischen 2,04 und 2,14 Volt. In der Praxis rechnet man mit einer Zellspannung von 2 Volt. Die Nennspannung einer aus n Zellen bestehenden Akkumulatorenbatterie ist dann $2n$ Volt. Durch die Zellreaktion wird beim Entladen Schwefelsäure verbraucht, so daß Konzentration und Dichte der Elektrolytlösung abnehmen. Der Ladezustand eines Akkus läßt sich deshalb durch Dichtemessungen mit einer Spindel (Aräometer) verfolgen. Nach einer Faustformel erhält man die Klemmspannung der unbelasteten Zelle, indem man zum Zahlenwert der Säuredichte in g cm^{-3} die Zahl 0,84 addiert. Bleiakkumulatoren entladen sich mit der Zeit selbst, und zwar werden für neue Starterbatterien bei $30\,°C$ obere Grenzwerte von 0,5 bis 1% pro Tag angegeben. Die Selbstentladung beruht vor allem auf der Reaktion von Schwefelsäure mit dem Blei der negativen Elektrode, bei der sich Wasserstoff und Bleisulfat bilden. Beim Laden laufen die Elektrodenreaktionen in umgekehrter Richtung ab, und das an den Elektroden abgeschiedene Bleisulfat wird zu Bleidioxid und Blei zurückverwandelt. Der Anstieg der Säurekonzentration im Elektrolyten bewirkt dabei nach der Nernstschen Gleichung einen kontinuierlichen Anstieg der Klemmenspannung. Wenn gegen

Ende des Ladevorgangs kein festes Bleisulfat mehr vorhanden ist, erhöht sich beim Laden mit konstantem Strom die Spannung sprungartig. Werden dabei 2,40 bis 2,45 V überschritten, setzt die Elektrolyse von Wasser zu Wasserstoff und Sauerstoff ein, der Akku „gast".

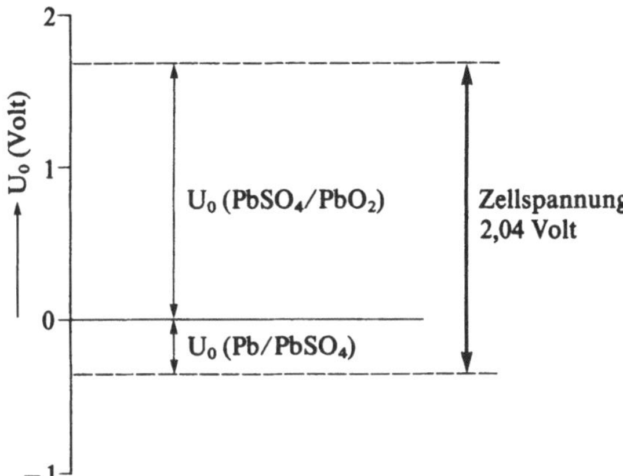

Abb. 7.9 Zellspannung des Bleiakkumulators

Von den Akkumulatoren mit alkalischen Elektrolyten hat der **Nickel-Cadmium-Akkumulator** die größte Bedeutung. Die aktiven Massen der geladenen Elektroden sind pulverförmiges Cadmium und β-Nickelhydroxid. Als Elektrolyt wird Kalilauge verwendet, deren Konzentration sich während der Reaktion fast nicht ändert. Die Elektrodenreaktionen können vereinfacht wie folgt formuliert werden:

negative Elektrode	$Cd + 2OH^-$	$\rightleftharpoons Cd(OH)_2 + 2e$
positive Elektrode	$2NiOOH + 2H_2O + 2e$	$\rightleftharpoons 2Ni(OH)_2 + 2OH^-$
Zellreaktion	$Cd + 2NiOOH + 2H_2O$	$\rightleftharpoons Cd(OH)_2 + 2Ni(OH)_2$

Die Gleichgewichtsspannung ist etwa 1,4 Volt. Ni-Cd-Akkus neigen weniger zum Gasen als Bleiakkus. Sie können deshalb als gasdichte, lageunabhängige Rund- oder Knopfzellen hergestellt und anstelle von nicht aufladbaren Trockenzellen verwendet werden.

Als elektrische Antriebe für Kraftfahrzeuge sind **Natrium-Schwefel-Akkumulatoren** in der Erprobung. Diese Hochtemperaturzellen arbeiten bei etwa 320 °C mit geschmolzenem Natrium als negativer Elektrode und geschmolzenem Schwefel und Polysulfiden als positiver Elektrode. In geschmolzenem Schwefel liegen Ketten- und Ringmoleküle unterschiedlicher Größe vor, in denen S-Atome kovalent miteinander verbunden sind (S_x-Moleküle). Durch Aufnahme von Elektronen bilden sich daraus Polysulfidanionen, z. B. $|\overline{S}{-}\overline{S}{-}\overline{S}{-}\overline{S}|^{2-}$. Die vereinfachten Elektrodenreaktionen lauten:

negative Elektrode $2\,Na \rightleftharpoons 2\,Na^+ + 2\,e$

positive Elektrode $S_x + 2\,e \rightleftharpoons S_x^{2-}$

Zellreaktion $2\,Na + S_x \rightleftharpoons Na_2S_x$

Es wird ein Festelektrolyt auf Basis Aluminiumoxid verwendet, in dem bei hoher Temperatur Natriumionen wandern können. Die Gleichgewichtszellspannung liegt bei 2,08 V. Die Energiedichte von Natrium-Schwefel-Akkumulatoren ist 2- bis 4mal so hoch wie die von Bleiakkumulatoren.

Primärelemente gewannen sehr rasch an Bedeutung, nachdem G. Leclanché um 1865 die Zink-Braunstein-Zelle mit Ammoniumchloridlösung als Elektrolyt entwickelt hatte. Die **Leclanché-Zelle** erlaubt die Verdickung des Elektrolyten mit Mehl, Stärke oder Celluloseethern und damit die Herstellung von lageunabhängigen **Trockenzellen**. Der Reaktionsablauf läßt sich vereinfacht wie folgt formulieren:

negative
Elektrode $Zn \longrightarrow Zn^{2+} + 2\,e$

positive
Elektrode $2\,MnO_2 + 2\,H_2O + 2\,e \longrightarrow 2\,MnOOH + 2\,OH^-$

Elektrolyt $Zn^{2+} + 2\,NH_4^+ + 2\,CI^- + 2\,OH^- \longrightarrow 2\,H_2O + Zn(NH_3)_2CI_2$

Zellreaktion $Zn + 2\,MnO_2 + 2\,NH_4^+ + 2\,CI^- \longrightarrow 2\,MnOOH + Zn(NH_3)_2CI_2$

Die negative Zinkelektrode ist bei zylindrischen Zellen gleichzeitig das Zellengefäß. Als Material der positiven Elektrode – häufig als „Depolarisationsmasse" bezeichnet – wird ein Gemisch aus Mangandioxid (Braunstein) und Ruß verwendet. Es ist um einen Kohlestift herum angeordnet, der als Elektronenleiter dient (Abb. 7.10). Zwischen Zinkschale und Depolarisationsmasse befindet sich der gelartige Elektrolyt oder ein mit Elektrolytpaste kaschiertes Papier. Der Elektrolyt der klassischen Leclanché-Zelle kann neben Ammoniumchlorid auch Zinkchlorid, Calciumchlorid oder Magnesiumchlorid und – zum Amalgamieren des Zinks – etwas Quecksilberchlorid enthalten. Die Zellspannung beträgt etwa 1,5 V.

Die **Zinkchlorid-Zelle** ist eine Weiterentwicklung des Leclanché-Elements mit verbesserter Auslaufsicherheit („Super Dry"). Als Elektrolyt wird Zinkchloridlösung verwendet, aus der durch Reaktion mit Zink- und Hydroxidionen kristallwasserhaltiges basisches Zinkchlorid, $ZnCl_2 \cdot 4\,ZnO \cdot 5\,H_2O$, entsteht. Dadurch wird Wasser gebunden, das bei unerwünschten Nachreaktionen in entladenen Zellen gebildet wird.

Alkalizellen enthalten konzentrierte Kalilauge als Elektrolyt. Sie haben eine höhere Energiedichte als Leclanché-Zellen und sind – wegen des niedrigeren Gefrierpunktes der Lauge – auch noch bei sehr tiefen Temperaturen verwendbar.

Wenn die vollständige Entladung vermieden wird, können Alkalizellen nachgeladen werden.

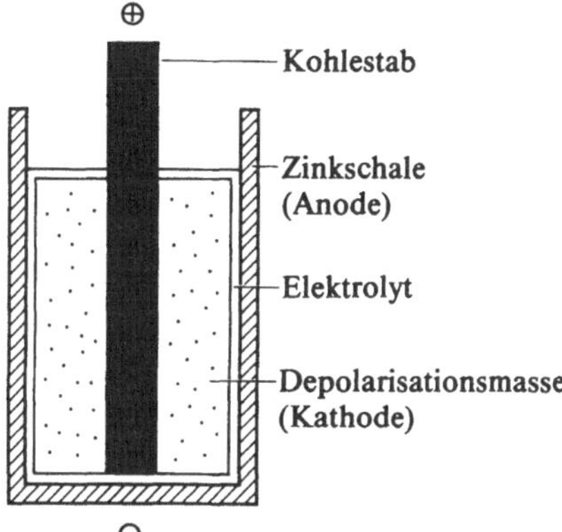

Abb. 7.10 Aufbauprinzip
einer Leclanché-Zelle

Die ebenfalls mit alkalischem Elektrolyten arbeitenden **Quecksilber-Zink-Zellen** zeichnen sich durch besonders hohe Energiedichte, stabile Spannung während der Entladung und gute Lagerfähigkeit aus. Sie werden vor allem als Knopfzellen für Hörgeräte, Armbanduhren und Belichtungsmesser verwendet. Die Elektrodenreaktionen laufen nach folgenden Gleichungen ab:

negative Elektrode $\quad Zn + 2\,OH^- \longrightarrow Zn(OH)_2 + 2e \qquad\qquad -1{,}245\ V$

positive Elektrode $\quad HgO + H_2O + 2e \longrightarrow Hg + 2\,OH^- \qquad\qquad +0{,}098\ V$

Zellreaktion $\qquad\qquad Zn + HgO + H_2O \longrightarrow Zn(OH)_2 + Hg$

Die Zellspannung läßt sich näherungsweise aus der Differenz der Standardspannungen berechnen:

$$U_Z = 0{,}098\ V - (-1{,}245\ V) = 1{,}343\ V$$

Während bei Verbrennungsprozessen, wie sie z. B. in Öfen und Verbrennungsmotoren ablaufen, Elektronen direkt von den Atomen des Brennstoffs zu den Sauerstoffatomen verschoben werden, vollziehen sich in **Brennstoffzellen** Elektronenabgabe und -aufnahme an getrennten Orten, den Elektroden. Wasserstoff, Methanol, Glykol und Hydrazin lassen sich dabei direkt als Brennstoff einsetzen. Methan, höhere Kohlenwasserstoffe, Ammoniak und andere Stoffe müssen zunächst in Wasserstoff umgewandelt (konditioniert) werden. Als Oxidationsmittel werden Sauerstoff oder Luft verwendet. Die größte Bedeutung haben bisher Brennstoffzellen mit Wasserstoff als Brennstoff und Sauerstoff als Oxidationsmittel erlangt. Zwischen 1950 und 1970 wurden vor allem Systeme mit alkalischen Elektrolyten entwickelt und erfolgreich bei der bemannten Raumfahrt (Apollo-Programm) eingesetzt. Der Nachteil dieser Systeme ist ihre Empfindlichkeit gegenüber Kohlendioxid, das in vielen technisch interessanten wasserstoffhaltigen Gasgemischen und in der Luft enthalten ist. Kohlendioxid reagiert mit der als Elektrolyt verwendeten konzentrierten Kalilauge zu Carbonat und behindert dadurch die Stromerzeugung. In neuerer Zeit wird deshalb – besonders in den USA – Phosphorsäurelösung als Elektrolyt bevorzugt. Die schlechte Leitfähigkeit der nur in geringem Maße durch Protolyse in Ionen umgewandelten Phosphorsäure läßt sich durch höhere Temperatur (etwa 200°C) verbessern. Wegen der Korrosivität des sauren Elektrolyten gegenüber Metallen werden vorzugsweise Konstruktionsmaterialien aus Kohlenstoff verwendet. Um hohe Stromdichten erzeugen zu können, müssen die drei Phasen Reaktionsgas, Elektrolyt und Elektrodenmaterial in engen Kontakt gebracht werden. Die Elektroden sind deshalb poröse Körper, deren Poren teilweise mit Elektrolyt und teilweise mit Reaktionsgas gefüllt sind. An der negativen Elektrode muß der molekulare Wasserstoff zunächst atomar adsorbiert und damit aktiviert werden (→5.3.). Das geschieht an fein verteiltem Platin oder Palladium. In alkalischen Systemen wird auch Nickel, in sauren auch Wolframcarbid verwendet. Zur Aktivierung des Sauerstoffs an der positiven Elektrode dient Aktivkohle, die bei alkalischen Elektrolyten Silber, bei sauren Elektrolyten Platin oder stickstoffhaltige organische Ringverbindungen (Phthalocyanine, Porphyrine) als Zusätze enthalten kann. Abb. 7.11 zeigt schematisch die Vorgänge, die in einer Brennstoffzelle mit saurem Elektrolyten ablaufen. Neben den besprochenen Typen sind Hochtemperatur-Brennstoffzellen in der Entwicklung, die bei 530 bis 650°C mit einer Carbonat-Schmelze als Elektrolyt oder bei Temperaturen bis zu 1000°C mit keramischen Festelektrolyten arbeiten.

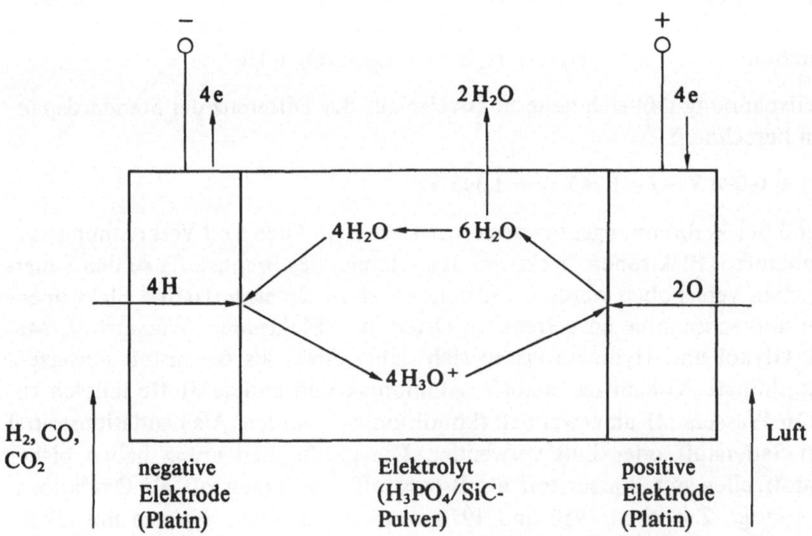

Abb. 7.11 Brennstoffzelle mit saurem Elektrolyten, Reformiergas als Brennstoff und Luft als Oxidationsmittel

Ein wesentlicher Vorteil von Brennstoffzellen ist der hohe Wirkungsgrad. Der Wirkungsgrad einer Wärmekraftmaschine kann höchstens gleich dem des Carnot-Prozesses η_c sein:

$$\eta_c = 1 - \frac{T_2}{T_1}$$

Dabei sind T_1 und T_2 die Temperaturgrenzen, zwischen denen die Energieumwandlung stattfindet. Bei technisch interessanten Wärmekraftmaschinen ist der Wirkungsgrad wesentlich kleiner als eins. Er liegt z.B. bei einem idealisierten Ottomotor je nach Verdichtungsverhältnis zwischen 0,54 und 0,60. Berücksichtigt man darüber hinaus, daß die Verbrennung unvollständig ist, daß Reibungs-, Strömungs- und Wärmeverluste auftreten, resultiert für den Ottomotor ein Nutzwirkungsgrad von 0,25 bis 0,37. Bei einer Brennstoffzelle ist, wie bei allen chemischen Reaktionen, die maximal gewinnbare Energie gleich der Änderung der Freien Enthalpie:

$$\Delta G = \Delta H - T\Delta S$$

Der maximale Wirkungsgrad η_{max}, d.h. der Anteil der Reaktionsenthalpie ΔH, der in elektrische Energie umgewandelt werden kann, ist dann:

$$\eta_{max} = \frac{\Delta G}{\Delta H} = 1 - \frac{T\Delta S}{\Delta H}$$

Das bedeutet, daß bei gleichbleibender Entropie ($\Delta S = 0$) der maximale Wirkungsgrad eins ist und daß bei einer Entropieerhöhung ($\Delta S > 0$) der Wirkungsgrad sogar größer als eins sein kann (ΔG und ΔH sind negativ).

7.8. Elektrolyse

Bei der Elektrolyse werden Redoxreaktionen mit Hilfe einer äußeren Spannungsquelle erzwungen. Dabei wird elektrische Energie in chemische Energie umgewandelt, eine Elektrolysezelle ist damit die Umkehrung eines galvanischen Elements. Die äußere Spannungsquelle entzieht der Anode Elektronen und transportiert sie zur Kathode. Definitionsgemäß erfolgt der Stromfluß in entgegengesetzter Richtung. An der Anode werden Anionen aus dem Elektrolyten oder das Anodenmaterial durch Elektronenentzug oxidiert, an der Kathode werden Kationen durch den dort herrschenden „Elektronendruck" reduziert (Abb. 7.2 a).

Elektrolyseverfahren haben große technische Bedeutung, etwa bei der Herstellung von anorganischen Grundprodukten wie Chlor und Natronlauge, bei der Gewinnung von Aluminium und der Raffination von Kupfer sowie bei der Wasseraufbereitung durch Elektrodialyse. Zu den Elektrolysen gehören die galvanische Abscheidung von Metallen auf metallischen und nichtmetallischen Unterla-

5*

gen, die elektrochemische Erzeugung von Oxidschichten und das Elektropolieren von Werkstücken. Ein elektrolytischer Vorgang ist schließlich auch das Aufladen von galvanischen Elementen.

Die Elektrolyse läßt sich nicht durch beliebig kleine Spannungen erzwingen. Die Spannung, bei deren Überschreitung ein kontinuierlicher Stromfluß in der Elektrolysezelle und damit eine chemische Reaktion einsetzt, wird als **Zersetzungsspannung** bezeichnet. Ihr Betrag muß mindestens so groß sein wie die Gleichgewichtsspannung des bei der Elektrolyse entstehenden galvanischen Elementes. Die Zusammenhänge sollen an den folgenden Beispielen näher erläutert werden.

Durch Raffination in der Schmelze kann Kupfer mit einer Reinheit von 99,0 bis 99,9% hergestellt werden ($\rightarrow$ 11.3.). Der Rest sind Fremdelemente – vor allem Nickel, Blei, in geringeren Konzentrationen Antimon, Arsen, Silber, Selen und Gold – die sich besonders auf die elektrische Leitfähigkeit des Kupfers ungünstig auswirken. Bei der nachfolgenden elektrolytischen **Kupferraffination** wird der Kupfergehalt auf 99,99% erhöht. Das Kupfer wird für diesen Zweck zu Platten vergossen, die als Anoden in den Elektrolyten – eine Kupfersulfatlösung mit 15 bis 20% Schwefelsäure – eingehängt werden. Als Kathoden dienen Bleche aus sehr reinem Kupfer. Es liegt eine elektrochemische Zelle vor, die durch das Symbol

$$Cu/CuSO_4/Cu$$

beschrieben werden kann. Wenn Elektroden aus – weitgehend – gleichem Material in denselben Elektrolyten eintauchen und wenn die Elektrodenbeschaffenheit bei der Elektrolyse im wesentlichen erhalten bleibt, ist die Gleichgewichtsspannung des sich bildenden galvanischen Elementes gleich null. Die zur Elektrolyse benötigte äußere Spannung könnte danach beliebig klein sein. Sie liegt aber in der Praxis bei 0,25 bis 0,30 V, da unter anderem der Ohmsche Widerstand des Elektrolyten überwunden werden muß. Die elektrolytische Kupferraffination ist schematisch in Abb. 7.12 dargestellt. Die Spannung wird so gewählt, daß das Kupfer der Anode und Fremdmetalle mit einem niedrigeren Gleichgewichtspotential (z. B. Nickel und Blei) als Ionen in Lösung gehen. Fremdelemente mit höherem Gleichgewichtspotential (z. B. Silber, Selen und Gold) werden nicht oxidiert. Sie fallen von der Anode ab und bilden den sog. Anodenschlamm. An der Kathode werden die Ionen mit der höchsten Gleichgewichtsspannung (auf die Standardwasserstoffelektrode bezogen) abgeschieden. Nach Gleichung

$$U_{GL} = U_0 + \frac{0,059\ V}{2} \lg {}^*c(Me^{2+})$$

sind das die Kupferionen, da erstens die Standardspannung des Kupfers am höchsten ist und da zweitens die Konzentration der Kupferionen im Elektrolyten höher ist, als die der anderen Metallionen. Blei reagiert mit der Schwefelsäure des Elektrolyten zu schwerlöslichem Bleisulfat.

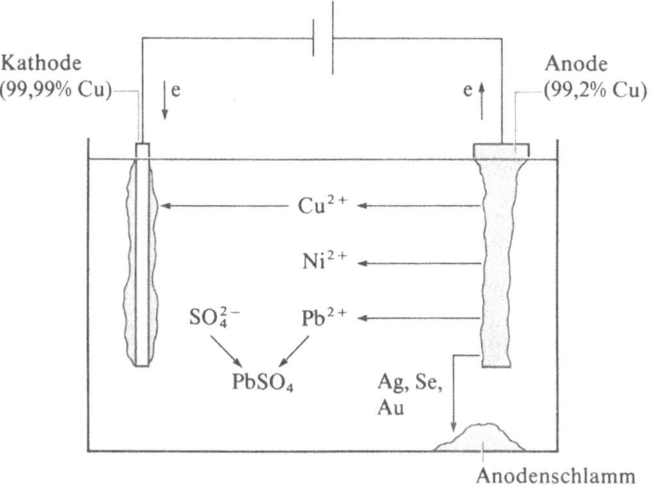

Abb. 7.12 Elektrolytische Kupferraffination

Nach dem gleichen Prinzip wie die Kupferraffination läuft die kathodische Abscheidung von Metallüberzügen als Verfahren der **Galvanotechnik** ab. Das Ziel kann dabei die Herstellung kompletter Bauteile (Galvanoplastik), die Verschönerung und Werterhaltung durch Oberflächenbehandlung (dekorative Galvanotechnik) oder die Schaffung bestimmter technisch nutzbarer Oberflächeneigenschaften wie Korrosionsbeständigkeit, Härte, elektrische Leitfähigkeit und Lötbarkeit (funktionelle Galvanotechnik) sein. Für überwiegend dekorative Zwecke werden Überzüge aus Nickel/Chrom oder Kupfer/Nickel/Chrom aufgetragen.

Zur Verbesserung des Korrosionsschutzes werden Feinbleche für den Karosseriebau in zunehmendem Maße elektrolytisch verzinkt. Moderne Bandverzinkungsanlagen arbeiten mit saurer Zinksulfatlösung als Elektrolyt und löslichen Zinkanoden bei Stromdichten bis zu $100\ A\ dm^{-2}$. Die Dicke der Zinkauflagen liegt zwischen 2,5 und 10 μm. Die Elektrodenvorgänge sind denen bei der Kupferraffination sehr ähnlich.

Durch Hartverchromung lassen sich verschleißfeste Oberflächen erzeugen, die im Flugzeugbau und Automobilbau (z. B. Kolbenringe, Stoßdämpfer) Bedeutung haben. Das geringe Adhäsionsvermögen von Chrom verhindert das Anbacken von Feststoffen an Hartchromschichten, ein Vorteil, der besonders im chemischen Apparatebau (z. B. bei Behältern, Rührwerken) eine Rolle spielen kann. Verchromungsbäder enthalten Chrom meist als Chromsäure, CrO_3 (250 bis $300\ g\ l^{-1}$). Damit metallisches Chrom in heller, glänzender Form abgeschieden wird, müssen Fremdanionen wie SO_4^{2-} oder SiF_6^{2-} anwesend sein, die z. B. in Form von

Schwefelsäure und/oder Kaliumfluorosilicat zugesetzt werden. Als Anodenmaterial, das bei der Elektrolyse nicht in Lösung geht, werden Legierungen von Blei mit Antimon, Zinn oder Silber verwendet. Die härtesten Chromschichten werden bei einer Badtemperatur zwischen 40 und 55°C abgeschieden.

Zur Beschreibung der Vorgänge, die beim **Laden eines Bleiakkumulators** ablaufen, soll vereinfachend angenommen werden, daß die Aktivität der Schwefelsäure gleichbleibend bei $1 \, mol \, l^{-1}$ liegt und daß der Akku vollständig entladen ist (tatsächlich darf eine festgelegte Entladeschlußspannung nicht unterschritten werden). Der durch das Symbol

$$PbSO_4/H_2SO_4/PbSO_4$$

gekennzeichnete, entladene Akku hat die Gleichgewichtsspannung null. Im Unterschied zur Kupferraffination verändert sich beim Anlegen einer äußeren Spannung die chemische Beschaffenheit der Elektroden, und zwar wird durch den Ladevorgang an der negativen Elektrode Blei und an der positiven Elektrode Bleidioxid gebildet. Es entsteht das galvanische Element

$$Pb/H_2SO_4/PbO_2$$

dessen Zellspannung von etwa 2 V der angelegten Spannung entgegenwirkt. Zu dem für die Elektrolyse erforderlichen Stromfluß kann es erst kommen, wenn der Betrag der angelegten Spannung die Gleichgewichtsspannung des gebildeten galvanischen Elementes übersteigt.

Konkurrieren in einer Elektrolysezelle mehrere Elektrodenreaktionen miteinander, so wird die mit der niedrigsten Zersetzungsspannung bevorzugt. Bei der Elektrolyse von wäßrigen Lösungen muß immer berücksichtigt werden, daß Oxoniumionen an der Kathode nach

$$2\,H_3O^+ + 2\,e \;\rightleftharpoons\; H_2 + 2\,H_2O$$

reduziert und Hydroxidionen an der Anode nach

$$2\,OH^- \;\rightleftharpoons\; \tfrac{1}{2}O_2 + H_2O + 2\,e$$

oxidiert werden können. In einer Schwefelsäurelösung der Aktivität $1 \, mol \, l^{-1}$ liegen die Gleichgewichtsspannungen dieser Elektrodenreaktionen – gegen die Standardwasserstoffelektrode gemessen – bei 0 Volt (H_3O^+/H_2) bzw. $+1,23$ Volt (OH^-/O_2). Die Zersetzungsspannung der Wasserelektrolyse beträgt danach mindestens

$$1,23 \, V - 0 \, V = 1,23 \, V$$

Sie kann damit niedriger als die Spannung sein, die zum Laden eines Bleiakkus erforderlich ist. Das bedeutet, daß ein Bleiakku nicht aufladbar sein sollte, da es bei der Elektrolyse stets primär zu einer Spaltung des Elektrolytwassers in Wasserstoff und Sauerstoff kommt.

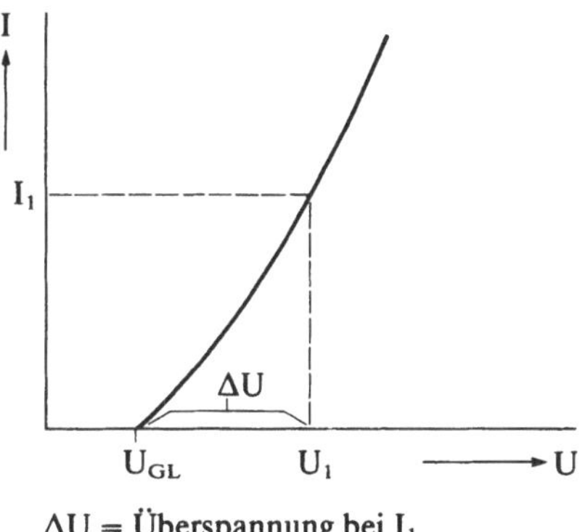

Abb. 7.13 Abhängigkeit des Anodenpotentials von der Stromstärke

An diesem Beispiel zeigt es sich, daß die im stromlosen Zustand gemessenen Gleichgewichtsspannungen für die Erklärung von Elektrolysereaktionen nicht ausreichen. Bei der Elektrolyse fließen Ströme, deren Stromstärken nicht vernachlässigbar klein sind. Der Aufbau der elektrischen Doppelschichten (Abb. 7.3) wird dadurch gestört und die Elektrodenpotentiale ändern sich. Werden etwa von einer Anode ständig Elektroden abgesaugt, ist das Elektrodenpotential stärker positiv als im Gleichgewichtszustand. Je höher die Stromstärke ist, um so stärker verschiebt sich die zwischen Anode und Standardwasserstoffelektrode gemessene Spannung zu positiveren Werten (Abb. 7.13). Umgekehrt erniedrigt sich das Elektrodenpotential, wenn in eine Kathode kontinuierlich Elektroden von außen hineingedrückt werden. Die Dfferenz zwischen dem Gleichgewichtspotential und dem Potential der belasteten Elektrode wird als **Überspannung** bezeichnet. Kann sich das Gleichgewicht an der Phasengrenze trotz Zu- oder Abführung von Elektronen schnell wieder einstellen, ist die Überspannung gering. Häufig wird die Gleichgewichtseinstellung dadurch erschwert, daß der Ladungsdurchtritt durch die elektrische Doppelschicht gehemmt ist. Die daraus resultierende Überspannung wird **Durchtrittsüberspannung** genannt. Ihre Größe ist vom Material und von der Oberflächenbeschaffenheit der Elektroden abhängig. Ist die Diffusion im Elektrolyten gehemmt und damit Ursache für eine zu langsame Gleichgewichtseinstellung, spricht man von **Diffusionsüberspannung**. Abb. 7.14 zeigt die Strom-Spannungs-Kurven für die Elektrodenreaktion des Bleiakkumulators. Man sieht, daß die Überspannungen für die Wasserstoff- und Sauerstoffbildung sehr hoch sind. Das bedeutet, daß bei Ladespannungen von 2,2 bis 2,3 V der Akku geladen werden kann, ohne daß es zu einer nennenswerten Wasserzersetzung kommt. Die Überspannung ist an Bleielektroden besonders hoch, an Platin dagegen sehr niedrig. Würde man an der negativen Elektrode eines Bleiakkus etwas Platin zur Abscheidung bringen, wäre der Akku nicht aufladbar und damit nicht mehr zu gebrauchen.

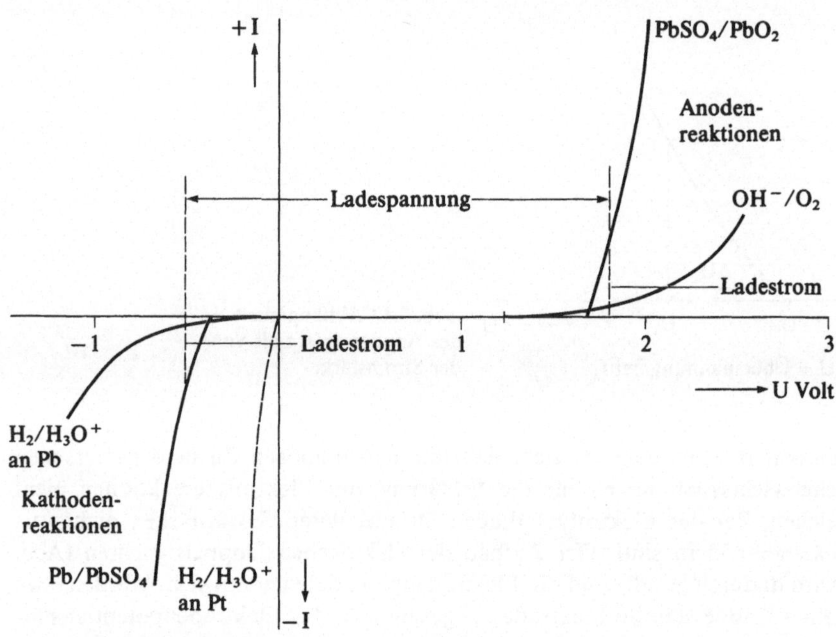

Abb. 7.14 Strom-Spannungs-Kurven des Bleiakkumulators

U = Elektrodenpotential gegen Standardwasserstoffelektrode gemessen

Das Auftreten einer Diffusionsüberspannung wird beim **Elektropolieren** ausgenutzt. Das Verfahren findet Anwendung, wenn eine mechanische Bearbeitung von Werkstücken aus geometrischen Gründen schwierig oder unmöglich ist. Elektropolierte Oberflächen sind frei von Verunreinigungen und Gefügeveränderungen und zeigen hohe Korrosionsbeständigkeit. Sie lassen sich außerdem gut reinigen und erfüllen hohe hygienische Anforderungen. Beim Elektropolieren wird das Werkstück als Anode in eine Elektrolysezelle eingehängt. Der Elektrolyt muß dem jeweiligen Werkstoff angepaßt sein. Für nichtrostende austenitische Stähle werden überwiegend Gemische von konzentrierter Phosphorsäure und Schwefelsäure verwendet. Das Metall kann bei der Elektrolyse nur dann in Lösung gehen, wenn das zur Hydratation der Ionen benötigte Wasser an der Anode zur Verfügung steht. Beim Elektropolieren wird die Stromdichte und damit die Geschwindigkeit der Metallauflösung so weit erhöht, bis an der Phasengrenze das gesamte Wasser durch Hydratation aufgebraucht wird. Die Geschwindigkeit der Metallauflösung ist dann durch die Geschwindigkeit gegeben, mit der Wassermoleküle aus dem Inneren des Elektrolyten nachdiffundieren. Da die Wassermoleküle zu den Rauheitsspitzen der Metalloberfläche leichter vordringen als in die Rauhtiefen, wird dort das Metall bevorzugt abgetragen (Abb. 7.15).

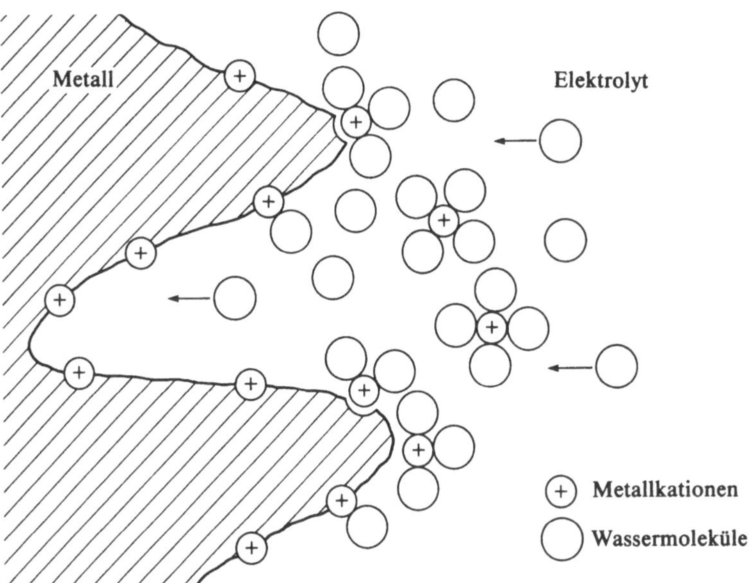

Abb. 7.15 Vorgänge beim Elektropolieren

Große technische Bedeutung für die Herstellung von Chlor und Natronlauge hat die Elektrolyse von Natriumchloridlösung, die **Chloralkalielektrolyse.** Chlor ist ein wichtiges Grundprodukt vor allem für die Herstellung von PVC und Chlorkohlenwasserstoffen. Die Bildung von Chlor erfolgt an Anoden aus Graphit oder mit Rutheniumoxid beschichtetem Titan nach

$$2\,Cl^- \longrightarrow Cl_2 + 2\,e$$

Die Nebenreaktion

$$2\,OH^- \longrightarrow H_2O + \tfrac{1}{2}O_2 + 2\,e$$

muß durch geeignete Verfahrensbedingungen so weit wie möglich unterdrückt werden. Abb. 7.16 zeigt für die beiden Konkurrenzreaktionen die Abhängigkeit der Gleichgewichtsspannungen von der Chlor- und Hydroxidionenkonzentration. Damit die Chlorabscheidung bevorzugt wird, muß die Zersetzungsspannung für die Chlorionen kleiner sein als für die Hydroxidionen. Die Gleichgewichtsspannung der Chlorabscheidung ist – wie die Abbildung zeigt – immer größer als die der Sauerstoffbildung. Die Überspannung beträgt aber an Graphitelektroden für die Sauerstoffbildung etwa 1 Volt, für die Chlorabscheidung dagegen nur etwa 0,1 Volt. Bei hohen Chloridkonzentrationen in der Sole (270 bis 320 g NaCl im Liter) und niedrigen Hydroxidionenkonzentrationen (pH-Wert 3 bis 4) kommt es deshalb an der Anode zur Bildung von Chlor. Ein Problem der Chloralkalielektrolyse besteht darin, das anodisch gebildete Chlor vom Kathodenraum fernzuhalten. Zur Lösung dieses Problems sind verschiedene technische Verfahren entwickelt worden.

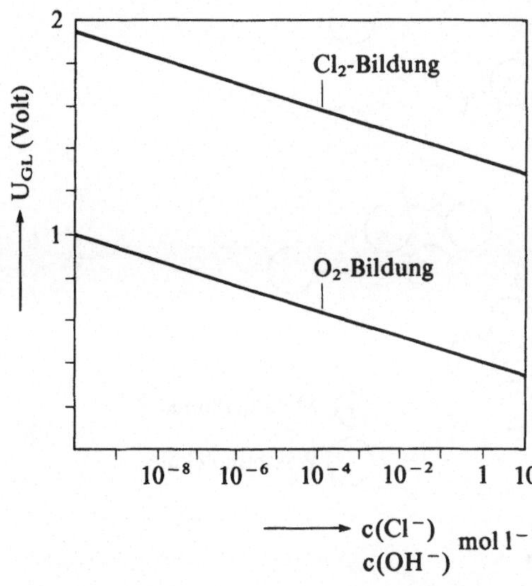

Abb. 7.16 Abhängigkeit der Gleichgewichtsspannungen der Chlor- und Sauerstoffentwicklung in Abhängigkeit von der Chlorid- bzw. Hydroxidionenkonzentration

Beim **Diaphragmaverfahren** läuft an Eisenkathoden die Reaktion

$$2\,H_3O^+ + 2\,e \longrightarrow H_2 + 2\,H_2O$$

ab. Durch die Entladung von Oxoniumionen und deren Neubildung durch Autoprotolyse von Wasser, kommt es im Elektrolyten zu einem Überschuß von Hydroxidionen, d. h. das in der Sole gelöste Natriumchlorid wird bei der Elektrolyse in Natriumhydroxid umgewandelt. Da Hydroxidionen die anodische Chlorabscheidung behindern und mit elementarem Chlor reagieren würden, muß eine Rückwanderung von Hydroxidionen zur Anode ausgeschlossen werden. Das geschieht mit einem Diaphragma aus Asbest, das direkt auf die Kathode aufgebracht ist, und durch einen hydrostatischen Überdruck im Anodenraum, der für einen kontinuierlichen Solestrom durch das Diaphragma sorgt. Die Vorgänge sind schematisch in Abb. 7.17 dargestellt. Die Zellenspannung ergibt sich aus der Differenz der Gleichgewichtsspannungen für die Elektrodenreaktionen erhöht um die Überspannung an den Elektroden und um den ohmschen Spannungsabfall im Elektrolyten. Sie liegt für die Diaphragmazelle bei 3 bis 4 Volt.

Beim **Quecksilberverfahren** ist die Kathode ein Quecksilberband, das über den Stahlboden der Elektrolysezelle fließt. Die Überspannung für die Abscheidung von Wasserstoff ist an Quecksilber so hoch, daß statt Wasserstoff metallisches Natrium entsteht, das sich unter Bildung von Amalgam im Quecksilber löst:

$$x\,Hg + Na^+ + e \longrightarrow NaHg_x$$

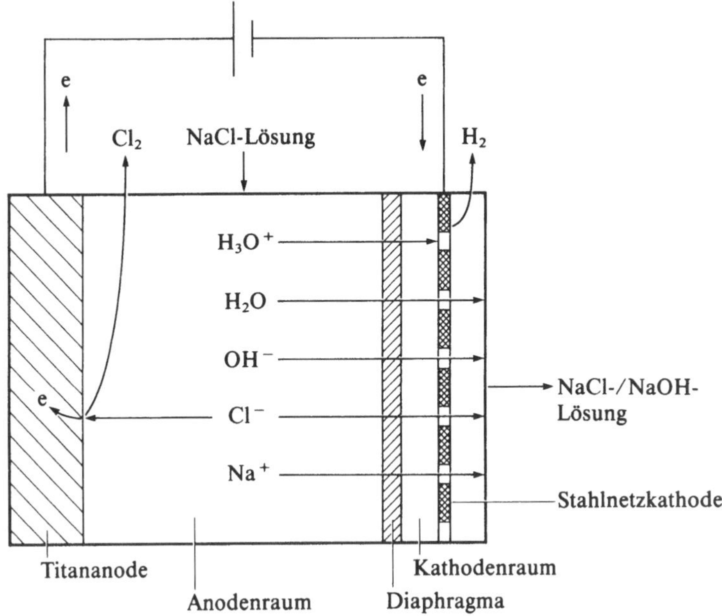

Abb. 7.17 Schema des Diaphragmaverfahrens

Die Vorgänge sind in Abb. 7.18 schematisch dargestellt. Die Zellenspannung liegt beim Quecksilberverfahren zwischen 4,1 und 4,6 Volt. Das Natriumamalgam wird in speziellen Amalgamzersetzern mit Wasser zu Natronlauge und Wasserstoff umgesetzt, wobei das Quecksilber zurückgewonnen wird:

$$NaHg_x + H_2O \longrightarrow NaOH + \tfrac{1}{2}H_2 + x\,Hg$$

Die Reaktion wird durch Graphit katalysiert.

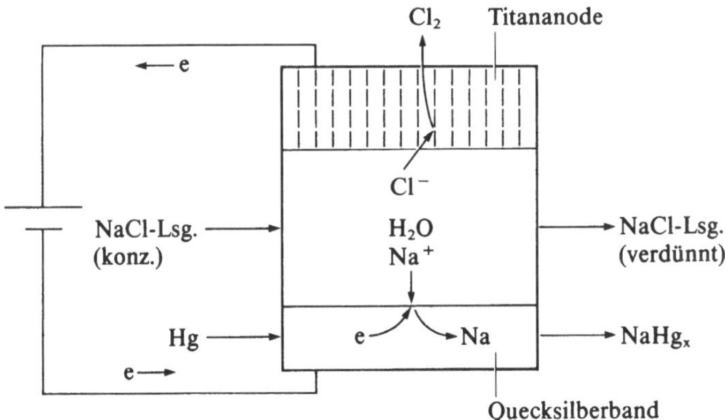

Abb. 7.18 Schema des Quecksilberverfahrens

Das Diaphragmaverfahren hat den Nachteil, daß die Sole eingedampft werden muß und die dabei gewonnene Natronlauge noch Reste an Natriumchlorid enthält. Beim Quecksilberverfahren wird wegen der höheren Zellenspannung mehr elektrische Energie verbraucht. Außerdem ist das Quecksilberverfahren seit einigen Jahren aus Umweltschutzgründen in Mißkredit geraten.

Eine Neuentwicklung, die die Nachteile beider Verfahren beseitigen soll, ist das **Membranverfahren.** Bei dem Verfahren werden Anoden- und Kathodenraum durch eine Membran voneinander getrennt. Die Membran besteht aus einem fluorhaltigen, chemisch resistenten Polymeren und ist nur für Kationen durchlässig. Abb. 7.19 zeigt das Verfahren im Schema.

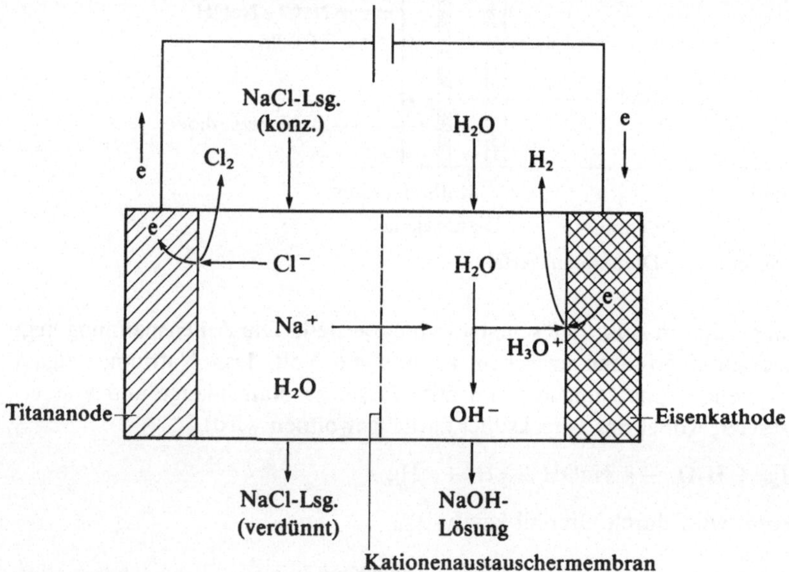

Abb. 7.19 Schema des Membranverfahrens

8. Wasser

8.1. Struktur und Eigenschaften

In den Kapiteln 3.4 und 3.5 wurde bereits auf den Aufbau des Wassermoleküls und die Bildung von Wasserstoffbrücken eingegangen. Im flüssigen Wasser liegt nur ein Teil der H_2O-Moleküle in freier Form vor. Der größere Teil ist über Wasserstoffbrücken zu sog. Clusters miteinander vernetzt. Im Eiskristall bilden die Moleküle ein regelmäßiges Kristallgitter, in dem jeweils ein O-Atom von zwei kovalent und zwei über Wasserstoffbrücken gebundenen H-Atomen tetraedrisch umgeben ist (Abb. 8.1). Der voluminöse Aufbau des Kristallgitters ist Ursache für die geringe Dichte des Eises. Beim Schmelzen bricht das Gitter an einigen Stellen auseinander, große Strukturbereiche bleiben aber auch im flüssigen Zustand erhalten. Freiwerdende H_2O-Moleküle können in die noch intakten Hohlräume eindringen, so daß eine dichtere Packung erreicht wird. Das äußert sich darin, daß die Dichte des flüssigen Wassers größer ist als die des Eises. Mit steigender Temperatur werden immer mehr Wasserstoffbrücken gespalten. Die wachsende Zahl der Einzelmoleküle erlaubt eine weitere Verdichtung der Packung, und die Dichte des Wassers nimmt zwischen 0 und 4°C zu. Bei höheren Temperaturen wird dieser Vorgang durch die größere Beweglichkeit der Moleküle und den damit verbundenen größeren Raumbedarf überkompensiert, d.h. die Dichte nimmt ab. Die geringere Dichte des Eises hat zur Folge, daß Gewässer von der Oberfläche her zufrieren. In ausreichender Tiefe bleibt das Wasser flüssig, so daß Wasserorganismen einen Raum zum Überwintern haben. Geringere Dichte im festen Zustand bedeutet Volumenausdehnung beim Gefrieren, ein Vorgang der Wasserleitungen zum Bersten bringen kann. Für die Aufspaltung von Wasserstoffbrücken bei der Erwärmung von Wasser und in noch stärkerem Maße bei seiner Verdampfung ist Energie erforderlich. Das erklärt die hohe Wärmekapazität und die hohe Verdampfungsenthalpie des Wassers (Tab. 8.1). Wasser hat z.B. eine mehr als doppelt so hohe spezifische Wärmekapazität wie Mineralöle und ist deshalb als Kühlmedium und Wärmespeicher besonders gut geeignet. Die Verdampfungsenthalpie des Wassers ist etwa doppelt so hoch wie die von Methanol und etwa sechsmal so hoch wie die von Benzin. Da die Verdampfungsenthalpie bei der Kondensation frei wird, ist Wasserdampf ein ideales Heizmedium. Wie Tab. 8.1 zeigt, hat Wasser eine stark negative Bildungsenthalpie. Das bedeutet, daß chemische Reaktionen, bei denen Wasser gebildet wird, häufig bevorzugt ablaufen.

Abb. 8.1 Struktur des Eises

Tab. 8.1 Physikalische Eigenschaften des Wassers		
Schmelztemperatur	°C	: 0,00
Siedetemperatur	°C	: 100,00
kritische Temperatur	°C	: 374,0
Dichte bei 0°C (Eis)	kg m^{-3}	: 916,80
bei 0°C (Wasser)	kg m^{-3}	: 999,87
bei 4°C	kg m^{-3}	: 1000,00
bei 100°C	kg m^{-3}	: 958,38
Standard-Bildungsenthalpie	kJ mol^{-1}	: −285
spez. Wärmekapazität bei konst. Druck	kJ kg^{-1} K^{-1}	: 4,18
spez. Verdampfungsenthalpie bei 100°C	kJ kg^{-1}	: 2263
Wärmeleitfähigkeit bei 20°C	W m^{-1} K^{-1}	: 0,604

8.2. Wasserinhaltsstoffe

In der Natur vorkommende Wässer sind nie chemisch rein. Das durch Verdunsten gereinigte **Regenwasser** nimmt nicht nur die natürlichen Luftbestandteile Stickstoff, Sauerstoff und Kohlendioxid auf, sondern je nach Wetterlage und Umweltbelastung auch unlösliche (Staub, Ruß) und lösliche (Schwefeldioxid, Stickstoffoxide, Chloride u. a.) Luftverunreinigungen.

Niederschläge können im Boden versickern und **Grundwasser** bilden, das Poren und größere Hohlräume der Erdrinde über einer undurchlässigen Schicht (Grundwasserträger) zusammenhängend ausfüllt. Grundwasser ist meist klar, da es bei der Bodenpassage einen Filtrationsprozeß durchgemacht hat. Es hat aber Ca^{2+}, Mg^{2+}, Na^+, SO_4^{2-}, Cl^- und andere Ionen aus dem Erdreich gelöst und es hat Kohlendioxid aufgenommen, das bei der Zersetzung von organischen Stoffen der Humusschicht gebildet worden ist. Durch den CO_2-Gehalt des Wassers können schwerlösliche Carbonate (z. B. Kalkstein, Dolomit) und Silicate gelöst werden, z. B.

$$CaCO_3 + CO_2 + H_2O \longrightarrow Ca^{2+} + 2\,HCO_3^-$$
Kalkstein

Bei hohem CO_2-Gehalt und niedrigem O_2-Gehalt gehen auch Eisen und Mangan als zweiwertige Ionen in Lösung.

Oberflächenwasser, d. h. Fluß-, See- oder Talsperrenwasser, enthält neben gelösten Ionen auch organische Stoffe, die wie Aminosäuren, Harnstoff oder Zucker Abbauprodukte von Wasserorganismen und deren Ausscheidungen sind oder die als Bestandteile von Abwässern eingetragen werden. Aus der Atmosphäre lösen sich vor allem Stickstoff, Sauerstoff und Kohlendioxid. Die Löslichkeit dieser Gase ist nach dem **Gesetz von Henry** dem Partialdruck in der Gasphase proportional, z. B.

$$\gamma(O_2) = H \cdot p(O_2)$$

γ ist die Massenkonzentration des gelösten Gases in mg l^{-1}. Die **Henrykonstante** H gibt die Löslichkeit eines Gases bei einem Partialdruck von 1 bar an. Tab. 8.2 zeigt die Löslichkeit von Stickstoff, Sauerstoff und Kohlendioxid aus Luft von Atmosphärendruck in Wasser bei 10 °C. Die Henrykonstante steigt von Stickstoff über Sauerstoff zu Kohlendioxid an. Das bedeutet, daß sich trotz seines geringen Partialdruckes in der Luft beträchtliche CO_2-Mengen in Wasser lösen. Mit steigender Temperatur nehmen die Henrykonstanten und damit die Löslichkeiten der Gase ab. Bei 30 °C können z. B. nur noch 7,2 mg Sauerstoff von einem Liter Wasser gelöst werden.

Die nach dem Gesetz von Henry berechneten Konzentrationen sind Gleichgewichts- oder Sättigungskonzentrationen. In der Natur wird die Gleichgewichtseinstellung bei Sauerstoff und Kohlendioxid gestört, da diese Komponenten bei Stoffwechselvorgängen produziert oder verbraucht werden. Durch Bakterien können z. B. organische Wasserinhaltsstoffe biologisch abgebaut werden. Dabei wird Sauerstoff verbraucht und Kohlendioxid gebildet. Algen bilden Sauerstoff und verbrauchen Kohlendioxid bei der Photosynthese.

Tab. 8.2 Löslichkeit der Luftkomponenten in Wasser bei 10°C

	p(Gas) bar	γ(Gas) mg l^{-1}	H mg l^{-1} bar^{-1}
N_2	0,78	17,5	22
O_2	0,21	11,1	53
CO_2	0,0003	0,7	2300

Ungelöste Wasserinhaltsstoffe werden meist nach dem Teilchendurchmesser unterteilt. Zu den grobdispersen und feindispersen ($\rightarrow$1.1.) Stoffen gehören mineralische Bodenbestandteile (Schluff), Algen und Bakterien. Kolloide Bestandteile sind u. a. Tonminerale, Kieselsäuren, Zwischenprodukte des Eiweißabbaus und die bei der unvollständigen Zersetzung von Pflanzenresten entstehenden Huminsäuren.

Uferfiltriertes Wasser wird aus Brunnen in unmittelbarer Nähe eines Flusses gefördert. Es ist zwar klar, kann aber durch Inhaltsstoffe des Flußwassers verunreinigt sein.

Meerwasser hat einen Salzgehalt von etwa 3,5%. Die wichtigsten Ionen sind – in der Reihenfolge abnehmender Konzentration – Cl^-, Na^+, SO_4^{2-}, Mg^{2+}, Ca^{2+} und K^+.

Der Sauerstoffgehalt ist ein wichtiges Kriterium für die Selbstreinigung eines Gewässers. Im Wasser gelöster Sauerstoff begünstigt die Korrosion, aber auch die Ausbildung korrosionshemmender Schichten. Seine Konzentration muß deshalb besonders im Wasserkreislauf von Dampfkesselanlagen ständig überwacht werden. Bei der klassischen **Sauerstoffbestimmung nach Winkler** wird die Wasserprobe in speziellen Glasflaschen mit bekanntem Volumen nacheinander mit Manganchloridlösung und kaliumiodhaltiger Natronlauge versetzt. Die Manganionen bilden mit den Hydroxidionen der Natronlauge einen weißen Niederschlag von Mangan(II)-hydroxid:

$$Mn^{2+} + 2\,OH^- \longrightarrow \overset{+\text{II}}{Mn}(OH)_2$$

Im Wasser gelöster Sauerstoff oxidiert das Mangan(II)-hydroxid zu bräunlichen Hydroxiden, in denen Mangan die Oxidationszahl $+$III oder $+$IV hat, z. B.

$$2\,\overset{+\text{II}}{Mn}(OH)_2 + \tfrac{1}{2}O_2 \longrightarrow 2\,\overset{+\text{III}}{Mn}O(OH) + H_2O$$

Der Niederschlag wird anschließend mit Phosphorsäure aufgelöst. Dabei bilden sich neben Mn^{2+}-Ionen höherwertige Manganionen (Mn^{3+} und Mn^{4+}), deren

Konzentration vom Sauerstoffgehalt der Wasserprobe abhängt. Die höherwertigen Manganionen wirken im sauren Milieu als Oxidationsmittel für das in der Lösung enthaltene Iodid. Dabei werden sie selbst zu Mn^{2+}-Ionen reduziert:

$$2\,Mn^{3+} + 2\,I^- \longrightarrow 2\,Mn^{2+} + I_2$$

Das freigesetzte Iod ist dem ursprünglich in der Probe gelösten Sauerstoff äquivalent. Es wird durch Titration mit Natriumthiosulfatlösung, $c(Na_2S_2O_3) = 0{,}01 \ mol \ l^{-1}$, nach folgender Gleichung bestimmt:

$$\overset{\pm 0}{I_2} + 2\,\overset{+II}{S_2}O_3^{2-} \longrightarrow 2\,I^- + \overset{+II/III}{S_4}O_6^{2-}$$

Die Bestimmung von Iod mit Natriumthiosulfatlösung wird in der analytischen Chemie häufig angewandt und als **Iodometrie** bezeichnet. Der Endpunkt der Titration ist erreicht, wenn die braune Färbung des Iods verschwunden ist. Der Endpunkt ist besser zu erkennen, wenn man gegen Ende der Titration etwas Stärkelösung zusetzt, die bei geringsten Iodkonzentrationen eine tiefblaue Färbung ergibt. Aus den angegebenen Reaktionsgleichungen leitet sich folgende Stoffmengenbeziehung zwischen Sauerstoff und Thiosulfat ab:

$$\frac{n(O_2)}{n(S_2O_3^{2-})} = \frac{1}{2} \quad \text{und damit} \quad n(O_2) = \frac{n(S_2O_3^{2-})}{4}$$

$$\text{Mit} \ c(S_2O_3^{2-}) = \frac{n(S_2O_3^{2-})}{V(S_2O_3^{2-}-Ls)} \quad \text{und} \quad n(O_2) = \frac{m(O_2)}{M(O_2)}$$

wird daraus

$$m(O_2) = \frac{c(S_2O_3^{2-}) \cdot V(S_2O_3^{2-}-Ls) \cdot M(O_2)}{4}$$

Setzt man für die Konzentration der Thiosulfatlösung $0{,}01 \ mol \ l^{-1}$ und für $M(O_2) = 32 \ g \ mol^{-1}$ ein, erhält man die Masse des gelösten Sauerstoffs aus dem bei der Titration verbrauchten Volumen der Thiosulfatlösung:

$$m(O_2) = 0{,}08 \ g \ l^{-1} \cdot V(S_2O_3^{2-}-Ls)$$

$m(O_2)$ wird durch das Volumen der Wasserprobe geteilt und das Ergebnis in $mg \ l^{-1} \ O_2$ angegeben.

Elektrochemische Methoden der Sauerstoffbestimmung haben in den letzten Jahren zunehmende Bedeutung erlangt. Dabei wird Sauerstoff an inerten Edelmetallkathoden nach folgender Reaktionsgleichung reduziert:

$$O_2 + 2\,H_2O + 4\,e \longrightarrow 4\,OH^-$$

Bei der polarographischen Messung, die vor allem bei Abwasseruntersuchungen angewandt wird, befindet sich eine Goldkathode zusammen mit einer Silberanode in einem verdickten Kaliumchlorid-Elektrolyten. An die Elektroden wird eine konstante Gleichspannung von 600 bis 800 mV angelegt. Elektrolyt und zu analysierende Wasserprobe sind durch eine PTFE-Membran voneinander getrennt, die für gelösten Sauerstoff, nicht aber für Ionen durchlässig ist. Mit einer Geschwindigkeit, die seiner Konzentration in der Wasserprobe proportional ist, diffundiert Sauerstoff in die Elektrolysezelle, wo er an der Kathode umgesetzt wird. An der Anode läuft dabei die Reaktion

$$4\,Ag + 4\,Cl^- \longrightarrow 4\,AgCl + 4\,e \quad \text{ab.}$$

Der durch die Zelle fließende Strom wird gemessen. Bei galvanischen Methoden, wie sie z. B. zur Analyse des Kreislaufwassers in Dampfkesselanlagen eingesetzt werden, wird der Strom eines galvanischen Elementes gemessen, das aus einer Silberkathode, einer inerten Gegenelektrode aus Chrom-Nickel-Stahl und dem zu untersuchenden Wasser als Elektrolyt besteht.

Unter den Wasserinhaltsstoffen haben Kohlendioxid und die davon abgeleiteten Anionen eine besondere Bedeutung. Eine Unterteilung der „Kohlensäure des Wassers" ist nach dem in Abb. 8.2 gegebenen Schema möglich.

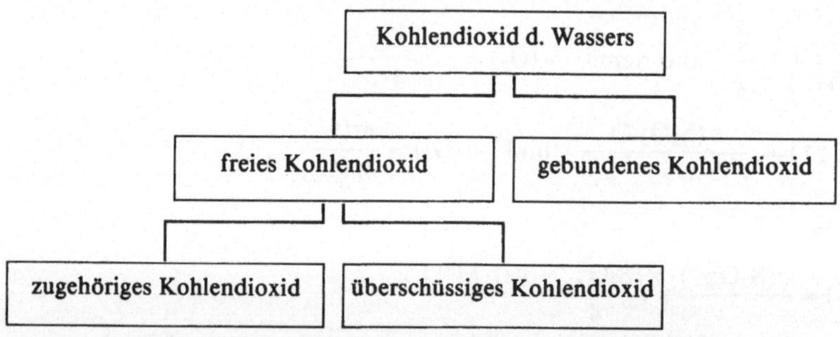

Abb. 8.2 In Wasser gelöstes Kohlendioxid und seine Verbindungen

Freies Kohlendioxid ist überwiegend CO_2, zu dessen Molekülen H_2O-Moleküle Wasserstoffbrücken ausbilden, und nur in untergeordnetem Maße durch Reaktion mit Wasser gebildete Kohlensäure (H_2CO_3) oder daraus durch Protolyse gebildetes H_3O^+ und HCO_3^-. **Gebundenes Kohlendioxid** liegt in den Anionen HCO_3^- (Hydrogencarbonat) und CO_3^{2-} (Carbonat) vor. Hydrogencarbonationen stehen in wäßriger Lösung im Gleichgewicht mit Carbonationen und Kohlendioxid:

$$2\,HCO_3^- \;\rightleftharpoons\; H_2O + CO_3^{2-} + CO_2$$

Entfernt man das CO_2 aus der Lösung, stellt sich das Gleichgewicht durch Zerfall von HCO_3^- neu ein. Für die Beständigkeit des Hydrogencarbonations ist deshalb ein Mindestgehalt an freiem Kohlendioxid – das **zugehörige Kohlendioxid** – erforderlich. Freies Kohlendioxid, das darüber hinaus im Wasser gelöst ist, wird als **überschüssiges Kohlendioxid** bezeichnet. Es ist gegenüber Metallen und Kalk (Be-

146

ton) aggressiv. Der Zerfall des Hydrogencarbonations ist eine endotherme Reaktion, d.h. bei Temperaturerhöhung verschiebt sich das Gleichgewicht nach rechts, die Konzentrationen von CO_3^{2-} und CO_2 steigen. Enthält das Wasser Calciumionen, wird dabei das Löslichkeitsprodukt von $CaCO_3$ überschritten, und es kommt zur Abscheidung von Kessel- oder Wasserstein. Dieser Vorgang erklärt, warum eine Verbindung „$Ca(HCO_3)_2$" nicht isoliert werden kann. Kühlt sich das Wasser nach der Kalkabscheidung wieder ab, verschiebt sich das Gleichgewicht auf die linke Seite zurück. Das Wasser enthält jetzt überschüssiges Kohlendioxid und kann Kalk unter Bildung von Hydrogencarbonat auflösen. Die **Calciumcarbonatsättigung** eines Wassers gibt Auskunft darüber, ob der Gleichgewichtszustand für die jeweilige Temperatur erreicht ist. Sie ist negativ, wenn das Wasser Kalk auflösen kann, positiv, wenn es zur Kalkabscheidung neigt und null, wenn sich das „**Kalk-Kohlensäure-Gleichgewicht**" eingestellt hat.

In Wasser gelöstes freies Kohlendioxid läßt sich mit starken Basen zu Hydrogencarbonat umsetzen:

$$H_2O + CO_2 \; \rightleftharpoons \; H_2CO_3$$

$$H_2CO_3 + OH^- \; \longrightarrow \; HCO_3^- + H_2O$$

In Kapitel 6.1. wurde bereits darauf eingegangen, daß das Hydrogencarbonation amphoter ist, d.h. es kann sowohl mit Säuren, als auch mit Basen Reaktionen eingehen. Das Carbonation ist eine Base, die mit starken Säuren nach folgender Gleichung reagiert:

$$CO_3^{2-} + H_3O^+ \; \longrightarrow \; HCO_3^- + H_2O$$

Diese Reaktionen ermöglichen die Bestimmung von CO_2, HCO_3^- und CO_3^{2-} durch Säure-Base-Titration. CO_2 kann dabei durch Natronlauge über HCO_3^- in CO_3^{2-} umgewandelt werden. Umgekehrt läßt sich CO_3^{2-} durch Titration mit Salzsäure über HCO_3^- in CO_2 überführen. Die einzelnen Stufen sind durch ganz bestimmte pH-Werte charakterisiert.

$$CO_2/H_2CO_3 \; \underset{H_3O^+}{\overset{OH^-}{\rightleftharpoons}} \; HCO_3^- \; \underset{H_3O^+}{\overset{OH^-}{\rightleftharpoons}} \; CO_3^{2-} \qquad \begin{array}{l} \rightarrow \text{ Alkalimetrie} \\ \leftarrow \text{ Acidimetrie} \end{array}$$

pH-Wert: 4,3   8,2   11,1

Abb. 8.3 zeigt die Titrationskurve für diese Vorgänge.

Wasser kann aus der chemischen Aufbereitung oder zum Zwecke der Konditionierung zusätzliche Basen (z.B. Calciumhydroxid, Ammoniak) oder Säuren (z.B. Eisen- oder Aluminiumionen) enthalten, die bei der Titration mit erfaßt werden.

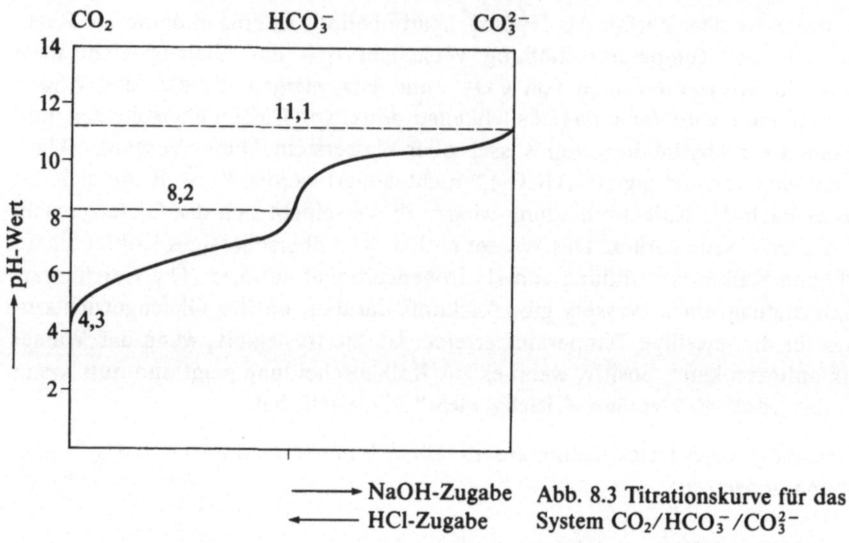

NaOH-Zugabe

HCl-Zugabe

Abb. 8.3 Titrationskurve für das System $CO_2/HCO_3^-/CO_3^{2-}$

Die **Säurekapazität** K_S eines Wassers ist eine summarische Stoffkenngröße zur Beurteilung des Basengehaltes. Sie ist definiert als die Stoffmenge an Oxoniumionen in mmol – zugegeben als Salzsäure, $c(\mathrm{HCl}) = 0{,}1$ mol l^{-1} oder $0{,}02$ mol l^{-1} – die von einem Liter Wasserprobe aufgenommen werden kann, bis ein bestimmter pH-Wert erreicht ist. Man unterscheidet zwischen der Säurekapazität bis zum pH-Wert 4,3 ($K_{S4,3}$), früher als **m-Wert** (Titration bis zum Farbumschlag von Methylorange oder Methylrot-Bromkresolgrün-Mischindikator) bezeichnet, und der Säurekapazität bis zum pH-Wert 8,2 ($K_{S8,2}$), früher als **p-Wert** (Titration bis zum Farbumschlag von Phenolphthalein) bezeichnet.

Bei Verwendung von 100 ml Wasserprobe und Titration mit Salzsäure, $c(\mathrm{HCl}) = 0{,}1$ mol l^{-1}, ist der Zahlenwert für den Salzsäureverbrauch in ml gleich dem Zahlenwert der Säurekapazität in mmol l^{-1}.

Die **Basekapazität** K_B eines Wassers wird entsprechend durch Titration mit Natronlauge, $c(\mathrm{NaOH}) = 0{,}1$ mol l^{-1}, ermittelt. Sie gibt den Säuregehalt eines Wassers an. Auch hier wird zwischen der Basekapazität bis zum pH-Wert 4,3 ($K_{B4,3}$) und der Basekapazität bis zum pH-Wert 8,2 ($K_{B8,2}$) unterschieden.

Enthält eine Wasserprobe außer CO_2, HCO_3^- und CO_3^{2-} nur starke Säuren oder Basen, dann läßt sich ihr Gehalt an freiem Kohlendioxid und Hydrogencarbonat aus dem pH-Wert und der Säure- oder Basekapazität berechnen. Durch Titration mit Natronlauge bis zum pH-Wert 8,2 werden starke Säuren und CO_2 erfaßt. Es gilt die Beziehung

$$K_{B8,2} = c(\mathrm{H_3O^+}) + c(\mathrm{CO_2})$$

nach der aus $K_{B8,2}$ und pH-Wert der Gehalt an freiem Kohlendioxid errechnet werden kann. Durch Titration mit Salzsäure bis zum pH-Wert 4,3 werden starke Basen, HCO_3^- und CO_3^{2-} erfaßt. Für ein Mol CO_3^{2-} werden dabei zwei Mol Säure benötigt, d. h. es gilt

$$n(H_3O^+)/n(CO_3^{2-}) = 2 \quad \text{und damit} \quad n(H_3O^+) = 2n(CO_3^{2-}).$$

Da die Säurekapazität durch die Stoffmenge der benötigten H_3O^+-Ionen gegeben ist, folgt für $K_{S4,3}$ die Beziehung

$$K_{S4,3} = 2c(CO_3^{2-}) + c(HCO_3^-) + c(OH^-)$$

Durch Titration mit Salzsäure bis zum pH-Wert 8,2 lassen sich nur starke Basen und CO_3^{2-}, nicht aber HCO_3^- erfassen. Für $K_{S8,2}$ heißt die Beziehung deshalb

$$K_{S8,2} = c(CO_3^{2-}) + c(OH^-)$$

Die Verknüpfung beider Gleichungen für die Säurekapazitäten führt zu

$$K_{S4,3} = 2K_{S8,2} - 2c(OH^-) + c(HCO_3^-) + c(OH^-)$$

und damit zu einer Gleichung, nach der der Hydrogencarbonatgehalt einer Wasserprobe errechnet werden kann:

$$c(HCO_3^-) = K_{S4,3} - 2K_{S8,2} + c(OH^-)$$

Als **Härte des Wassers (Gesamthärte)** bezeichnet man seinen Gehalt an Calcium- und Magnesiumionen. Seife wird durch hartes Wasser in schwerlösliche Calcium- und Magnesiumseifen umgewandelt, so daß die Waschwirkung verlorengeht und ein stumpfes, hartes Gefühl auf der Haut entsteht. Von diesem Vorgang leitet sich der Begriff „Wasserhärte" ab. Bei der Textilwäsche sind Seifen inzwischen durch weniger härteempfindliche Tenside ersetzt worden. Ein wichtiges Problem besteht aber nach wie vor darin, daß harte Wässer beim Erhitzen Ablagerungen bilden, die z. B. in Dampfkesselanlagen nicht nur den Wärmedurchgang behindern, sondern auch die Kühlung des Werkstoffes, so daß schwere Materialschäden auftreten können. Ablagerungen an Armaturen und Regeleinrichtungen von Dampferzeugern und Heißwasseranlagen können außerdem die Betriebssicherheit einer Anlage beeinträchtigen. Auf der anderen Seite begünstigt die Wasserhärte in Wasserleitungen die Ausbildung korrosionshemmender Schichten. Härteablagerungen kommen dadurch zustande, daß beim Erhitzen das Löslichkeitsprodukt bestimmter schwerlöslicher Verbindungen überschritten wird. Wie schon erwähnt, wandeln sich im Wasser gelöste Hydrogencarbonationen bei Temperaturerhöhung in Carbonationen um, die in Gegenwart von Calciumionen als Calciumcarbonat ausgefällt werden. In einem Liter reinem Wasser können sich nur 14 mg $CaCO_3$ lösen. Bei Abwesenheit von Hydrogencarbonat und hohen Sulfatkonzentratioen kann sich Calciumsulfat abscheiden, dessen Löslichkeit mit steigender Temperatur abnimmt. Bei 20°C liegt die Sättigungskonzentration von $CaSO_4 \cdot 2H_2O$ bei etwa 2 g l^{-1}. Bei höheren Temperaturen ist der wasserfreie Anhydrit ($CaSO_4$) die stabile Phase, dessen Löslichkeit z.B. bei 70°C nur etwa $1 \, g \, l^{-1}$ beträgt. In Verbindung mit Hydrogencarbonationen sind Erdalkaliionen besonders problematisch. Deshalb kann man neben der Gesamthärte die **Carbonathärte** angeben, worunter der Gehalt an Calcium- und Magnesiumionen verstanden wird, der den im Wasser enthaltenen Carbonat- und Hydrogencarbonationen äquivalent ist. Abb. 8.4 soll das verdeutlichen.

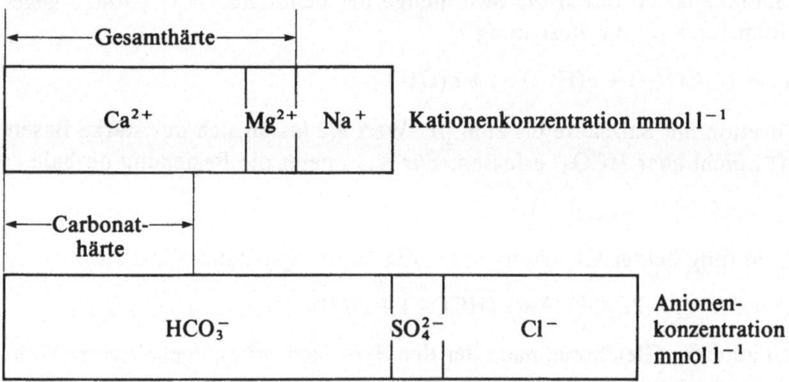

Abb. 8.4 Beispiel zur Unterscheidung von Gesamthärte und Carbonathärte. Die Summe der Äquivalentkonzentrationen muß für Kationen und Anionen gleich sein

Die Härte des Wassers hat die Einheit $mmol \, l^{-1}$. Noch sehr verbreitet ist die alte Einheit „Grad Deutsche Härte" (°dH). Zwischen beiden Einheiten besteht die Beziehung

$$1 \, mmol \, l^{-1} \cong 5{,}6 \, °dH$$

Wässer lassen sich nach ihrem Gehalt an Erdalkaliionen zwischen „sehr weich" und „sehr hart" einordnen (Tab. 8.3). Aus Kalk-, Dolomit- oder Gipsgestein stammende Wässer haben hohe Härte (z.T. über $5 \, mmol \, l^{-1}$), Wässer aus magmatischen Gesteinen (z.B. Granit, Basalt) sind sehr weich (unter $0{,}5 \, mmol \, l^{-1}$). Die Gesamthärte wird meist durch **komplexometrische Titration** mit dem Natriumsalz der Ethylendiaminotetraessigsäure (EDTA) bestimmt. Das Verfahren be-

Tab. 8.3 Beurteilung der Wasserhärte

Gesamthärte mmol l⁻¹	°dH	
0–1	0– 5,6	sehr weich
1–2	5,6–11,2	weich
2–3	11,2–16,8	mittelhart
3–4	16,8–22,4	hart
>4	>22,4	sehr hart

ruht darauf, daß mehrwertige Metallionen mit EDTA im Stoffmengenverhältnis 1:1 wasserlösliche Komplexe ($\rightarrow$ 5.2.) bilden. Aus der Beziehung

$$n(\text{Ca}^{2+} + \text{Mg}^{2+}) = n(\text{EDTA}) = c(\text{EDTA}) \cdot V(\text{EDTA} - \text{Ls})$$

folgt bei Verwendung einer Maßlösung mit $c(\text{EDTA}) = 10 \text{ mmol } l^{-1}$

$$n(\text{Ca}^{2+} + \text{Mg}^{2+}) = 10 \text{ mmol } l^{-1} \cdot V(\text{EDTA} - \text{Ls})$$

Die Härte erhält man, wenn man $n(\text{Ca}^{2+} + \text{Mg}^{2+})$ durch das Volumen der Wasserprobe $V(\text{Pr})$ teilt.

$$c(\text{Ca}^{2+} + \text{Mg}^{2+}) = \frac{10 \text{ mmol } l^{-1} \cdot V(\text{EDTA} - \text{Ls})}{V(\text{Pr})}$$

Eisenionen, die wie andere mehrwertige Metallionen die Analyse stören, müssen vor der Titration mit Natriumcyanid maskiert, d. h. in einem stabilen Komplex gebunden werden. Durch Zugabe von Ammoniakpuffer wird der pH-Wert während der Titration auf etwa 10 gehalten. Zur Anzeige des Endpunktes dient Eriochromschwarz T. Dieser Metallindikator färbt sich in Gegenwart von Härtebildnern rot und schlägt, wenn sämtliche Calcium- und Magnesiumionen komplex gebunden sind, über grau nach grün um. Die Carbonathärte ergibt sich aus dem Hydrogencarbonatgehalt der Wasserprobe:

$$c(\text{Ca}^{2+} + \text{Mg}^{2+})_{\text{carb}} = \frac{c(\text{HCO}_3^-)}{2}$$

Der Gehalt an organischen Wasserinhaltsstoffen wird meist durch summarische Wirkungs- und Stoffkenngrößen angegeben. Bei der Bestimmung des **TOC** (engl. Total Organic Carbon = gesamter organischer Kohlenstoff) wird die Wasserprobe zunächst durch Ansäuern und Austreiben des dabei gebildeten freien Kohlendioxids von anorganischem Kohlenstoff befreit. Der organisch gebundene Kohlenstoff kann entweder durch Verbrennung der Substanz im Sauerstoffstrom oder naßchemisch mit Hilfe von Oxidationsmitteln (z. B. Kaliumperoxodisulfat, $\text{KO}_3\text{S}-\text{O}-\text{O}-\text{SO}_3\text{K}$) vollständig zu Kohlendioxid oxidiert werden. In den handelsüblichen Apparaturen wird das freigesetzte Kohlendioxid meist durch IR-Spektrometrie bestimmt.

Die Bestimmung des **DOC** (engl. Dissolved Organic Carbon = gelöster organischer Kohlenstoff) erfolgt nach dem gleichen Prinzip. Ungelöste Stoffe werden vor der Bestimmung durch Mikrofiltration aus der Wasserprobe entfernt. TOC und DOC werden in Milligramm Kohlenstoff pro Liter Wasserprobe angegeben.

Der **CSB (Chemischer Sauerstoffbedarf)** erlaubt eine quantitative Aussage über die oxidierbaren Wasserinhaltsstoffe. Durch diese Kenngröße werden die meisten organischen Stoffe, aber auch anorganische Stoffe wie Chlorid, Bromid, Nitrit und Wasserstoffperoxid erfaßt. Durch Zusatz von Quecksilberionen kann

Chlorid in nahezu undissoziiertes $HgCl_2$ überführt und damit vor Oxidation geschützt werden. Der CSB ist die auf das Volumen der Wasserprobe bezogene Masse an Sauerstoff, die dem Kaliumdichromat äquivalent ist, das unter Analysenbedingungen mit den im Wasser enthaltenen oxidierbaren Stoffen reagiert. Zur Durchführung der Analyse wird die Wasserprobe mit einem definierten Volumen Kaliumdichromatlösung bekannter Konzentration versetzt. Nach Zusatz von Schwefelsäure und Silbersulfat als Oxidations-Katalysator wird die Probe am Rückfluß gekocht, wobei die oxidierbaren Stoffe oxidiert und eine äquivalente Menge an $Cr_2O_7^{2-}$ zu Cr^{3+} reduziert werden:

$$Cr_2O_7^{2-} + 14\,H_3O^+ + 6\,e \longrightarrow 2\,Cr^{3+} + 21\,H_2O$$

1 mol Kaliumdichromat nimmt dabei 6 mol Elektronen auf, genau so viele wie 1,5 mol Sauerstoff:

$$\tfrac{3}{2}O_2 + 6\,H_3O^+ + 6\,e \longrightarrow 9\,H_2O$$

Zwischen dem bei der Oxidation verbrauchten Dichromat und dem dazu äquivalenten Sauerstoff besteht danach die Stoffmengenbeziehung

$$\frac{n(Cr_2O_7^{2-})_{ox}}{n(O_2)} = \frac{2}{3}.$$

Das nicht verbrauchte Dichromat wird mit Ammoniumeisen(II)-sulfat-Lösung gegen Ferroin als Indikator nach folgender Gleichung zurücktitriert:

$$Cr_2O_7^{2-} + 6\,Fe^{2+} + 14\,H_3O^+ \longrightarrow 2\,Cr^{3+} + 6\,Fe^{3+} + 21\,H_2O$$

Zwischen Dichromat und den in Form von $(NH_4)_2Fe(SO_4)_2$ zugesetzten Eisen(II)-ionen besteht die Stoffmengenbeziehung

$$\frac{n(Cr_2O_7^{2-})}{n(Fe^{2+})} = \frac{1}{6}.$$

Wenn $c(Fe^{2+})$ die Konzentration und $V(Fe^{2+})$ das Volumen der verbrauchten Ammoniumeisensulfat-Lösung ist, gilt für die nach der Oxidation in der Analysenlösung noch enthaltene Stoffmenge an Dichromat

$$n(Cr_2O_7^{2-})_{an} = \frac{c(Fe^{2+}) \cdot V(Fe^{2+})_{an}}{6}$$

Für die unter gleichen Bedingungen behandelte Blindprobe mit entionisiertem Wasser – ohne oxidierbare Stoffe – gilt entsprechend

$$n(Cr_2O_7^{2-})_{bl} = \frac{c(Fe^{2+}) \cdot V(Fe^{2+})_{bl}}{6}.$$

Die Differenz von beiden ist die bei der Oxidation verbrauchte Stoffmenge

$$n(Cr_2O_7^{2-})_{ox} = \frac{2\,n(O_2)}{3} = \frac{(V(Fe^{2+})_{bl} - V(Fe^{2+})_{an}) \cdot c(Fe^{2+})}{6}.$$

Daraus folgt

$$n(O_2) = \frac{c(Fe^{2+}) \cdot (V(Fe^{2+})_{bl} - V(Fe^{2+})_{an})}{4}$$

und mit $n(O_2) = m(O_2)/M(O_2)$ sowie $M(O_2) = 32\,000$ mg mol^{-1} folgt

$$m(O_2) = 8000 \text{ mg mol}^{-1} \cdot c(Fe^{2+}) \cdot (V(Fe^{2+})_{bl} - V(Fe^{2+})_{an}).$$

Teilt man die Gleichung auf beiden Seiten durch das Volumen der Wasserprobe $V(Pr)$ und setzt man $c(Fe^{2+})$ in mol l^{-1} und die Volumina in Liter (oder Milliliter) ein, so erhält man den CSB in mg l^{-1}:

$$CSB = \frac{m(O_2)}{V(Pr)} = \frac{8000 \text{ mg mol}^{-1} \cdot c(Fe^{2+}) \cdot (V(Fe^{2+})_{bl} - V(Fe^{2+})_{an})}{V(Pr)}.$$

Statt durch Titration mit Ammoniumeisen(II)-sulfat können das nicht verbrauchte Dichromat (orange) oder die bei der Reaktion gebildeten Chromionen (grün) photometrisch bestimmt werden.

Beim **BSB (Biochemischer Sauerstoffbedarf)** wird die Masse an Sauerstoff bestimmt, die innerhalb einer bestimmten Zeit (Zehrungsdauer) von den im Wasser enthaltenen Mikroorganismen verbraucht wird, um biologisch abbaubare Wasserinhaltsstoffe oxidativ zu entfernen. Diese Kenngröße gibt einen Hinweis auf Wasserinhaltsstoffe, die in biologischen Kläranlagen abgebaut werden können. Die Wasserprobe wird – bei starker Verschmutzung nach Verdünnung – durch Schütteln mit Luft oder Durchleiten von reinem Sauerstoff mit Sauerstoff angereichert. Mit der begasten Wasserprobe werden anschließend zwei spezielle Glasflaschen mit bekanntem Volumen randvoll gefüllt. Vom Inhalt der einen Flasche wird sofort – z. B. nach der Methode von Winkler – der Sauerstoffgehalt bestimmt. Die zweite Flasche wird blasenfrei geschlossen und während der Zehrungsdauer (z. B. 5 Tage) bei etwa 20 °C im Dunkeln aufbewahrt. Im Anschluß daran wird auch von dieser Probe der Sauerstoffgehalt bestimmt. Die Differenz zwischen den Sauerstoffgehalten beider Proben – angegeben in mg l^{-1} – ist der BSB. Die Zehrungsdauer in Tagen wird als Index angegeben, z. B. BSB_5. Der BSB_5 ist, zusammen mit dem Sauerstoffgehalt, ein chemischer Parameter für die Einteilung von Fließgewässern in Güteklassen. Er liegt bei nicht oder gering belasteten Gewässern unter 0,5 mg l^{-1}, bei übermäßig verschmutzten Gewässern über 22 mg l^{-1}. Ungereinigtes kommunales Abwasser hat einen BSB_5 von etwa 300 mg l^{-1}.

Der **Kolloid-Index** (KI) ist eine Kenngröße für kolloide und feindisperse Wasserinhaltsstoffe, die insbesondere bei Reversosmoseanlagen durch Verblockung der Membranen zu Störungen führen. Er wird ermittelt, indem jeweils 500 ml des zu untersuchenden Wassers bei konstantem Druck durch ein Mikrofilter (450 nm) filtriert werden. Gemessen werden die Filtrationszeiten t_1 bei frischem Filter und

t_2 bei einer Wiederholung nach festgelegter Testzeit (t_T), während der das Filter kontinuierlich von Wasser durchströmt wird. Der Kolloid-Index ergibt sich aus

$$KI = \frac{\left(1 - \dfrac{t_1}{t_2}\right) \cdot 100}{t_T}$$

Absetzbare Stoffe sind im Wasser ungelöste Stoffe, die sich im unteren Teil eines kegelförmigen Sedimentationsglases nach 2 Stunden abgesetzt haben. Sie werden in ml pro l Wasser angegeben.

8.3. Wasseraufbereitung

Die erforderliche Wasserqualität hängt vom Verwendungszweck ab. **Trinkwasser** muß für den menschlichen Genuß und Gebrauch geeignet sein. Nach der Trinkwasserverordnung der Bundesrepublik Deutschland muß Trinkwasser frei von Krankheitserregern sein. Dieses Erfordernis gilt als nicht erfüllt, wenn eine Probe von 100 ml Escherichia coli (Darmbakterien) enthält. Die Trinkwasserverordnung gibt darüber hinaus Grenzwerte für chemische Stoffe (Tab. 8.4).

Tab. 8.4 Grenzwerte für chemische Stoffe im Trinkwasser (Anlage 2 der Trinkwasserverordnung vom 22. 05. 1986)

	Grenzwert mg l^{-1}
Arsen	0,04
Blei	0,04
Cadmium	0,005
Chrom	0,05
Cyanid	0,05
Fluorid	1,5
Nickel	0,05
Nitrat	50
Nitrit	0,1
Quecksilber	0,001
polycyclische aromatische Kohlenwasserstoffe (als C)	0,0002
organische Chlorverbindungen	
1,1,1-Trichlorethan	0,025
Tetrachlorkohlenstoff	0,003
chem. Stoffe zur Pflanzenbehandlung und polychlorierte Biphenyle	
je Substanz	0,0001
gesamt	0,0005

Betriebswasser ist Wasser, das gewerblichen, industriellen, landwirtschaftlichen oder ähnlichen Zwecken dient, sofern dafür keine Trinkwassereigenschaft verlangt wird. Bei Betriebswasser sind die Qualitätsanforderungen sehr unterschiedlich. **Kühlwässer** für Kraftwerke und chemische Anlagen müssen von mechanischen Verunreinigungen (Sand, Schlamm u. a.) und Wasserorganismen (Fische, Muscheln u. a.) befreit werden. Bei Zusatzwässern für offene Kühlkreisläufe führt eine Carbonathärte von über $1\ \mathrm{mmol}\ \mathrm{l}^{-1}$ zu Verkrustungen in Wärmeaustauschern. Das Wasser muß deshalb entcarbonisiert oder chemisch konditioniert werden. Verbindungen wie Aminotrismethylenphosphonsäure (ATMP)

$$\mathrm{H_2O_3P-CH_2-N}\begin{array}{c}\mathrm{CH_2-PO_3H_2}\\ |\\ \\ |\\ \mathrm{CH_2-PO_3H_2}\end{array}$$

und Polyhydroxycarbonsäuren, z. B.

$$\left[\mathrm{-CH_2-\overset{\displaystyle OH}{\underset{\displaystyle COOH}{C}}-}\right]_n$$

werden an Kristallkeimen der calciumhaltigen Niederschläge adsorbiert. Dadurch wird die Entstehung von amorphem, leicht abschwemmbarem Calciumcarbonat gefördert und die Bildung von Verkrustungen verhindert (Thresholdeffekt). Bakterien, Pilze, Algen u. a. Mikroorganismen werden meist durch Mikrobizide bekämpft, da sie in Kühlturmbauwerken, Rohrleitungen und Wärmeaustauschern zu biologischen Korrosionen und Ablagerungen führen können. **Kesselspeisewässer** müssen so aufbereitet werden, daß Ablagerungen im Wasser-Dampf-Kreislauf vermieden werden und ein ausreichender Korrosionsschutz gewährleistet ist. Das bedeutet u. a., daß nur geringe Gehalte an Härtebildnern, suspendierten Eisenverbindungen und Kieselsäure toleriert werden können. Kieselsäure ist bei hohen Temperaturen und Drücken mit Wasserdampf flüchtig und führt zur Verkieselung der Turbinen. Die Anforderungen an das Kesselspeisewasser hängen von der Art des Dampferzeugers und von der Druckstufe ab. Für Durchlaufkessel, in denen das Wasser vollständig verdampft wird, darf nur durch Vollentsalzung aufbereitetes Wasser verwendet werden (Tab. 8.5). Noch höhere Reinheitsanforderungen werden an die bei der Fertigung von Halbleiterelementen verwendeten Spülwässer gestellt. Bei der Kleinheit von integrierten Schaltkreisen können kleinste Partikel oder Salzkriställchen aus dem Wasser auf einer Siliciumscheibe zum Kurzschluß und damit zur Zerstörung des Schaltkreises führen. Der Na- und Cl-Ionengehalt des Wassers muß deshalb unter $0{,}2\ \mu\mathrm{g}\ \mathrm{l}^{-1}$, der Nitrationengehalt unter $0{,}1\ \mu\mathrm{g}\ \mathrm{l}^{-1}$ liegen. Bei Kieselsäure $(\mathrm{SiO_2})$ wird i. a. ein Gehalt von $2\ \mu\mathrm{g}\ \mathrm{l}^{-1}$ toleriert.

Tab. 8.5 Anforderungen an Speisewasser für Wasserrohrkessel ab 64 bar Betriebsüberdruck bei alkalischer Fahrweise

Leitfähigkeit bei 25 °C (hinter einem stark sauren Kationenaustauscher gemessen)	$\mu S\ cm^{-1}$	$< 0{,}20$
pH-Wert bei 25 °C		> 9
Eisen	$mg\ l^{-1}$	$< 0{,}020$
Kupfer	$mg\ l^{-1}$	$< 0{,}003$
Kieselsäure (SiO_2)	$mg\ l^{-1}$	$< 0{,}020$

Die Verfahren der Wasseraufbereitung lassen sich nach Art der zu entfernenden Stoffe unterteilen:

Grob- und feindisperse Stoffe :	Sedimentation, Filtration
Kolloiddisperse Stoffe :	Flockung, Ultrafiltration
Gelöste Stoffe	
allgemein :	Reversosmose, Verdampfung
Salze :	Vollentsalzung (Ionenaustausch)
Eisen- und Manganionen :	Enteisenung, Entmanganung
Härte :	Enthärtung, Entcarbonisierung
Kohlendioxid :	Entsäuerung
Nitrate :	Denitrifizierung
organische Verbindungen :	Adsorption, biologischer Abbau
Mikroorganismen :	Entkeimung

Schwebstoffbelastete Oberflächen- oder Brunnenwässer, entcarbonisierte Wässer und viele Kreislaufwässer in der Industrie werden durch **Filtration** von Feststoffpartikeln befreit. Bei der Wasseraufbereitung werden meist Tiefenfilter verwendet, d.h. das zu klärende Wasser strömt durch die Schüttung eines feinkörnigen Filtermaterials (Quarzsand, Anthrazit u.a.). Die Feststoffteilchen werden dabei an der Kornoberfläche des Filtermaterials festgehalten. **Langsamfilter** (Filtergeschwindigkeit: 0,05 bis 0,2 m h^{-1}) sind den natürlichen Filtrationsvorgängen im Erdboden nachempfunden. Das Filtermedium Sand oder Kies ist meist in Filterbecken aus Stahlbeton aufgeschüttet. Langsamfilter haben nicht nur eine mechanische, sondern auch eine biologische Wirksamkeit. Algen, die sich in der oberen Schicht des Filtermaterials ansiedeln, entziehen dem Wasser anorganische Ionen (z.B. Ammonium, Phosphat) und Kohlendioxid und geben Sauerstoff an dieses ab. Bakterien bauen in tiefer liegenden Filterschichten organische Verbindungen und Krankheitserreger oxidativ ab, so daß durch Langsamfilter eine weitgehende Entkeimung des Wassers erreicht wird. **Schnellfilter** (Filtergeschwindigkeit: 5 bis 20 m h^{-1}) haben größere Reinigungsleistung bei geringerem Platzbedarf. Das Filtermedium, das in der Regel in geschlossenen Stahlbehältern angeordnet ist, kann nach der Beladung mit Wasser aufgewirbelt und dadurch gespült werden. Schnellfilter haben keine biologische Aktivität, organische Verbindungen können aber durch Adsorption an Aktivkohle-Filterschichten entfernt werden.

Schnellfilter dienen auch zur **Enteisenung** und **Entmanganung** von Grundwasser. Das Wasser wird vor Eintritt in die Filter mit Sauerstoff begast. Zweiwertige Eisen- und Manganionen werden dabei zu schwerlöslichen Verbindungen oxidiert und ausgefällt, z. B.

$$4\,Fe^{2+} + O_2 + 14\,H_2O \longrightarrow 4\,FeOOH + 8\,H_3O^+$$

Im Wasser gelöste Hydrogencarbonationen neutralisieren die bei der Reaktion gebildeten H_3O^+-Ionen:

$$8\,H_3O^+ + 8\,HCO_3^- \longrightarrow 16\,H_2O + 8\,CO_2$$

Das auf dem Filtermaterial abgeschiedene Eisenoxidhydrat (FeOOH) reagiert mit im Wasser noch vorhandenen Fe^{2+}-Ionen unter Bildung von Magnetit (Fe_3O_4) und vervollständigt damit die Enteisenung.

Kolloide Wasserbestandteile lassen sich durch Filtration nicht entfernen. Bei der **Flockung** werden durch Zusatz von Chemikalien Flocken erzeugt, die suspendierte oder kolloiddisperse Bestandteile des Wassers adsorbieren oder okkludieren (einschließen). Die erzeugten Flocken werden durch Filtration oder Sedimentation abgetrennt.

Oberflächen kolloider Teilchen tragen elektrische Ladungen. Die Nettoladung (Zetapotential) läßt sich aus der Wanderung der Teilchen im elektrischen Feld bestimmen. In Oberflächenwässern enthaltene Kolloide (Tonminerale, Eiweißstoffe) haben meist ein negatives Zetapotential. Durch Anlagerung von entgegengesetzt geladenen Ionen aus dem Wasser wird das Potential erniedrigt, es ist aber noch groß genug, um eine gegenseitige Abstoßung der gleichsinnig geladenen kolloiden Teilchen zu bewirken und ihre Agglomeration, d. h. das Zusammentreten zu größeren, filtrierbaren Teilchen zu verhindern. Auf diesen Vorgängen beruht die Stabilität des kolloiden Systems.

Flockungsmittel haben die Aufgabe, das System zu destabilisieren. Praktische Verwendung finden Aluminium- und Eisen(III)-salze wie z. B. $FeCl_3$ oder $Al_2(SO_4)_3$, die dem Wasser in Konzentrationen zwischen 3 und 200 mg l^{-1} als Lösungen zugesetzt werden. Die hydratisierten Kationen dieser Salze unterliegen Protolyse- und Polymerisationsreaktionen wie sie in Abb. 8.5 formuliert sind. Protolyse- und Polymerisationsgrad nehmen mit steigendem pH-Wert zu. Mit zunehmendem Polymerisationsgrad vermindert sich aber die Löslichkeit der Metallhydroxokomplexe, bis schließlich voluminöse Niederschläge ausfallen, die in chemische Gleichungen meist durch vereinfachte Formeln wie $Al(OH)_3$ wiedergegeben werden. Die positiv geladenen Hydroxokomplexe lagern sich an der Oberfläche der kolloiden Teilchen an und erniedrigen das Zetapotential, so daß es zur Agglomeration kommen kann (Abb. 8.6a). Mit steigendem pH-Wert sinkt die positive Ladung der Komplexe und die Wirkung des Flockungsmittels nimmt ab.

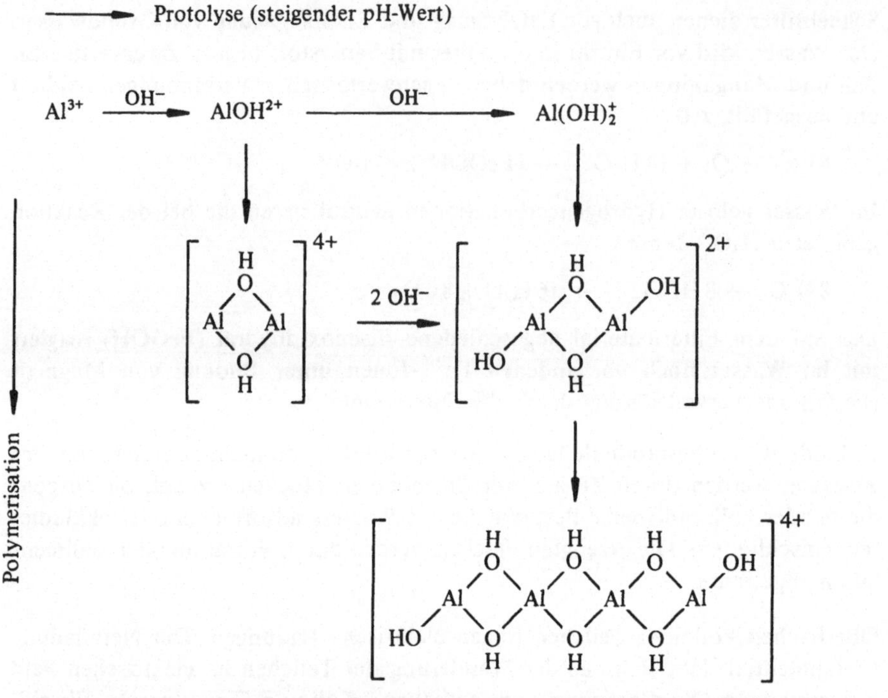

$\longrightarrow$ Protolyse (steigender pH-Wert)

$$Al^{3+} \xrightarrow{OH^-} AlOH^{2+} \xrightarrow{OH^-} Al(OH)_2^+$$

Polymerisation

$$\left[\begin{array}{c} H \\ | \\ O \\ Al \diagup \diagdown Al \\ O \\ | \\ H \end{array}\right]^{4+} \xrightarrow{2\,OH^-} \left[\begin{array}{c} H \\ | \\ O \\ Al \diagup \diagdown Al{-}OH \\ HO{-} \diagdown \diagup \\ O \\ | \\ H \end{array}\right]^{2+}$$

$$\left[HO{-}Al \overset{\overset{H}{|}\overset{O}{\diagup\diagdown}}{} Al \overset{\overset{H}{|}\overset{O}{\diagup\diagdown}}{} Al \overset{\overset{H}{|}\overset{O}{\diagup\diagdown}}{} Al{-}OH \right]^{4+}$$

Abb. 8.5 Protolyse- und Polymerisationsreaktionen von Aluminiumionen in Wasser (vereinfachte Darstellung ohne Hydratwasser)

Neben anorganischen Flockungsmitteln werden synthetische, wasserlösliche Polymere bei der Flockung verwendet. Enthält die Molekülkette des Polymeren positive oder negative Ladungen, spricht man von Polyelektrolyten. Kationische Polyelektrolyte enthalten eine positiv geladene Ammoniumgruppe, anionische, z. B. die funktionelle Gruppe $-COO^-$:

Kationischer Polyelektrolyt (Polyamin)

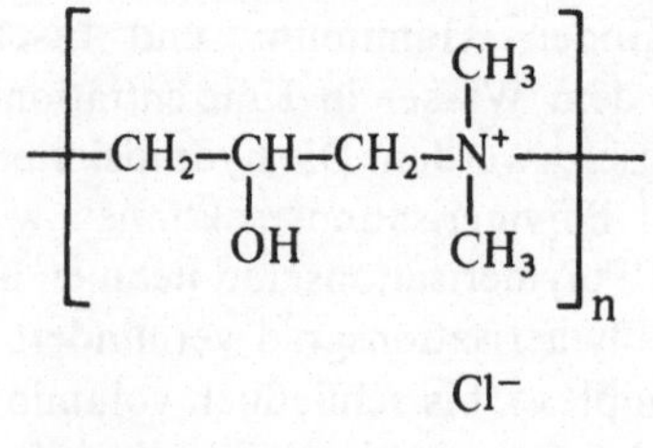

$$\left[-CH_2-\underset{\underset{OH}{|}}{CH}-CH_2-\overset{\overset{CH_3}{|}}{\underset{\underset{CH_3}{|}}{N^+}}- \right]_n \qquad Cl^-$$

Anionischer Polyelektrolyt (Acrylsäure-Acrylamid-Copolymer)

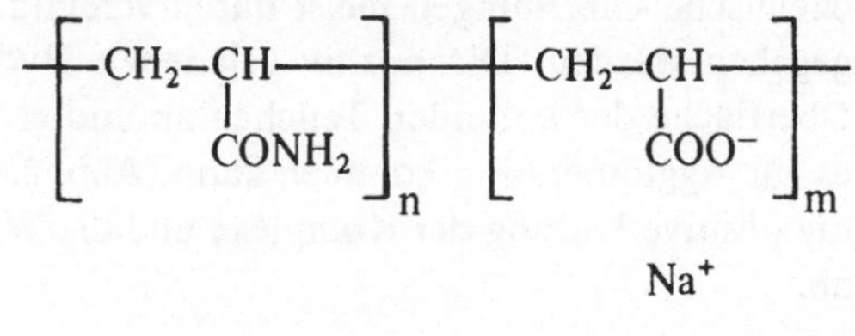

$$\left[-CH_2-\underset{\underset{CONH_2}{|}}{CH}- \right]_n \left[-CH_2-\underset{\underset{COO^-}{|}}{CH}- \right]_m \qquad Na^+$$

Die Polymeren können zusammen mit Aluminium- oder Eisensalzen als **Flokkungshilfsmittel** oder auch allein als Flockungsmittel verwendet werden. Im Unterschied zu Metallsalzen beeinflussen sie den pH-Wert des Wassers nicht. Außerdem bilden sie weniger Schlamm und ermöglichen dadurch längere Filterlaufzeiten. Zur Beschreibung ihrer Wirkung wird häufig das Adsorptionsbrückenmodell verwendet, nach dem die Agglomeration der kolloiden Teilchen durch Verkettung mit Polymermolekülen zustandekommt (Abb. 8.6b).

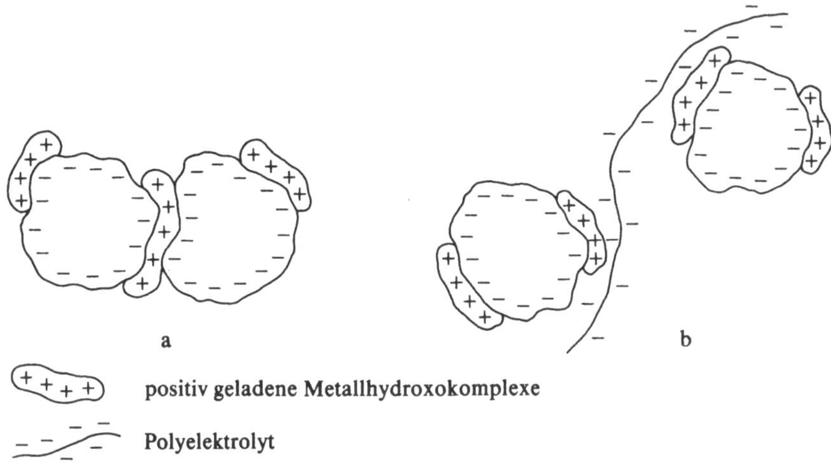

Abb. 8.6 Schematische Darstellung der Flockung

Bei der technischen Durchführung wird zwischen Kontaktflockung und Flokkungsfiltration unterschieden. Bei der Kontaktflockung werden in einer ersten Stufe Flockungschemikalien und Wasser möglichst intensiv vermischt. In der zweiten Stufe werden bei geringer Turbulenz die Flocken gebildet und zur Sedimentation gebracht. Von Flockungsfiltration spricht man, wenn die Flockungschemikalien vor einem Filter zur Verbesserung der Filtrationswirkung zugesetzt werden.

Das wichtigste Verfahren zur Enthärtung und Vollentsalzung ist der Ionenaustausch. **Ionenaustauscher** sind anorganische oder organische Feststoffe, die bewegliche Ionen enthalten, die gegen andere Ionen mit gleichem Ladungsvorzeichen ausgetauscht werden können. Es wird zwischen **Kationenaustauschern** und **Anionenaustauschern** unterschieden. Bei der Wasseraufbereitung werden überwiegend synthetische Polymere (z. B. Styrol-Divinylbenzol-Copolymere, Methacrylsäure-Divinylbenzol-Copolymere) verwendet, deren Molekülgerüste zum Ionenaustausch befähigte funktionelle Gruppen (Festionen) enthalten.

Die wichtigsten Festionen sind:

$-SO_3^-$ Sulfonatgruppe in stark sauren Kationenaustauschern

$-COO^-$ Carboxylatgruppe in schwach sauren Kationenaustauschern

$$-\overset{+}{N}\underset{CH_3}{\overset{CH_3}{\big\langle}}CH_3 \quad$$ quartäre Ammoniumgruppe in stark basischen Anionenaustauschern

$$-\overset{+}{N}\underset{CH_3}{\overset{H}{\big\langle}}CH_3 \quad$$ tertiäre Ammoniumgruppe in schwach basischen Anionenaustauschern

Ionenaustauscher bilden dreidimensionale Netze, in deren Zwischenräume Wassermoleküle eindringen und das Harz zum Quellen bringen. Dadurch werden Räume für die Diffusion der Ionen geschaffen. Die Vernetzung der Polymerketten – z. B. durch Copolymerisation mit Divinylbenzol – begrenzt die Quellung und verhindert, daß sich das Polymere in Wasser löst. Einen zweidimensionalen Ausschnitt aus der Struktur eines stark sauren Kationenaustauschers in der H-Form (mit H_3O^+-Ionen beladen) zeigt Abb. 8.7.

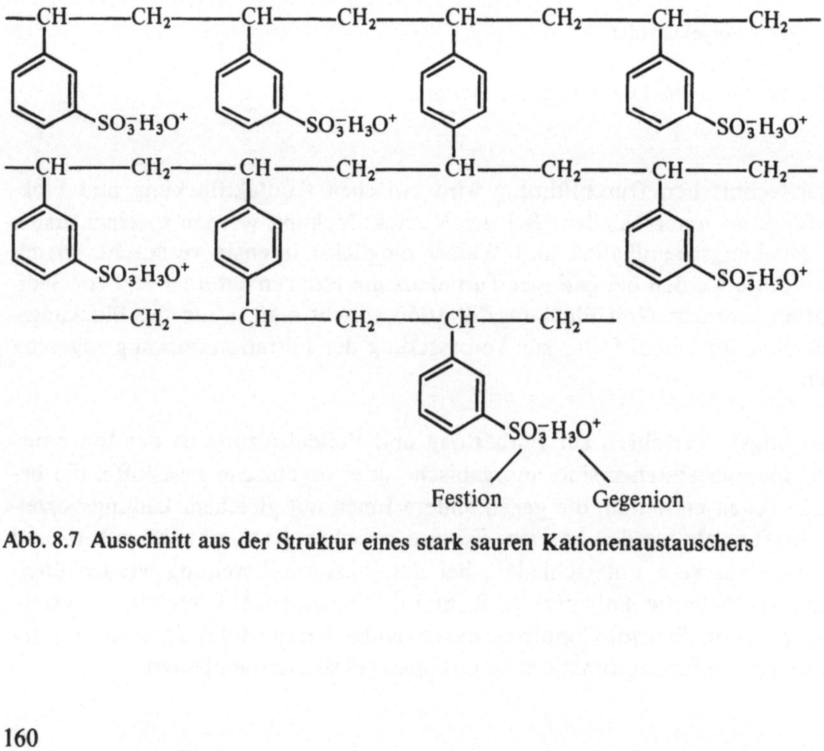

Abb. 8.7 Ausschnitt aus der Struktur eines stark sauren Kationenaustauschers

Austauschbar sind die Gegenionen. Der Vorgang läuft bis zu einem Gleichgewichtszustand ab, dessen Lage durch den Trennfaktor α gegeben ist. Für die Reaktion

$$H_3O^+ + Na^+ \rightleftharpoons \mathbf{H_3O}^+ + \mathbf{Na}^+$$

ergibt sich der Trennfaktor nach

$$\alpha_{Na^+/H_3O^+} = \frac{c(\mathbf{Na}^+) \cdot c(H_3O^+)}{c(Na^+) \cdot c(\mathbf{H_3O}^+)} \qquad \text{Gl. 8.1}$$

Die fett gedruckten Ionen sind jeweils die am Ionenaustauscher gebundenen.

Der Trennfaktor liegt in diesem Fall bei etwa 1,5, d.h. Na^+-Ionen werden etwas fester gebunden als H_3O^+-Ionen. Bei stark sauren und stark basischen Ionenaustauschern beruht die Bindung zwischen Fest- und Gegenionen überwiegend auf elektrostatischen Wechselwirkungen. Die Bindungsfestigkeit nimmt deshalb mit steigender Ladungszahl und sinkendem Radius der hydratisierten Ionen zu. Am Beispiel eines stark sauren Kationenaustauschers bedeutet das eine Zunahme des auf H_3O^+ bezogenen Trennfaktors in der Reihenfolge

$$H_3O^+ < Na^+ < NH_4^+ < K^+ < Mg^{2+} < Ca^{2+}$$

Die Carboxylatgruppe schwach saurer Kationenaustauscher entzieht im Wasser enthaltenen H_3O^+-Ionen sehr leicht ein Proton und geht dabei in die nur wenig protolysierte Carboxylgruppe (—COOH) über. Oxoniumionen werden deshalb mit schwach sauren Ionenaustauschern leichter als andere Ionen aus dem Wasser entfernt.

Da Ionenaustauschvorgänge reversibel sind, können beladene Ionenaustauscher in Umkehrung der Beladungsreaktion regeneriert werden. Die Regenerierung wird durch hohe Ionenkonzentrationen im Regeneriermittel und durch das kontinuierliche Abführen der freigesetzten Ionen mit dem Regeneriermittel begünstigt.

Für die **Enthärtung** werden stark saure Kationenaustauscher in der Na-Form verwendet. Der Ionenaustauscher bindet im Wasser gelöste Ca- und Mg-Ionen und gibt Na-Ionen an das Wasser ab. Die Regenerierung erfolgt mit 10%iger Natriumchloridlösung. Da der Gehalt an Anionen bei der Enthärtung nicht beeinflußt wird, besteht Gefahr, daß beim Erhitzen von enthärtetem Wasser aus Hydrogencarbonat gebildetes Kohlendioxid zu Korrosionen führt. Dieses Problem kann beseitigt werden, indem man das Wasser vor der Enthärtung entcarbonisiert.

Bei der **Vollentsalzung** wird in der ersten Stufe ein stark saurer Kationenaustauscher in der H-Form verwendet, der sämtliche im Rohwasser enthaltenen Kationen gegen H_3O^+-Ionen austauscht. H_3O^+-Ionen reagieren mit dem Hydrogencarbonat des Wassers zu Kohlendioxid, das meist in einem CO_2-Riesler mit Luft ausgeblasen wird. Die zweite Austauscherstufe enthält einen stark basischen Anionenaustauscher in der OH-Form. Hier werden Anionen gebunden und OH^--Ionen an das Wasser abgegeben, wo sie mit überschüssigen H_3O^+-Ionen aus dem Kationenaustauscher zu Wasser reagieren. Der Kationenaustauscher wird mit Salzsäure (HCl-Gehalt: 4 bis 10%) oder Schwefelsäure (H_2SO_4-Gehalt: 0,8 bis 8%), der Anionenaustauscher mit Natronlauge (NaOH-Gehalt: 1 bis 5%) regeneriert.

Die nutzbare Volumenkapazität eines Ionenaustauschers hängt vom Austauschertyp und von den Regenerierbedingungen ab. Sie liegt meist zwischen 0,5 und 1 kmol pro Kubikmeter Harz im gequollenen Zustand. Bei konventionellen Verfahren durchströmt das Wasser Schüttungen des perlförmigen Austauscherharzes, die in gummierten Stahlbehältern angeordnet sind, von oben nach unten. Zur Regenerierung wird der beladene Austauscher außer Betrieb genommen und ebenfalls von oben nach unten mit Regenerierlösung behandelt (Gleichstromregenerierung). Nach dem Auswaschen des Regeneriermittels ist der Austauscher wieder betriebsbereit. Anlagen, in denen jeweils nur ein Kationen- und ein Anionenaustauscher hintereinandergeschaltet sind, haben einen Ionenschlupf, d.h. vor allem Na-Ionen werden infolge ihrer geringen Bindungsfestigkeit nicht vollständig vom Kationenaustauscher zurückgehalten. Das entsalzte Wasser hat eine Restleitfähigkeit von 5 bis 50 μS cm^{-1} und ist damit für viele Zwecke ungeeignet. Der Schlupf wird dadurch begünstigt, daß im Kationenaustauscher mit der Passage durch die Harzschüttung der Gehalt an Oxoniumionen im Wasser ansteigt. Ein erhöhter Wert für $c(H_3O^+)$ bedeutet aber nach Gl. 8.1 auch höhere Werte für $c(Na^+)$. Dieser sog. Gleichgewichtsschlupf kann dadurch beseitigt werden, daß man hinter dem Anionenaustauscher zusätzlich einen **Mischbettaustauscher** anordnet, in dem Kationen- und Anionenaustauscher gemischt in einer Schüttung eingesetzt werden. Im Mischbett werden in direkter Nachbarschaft von Kationen- und Anionenaustauscherharz H_3O^+ und OH^- freigesetzt, die sofort zu H_2O reagieren, so daß ein Anstieg der Oxoniumionenkonzentration verhindert wird. Die Leitfähigkeit des entsalzten Wassers (Deionat) liegt nach einer solchen Feinreinigung unter 0,1 μS cm^{-1}. Das Schema einer Vollentsalzung mit Kationenaustauscher, Anionenaustauscher und Mischbett ist in Abb. 8.8 dargestellt. Von zunehmender Bedeutung sind Ionenaustauscheranlagen, in denen das Harz durch einen Wasserstrom zwischen der Betriebskolonne und einer separaten Regenerierungskolonne hin- und hertransportiert wird.

Durch Ionenaustausch können zwar gelöste Salze, nicht aber organische Wasserinhaltsstoffe, Kolloide, Partikel und Keime aus dem Wasser entfernt werden. Nachteilig sind außerdem der mit zunehmendem Salzgehalt des Wassers steigende interne Wasserverbrauch für Spülung und Regenerierlösungen sowie die Salzbelastung des Abwassers. Als Ersatz oder Vorstufe für Ionenaustauscher wird deshalb in zunehmendem Maße die Reversosmose eingesetzt.

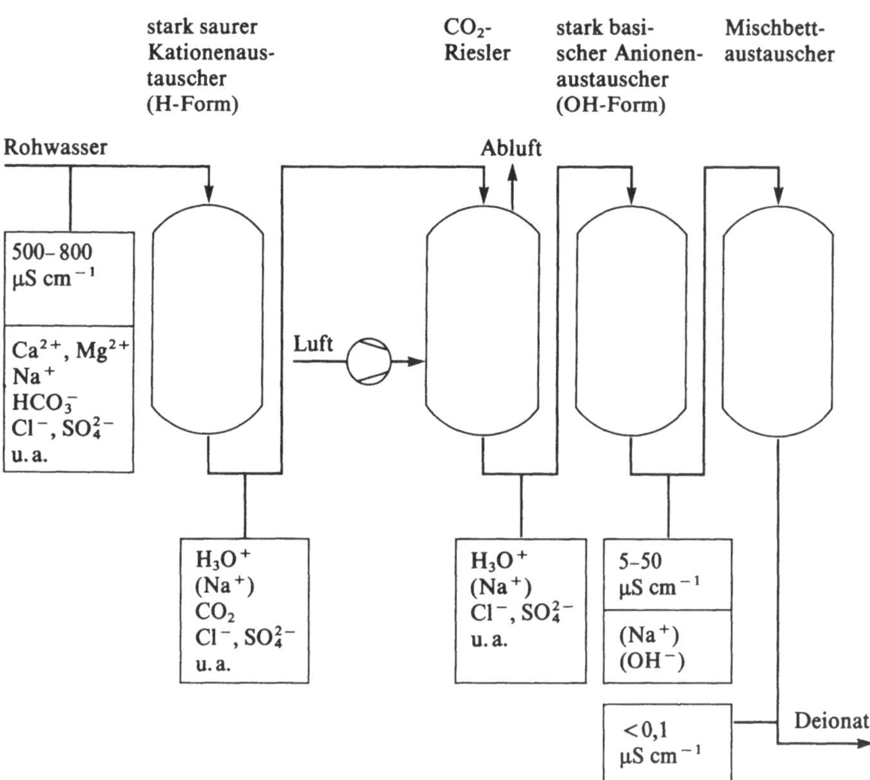

Abb. 8.8 Schema der Vollentsalzung durch Ionenaustausch

Osmose ist das Bestreben eines Lösemittels, durch eine bevorzugt für die Lösemittelmoleküle durchlässige Membran in eine angrenzende Lösung hineinzuwandern. Der Vorgang, der eine zunehmende Verdünnung der Lösung bewirkt, strebt einem Gleichgewicht zu, das durch einen ganz bestimmten Druck auf Seite der Lösung, den **osmotischen Druck,** charakterisiert ist. Im Gleichgewichtszustand diffundieren genauso viele Moleküle in die Lösung, wie umgekehrt aus der Lösung in das Lösemittel. Der osmotische Druck ist der Stoffmengenkonzentration des gelösten Stoffes in der Lösung proportional (Abb. 8.9). Bei der **Reversosmose** (**Umkehrosmose**) wird eine wäßrige Lösung einem Druck ausgesetzt, der höher ist als deren osmotischer Druck. Dadurch kann die Wanderung der Lösemittelmoleküle in umgekehrter Richtung, d. h. aus der Lösung in das reine Lösemittel erzwungen werden (Abb. 8.9 c). Um bei der Wasseraufbereitung eine ausreichende Durchlässigkeit (Permeabilität) der Membran zu erreichen, werden Betriebsdrücke zwischen 10 und 100 bar angewandt. Diese Drücke liegen erheblich höher als die osmotischen Drücke der aufzubereitenden Wässer.

163

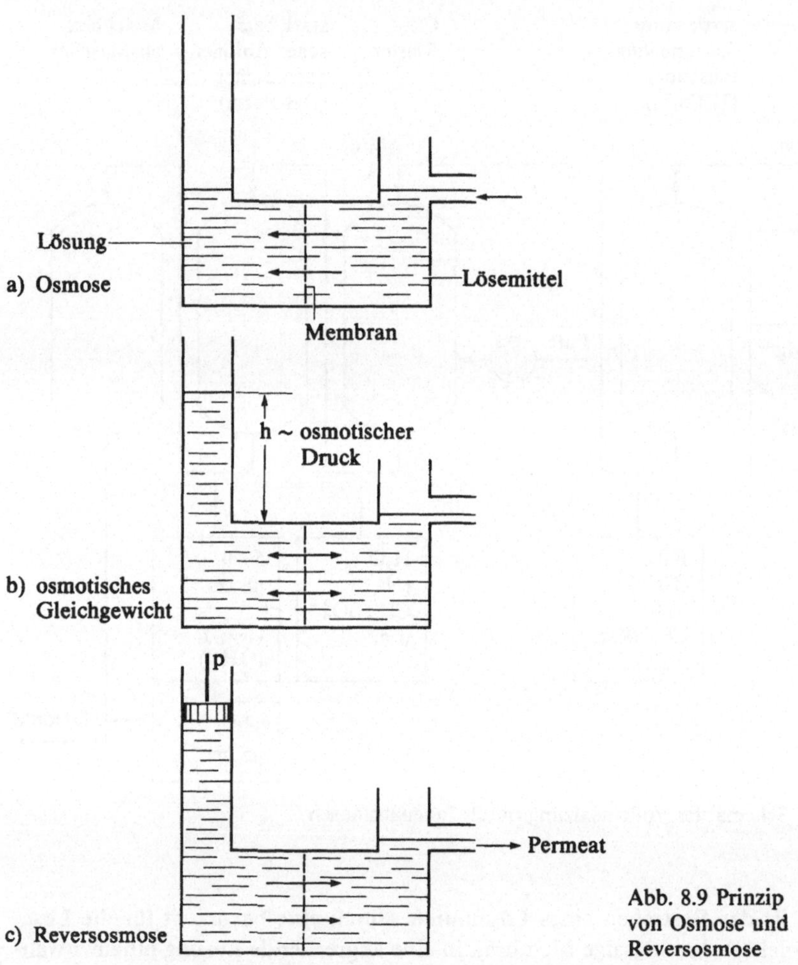

Abb. 8.9 Prinzip von Osmose und Reversosmose

Das klassische Membranmaterial mit hoher Permeabilität für Wasser ist Celluloseacetat. Celluloseacetat ist wenig temperaturbeständig, wird in basischen und stark sauren Lösungen hydrolysiert und durch Mikroorganismen angegriffen. Membranen für die Reversosmose werden deshalb in zunehmendem Maße aus aromatischen Polyamiden, Polyvinylacetalen u. a. synthetischen Polymeren hergestellt. Wichtig ist ein ausreichendes Lösevermögen des Polymeren für Wasser. Die aktive Membran ist nur 0,1 bis 1 µm dick, sie hat aber, zur Verbesserung der mechanischen Beständigkeit, eine grob poröse Unterschicht von 100 bis 200 µm Dicke.

Neben der Permeabilität ist das Rückhaltevermögen R ein wichtiges Kriterium für die Auswahl von Membranen. Für eine gelöste Komponente B ist es wie folgt definiert:

$$R(B) = 1 - \frac{c(B)_p}{c(B)_r}$$

$c(B)_r$ = Konzentration von B im Rohwasser,
$c(B)_p$ = Konzentration von B im Permeat.

Das Rückhaltevermögen für Ionen steigt mit der Ladungszahl und mit der Größe des hydratisierten Ions. So werden z. B. Calciumionen stärker zurückgehalten als Natriumionen. Bei der Aufarbeitung von Trinkwasser in modernen Reversosmoseanlagen kann für die darin enthaltenen Ionen ein mittleres Rückhaltevermögen von etwa 0,98 erreicht werden. Der Entsalzungsgrad liegt damit niedriger als bei Ionenaustauscheranlagen mit Mischbett. Damit die Membranen dem Betriebsdruck standhalten können und eine möglichst große Membranfläche in einem gegebenen Apparatevolumen untergebracht werden kann, sind unterschiedliche Membranpackungen (Moduln) in Gebrauch. In der Praxis der Wasseraufbereitung haben sich vor allem Hohlfaser- und Wickelmembranmoduln durchgesetzt.

Im Langzeitbetrieb besteht die Gefahr, daß organische Stoffe, Kolloide oder Härtebildner abgeschieden werden und zu einer Verblockung der Membran führen. Wasser mit hohem Kolloidindex ($\rightarrow$8.2.) und hoher Carbonathärte muß deshalb z. B. durch Flockung und Fällung mit Kalkhydrat vorgereinigt werden.

Die **Entcarbonisierung** ist eine Teilenthärtung, bei der die Carbonathärte entfernt oder herabgesetzt wird. Bei einem häufig angewendeten Verfahren wird dem Wasser eine Kalkhydrat-Suspension (Kalkmilch) zugesetzt, die die Umwandlung der Hydrogencarbonationen in Carbonationen und deren Fällung als Calciumcarbonat bewirkt:

$$\underbrace{Ca^{2+} + 2\,HCO_3^-}_{\text{Wasserbestandteile}} + \underbrace{Ca^{2+} + 2\,OH^-}_{\text{Kalkmilch}} \longrightarrow$$

$$2\,H_2O + \underbrace{CO_3^{2-} + 2\,Ca^{2+}}_{2\,CaCO_3}$$

Bei der sog. Schnellentcarbonisierung wächst das ausgeschiedene Calciumcarbonat in der Wirbelschicht auf Sandkörner auf. Die wachsenden Körner sind sehr dicht, setzen sich gut ab und können leicht deponiert werden. Bei der Aufarbeitung von Oberflächenwasser wird die Entcarbonisierung häufig mit der Flockung kombiniert.

Von großer Bedeutung ist die Entcarbonisierung mit schwach sauren Kationenaustauschern in der H-Form. Die Carboxylgruppen dieser Ionenaustauscher geben H-Ionen sehr schwer ab, so daß das Gleichgewicht der Austauschreaktion

$$\tfrac{1}{2}Ca^{2+} + {-}COOH \rightleftharpoons {-}COO^- \tfrac{1}{2}Ca^{2+} + H^+$$

weit auf der linken Seite liegt. Die geringen Mengen an H^+, die sich im Gleichgewicht bilden und die sich mit Wasser sofort zu H_3O^+ umsetzen, werden durch Reaktion mit dem Hydrogencarbonat des Wassers nach

$$H_3O^+ + HCO_3^- \longrightarrow H_2O + H_2CO_3$$
$$H_2O + CO_2$$

ständig aus dem Gleichgewicht entfernt. Das gestörte Gleichgewicht der Austauschreaktion stellt sich unter Bindung weiterer Erdalkaliionen so lange neu ein, bis die Hydrogencarbonationen des Wassers aufgebraucht sind.

8.4. Biologische Abwasserbehandlung

Große Bedeutung für die Reinigung von Abwässern hat der Abbau organischer Wasserinhaltsstoffe durch Bakterien, Pilze u.a. Mikroorganismen in Gegenwart von Sauerstoff (**aerober Abbau**). Der Vorteil dieses Verfahrens, das als technische Nachahmung der natürlichen Selbstreinigung der Gewässer angesehen werden kann, liegt in der Fähigkeit der Mikroorganismen zur Anpassung (Adaptation) an wechselnde Abwasserzusammensetzungen.

Damit ein Abwasser biologisch gereinigt werden kann, müssen folgende Bedingungen erfüllt sein:

1. Die Wasserinhaltsstoffe müssen biologisch abbaubar sein. Besonders leicht abbaubar sind z.B. unverzweigte Alkane und die von ihnen abgeleiteten Alkohole, Carbonsäuren und Ester sowie Zucker und Eiweißstoffe. Verzweigte und aromatische Kohlenwasserstoffe, Chlorkohlenwasserstoffe und Phenole sind schwer abbaubar, ein biologischer Abbau ist aber mit Hilfe speziell gezüchteter Starter-Kulturen möglich.
2. Das Wasser darf keine Gifte oder Hemmstoffe enthalten. Toxisch gegenüber Mikroorganismen wirken meist Kupferionen, Phenole, Cyanide und viele Pflanzenschutzmittel.
3. Mikroorganismen benötigen anorganische Stickstoff- und Phosphorverbindungen für ihren Stoffwechsel. Während kommunale Abwässer ausreichend anorganische Nährstoffe enthalten, herrscht in industriellen Abwässern häufig Nährstoffmangel.

Der biologische Abbau besteht aus einer Folge enzymatischer Reaktionen. **En-zyme** sind Biokatalysatoren, die nach den Stoffgruppen benannt werden, deren Abbau sie katalysieren, z. B. bauen Cellulasen Cellulose ab, Proteasen Eiweiß-stoffe (Proteine), Lipasen Fette (Lipide) usw. Exoenzyme werden von den Mikro-organismen in das Wasser abgegeben, um große Moleküle außerhalb der Zelle soweit zu zerlegen, bis ihre Bruchstücke die Zellwand passieren können. Der en-zymatische Eiweißabbau ist schematisch in Abb. 8.10 dargestellt.

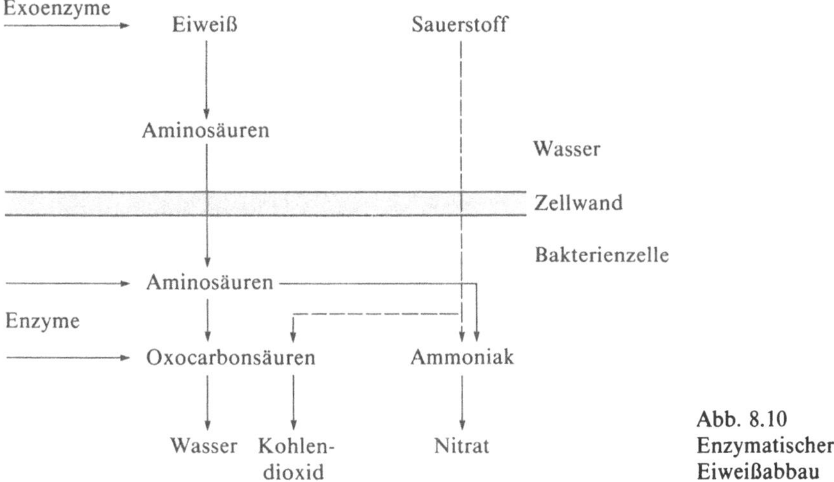

Abb. 8.10
Enzymatischer
Eiweißabbau

Eine Enzymreaktion läßt sich allgemein durch folgende Reaktionsgleichung be-schreiben:

$$S + E \rightleftharpoons (ES) \longrightarrow P + E$$

S ist das Substrat, das sind sämtliche Stoffe, die wie organische Verbindungen – erfaßt durch den BSB des Wassers – Phosphate und Sauerstoff den Mikroorga-nismen als Nahrung dienen. E ist das entsprechende Enzym, das mit dem Sub-strat den Enzym-Substrat-Komplex ES bildet, der schließlich unter Rückbildung des Enzyms in die Abbauprodukte P (z. B. Aminosäuren, Kohlendioxid) zerfällt. Ein Teil der Produkte dient zum Aufbau neuer Bakterienmasse.

Die Geschwindigkeit r einer Enzymreaktion ergibt sich aus der **Beziehung von Michaelis-Menten:**

$$r = \frac{k\,c(E)_0\,c(S)}{K_M + c(S)}$$

k = Geschwindigkeitskonstante für den Zerfall des Enzym-Substrat-Kom-plexes;

$c(E)_0$ = Gesamtenzymkonzentration;

$c(S)$ = Substratkonzentration, die die Geschwindigkeit der Reaktion begrenzt, d.h. Konzentration des Nährstoffes, an dem, bezogen auf den Bedarf der Mikroorganismen, der größte Mangel herrscht;

K_M = reziproke Gleichgewichtskonstante für die Bildung des Enzym-Substrat-Komplexes (Michaelis-Konstante).

Wie die graphische Darstellung in Abb. 8.11 zeigt, steigt bei konstanter Enzymkonzentration die Reaktionsgeschwindigkeit mit der Substratkonzentration zunächst an und nähert sich schließlich einem Grenzwert.

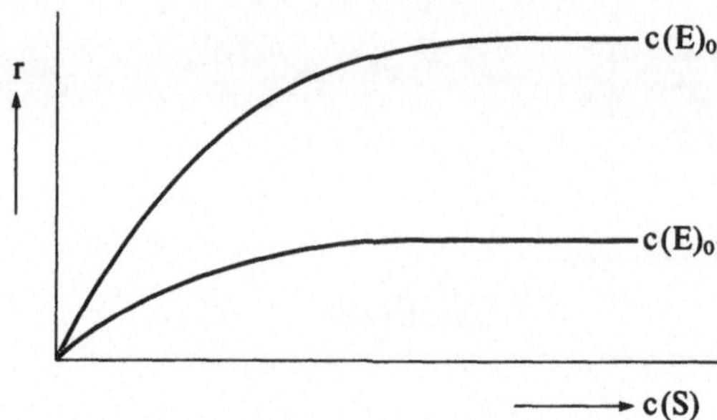

Abb. 8.11 Abhängigkeit der Geschwindigkeit einer Enzymreaktion von Substrat-Konzentration c(S) und Gesamtenzym-Konzentration c(E)₀. c(E)₀₂ > c(E)₀₁

Die biologische Abwasserreinigung wurde zunächst auf Rieselfeldern oder in Abwasserteichen praktiziert. Heute hat das **Belebungsverfahren** (Belebtschlammverfahren) die größte Bedeutung. Bei dem Verfahren, nach dem die erste Anlage 1914 in England betrieben wurde, schwimmen Bakterienkolonien in Form absetzbarer Flocken (belebter Schlamm, Belebtschlamm) frei in dem zu reinigenden Abwasser. Das Verfahrensschema zeigt Abb. 8.12. Das Abwasser wird im Vorklärbecken zunächst von absetzbaren Stoffen, dem sog. Rohschlamm (Vorklärschlamm) befreit. Im Belebungsbecken findet in Gegenwart von Luft der enzymatische Abbau statt. Gleichzeitig vermehrt sich die Bakterienmasse. Die Reinigungswirkung beruht außerdem auf der Ausflockung kolloider Bestandteile und auf der Adsorption gelöster Wasserinhaltsstoffe an den Schlammflocken. Im Nachklärbecken setzt sich der belebte Schlamm ab, und das geklärte Abwasser verläßt die Anlage.

Wie Abb. 8.11 zeigt, ist die Abbaugeschwindigkeit bei niedriger Substratkonzentration und niedriger Enzymkonzentration gering. Eine niedrige Konzentration an Substrat (BSB, anorganische Ionen) im Belebungsbecken ist aber die Bedingung für ein gut gereinigtes Abwasser. Eine Möglichkeit zur Erhöhung der Abbaugeschwindigkeit ist die Erhöhung der Enzymkonzentration, die sich durch Rückführung von belebtem Schlamm aus der Nachklärung (Rücklaufschlamm) erreichen läßt.

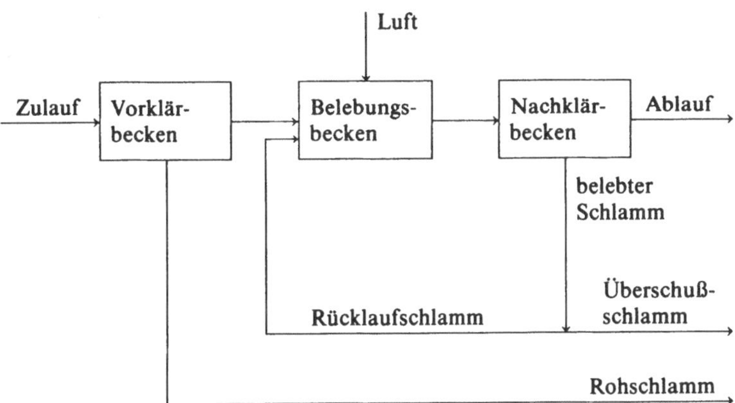

Abb. 8.12 Schema des Belebungsverfahrens

Zur Charakterisierung des Betriebszustandes einer Belebungsanlage dienen folgende Größen:

Raumbelastung B_R: Quotient von organischer Belastung (z. B. angegeben als BSB_5 in kg je Tag) und Flüssigkeitsvolumen des Belebungsbeckens in m^3;

Schlammbelastung B_{TS}: Organische Belastung je kg Trockensubstanz des belebten Schlammes.

Der Gehalt an Schlammtrockensubstanz TS_R ist der Quotient der Masse des Feststoffes und des Flüssigkeitsvolumens. Er liegt für das Belebungsbecken bei etwa 3 kg m^{-3}, für den aus der Anlage abgezogenen Überschußschlamm bei etwa 10 kg m^{-3}.

Der Wirkungsgrad einer biologischen Abwasserreinigung in Prozent ergibt sich aus folgender Beziehung:

$$\eta_b = \frac{\text{org. Schmutzstoffe im Zulauf} - \text{org. Schmutzstoffe im Ablauf}}{\text{org. Schmutzstoffe im Zulauf}} \cdot 100$$

Bei der Reinigung kommunaler Abwässer in konventionellen Belebungsanlagen werden Wirkungsgrade von etwa 95% erreicht, wenn die Schmutzstoffe als BSB_5 angegeben werden. Der auf den CSB bezogene Wirkungsgrad liegt bei nur etwa 90%. Der Wirkungsgrad einer Anlage nimmt mit steigender Schlammbelastung ab.

9. Silicium

9.1. Eigenschaften und Herstellung

Das Nichtmetall Silicium ist in kompakter Form dunkelgrau und glänzend, in feinkristallinem Zustand ein braunes Pulver. Es kristallisiert mit Diamantstruktur und hat eine Schmelztemperatur von 1410°C. Silicium wird von Säuren nicht merklich angegriffen. Eine Ausnahme bilden Flußsäure-Salpetersäure-Mischungen, die als **Ätzmittel** in der Halbleitertechnologie verwendet werden. Salpetersäure oxidiert das Silicium zunächst zu Siliciumdioxid

$$3\,Si + 4\,HNO_3 \longrightarrow 3\,SiO_2 + 4\,NO + 2\,H_2O$$

das durch Flußsäure gelöst wird:

$$3\,SiO_2 + 18\,HF \longrightarrow 3\,H_2SiF_6 + 6\,H_2O$$

Mit Natronlauge reagiert Silicium sehr leicht unter Wasserstoffentwicklung:

$$Si + 2\,NaOH + H_2O \longrightarrow Na_2SiO_3 + 2\,H_2$$

Rohsilicium mit einer Reinheit von 98 bis 99% wird durch elektrothermische Reduktion von Siliciumdioxid mit aschearmem Koks (z. B. Petrolkoks) bei Temperaturen um 2000°C nach folgender Gleichung gewonnen:

$$SiO_2 + 2\,C \longrightarrow Si + 2\,CO$$

Als Legierungskomponente für Metalle und zur Herstellung von Siliconen ist elektrothermisch gewonnenes Silicium ausreichend rein. Höhere Reinheitsanforderungen werden an Silicium für die Photovoltaik (Solarsilicium) gestellt, und zur Herstellung von integrierten Schaltkreisen ist Reinstsilicium erforderlich, das maximal 10^{-7} bis 10^{-8}% Fremdelemente enthalten darf.

Zur Reinigung wird Rohsilicium bei 300°C mit Chlorwasserstoff zu Trichlorsilan[1] umgesetzt:

$$3\,HCl + Si \rightleftharpoons SiHCl_3 + H_2$$

Trichlorsilan, eine Flüssigkeit mit einer Siedetemperatur von 36,5°C, wird durch Destillation, Behandlung mit Komplexbildnern und andere Methoden gereinigt und nach Zusatz von Wasserstoff bei 1100 bis 1200°C in Umkehrung der Bil-

---

[1] Silane sind Siliciumwasserstoffverbindungen, deren Wasserstoffatome wie bei Kohlenwasserstoffen durch Chloratome ersetzt werden können.

dungsreaktion zu Silicium zersetzt. Nach einem anderen Verfahren wird Reinstsilicium durch Pyrolyse von Monosilan, SiH_4, einem farblosen, giftigen Gas, bei Temperaturen zwischen 500 und 1100°C hergestellt:

$$SiH_4 \longrightarrow Si + 2H_2$$

9.2. Siliciumnitrid und Siliciumcarbid

Siliciumverbindungen haben besondere Bedeutung als Bestandteile von Keramikstoffen. Der Begriff **Keramik** ist nicht ganz eindeutig definiert, man verwendet ihn aber im allgemeinen für künstlich hergestellte, nichtmetallisch-anorganische Werkstoffe mit überwiegend polykristallinem Aufbau. Traditionelle Keramik wird vor allem aus silicatischen Rohstoffen (→9.3.) hergestellt, die pulverförmig, in feuchtem Zustand, in die gewüschte Form gebracht und anschließend bei Temperaturen von mindestens 800°C einem Sinterprozeß (Brand) unterworfen werden. Hochleistungskeramik unterscheidet sich von traditioneller Keramik durch die wesentlich höhere Biegefestigkeit. Ihr entscheidender Vorteil gegenüber metallischen Werkstoffen ist die hohe Festigkeit und Oxidationsbeständigkeit bei Temperaturen von über 1000°C. Keramikstoffe, denen für die Zukunft besonders große Entwicklungschancen eingeräumt werden, sind Siliciumnitrid und Siliciumcarbid.

Siliciumnitrid, Si_3N_4, ist ein grauweißes Pulver, das durch Reaktion von Siliciumpulver mit Stickstoff bei 1200 bis 1400°C hergestellt werden kann:

$$3\,Si + 2\,N_2 \longrightarrow Si_3N_4$$

Die Siliciumnitridpartikel überziehen sich mit einer Siliciumdioxidschicht, die bei hohen Temperaturen einen Schutz vor Oxidation durch Luftsauerstoff darstellt.

Sehr dichtes Siliciumnitrid, HPSN[1], entsteht beim Heißpressen von Siliciumnitridpulver mit Verdichtungshilfsmitteln wie Magnesium- und Yttriumoxid. Ab etwa 1400°C löst sich Si_3N_4 in einer Silicatschmelze, die sich aus den zugesetzten Metalloxiden und den SiO_2-Schichten der Si_3N_4-Partikel bildet. Aus dieser Schmelze kristallisiert Siliciumnitrid als β-Phase in stäbchenförmigen Kristallen, die miteinander verfilzen und ein fest verbundenes Gerüst bilden. HPSN hat bis zu etwa 1100°C sehr hohe Festigkeit und Thermoschockstabilität. Nach dem sehr kostenintensiven Verfahren können komplizierte Bauformen nur bedingt hergestellt werden. Dieser Nachteil wird bei reaktionsgebundenem Siliciumnitrid,

---

[1] engl. Hot Pressed Silicon Nitride

RBSN[1], vermieden, das durch Sintern von Siliciumpulver in Stickstoffatmosphäre hergestellt wird. Der Nachteil von RBSN ist eine gewisse Porosität und, als Folge davon, geringere Festigkeit und Oxidationsbeständigkeit.

Im Unterschied zu Siliciumnitrid, für das erst seit einigen Jahren Anwendungsmöglichkeiten diskutiert werden, wurde **Siliciumcarbid,** SiC, bereits Ende des 19. Jahrhunderts von E. G. Acheson erstmals technisch hergestellt. Siliciumcarbid ist ein kristalliner, in reinem Zustand farbloser, durch Verunreinigungen aber häufig grün bis blauschwarz verfärbter Feststoff, der sich bei Temperaturen um 2500 °C ohne zu schmelzen zersetzt. Seine hervorstechendsten physikalischen Eigenschaften sind die große Härte (9,5 bis 9,75 auf der Härteskala nach Mohs), die für keramische Werkstoffe extrem hohe Wärmeleitfähigkeit, der geringe Wärmeausdehnungskoeffizient und, dadurch bedingt, die hohe Thermoschockstabilität. Siliciumcarbid ist gegenüber starken Säuren und Basen außerordentlich beständig. Eine SiO_2-Schutzschicht verhindert wie bei Siliciumnitrid den Angriff von Luftsauerstoff bei hohen Temperaturen.

Siliciumcarbid wird durch elektrothermische Reaktion aus Quarzsand (SiO_2) und Petrolkoks hergestellt. Bei Temperaturen ab 1250 °C bildet sich zunächst Siliciummonoxid

$$SiO_2 + C \longrightarrow SiO + CO$$

das ab etwa 1800 °C in gasförmigem Zustand mit Koks weiterreagiert:

$$SiO + 2C \longrightarrow SiC + CO$$

Siliciumcarbid definierter Korngröße wird in loser Form oder auf Schleifkörpern (z. B. gummigebunden) als halbsprödes Schleifmittel verwendet. Eine weitere wichtige Anwendung ist die Herstellung von Siliciumcarbidsteinen, die als Feuerfest-Erzeugnisse zur Auskleidung von Hochöfen dienen. Bei der Gußeisenerzeugung wird Siliciumcarbid zum Desoxidieren und Legieren verwendet. Konstruktionswerkstoffe für extreme Belastungen lassen sich durch druckloses Sintern, Heißpressen oder heißisostatisches Pressen herstellen. Zur Herstellung von reaktionsgebundenem, siliciuminfiltriertem Siliciumcarbid, SiSiC, werden Formkörper aus SiC und elementarem Kohlenstoff mit geschmolzenem Silicium getränkt. Das Silicium reagiert dabei mit überschüssigem Kohlenstoff zu sekundärem Siliciumcarbid, das einen festen Verbund zwischen den primären SiC-Körnern ausbildet.

---

[1] engl. Reaction Bonded Silicon Nitride

9.3. Siliciumdioxid und Silicate

Im Unterschied zu Kohlenstoff bildet Silicium nur in seltenen Fällen Doppelbindungen, eine mit dem CO_2 vergleichbare, gasförmige Molekülverbindung existiert deshalb beim Silicium nicht. Im **Siliciumdioxid**, SiO_2, ist jedes Si-Atom tetraedrisch von vier O-Atomen umgeben (Abb. 9.1). Da jedes O-Atom an zwei Si-Atome gebunden ist, bildet sich ein dreidimensionales, im Prinzip unbegrenztes Kristallgitter aus. Der Kristall als Ganzes kann in diesem Fall als ein sehr großes Molekül aufgefaßt werden. Die polaren kovalenten Si—O-Bindungen sind sehr fest. Daraus erklärt sich die relativ große Härte und thermische Stabilität des Siliciumdioxidkristalls.

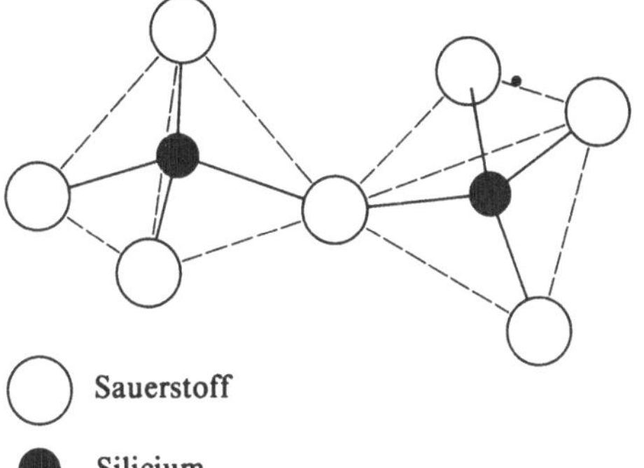

Abb. 9.1 SiO_4-Tetraeder im Quarzkristall

Erhitzt man **Quarz,** die wichtigste kristalline SiO_2-Modifikation bei Atmosphärendruck, verändern sich die Bindungswinkel und damit das Kristallsystem. Der trigonale Tiefquarz (α-SiO_2) geht in den hexagonalen Hochquarz (β-Quarz) über. Bei weiterer Temperaturerhöhung bilden sich die Hochtemperaturmodifikationen β-Tridymit und β-Cristobalit und schließlich die Schmelze (Abb. 9.2).

Quarz ist äußerst reaktionsträge und wird von starken Säuren nicht angegriffen. Eine Ausnahme bildet Flußsäure, mit der er unter Bildung von gasförmigem Siliciumtetrafluorid reagiert:

$$SiO_2 + 4\,HF \longrightarrow SiF_4 + 2\,H_2O$$

Quarz ist in der Natur weitverbreitet. Die reinste Form ist Bergkristall ($>99{,}9\%$ SiO_2), der in Brasilien, auf Madagaskar und in der Sowjetunion abgebaut wird. Große Bedeutung als Quarzrohstoffe haben **Quarzkies** ($>97\%$ SiO_2) und **Quarzsand** ($>98\%$ SiO_2), die sich bei der Verwitterung von Gesteinen gebildet und in sekundären Lagerstätten abgelagert haben. Quarzsand wird für die Herstellung von Glas, Wasserglas, Siliciumcarbid und Silicium sowie als Formgrundstoff in Gießereien verwendet. Große Mengen an Quarzkies und Quarzsand werden als Zuschlagstoffe für Beton und Mörtel gebraucht. **Quarzmehl** entsteht beim Mahlen von Quarzsand. Es findet vor allem in der Glas-, Email- und Keramikindustrie Verwendung.

α-Quarz

⇅ 573 °C

β-Quarz

⇅ 870 °C

β-Tridymit

⇅ 1470 °C

β-Cristobalit

⇅ 1705 °C

Schmelze

Abb. 9.2 Thermische
Umwandlung von Quarz

Sandsteine sind durch Silicate, Kalk, Dolomit oder andere Bindemittel verfestigte Sande.

Kieselgur (Diatomit) ist in Jahrtausenden aus Ablagerungen von Panzern einzelliger Kieselalgen entstanden. Er besteht überwiegend aus amorpher Kieselsäure, der SiO_2-Gehalt liegt bei 85 bis 90%. Kieselgur zeichnet sich durch großes Porenvolumen und eine dadurch bedingte hohe Saugfähigkeit aus. Er wird als Filterhilfsmittel, Füllstoff für Gummi und Kunststoffe sowie zur Wärmeisolierung verwendet.

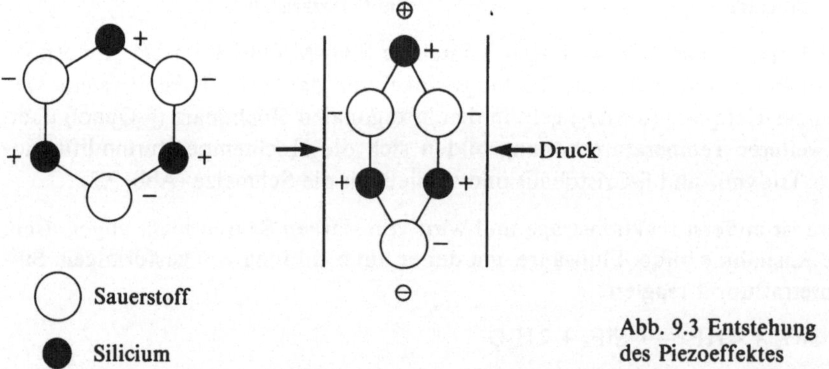

Abb. 9.3 Entstehung
des Piezoeffektes

Große, stofflich und strukturell einheitliche Quarzeinzelkristalle (Einkristalle), die als **Piezoquarze** in der Hochfrequenz- und Ultraschalltechnik Verwendung finden, werden durch **Hydrothermalsynthese** technisch hergestellt. Grundlage des Verfahrens ist, daß die Wasserlöslichkeit von Quarz bei hohen Drücken (über 1000 bar) relativ gut ist, und daß die Löslichkeit bei diesen Drücken mit der Temperatur zunimmt. Die Synthese wird in Druckgefäßen (Autoklaven) durchgeführt, die mit Wasser gefüllt sind und deren unterer Teil auf 400 bis 426 °C aufgeheizt wird. Dort befindet sich körniger Naturquarz, der in Lösung gehen kann. Die gesättigte Lösung steigt durch Konvektion in den oberen Teil des Autoklaven, der auf 380 °C gehalten wird. Dort befinden sich Impfkristalle, auf denen SiO_2 aus der bei der niedrigeren Temperatur übersättigten Lösung aufwächst. Piezoelektrische Kristalle wie Quarz haben kein Symmetriezentrum. In Abb. 9.3 wird gezeigt, daß es unter Druckeinfluß zu Gitterverzerrungen kommt, die zu positiven und negativen Überschußladungen an gegenüberliegenden Kristallflächen führen.

Kieselglas (Quarzglas) entsteht beim Erstarren einer reinen Quarzschmelze. Es hat einen sehr geringen Wärmeausdehnungskoeffizienten und eine hohe Lichtdurchlässigkeit. Bei **Lichtleitfasern** ist eine sehr geringe Schwächung (Dämpfung) der Lichtwellen durch Absorption und Streuung von großer Bedeutung. Da Hydroxid- und Schwermetallionen noch in sehr geringen Konzentrationen die Lichtabsorption erhöhen, werden an die Reinheit des Glases höchste Anforderungen gestellt. Hochreines Quarzglas wird durch Verbrennung von gereinigtem Siliciumtetrachlorid, einer erstickend riechenden Flüssigkeit, in einer Knallgasflamme hergestellt. Dabei laufen folgende Reaktionen kurz nacheinander ab:

$$2\,H_2 + O_2 \longrightarrow 2\,H_2O$$

$$SiCl_4 + 2\,H_2O \longrightarrow SiO_2 + 4\,HCl$$

Die entstehenden SiO_2-Partikel werden auf einem rotierenden Stab (VAD-Verfahren[1]) oder auf der Innenseite eines Rohres (MCVD-Verfahren[2]) aus Quarzglas abgeschieden. Die stabförmigen Vorformen werden dann am Ende aufgeschmolzen und zu einer Faser ausgezogen.

Die vom Silicium abgeleitete **Orthokieselsäure,** H_4SiO_4, ist eine unbeständige Säure, die in wäßriger Lösung unter Wasseraustritt zu **Polykieselsäuren** kondensiert, z. B.

$$+ 3\,H_2O$$

Jedes Siliciumatom ist dabei tetraedrisch von vier Sauerstoffatomen umgeben. Die verbleibenden OH-Gruppen (Silanolgruppen) haben schwach saure Eigenschaften.

---

[1] engl. Vapour Phase Axial Deposition
[2] engl. Modified Chemical Vapour Deposition

Kieselgel besteht aus kolloiden Polykieselsäuren, die ein unregelmäßiges Netzwerk bilden. Es hat eine feine Porenstruktur und dadurch eine große spezifische Oberfläche (200 bis 800 $m^2 g^{-1}$). Aus der großen Oberfläche und der Befähigung der Silanolgruppen zu Ausbildung von Wasserstoffbrücken resultiert ein hohes Adsorptionsvermögen für Wasser. Kieselgel wird deshalb in gekörnter Form als **Trockenmittel** für Gase und Flüssigkeiten verwendet. Häufig werden blaue Kobaltverbindungen als Feuchtigkeitsindikatoren zugesetzt, die durch Verfärbung nach blaßrosa anzeigen, daß das Kieselgel beladen und damit unwirksam geworden ist. Zur Herstellung von Kieselgel wird Natronwasserglaslösung mit verdünnter Schwefelsäure versetzt. Dabei bilden sich zunächst kolloide Partikel aus niedermolekularen Polykieselsäuren (Kieselsol), die mit der Zeit unter weiterer Kondensation zu einem dreidimensionalen Netzwerk zusammentreten, wobei das Sol zu einem Gel erstarrt.

Amorphe Kieselsäuren werden zum Verstärken von Polymeren, zum Aufsaugen von Flüssigkeiten, als Fließhilfsmittel für Feststoffe und zur Veränderung der Fließeigenschaften von Flüssigkeiten verwendet. Die Herstellung erfolgt, ähnlich wie bei Kieselgel, durch Fällung (Fällungskieselsäuren) oder durch Verbrennung von Siliciumtetrachlorid (pyrogene Kieselsäure).

Silicate sind die Salze von Kieselsäuren. Ein glasig erstarrtes, wasserlösliches Gemisch von Alkalisilicaten nicht genau definierter Zusammensetzung wird als **Wasserglas** bezeichnet. Natronwasserglas wird überwiegend durch Zusammenschmelzen von Quarzsand und Soda bei Temperaturen von 1200 bis 1400°C hergestellt. Die Reaktion kann durch folgende Gleichung wiedergegeben werden:

$$x\,SiO_2 + y\,Na_2CO_3 \longrightarrow x\,SiO_2 \cdot y\,Na_2O + y\,CO_2$$

Wasserglas wird überwiegend in wäßriger Lösung verwendet. Es dient zur Herstellung von Kieselsäuren, Kieselgel, Katalysatoren und Zeolithen. Außerdem wird es als Bindemittel für feuerfeste Kitte und Kernsand in Gießereien sowie zur Bodenverfestigung im Tiefbau verwendet. **Silicatfarben** mit Kaliwasserglas als Bindemittel dienen zum Fassadenschutz. Die Anstriche, die an der Baustoffoberfläche durch ausgeschiedene Kieselsäuren verankert werden, sind wasserdurchlässig.

Silicate sind mit etwa 80% am Aufbau der Erdkruste beteiligt. Die außerordentliche Vielfalt ihrer Erscheinungsformen und deren Eigenschaften ergibt sich vor allem aus den folgenden Variationsmöglichkeiten:

- SiO_4-Tetraeder haben die Tendenz, sich über gemeinsame O-Atome ein-, zwei- oder dreidimensional miteinander zu verbinden. Die nicht an Verknüpfungen beteiligten O-Atome haben die Ladungszahl -1. Man kann sich vorstellen, daß sie durch Abtrennung des Protons einer Silanolgruppe entstanden sind. Nach Art der Tetraeder-Verknüpfung lassen sich Silicate in **Inselsilicate** (einzelne SiO_4-Tetraeder), **Kettensilicate, Schichtsilicate** und **Gerüstsilicate** (Tectosilicate) unterteilen. Beispiele sind in Abb. 9.4 gegeben.

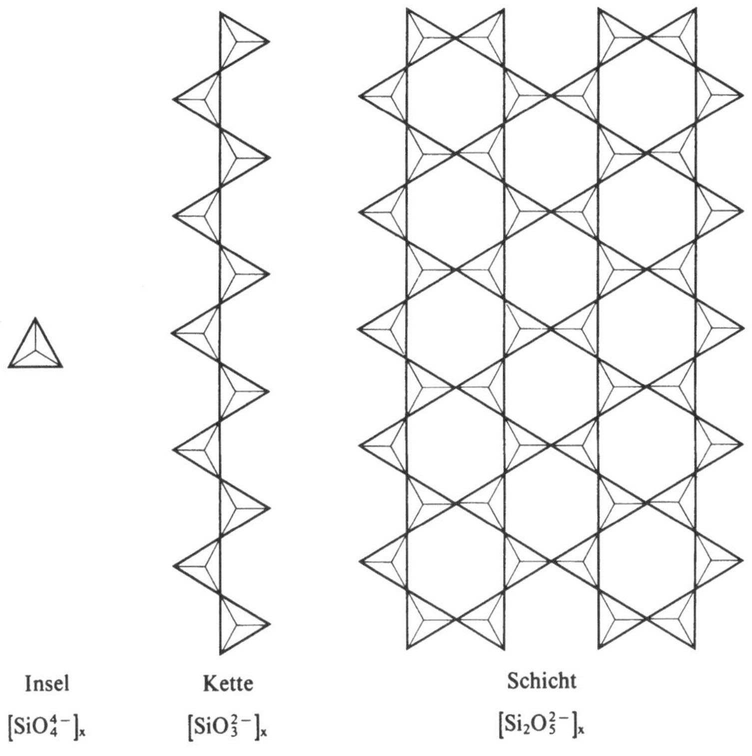

$[SiO_4^{4-}]_x$ $[SiO_3^{2-}]_x$ $[Si_2O_5^{2-}]_x$

Abb. 9.4 Silicatstrukturen

- Ein Teil der Siliciumatome kann durch Aluminiumatome ersetzt werden, ohne daß Vierbindigkeit und tetraedrische Anordnung verlorengehen (isomorpher Ersatz). Um vier Bindungen ausbilden zu können, muß das mit nur drei Valenzelektronen ausgestattete Aluminiumatom vor Einbau in das Silicatgitter ein zusätzliches Elektron z. B. über eine OH^--Gruppe aufnehmen. Jedes mit einem Al-Atom besetzte Tetraeder erhält dadurch eine negative Ladungszahl, die durch die positive Ladungszahl eines Kations ausgeglichen werden muß. Silicate dieser Art heißen **Alumosilicate.**
- Negative Ladungen an O- oder Al-Atomen können durch unterschiedliche Kationen kompensiert werden.
- Bei Schichtsilicaten sind die von SiO_4- bzw. AlO_4-Tetraedern gebildeten Schichten in den meisten Fällen sehr eng mit Schichten verknüpft, die Aluminium in einer oktaedrischen Anordnung enthalten (Abb. 9.5). Die Eigenschaften von Schichtsilicaten hängen sehr stark vom Zusammenhalt der aus zwei, drei oder vier Schichten bestehenden Schichtpakete ab. Ist der Zusammenhalt gering, wie bei dem Tonmineral Montmorillonit, können Wassermoleküle zwischen die Schichtpakete treten, und das Mineral ist quellfähig.

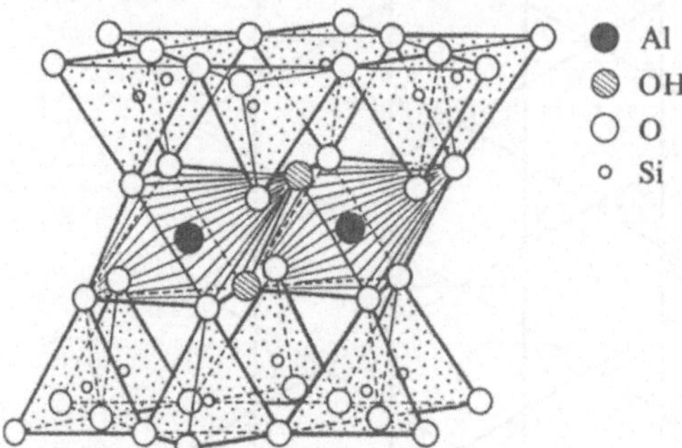

Abb. 9.5 Aufbau eines
Dreischichtsilicates (z. B.
Muskovit, Montmorillonit)

Die beschriebenen Eigenarten des Silicataufbaus sollen an Beispielen natürlich vorkommender Silicate erläutert werden.

Feldspäte, die häufigsten Silicate der Erdkruste, gehören zu den Gerüstsilicaten. Sie sind Alumosilicate, da ein Teil der Si-Atome durch Al-Atome ersetzt ist. Die zum Ladungsausgleich erforderlichen Kationen sind im Inneren der Silicatgerüste angeordnet. Nach Art des Kations wird unterschieden zwischen

Orthoklas (Kalifeldspat), $K[AlSi_3O_8]$

Albit (Natronfeldspat), $Na[AlSi_3O_8]$

und Anorthit (Kalkfeldspat), $Ca[Al_2Si_2O_8]$

Feldspäte sind Hauptbestandteile von Granit und Quarzporphyr. Basalte bestehen zu einem großen Teil aus Mischkristallen von Albit und Anorthit, den Plagioklasen.

Glimmer sind Schichtsilicate, in deren Tetraederschicht ein Viertel der Siliciumatome durch Aluminiumatome ersetzt sind. Die Schichtpakete bestehen jeweils aus zwei Tetraederschichten und einer Octaederschicht. Bei Muskovit, der als Isolierstoff Bedeutung hat, erfolgt der Ausgleich der durch den isomorphen Ersatz entstandenen negativen Ladungen durch Kaliumionen, die zwischen den Schichtpaketen angeordnet sind und deren Zusammenhalt bewirken. Für Muskovit ergibt sich danach die Formel

$$K \underbrace{Al_2(OH)_2}_{Oktaeder}\underbrace{[AlSi_3O_{10}]}_{Tetraeder}$$

Der in der Natur am häufigsten vorkommende Glimmer ist Biotit. Er enthält neben Kaliumionen auch Magnesium-, Eisen- und Manganionen.

Unter der Bezeichnung **Asbest** werden unterschiedliche faserige Schichtsilicate zusammengefaßt, von denen das Mineral

Chrysotil, $Mg_3(OH)_4[Si_2O_5]$

die größte Bedeutung hat. Makroskopische Chrysotilfasern bestehen aus Bündeln von Hohlfasern (Fibrillen) mit 15 bis 40 nm Dicke, die aus zylindrisch gebogenen Silicatschichten aufgebaut sind. Asbeststaub führt bei Inhalation über längere Zeiträume zur Herabsetzung der Lungenfunktion (Asbestose), wobei in einigen Fällen Lungenkrebs auftritt. Die Ursache liegt darin, daß Asbestnadeln Zellen verletzen, so daß fremde DNA[1] eindringen und zur Entartung führen kann. Aus Gründen der Arbeitssicherheit ist die Verwendung von Asbest für Schutzanzüge, Dichtungen, Brems- und Kupplungsbeläge sowie als Bestandteil von Asbestzement in den letzten Jahren ständig zurückgegangen.

Die dunkelgrünen bis schwarzen Silicate **Augit** und **Hornblende** sind zu etwa 50% am Aufbau von Basalten beteiligt. Beide Minerale sind Kettensilicate, in denen ein Teil des Siliciums isomorph durch Aluminium ersetzt ist. Augit kann durch die Formel

$$Ca(Mg,Fe^{2+},Al)_x[(Al,Si)_2O_6]$$

wiedergegeben werden. Hornblende ist komplizierter aufgebaut und kann in ihrer Zusammensetzung sehr stark variieren.

Olivin ist ein Inselsilicat aus isolierten SiO_4-Tetraedern, die durch Mg^{2+}- und Fe^{2+}-Ionen zusammengehalten werden. Er ist Bestandteil vieler siliciumarmer (basischer) Tiefengesteine.

Gesteine (Natursteine) sind Gemenge unterschiedlicher Minerale, unter denen Quarz und Silicate die größte Bedeutung haben.

Magmatite (Erstarrungsgesteine) haben sich durch Erstarrung von Magma gebildet. Bei **Plutoniten** (Tiefengesteinen) hat sich dieser Vorgang langsam in großen Tiefen vollzogen, ihre Struktur ist deshalb grobkristallin (z. B. Granit). **Vulkanite** (Ergußgesteine) sind an der Erdoberfläche schnell erstarrt und deshalb feinkristallin (z. B. Basalt, Quarzporphyr). Zu den Vulkaniten gehören auch die lockeren Auswurfstoffe von Vulkanen (**Tuffe**). Gesteine, die sich durch Ablagerung gebildet haben, heißen **Sedimente** (z. B. Ton, Sandstein, Kohle).

Zu den ältesten silicatischen Werkstoffen gehört **Glas.** Nach moderner Definition ist Glas ein anorganisches Schmelzprodukt, das abgekühlt und erstarrt ist, ohne merklich zu kristallisieren. Experimentell läßt sich das dadurch nachweisen, daß Gläser im Gegensatz zu kristallinen Stoffen unscharfe Röntgenbeugungsdiagramme ergeben. Der Unterschied zwischen einer kristallisierenden und einer glasbildenden Schmelze geht aus Abb. 9.6 hervor. Wird beim Abkühlen der Schmelze eines kristallisierenden Stoffes die Schmelztemperatur T_s erreicht, kommt es schlagartig zur Ausbildung eines geordneten Kristallverbandes, was in den meisten Fällen in einer plötzlichen Abnahme des Volumens zum Ausdruck

---

[1] Träger der genetischen Information

kommt. Eine glasbildende Schmelze läßt sich unterkühlen. Die unterkühlte Schmelze stellt zwar einen metastabilen Zustand dar, die Einstellung des kristallinen Gleichgewichtszustandes kann aber verhindert werden, wenn die Abkühlungsgeschwindigkeit größer ist, als die Wachstumsgeschwindigkeit der Kristalle. Die Wachstumsgeschwindigkeit ist von der Diffusionsgeschwindigkeit der Teilchen abhängig. Da die Diffusionsgeschwindigkeit mit zunehmender Viskosität abnimmt, begünstigt eine hohe Schmelzeviskosität die Unterkühlung. Wenn bei der Abkühlung der **Transformationspunkt** T_g erreicht wird, ist die Diffusion als Folge der Viskositätserhöhung so stark behindert, daß die Einstellung des Gleichgewichts nicht mehr möglich ist. Der metastabile Zustand ist eingefroren.

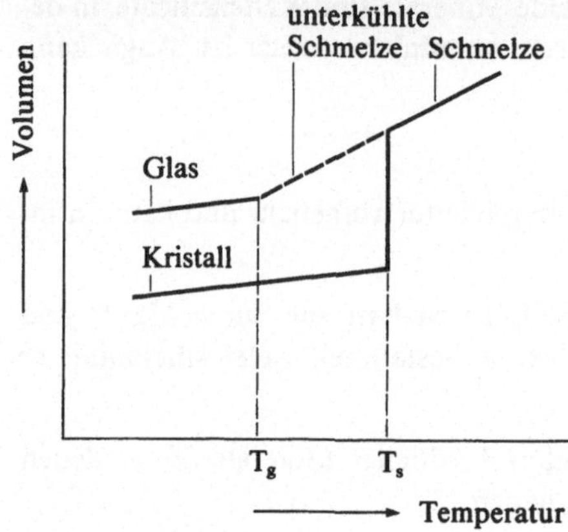

T_g = Transformationspunkt
T_s = Schmelztemperatur

Abb. 9.6 Abhängigkeit des Volumens von der Temperatur bei kristallisierenden und glasbildenden Schmelzen

Gläser können aus jedem Stoff hergestellt werden, der ohne Kristallisation vom flüssigen in den festen Zustand überführt werden kann. Technische Bedeutung haben allerdings vor allem Silicatgläser mit Quarz als Hauptbestandteil. Sie bestehen aus SiO_4-Tetraedern, die zu einem unregelmäßigen dreidimensionalen Netzwerk verknüpft sind. Metalloxide wie Na_2O und CaO, die z. B. in Form von Soda und Kalk in die Schmelze eingebracht werden, führen zur Spaltung von Si—O-Bindungen und zur Aufweitung des Netzwerkes. Durch Art und Gehalt dieser Netzwerkwandler werden die Eigenschaften von Schmelze und Glas stark beeinflußt. Besonders wichtig ist, daß die zugesetzten Metalloxide die Schmelztemperatur, die bei reinem Kieselglas etwa 2000°C beträgt, auf 1400 bis 1500°C erniedrigen.

Die chemische Zusammensetzung von Gläsern ist je nach Verwendungszweck unterschiedlich. **Kalk-Natron-Gläser** haben den Vorteil hoher Lichtdurchlässigkeit und Wasserbeständigkeit. Sie werden deshalb für Verglasungen auf dem Bau- und Verkehrssektor, aber auch zur Herstellung von Flaschen verwendet. Der hohe Vernetzungsgrad und niedrige Metalloxidgehalt von **Borosilicatgläsern** sind die Ursache für deren geringe Wärmeausdehnung und gute chemische Beständigkeit. Borosilicatgläser werden in der chemischen Technik, in Laboratorien und als „feuerfestes" Geschirr im Haushalt verwendet. Zur Beurteilung optischer Gläser dienen vor allem Brechzahl und Dispersion. Gläser hoher Dispersion (**Flintgläser**) können durch Zusatz von Bleioxid hergestellt werden, Gläser niedriger Dispersion (**Krongläser**) durch Zusatz von Bariumoxid.

Typische Zusammensetzungen von Kalk-Natron-Glas zur Flachglasherstellung und Borosilicatglas sind in Tab. 9.1 zusammengestellt. Farbige Gläser entstehen durch gelöste Kationen von Übergangsmetallen. In der Glastechnik werden Zusätze von Eisenoxid oder Chromoxid für grüne, Kupfer- und/oder Kobaltoxid für blaue sowie Eisenverbindungen mit Schwefel und Manganoxid (Braunstein) für braune Färbungen verwendet. Rote Färbungen können durch kolloide Ausscheidungen von Gold (Rubinglas), Kupfer oder Selen erreicht werden. Weißes (opakes) Glas entsteht bei Zumischung von Fluorverbindungen (z. B. Kryolith).

Tab. 9.1 Zusammensetzung von Gläsern (in Massenprozent)		
	Kalk-Natron-Glas	Borosilicatglas
SiO_2	73,0	81,0
Al_2O_3	1,0	2,2
B_2O_3	—	12,2
Na_2O	12,0	3,2
K_2O	—	1,4
CaO	10,0	—
MgO	3,5	—
SO_3	0,5	—

Für die Verarbeitung ist von entscheidender Bedeutung, daß Glas in einem weiten Temperaturbereich kontinuierlich vom viskosen über den viskoelastischen und plastischen bis in den spröden Zustand übergeht. Zwischen 1000°C und 1400°C ist die Viskosität so niedrig, daß Glas gegossen und gewalzt werden kann. Bei Temperaturen von etwa 750°C bis 1000°C ist ein Verformen durch Blasen, Ziehen und Pressen möglich. Im Kühlbereich von etwa 500°C bis 700°C können sich Spannungen noch abbauen, und unterhalb 500°C geht Glas in den spröden Zustand über.

Bei der Herstellung von **Glaskeramik** gleichen Schmelze, Formgebung und Kühlung den entsprechenden Vorgängen bei der Glasherstellung. In einem anschließenden Temperprozeß werden durch Erhitzen auf Temperaturen oberhalb des Transformationspunktes unter kontrollierten Bedingungen Kristalle von etwa 50 nm Größe zur Ausscheidung gebracht. Infolge des starren Kristallgerüstes ist die Temperaturbeständigkeit von Glaskeramiken größer als die von Gläsern. Mit bestimmten Alumosilicaten, deren thermische Ausdehnungskoeffizienten negativ sind, lassen sich Glaskeramiken herstellen, bei denen sich die thermische Ausdehnung der Kriställchen und der Glasphase gerade aufheben. Dadurch entstehen Werkstoffe mit extrem hoher Temperaturwechselbeständigkeit.

Keramische Werkstoffe auf Silicatbasis (**Tonkeramik**), die uns in unserer durch die Technik geprägten Gegenwart mit einer Vielzahl von Erzeugnissen umgeben, spielten auch schon im Leben des prähistorischen Menschen eine bedeutende Rolle. Es ist üblich, nach der Größe der Gefügebestandteile in grobkeramische (z. B. Ziegel, Klinker, Tonrohre) und feinkeramische (z. B. Sanitärwaren, Fliesen, Isolatoren, Porzellan) und nach der Porosität in dichte und poröse Erzeugnisse zu unterteilen.

Tone sind anorganische Sedimentgesteine, die durch Verwitterung von Glimmern und Feldspäten entstanden sind und deren Teilchen Durchmesser von weniger als 2 µm haben. Sie enthalten kolloide Hydroxide des Eisens und Aluminiums, Quarz und Humusbestandteile, vor allem aber Tonminerale. **Tonminerale** sind Schichtsilicate. Unter ihnen haben

> **Kaolinit,** $Al_2(OH)_4[Si_2O_5]$, und
> **Illit,** $K_{0,7}Al_2(OH)_2[Si_{3,3}Al_{0,7}O_{10}]$,

als Basis für keramische Werkstoffe die größte Bedeutung.

Kaolin, der in China bereits im 7. Jahrhundert abgebaut wurde und von dem unter anderem in Bayern große Vorkommen existieren, ist im Unterschied zu den dunkelfarbigen Tonen weiß. Er besteht überwiegend aus Kaolinit.

Mit Wasser bilden Ton und Kaolin plastische Massen. Die Kristallblättchen der Schichtsilicate gleiten bei der plastischen Verformung aneinander vorbei, werden durch die an ihrer Oberfläche lokalisierten Kationen aber über die Wasserschicht hinweg zusammengehalten. Bestandteile keramischer Massen sind außerdem feingemahlener Quarz und Feldspat (Orthoklas), in einigen Fällen auch andere Minerale. Quarz vermindert beim Brand die Schwindung, Feldspat wirkt als Flußmittel. Beim Brand zerfallen Kaolinit und Illit ab etwa 500°C unter Wasserabspaltung. Bei Temperatursteigerung entstehen nacheinander unterschiedliche Kristallphasen, von denen oberhalb 1000°C die nadeligen, sich verfilzenden Kristalle des Inselsilicats Mullit besondere Bedeutung haben. Zwischen Feldspat und Siliciumdioxid bildet sich ab 950°C eine Schmelzphase, die bei Abkühlung glasig erstarrt und die Teilchen miteinander verkittet. Ob das Material dichtbrennt, wie bei Steinzeug und Porzellan, oder porös bleibt, wie bei Steingut, Töpferwaren und Ziegeln, hängt von der Brenntemperatur und vom Flußmittelgehalt ab. Die Eigenschaften keramischer Produkte werden außerdem sehr stark von der Reinheit und Feinheit der Rohstoffe beeinflußt. **Ziegel** werden z. B. aus billigen sand- und kalkhaltigen Tonen (Lehm, Mergel) ohne Zusatz spezieller Flußmittel bei Spitzentemperaturen von 900 bis 1200°C gebrannt. Zur Herstellung von **Porzellan** wird durch Schlämmen gereinigter Kaolin mit der gleichen Masse eines

Gemisches aus gemahlenem Feldspat und Quarz versetzt. Die Brenntemperaturen liegen bei Hartporzellan zwischen 1380 und 1460°C.

Glasuren sind aufgeschmolzene Gläser, die Poren verschließen und dem keramischen Material Glätte und höhere Festigkeit verleihen. Die Viskosität der Glasschmelze beim Einbrennen ist für die Qualität einer Glasur von großer Bedeutung. Die Zusammensetzung des Glases muß deshalb der Brenntemperatur angepaßt werden. Wichtige Versatzstoffe für die Herstellung von Glasuren sind Alumosilicate (z.B. Feldspat, Kaolin) und basische Metalloxide (z.B. Zinkoxid, Zinndioxid) oder Carbonate (z.B. Kreide, Dolomit) zur Reduzierung der Schmelztemperatur.

Bentonite sind Tone mit hohem Anteil an

Montmorillonit, $Me_{0,36}^{1+}Al_{1,64}Mg_{0,36}(OH)_2[Si_4O_{10}]$.

Da bei diesem Tonmineral der isomorphe Ersatz geringer ist als beim Illit, werden zum Ladungsausgleich weniger Kationen benötigt. Die Folge ist ein hohes Quellvermögen. Wassermoleküle können zwischen die Schichtpakete treten und diese unter geeigneten Bedingungen vollständig voneinander trennen, so daß ein kolloides System aus feinen Kristallblättchen in Wasser entsteht. Calcium-Montmorillonit hat ein geringeres Quellvermögen als Natrium-Montmorillonit, da die zweiwertigen Ca-Ionen die Schichten besser zusammenhalten. Die Viskosität von Bentonit-Suspensionen nimmt bei mechanischer Belastung ab. Diese Erscheinung, die als **Thixotropie** bezeichnet wird, kommt dadurch zustande, daß die Kristallblättchen im Ruhezustand durch die schwach bindende Wirkung der Kationen ein kartenhausähnliches Gerüst bilden, das bei mechanischer Belastung zusammenbricht (Abb. 9.7). Thixotrope Bentonite werden unter anderem bei der Erdölförderung zur Herstellung von Bohrflüssigkeiten und in der Bauindustrie als Bestandteile stützender Flüssigkeiten für Schlitzwände verwendet.

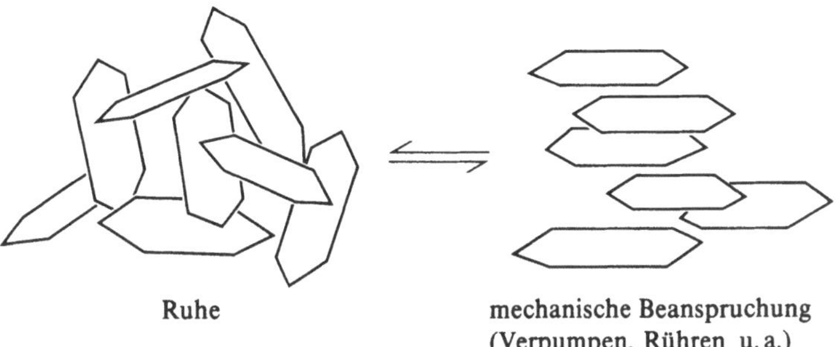

Abb. 9.7 Thixotropie von Tonmineralen

183

Zeolithe sind kristalline Alumosilicate mit Gerüststruktur, die erhebliche Mengen Hydratwasser aufnehmen können. Es gibt eine große Anzahl natürlicher Zeolithe, von denen Vorkommen z. B. in Kanada, Schottland und auf Island existieren, technische Bedeutung haben aber vor allem die synthetisch hergestellten. In Zeolithen bilden SiO_4- und AlO_4-Tetraeder zunächst Kubooktaeder, komplizierte Fünfringpolyeder oder andere Körper. Durch Verknüpfung der quadratischen Kubooctaederflächen über Würfel entsteht die Struktur von Zeolith A (Abb. 9.8), durch Verknüpfung der Sechseckflächen über hexagonale Prismen die der Zeolithe X und Y, die mit dem natürlich vorkommenden Mineral Faujasit identisch sind. Strukturelement vom Zeolith ZSM-5 ist ein Fünfringpolyeder. Allen Zeolithen gemeinsam ist das einheitliche Porensystem mit Porendurchmessern von weniger als 1 nm. Aus den unterschiedlichen Kristallstrukturen resultieren unterschiedliche Porengrößen. Ein weiteres Unterscheidungsmerkmal der verschiedenen Zeolithtypen ist das Verhältnis zwischen Silicium- und Aluminiumatomen (Tab. 9.2). Die in der Tabelle angegebenen Porenöffnungen gelten für den Fall, daß die negative Ladung der durch isomorphen Ersatz eingebrachten Aluminiumatome durch Natriumionen kompensiert wird. Charakteristisch für Zeolithe ist, daß die Kationen durch Ionenaustausch verändert werden können. Damit ändern sich die Porenöffnungen in gewissen Grenzen. Tauscht man z. B. bei Typ A Natriumionen gegen die größeren Kaliumionen aus, reduzieren sich die Porenöffnungen auf 0,3 nm (Zeolith 3 A). Beim Austausch gegen die kleineren Calciumionen entstehen Porenöffnungen von 0,5 nm (Zeolith 5 A). Zeolithe finden vor allem als Adsorbentien, Katalysatoren und Ionenaustauscher technische Verwendung. Infolge der extrem hohen spezifischen Oberflächen von 800 bis 1200 $m^2\,g^{-1}$ und der von der Oberfläche ausgehenden elektrostatischen Kräfte adsorbieren Zeolithe sehr stark, und zwar bevorzugt polare Stoffe (z. B. Wasser).

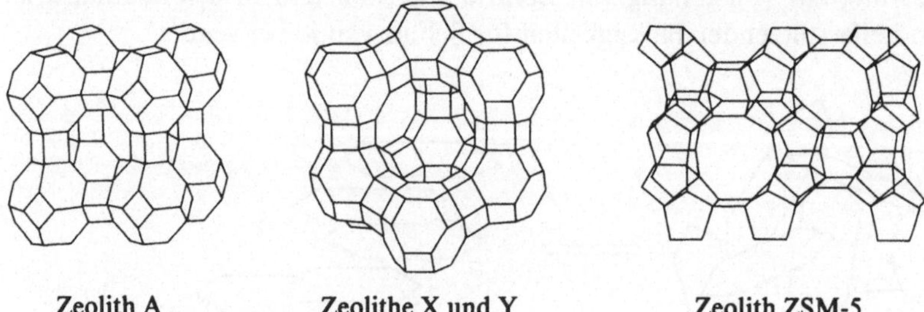

Zeolith A   Zeolithe X und Y   Zeolith ZSM-5

Abb. 9.8 Zeolith-Strukturen

Dehydratisierte Zeolithe vom Typ A gehören deshalb zu den wichtigsten **Trockenmitteln** für Gase. Zeolithe vom Typ X und Y, deren Kationen gegen Oxonium- oder Seltenerdionen ausgetauscht worden sind, haben große Bedeutung als Crackkatalysatoren. Da nur solche Moleküle adsorbiert oder katalytisch umgesetzt werden können, denen der Zugang zum Porensystem des Zeoliths aufgrund ihrer Größe möglich ist, wirken Zeolithe als **Molekularsiebe.** So lassen sich z. B.

unverzweigte Kohlenwasserstoffe von den sperrigeren verzweigten mit Hilfe von Zeolith 5A abtrennen. Große Bedeutung hat Zeolith A als Builder in Waschmitteln. In diesem Fall wirkt der Zeolith als Ionenaustauscher, der Calcium- und Magnesiumionen aus Wasser und Wäscheschmutz aufnimmt.

Tab. 9.2 Wichtige Zeolithtypen

Zeolithtyp	Porenöffnung nm	$n(SiO_2)/n(Al_2O_3)$
A	0,41	2
X	0,74	2–3
Y	0,74	3–6
Mordenit	$0,67 \times 0,7$	8–10
ZSM-5	$0,54 \times 0,56$	30
	$0,51 \times 0,55$	

9.4. Silicone

Die nach systematischer Nomenklatur als Polyorganosiloxane zu bezeichnenden Silicone sind oligomere und polymere Verbindungen ($\rightarrow$ 16.1.) mit Si—O—Si-Ketten (Siloxanketten), die an nicht abgesättigten Siliciumatomen Kohlenwasserstoffgruppen tragen. Unter den Kohlenwasserstoffgruppen, die zusätzlich funktionelle Gruppen enthalten können, haben Methyl- und Phenylgruppen ($\rightarrow$ 12.3.) die größte Bedeutung. Mit Methylgruppen lassen sich die in Abb. 9.9 dargestellten Strukturelemente der Silicone bilden. Durch Kombination dieser Strukturelemente können lineare oder cyclische Verbindungen (Siliconöle), weitmaschig vernetzte Elastomere (Silicongummi) oder engmaschig vernetzte Siliconharze gewonnen werden. Silicone gelten als physiologisch inert und ökologisch unbedenklich.

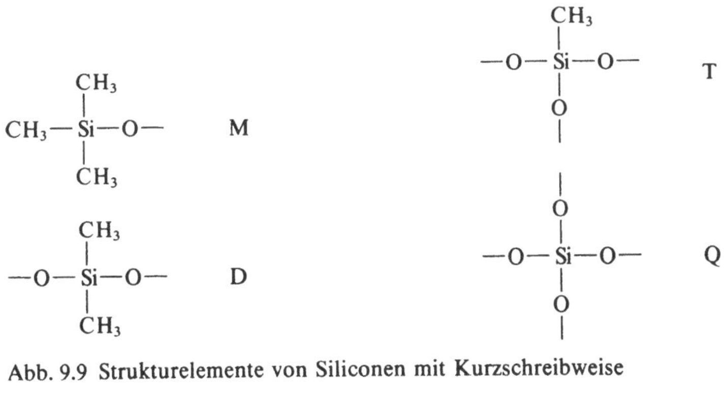

Abb. 9.9 Strukturelemente von Siliconen mit Kurzschreibweise

Ausgangsstoffe für die Herstellung von Siliconen sind Organohalogensilane. Das technisch besonders wichtige Dimethyldichlorsilan wird bei 300°C an Kupfer-Zink-Katalysatoren aus Silicium und Methylchlorid synthetisiert:

$$2\,CH_3Cl + Si \longrightarrow (CH_3)_2SiCl_2$$

Bei der Reaktion fällt ein Gemisch unterschiedlicher Silane an, das durch Destillation aufgetrennt wird.

Siliconöle sind oligomere Organosiloxane mit mittleren molaren Massen bis zu $6600\,g\,mol^{-1}$, die z. B. bei der Hydrolyse von Dimethyldichlorsilan in Gegenwart von 20%iger Salzsäure gebildet werden:

$$x\,(CH_3)_2SiCl_2 + (x+1)\,H_2O \longrightarrow HO\!\left[\!\begin{array}{c} CH_3 \\ | \\ Si-O \\ | \\ CH_3 \end{array}\!\right]_x\!\!H + 2x\,HCl$$

Durch den abgegebenen Chlorwasserstoff wird die Salzsäure dabei auf etwa 35% aufkonzentriert.

Bei der Reaktion von Dimethyldichlorsilan mit Methanol (Methanolyse) fällt anstelle von Chlorwasserstoff Methylchlorid an, das für die Herstellung von Dimethyldichlorsilan zur Verfügung steht. Unter bestimmten Bedingungen können sich dabei, statt kettenförmiger Verbindungen, cyclische Organosiloxane bilden, z. B. Octamethylcyclotetrasiloxan

$$\begin{array}{ccc} (CH_3)_2Si\!-\!O\!-\!Si(CH_3)_2 \\ |\qquad\qquad | \\ O\qquad\qquad O \\ |\qquad\qquad | \\ (CH_3)_2Si\!-\!O\!-\!Si(CH_3)_2 \end{array}$$

Siliconöle haben eine niedrige Oberflächenspannung und bilden deshalb auf den meisten Festkörpern wasserabweisende Oberflächenfilme aus. Beim Vergleich mit Mineralölen ist die geringe Temperaturabhängigkeit der Viskosität, der niedrige Dampfdruck und der niedrige Pourpoint von Bedeutung. Mit Kohlenwasserstoffen und Chlorkohlenwasserstoffen sind Siliconöle unbegrenzt mischbar, außerdem haben sie ein hohes Lösevermögen für Gase. Verwendung finden Siliconöle als Trennmittel in der Kunststoff- und Gummiindustrie, als Antischaummittel, als Transformatorenöle sowie als Bestandteil von kosmetischen Zubereitungen.

Zur Herstellung von **Siliconkautschuk** werden cyclische Organosiloxane in Gegenwart von sauren oder basischen Katalysatoren unter Ringöffnung zur Polymerisation gebracht, wobei für Heißkautschuke molare Massen zwischen 10^5 und 10^6 g mol^{-1} und für Kaltkautschuke molare Massen zwischen 10^4 und 10^5 g mol^{-1} eingestellt werden. Die weitmaschige Vernetzung der Polymerketten, die zu Elastomeren (**Silicongummi**) führt ($\rightarrow$ 16.3.), kann auf unterschiedliche Weise erreicht werden. Bei Heißkautschuken, HTV[1], geschieht es bevorzugt bei 110 bis 150 °C mit Hilfe von Peroxiden. Durch den Zerfall der Peroxide bilden sich Radikale, die nach folgendem Reaktionsschema zur Verknüpfung von Polymerketten führen:

$$2 -\!\overset{|}{\underset{|}{Si}}\!-CH_3 + 2\,R\!-\!O\!\cdot \;\underset{\text{Radikal}}{\longrightarrow}\; -\!\overset{|}{\underset{|}{Si}}\!-CH_2\!-\!CH_2\!-\!\overset{|}{\underset{|}{Si}}\!- +\, 2\,R\!-\!OH$$

Ein geringer Anteil von reaktionsfähigen Vinylgruppen, $-CH=CH_2$, an den Siloxanketten bewirkt eine gleichmäßigere Vernetzung. Kaltkautschuke, RTV[2], vernetzen bei Raumtemperatur durch Kondensations- oder Additionsreaktionen. Bei Zweikomponentensystemen geschieht das nach Vermischen des Siliconkautschuks mit einem Härter, der das Vernetzungsmittel und einen Katalysator enthält. Einkomponentensysteme enthalten bereits alle für die Vernetzung erforderlichen Bestandteile, die aber erst bei Kontakt mit Luftfeuchtigkeit miteinander reagieren. Das folgende Reaktionsbeispiel zeigt den Ablauf einer Kondensationsvernetzung über die endständigen Hydroxylgruppen der Organosilane:

$$CH_3\!-\!\underset{\diagdown O-COCH_3}{\overset{\diagup O-COCH_3}{Si}}\!-\!O\!-\!COCH_3 \;+\; HO\!-\!\overset{HO\;\;|}{\underset{|\;\;HO}{Si}}\!- \;\longrightarrow\; CH_3\!-\!\underset{\diagdown O}{\overset{\diagup O}{Si}}\!-\!O\!-\!Si\!- \;+\; 3\,CH_3COOH$$

Vernetzungs-
mittel

Die Geschwindigkeit der Vernetzung kann durch den chemischen Aufbau des Vernetzungsmittels und die Art des Katalysators (z. B. Zinnverbindungen) beeinflußt werden.

Die Si—O-Bindung ist mit einer Dissoziationsenergie von 470 kJ mol^{-1} zwar thermisch stabiler, aufgrund ihrer Polarität aber hydrolyseempfindlicher als die C—C-Bindung bei den anderen Kautschuk-Klassen. Das bedeutet, daß die Si—O-Bindung bei hohen Temperaturen durch Wasserdampf leicht gespalten wird. Die Polarität der Bindung kann - allerdings auf Kosten von thermischer

---

[1] High Temperature Vulcanizing; [2] Room Temperature Vulcanizing

Stabilität – vermindert werden, wenn ein Teil der Methylgruppen an der Siloxankette durch elektronenanziehende Phenylgruppen ersetzt wird. Auf diese Art modifizierte Silicongummi-Typen zeichnen sich durch extrem hohe Beständigkeit gegenüber Hitze, UV-Strahlung und Ozon aus.

Wichtige Anwendungen für Silicongummi finden sich im Automobilbau (z. B. Zündkabel, Simmeringe, Abdichtungen im Motorbereich), in der Elektrotechnik (z. B. Kabelisolierungen), in der Medizin (z. B. Schläuche, Katheter) und auf dem Bausektor (z. B. Fugendichtungsmassen).

Siliconharze haben hohe Anteile an vernetzenden trifunktionellen Struktureinheiten (T→Abb. 9.9). Zur Herstellung werden geeignete Silane in einem Lösemittel gelöst und durch Zugabe definierter Wassermengen hydrolysiert. Die Cohydrolyse von Dimethyldichlorsilan und Methyltrichlorsilan und die durch unterschiedliche Metallsalze katalysierbare Härtung (Vernetzung) soll durch das folgende Reaktionsschema verdeutlicht werden:

$$
\begin{array}{ccc}
\text{CH}_3 & \text{CH}_3 & \text{CH}_3 \\
| & | & | \\
\text{Cl–Si–Cl} & \text{Cl–Si–Cl} & \text{Cl–Si–Cl} \\
| & | & | \\
\text{CH}_3 & \text{Cl} & \text{CH}_3
\end{array}
$$

$$
\begin{array}{ccc}
\text{Cl} & \text{Cl} & \text{Cl} \\
| & | & | \\
\text{CH}_3\text{–Si–Cl} & \text{Cl–Si–Cl} & \text{Cl–Si–CH}_3 \\
| & | & | \\
\text{CH}_3 & \text{CH}_3 & \text{Cl}
\end{array}
$$

$$+ 15\ \text{H}_2\text{O} \quad \downarrow \quad -15\ \text{HCl}$$

$$
\begin{array}{ccc}
\text{CH}_3 & \text{CH}_3 & \text{CH}_3 \\
| & | & | \\
\text{HO–Si–OH} & \text{HO–Si–OH} & \text{HO–Si–OH} \\
| & | & | \\
\text{CH}_3 & \text{OH} & \text{CH}_3
\end{array}
$$

$$
\begin{array}{ccc}
\text{OH} & \text{OH} & \text{OH} \\
| & | & | \\
\text{CH}_3\text{–Si–OH} & \text{HO–Si–OH} & \text{HO–Si–CH}_3 \\
| & | & | \\
\text{CH}_3 & \text{CH}_3 & \text{OH}
\end{array}
$$

$$\text{Katalysator} \quad \downarrow \quad -5\ \text{H}_2\text{O}$$

```
        CH₃    CH₃    CH₃
         |      |      |
   HO─Si─O─Si─O─Si─OH
         |      |      |
        CH₃     O     CH₃

         OH     |     OH
         |      |      |
   CH₃─Si─O─Si─O─Si─CH₃
         |      |      |
        CH₃    CH₃    OH
```

Siliconharze eignen sich als Bindemittel für hochhitzebeständige Lacke und Bautenschutzmittel. Siliconfarben bilden auf der Baustoffoberfläche einen wasserabweisenden, für Wasserdampf und Kohlendioxid aber durchlässigen Film aus. In der Elektrotechnik werden Siliconharze zum Tränken und Imprägnieren von Motoren verwendet.

10. Anorganische Bindemittel

Bindemittel für Beton und Mörtel sind pulverförmige anorganische Stoffe, die mit Wasser zu einem plastischen Bindemittelleim angeteigt werden, der im Verlauf ganz bestimmter physikalisch-chemischer und chemischer Vorgänge erhärtet. Körnige Zuschläge wie Sand, Kies oder Gesteinsbrocken lassen sich dadurch zu einem künstlichen Stein verbinden. **Luftbindemittel** erhärten ausschließlich an der Luft, während **hydraulische Bindemittel** sowohl an der Luft als auch unter Wasser erhärten und unter Wasser beständig sind.

10.1. Baukalk

Kalkstein ist ein Sedimentgestein mit dem Hauptbestandteil **Calciumcarbonat,** $CaCO_3$. Große Lagerstätten haben sich durch Sedimentation der calciumcarbonathaltigen Schalen und Gerüste von Meerestieren (z. B. einzellige Foraminiferen, Muscheln, Schwämme) gebildet. Darüber hinaus ist die direkte Ausfällung aus hartem Wasser von Bedeutung, die etwa dadurch bewirkt wird, daß Pflanzen „zugehöriges Kohlendioxid" ($\rightarrow$ 8.2.) zur Assimilation verbrauchen. Als Nebenbestandteile kann Kalkstein Tonminerale, Quarz, Feldspäte und andere Minerale enthalten. Ein Sedimentgestein, das etwa je zur Hälfte aus Calciumcarbonat und Tonmineralen besteht, wird als **Mergel** bezeichnet. Wirken magnesiumhaltige Wässer auf Calciumcarbonat ein, kann sich **Dolomit,** $CaMg(CO_3)_2$, bilden.

Calciumcarbonat ist in reinem Wasser sehr schwer löslich ($\rightarrow$ 5.2.). In Gegenwart von Kohlendioxid löst es sich unter Bildung von Hydrogencarbonationen ($\rightarrow$ 8.2.), durch Säuren wird es unter CO_2-Entwicklung und Auflösung der Calciumionen zersetzt ($\rightarrow$ 12.2.). Bei hohen Temperaturen dissoziiert Calciumcarbonat zu Calciumoxid und Kohlendioxid:

$$CaCO_3 \rightleftharpoons CaO + CO_2 \qquad \Delta H_r^o = 180 \text{ kJ mol}^{-1}$$

Die Reaktion ist stark endotherm, die Gleichgewichtskonstante K_p erhöht sich deshalb mit steigender Temperatur. Nach dem Massenwirkungsgesetz ist der Gleichgewichtszustand bei einer bestimmten Temperatur dann erreicht, wenn gilt:

$$K_p = p(CO_2)$$

Da sich bei der Reaktion der CO_2-Partialdruck erhöhen muß, kann diese nur ablaufen, wenn $p(CO_2)$ kleiner als K_p ist. Der CO_2-Partialdruck bestimmt damit über K_p die Temperatur, die für den Ablauf der Reaktion mindestens erforderlich ist. Sie ist bei einem Partialdruck von 1 bar etwa 900 °C.

Beim technischen **Kalkbrennen** werden Temperaturen zwischen 1000 und 1100 °C angewandt. Der entstehende **Branntkalk** hat neben Calciumoxid mehr oder weniger hohe Anteile anderer Komponenten. **Luftkalke** enthalten mehr als 80 % Calcium- und Magnesiumoxid. Man spricht von **Weißkalk,** wenn der Magnesiumoxidgehalt unter 10 % und von **Dolomitkalk,** wenn er darüber liegt.

Calciumoxid reagiert beim **Kalklöschen** in stark exothermer Reaktion mit Wasser zu Calciumhydroxid:

$$CaO + H_2O \longrightarrow Ca(OH)_2 \qquad \Delta H_r^{\circ} = -65 \text{ kJ mol}^{-1}$$

Beim Trockenlöschen wird gerade soviel Wasser zugesetzt, daß ein trockenes „Kalkhydrat" entsteht. Der Löschvorgang muß abgeschlossen sein, bevor das Produkt als Bindemittel verwendet werden kann. Es besteht sonst die Gefahr, daß nicht umgesetztes Calciumoxid im erhärteten Mörtel mit Feuchtigkeit nachreagiert und die damit verbundene Volumenausdehnung zu Gefügeschäden führt (**Kalktreiben**).

Ein Liter Wasser löst bei 0 °C 1,85 g, bei 100 °C sogar nur 0,77 g Calciumhydroxid. Die gesättigte Lösung (**Kalkwasser**) und die einen Calciumhydroxid-Überschuß enthaltende Suspension (**Kalkmilch**) reagieren infolge ihres Gehaltes an Hydroxidionen stark basisch.

Mit Sand als Zuschlag und gegebenenfalls unter Zusatz anderer Bindemittel werden aus Kalkhydrat Putz- und Mauermörtel hergestellt. Die Erhärtung der nichthydraulischen Luftkalke beruht auf der chemischen Reaktion mit dem Kohlendioxid der Luft unter Bildung von schwerlöslichem Calciumcarbonat (**Carbonatisierung**). Voraussetzung für diese Reaktion ist eine gewisse Feuchtigkeit des Mörtels. Dadurch kann sich aus Kohlendioxid und Wasser zunächst Kohlensäure bilden, die sich in einer Säure-Base-Reaktion mit den gelösten Hydroxidionen umsetzt. Durch die bei der Reaktion entstehenden Carbonationen wird das Löslichkeitsprodukt des Calciumcarbonats überschritten:

$$Ca^{2+} + 2\,OH^- + H_2CO_3 \longrightarrow Ca^{2+} + CO_3^{2-} + 2\,H_2O$$
$$\searrow \swarrow$$
$$CaCO_3$$

Wegen des geringen Kohlendioxidgehaltes der Luft ($\rightarrow$ 12.2.) läuft die Carbonatisierung sehr langsam ab. Der Vorgang läßt sich dadurch beschleunigen, daß man auf der Baustelle – etwa durch Propangasbrenner – die Luft mit Kohlendioxid anreichert und gleichzeitig erwärmt, so daß die Verdunstung des bei der Carbonatisierung entstehenden Wassers erleichtert wird. Reine Luftkalkmörtel haben nur geringe Festigkeit, können aber geringfügige Verformungen im Bauwerk ohne Rißbildung ausgleichen.

Wasserkalk und **hydraulischer Kalk** werden aus mergelhaltigem Kalkstein gebrannt und haben aufgrund ihres Gehaltes an SiO_2, Al_2O_3 und Fe_2O_3 schwach hydraulische Eigenschaften. **Hochhydraulischer Kalk** enthält zusätzlich latent hydraulische Stoffe wie **Traß** (gemahlener Tuffstein) oder **Hüttensand** (granulierte Hochofenschlacke), die in Gegenwart von Calciumhydroxid hydraulische Eigenschaften entfalten.

10.2. Gips und Anhydrit

Naturgips (Gipsstein) besteht überwiegend aus Calciumsulfat-Dihydrat, $CaSO_4 \cdot 2\,H_2O$. Er ist nach den schwererlöslichen Carbonaten und vor den leichterlöslichen Chloriden aus Meerwasser auskristallisiert und hat dabei ausgedehnte Lagerstätten gebildet. Der wasserfreie Anhydrit, $CaSO_4$, ist aus heutiger Sicht nach Überlagerung durch andere Gesteinsschichten bei hoher Temperatur aus Gips entstanden. Neben den natürlichen Vorkommen stehen große Mengen Abfallgips aus der Rauchgasentschwefelung und Phosphataufbereitung für die technische Nutzung zur Verfügung.

Aus einer Lösung, die Calcium- und Sulfationen enthält, kristallisiert unterhalb von 40 °C Calciumsulfat-Dihydrat aus. Das Dihydrat hat bei 20 °C eine Löslichkeit von 2,1 g l^{-1}. Nach der Reaktionsgleichung

$$CaSO_4 \cdot 2\,H_2O \longrightarrow CaSO_4 \cdot \tfrac{1}{2}\,H_2O + \tfrac{3}{2}\,H_2O$$

bilden sich beim Erhitzen von Dihydrat zunächst **Halbhydrate,** und zwar in trockener Luft, zwischen 45 und 200 °C, das aus sehr feinen, flockigen Kristallen bestehende β-Halbhydrat, in wäßrigen Lösungen, in Form gut ausgebildeter, großer Kristalle, das α-Halbhydrat. Bei 20 °C beträgt die Löslichkeit von β-Halbhydrat 8,8 g l^{-1} und die von α-Halbhydrat 6,7 g l^{-1}. Bedeutung als Bindemittel hat vor allem β-Halbhydrat, das unter der Bezeichnung **Stuckgips** bei 120 bis 180 °C in Drehöfen oder Gipskochern aus Naturgips hergestellt wird. Bei Brenntemperaturen von 300 bis 900 °C entsteht Hochbrandgips, der sich aus verschiedenen Formen der Phase Anhydrit II zusammensetzt.

Halbhydrat und Anhydrit gehen bei Raumtemperatur in Gegenwart von Wasser in Dihydrat über. Die Hydratation verläuft bei Halbhydrat schnell, bei den unterschiedlichen Formen des Anhydrit II mehr oder weniger langsam. Verwendet man nur so viel Wasser, daß ein formbarer Brei entsteht, versteift und erhärtet die Mischung. Nach der bereits um 1900 von Le Chatelier aufgestellten Kristallisationstheorie bildet sich dabei zunächst eine gesättigte Lösung von Halbhydrat, die aber bezogen auf das stabile Dihydrat übersättigt ist. Nach einer kurzen Keimbildungsphase kristallisiert Dihydrat in Form feiner Nadeln, die miteinander verfilzen und verwachsen.

Bei Stuckgips und Putzgips darf die Versteifung frühestens nach drei Minuten beginnen. Putzgips, eine Mischung aus Halbhydrat und langsam erhärtendem Hochbrandgips, läßt sich trotz des früheren Versteifungsbeginns länger verarbeiten als Stuckgips. Durch Stellmittel können Konsistenz, Haftung und Versteifungszeit eines Gipsbreies beeinflußt werden. Zur Verlängerung der Versteifungszeit sind organische Säuren (z. B. Weinsäure) und Phosphonsäuren ($\rightarrow$ 8.3.) geeignet. Durch Zusätze dieser Art können Gipssorten hergestellt werden, deren Versteifung erst nach mehr als 25 Minuten beginnt (z. B. Fertigputzgips, Maschinenputzgips). Durch Zusatz von Calciumsulfat-Dihydrat, Kalium- oder Zinksulfat lassen sich Versteifung und Erhärtung beschleunigen.

10.3. Zement

Zement ist ein feingemahlenes hydraulisches Bindemittel für Mörtel und Beton, das im wesentlichen aus Verbindungen von CaO mit SiO_2, Al_2O_3 und Fe_2O_3 besteht, die durch Sintern oder Schmelzen entstanden sind. Er unterscheidet sich von den hydraulischen Kalken durch die höhere Druckfestigkeit des erhärteten Mörtels. Der Unterschied zwischen Mörtel und Beton beruht vor allem auf der Art der Zuschlagstoffe. Für **Mörtel** wird Sand bis zu 4 mm Korngröße verwendet, **Beton** kann Kies, Schotter, Schlacken und andere Zuschläge enthalten.

Hydraulische Bindemittel waren schon im Altertum bekannt. Die Römer verwendeten feingemahlenen vulkanischen Tuff aus Pozzuoli bei Neapel (Puzzolane) in Mischung mit Branntkalk. J. Smeaton erkannte im 18. Jahrhundert, daß die Tonanteile eines Wasserkalkes für die hydraulischen Eigenschaften ausschlaggebend sind. 1824 erhielt J. Aspdin ein Patent auf ein Produkt, das er durch Brennen einer Mischung aus Kalk und Ton herstellte und **Portlandzement** nannte.

Wichtiger Bestandteil aller Normzemente ist der Portlandzementklinker (**Zementklinker**). Zu seiner Herstellung geeignete Rohstoffe sind Kalkstein (oder Kreide) und Ton oder Kalksteinmergel, die, da es sich bei der Klinkerherstellung zum großen Teil um Festkörperreaktionen handelt, fein gemahlen werden müssen. Der Calciumcarbonatgehalt sollte zwischen 75 und 79% liegen, da ein zu hoher Gehalt zum Kalktreiben ($\rightarrow$ 10.1.) führt und ein zu geringer Gehalt die Festigkeit beeinträchtigt. Die Angabe des Kalkgehaltes erfolgt vorzugsweise durch den **Kalkstandard**, der z. B. nach folgender Gleichung berechnet und in Prozent angegeben wird:

$$KSt = \frac{100\,w(CaO)}{2,8\,w(SiO_2) + 1,18\,w(Al_2O_3) + 0,65\,w(Fe_2O_3)}$$

Der Kalkstandard sollte zwischen 90 und 100% liegen.

Das Rohmehl wird im Drehrohrofen bei Temperaturen bis zu etwa 1450°C gebrannt. Dabei laufen nacheinander die folgenden chemischen Reaktionen ab:

Bis 600°C : Abspaltung von Wasser aus Hydraten und Hydroxidgruppen der Tonminerale

550 bis 600°C: Beginn der Zersetzung von Calciumcarbonat in CaO und CO_2 (Entsäuerung)

etwa 900°C : Bildung von **Dicalciumsilicat,** $2\,CaO \cdot SiO_2$, aus CaO und SiO_2

über 1280°C : Partielles Schmelzen, Bildung von **Tricalciumsilicat,** $3\,CaO \cdot SiO_2$

Damit das bei tiefen Temperaturen nicht beständige, für die Zementerhärtung aber besonders wichtige Tricalciumsilicat als metastabile Phase erhalten bleibt, muß der Zementklinker nach Verlassen des Ofens sehr schnell abgekühlt werden. Die Schmelze erstarrt dabei unter Bildung von **Tricalciumaluminat** und **Calciumaluminatferrit.** Die Phasen des Zementklinkers, ihre in der Zementchemie gebrauchten Kurzbezeichnungen und ihre Gehalte sind in Tab. 10.1 zusammengestellt.

Tab. 10.1 Phasen des Zementklinkers

Name	chemische Formel	Kurzbezeichnung	Gehalt Mass.-%
Tricalciumsilicat (Alit)	$3\,CaO \cdot SiO_2$	C_3S	45–75
Dicalciumsilicat (Belit)	$2\,CaO \cdot SiO_2$	C_2S	5–35
Calciumaluminatferrit	$2\,CaO \cdot (Al_2O_3, Fe_2O_3)$	C_2 (A, F)	4–15
Tricalciumaluminat	$3\,CaO \cdot Al_2O_3$	C_3A	4–15

$C = CaO$; $S = SiO_2$; $A = Al_2O_3$; $F = Fe_2O_3$; $H = H_2O$; $Cs = CaSO_4$

Portlandzement wird durch Feinmahlen von Zementklinker mit bis zu 5% Gips oder Anhydrit als Erstarrungsregler hergestellt. Die Mahlfeinheit bestimmt die Druckfestigkeit des erhärteten Mörtels. Andere Zementarten enthalten zusätzlich latent-hydraulische Stoffe wie Hüttensand (Eisenportlandzement, Hochofenzement) oder Traß (Traßzement).

Nach dem Anmachen mit Wasser beginnt die Umwandlung der Klinkerphasen in Hydratphasen. Das Erstarren des Zementes, das frühestens nach einer Stunde beginnen darf und spätestens nach zwölf Stunden beendet sein muß, beruht überwiegend auf gemeinsamer Hydratation von Tricalciumaluminat mit dem Erstarrungsregler Calciumsulfat:

$$3\,CaO \cdot Al_2O_3 + 3\,CaSO_4 + 32\,H_2O \longrightarrow 3\,CaO \cdot Al_2O_3 \cdot 3\,CaSO_4 \cdot 32\,H_2O$$

oder unter Verwendung der Kurzbezeichnungen:

$$C_3A + 3\,Cs + 32\,H \longrightarrow C_3A \cdot Cs_3 \cdot H_{32}$$
Trisulfat (Ettringit)

Das Trisulfat scheidet sich als dünne Schicht aus säulenförmigen Kristallen auf den Zementpartikeln ab und schützt diese vor zu schneller Hydratation. Die Kristalle wachsen, die Partikel nehmen igelartiges Aussehen an und ihre Beweglichkeit wird zunehmend eingeschränkt. Ohne Calciumsulfatzusatz reagiert Tricalciumaluminat sehr schnell mit Wasser zu Tetracalciumaluminathydrat

$$C_3A + CH + 12H \longrightarrow C_4AH_{13}$$

dessen große Kristalle die Räume zwischen den Zementpartikeln ausfüllen und ein rasches Erstarren verursachen.

Das Erhärten des Zementes ist Voraussetzung für die Druckfestigkeit von Beton und Mörtel. Es beruht vor allem auf der Hydration von Tricalciumsilicat und Dicalciumsilicat:

$$2C_3S + xH \longrightarrow C_3S_2H_{x-3} + 3CH$$

$$2C_2S + xH \longrightarrow \underset{\text{CSH-Phasen}}{C_3S_2H_{x-1}} + CH$$

Die Hydratation von Dicalciumsilicat läuft mit geringerer Geschwindigkeit ab, führt aber zu ähnlich hohen Festigkeiten wie die von Tricalciumsilicat. Die faserförmig kristallisierenden **CSH-Phasen** überbrücken die wassergefüllten Räume zwischen den Zementpartikeln und füllen sie mit einem dichten, verbindenden Netzwerk (Zementgel) aus, wobei die Zementpartikel allmählich aufgezehrt werden. Die Kristalle des bei der Hydratation gebildeten Calciumhydroxids, CH, werden in das Gefüge eingelagert. Das Volumen, das von dem Zementgel nach vollständiger Hydratation eingenommen wird, ist mehr als doppelt so groß wie das der ursprünglichen Zementpartikel. Die spezifische Oberfläche hat sich um den Faktor 500 bis 1000 erhöht.

Einem **chemischen Angriff** können Beton und Mörtel insbesondere in Gegenwart bestimmter wäßriger Lösungen ausgesetzt sein. Beim **lösenden Angriff** werden Bestandteile des Zementsteins in eine leichtlösliche Form überführt und ausgewaschen, so daß sich an der Oberfläche das Gefüge lockert.

Wäßrige Lösungen starker Säuren greifen alle Hydratphasen an, wobei z. B. gelöste Calciumionen und Kieselgel entstehen.

$$3\,CaO \cdot 2\,SiO_2 \cdot 3\,H_2O + 6\,H_3O^+ \longrightarrow 3\,Ca^{2+} + 2\,SiO_2 + 12\,H_2O$$

Wässer mit einem pH-Wert von unter 4,5 werden deshalb als „sehr stark betonaggressiv" bezeichnet.

In Wasser gelöstes überschüssiges Kohlendioxid (kalklösende Kohlensäure; → 8.2.) bewirkt zunächst eine Carbonatisierung (→ 10.1.) des im Zementstein enthaltenen Calciumhydroxids und damit eine Verfestigung des Betons. Durch fortgesetzte Einwirkung von kohlendioxidhaltigem Wasser wird das gebildete Calciumcarbonat gelöst:

$$CaCO_3 + H_2CO_3 \longrightarrow Ca^{2+} + 2\,HCO_3^-$$

Austauschfähige Salze wie Chloride und Nitrate von Magnesium und Ammonium lösen aus den im Zementstein eingelagerten Calciumhydroxidkristallen Calciumionen heraus. Magnesiumionen bilden dabei schwererlösliches Magnesiumhydroxid:

$$Ca(OH)_2 + Mg^{2+} \longrightarrow Mg(OH)_2 + Ca^{2+}$$

Ammoniumionen reagieren als Säure mit den Hydroxidionen des Calciumhydroxids:

$$Ca(OH)_2 + 2\,NH_4^+ \longrightarrow 2\,H_2O + Ca^{2+} + 2\,NH_3$$

Das gebildete Ammoniak entweicht gasförmig.

Ein **treibender Angriff** ist auf die Bildung von voluminöseren festen Phasen im Inneren des erhärteten Bauteils und die dadurch bedingten Spannungen zurückzuführen. Er äußert sich im Auftreten von Rissen. Ein Beispiel ist der Angriff durch Sulfate, die in vielen natürlichen Wässern enthalten sind oder z. B. durch Oxidation von Schwefelwasserstoff in Abwässern gebildet werden können. Durch Sulfate werden Hydrate des Tricalciumaluminats zu voluminösem Ettringit umgewandelt:

$$4\,CaO \cdot Al_2O_3 \cdot 13\,H_2O + 3\,CaSO_4 + 20\,H_2O \longrightarrow$$
$$3\,CaO \cdot Al_2O_3 \cdot 3\,CaSO_4 \cdot 32\,H_2O + Ca(OH)_2$$

11. Metalle

11.1. Eisen

Eisen ist das vierthäufigste Element in der Erdkruste und das bedeutendste Gebrauchsmetall. Es hat bei 20 °C eine Dichte von 7870 kg m^{-3}. Die bei Raumtemperatur stabile kubisch-raumzentrierte Modifikation des α-Fe wandelt sich bei 910 °C in das kubisch-flächenzentrierte γ-Fe um (Abb. 11.1). Zwischen 1400 °C und der Schmelztemperatur von 1540 °C liegt kubisch-raumzentriertes δ-Fe vor, das sich von α-Fe durch eine größere Kantenlänge der Elementarzelle (Gitterkonstante) unterscheidet. In Verbindungen hat Eisen bevorzugt die Oxidationszahlen +II und +III (→3.1.).

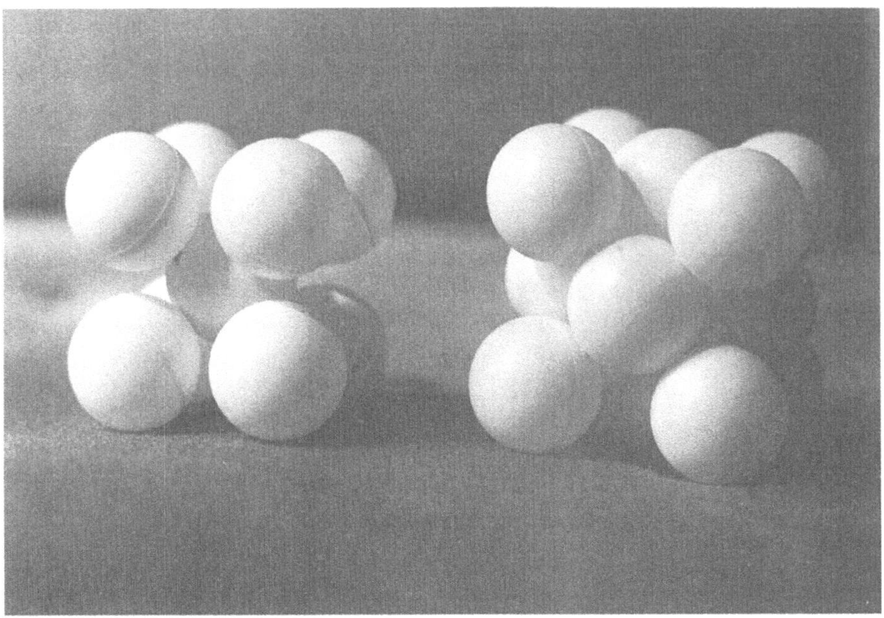

Abb. 11.1 Modifikationen des Eisens (links: α-Fe; rechts: γ-Fe)

Die für die Eisenerzeugung wichtigsten Erze sind Hämatit (Fe_2O_3), Magnetit (Fe_3O_4), Nadeleisenerz (FeOOH) und Siderit ($FeCO_3$). Wirtschaftlich verwertbare Eisenerze haben Eisengehalte von 20 bis über 65%. Über große Vorräte verfügen die UdSSR, Kanada, Brasilien, Australien und die USA. Zur Verhüttung kommen durch Brechen und Sieben aufbereitete Stückerze, vorzugsweise aber Erzkonzentrate, deren Eisengehalt durch Anreicherungsverfahren (z. B. Magnetscheidung, Flotation) auf mindestens 60% erhöht worden ist. Die feinkörnigen Erzkonzentrate (Feinerz) werden nach Zusatz von Koks und gegebenenfalls von Zuschlag (z. B. Branntkalk) bei 1200 °C durch Sintern stückig gemacht. Erze mit hohem Feinstkornanteil werden bevorzugt zu Pellets verarbeitet.

Für die Reduktion von festen Eisenerzen sind Temperaturen zwischen 450 und 1100 °C erforderlich. Niedrige Reduktionstemperaturen können mit wasserstoffreichen Reduktionsgasen erreicht werden. Das Eisen fällt dann in fester Form als poröser Eisenschwamm oder als Pulver an. Gegenwärtig werden etwa 90% des Eisens über den **Hochofenprozeß** erzeugt. Im Hochofen findet nicht nur die Reduktion der Eisenerze zu flüssigem Roheisen statt, sondern auch die Vergasung von Koks, bei der sich das Reduktionsmittel Kohlenmonoxid bildet. Die Reduktionsvorgänge können durch folgende Reaktionsgleichungen beschrieben werden:

$$3\,Fe_2O_3 + CO \longrightarrow 2\,Fe_3O_4 + CO_2$$

$$Fe_3O_4 + CO \longrightarrow 3\,FeO + CO_2$$

$$FeO + CO \longrightarrow Fe + CO_2$$

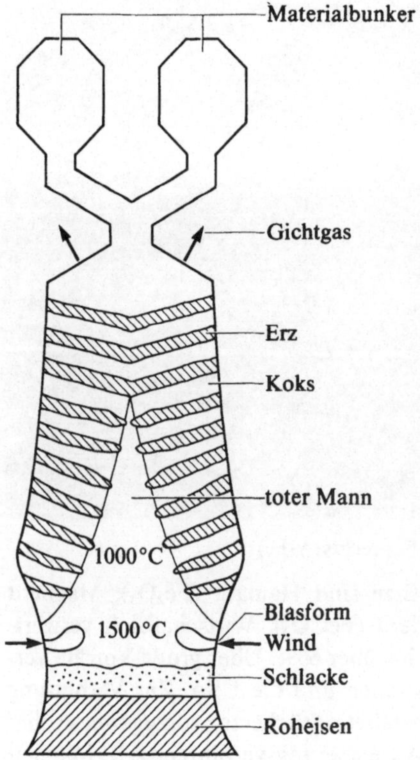

Abb. 11.2 Aufbau eines Hochofens

Aufbau und Wirkungsweise eines Hochofens sollen mit Hilfe von Abb. 11.2 erläutert werden. Das Beschicken (Begichten) erfolgt aus Materialbunkern abwechselnd mit Koks und Erz, dem Schlackenbildner wie Branntkalk oder Quarzsand beigemischt oder eingesintert worden sind. Im unteren Teil wird über Blasformen auf etwa 1100 °C erhitzte Luft (Wind) zugeführt. Im Verbrennungsraum unmittelbar vor den Blasformen verbrennt Koks zunächst überwiegend zu Kohlendioxid, das beim Aufsteigen durch die Zwischenräume der festen Beschickung (Möller) mit heißem Koks nach der Boudouard-Reaktion ($\rightarrow$ 12.2.) zu Kohlenmonoxid reagiert:

$$C + CO_2 \rightleftharpoons 2CO$$

In den heißeren Zonen des Hochofens wird das bei der Reduktion von FeO gebildete Kohlendioxid über die Boudouard-Reaktion in Kohlenmonoxid zurückverwandelt. Bei Temperaturen unterhalb 1000 °C verlangsamt sich die Boudouard-Reaktion, bis sie schließlich vollkommen zum Erliegen kommt. Das Bedeutet, daß der Koks im oberen Teil des Hochofens an der Reaktion nicht mehr beteiligt ist und der CO_2-Gehalt des Gases ansteigt. Im oberen Drittel des Hochofens werden vorwiegend Hämatit und Magnetit zu Wüstit reduziert. Das aus dem Hochofen austretende Gichtgas ist infolge seines CO-Gehaltes brennbar, der Brennwert liegt aber nur zwischen 3 und 4 MJ m^{-3}. Da der Sauerstoff der eingeblasenen Heißluft nach geringer Eindringtiefe verbraucht ist, bildet sich im Inneren des Hochofens ein poröser Kokskegel (toter Mann), der nicht vergast wird. Roheisen und Schlacke sammeln sich in flüssiger Form im unteren Teil (Gestell), aus dem sie in bestimmten Zeitabständen abgestochen werden. Durch 3,5 bis 4,5% gelösten Kohlenstoff erniedrigt sich die Schmelztemperatur des Eisens von 1540 °C auf etwa 1150 °C. Die Schlacke bildet sich aus silicatischen Erzbestandteilen und Zuschlägen. Sie soll diejenigen Komponenten aufnehmen, die als Bestandteile des Roheisens unerwünscht sind. Dazu gehört vor allem Schwefel, der mit steigendem CaO-Gehalt zunehmend als Calciumsulfid, CaS, von der Schlacke aufgenommen wird. Silicium verteilt sich zwischen beiden Phasen, und zwar in elementarer Form im Roheisen und als SiO_2 in der Schlacke. Ähnliches gilt für Mangan.

Stähle sind Eisenwerkstoffe, die im festen Zustand in der Wärme verformt werden können. Das ist in der Regel nur bei Kohlenstoffgehalten unter 2% möglich. **Unlegierter Stahl** darf außer Kohlenstoff, der in Form von Zementit, Fe_3C, für die Zugfestigkeit des Stahls von großer Bedeutung ist, nur geringe Anteile an Legierungsbestandteilen enthalten. An erster Stelle stehen dabei die Eisenbegleiter Mangan und Silicium. Das weitaus wichtigste Verfahren der Stahlerzeugung ist das **Sauerstoffblasstahlverfahren.** Das Verfahren arbeitet mit Blaskonvertern, in denen auf die Oberfläche des füssigen Roheisens mit einer Lanze Sauerstoff aufgeblasen wird. Der gelöste Kohlenstoff wird dabei durch Oxidation zu Kohlendioxid auf Gehalte von weniger als 0,3% reduziert. Zur Steuerung der stark exothermen Reaktion wird dem Roheisen bis zu 25% Stahlschrott (Kühlschrott) zugesetzt. Die Oxide anderer Begleitelemente, z. B. des Phosphors, werden dabei von der Schlacke aufgenommen, deren Bildung durch Zusatz von Branntkalk ermöglicht wird. **Legierte Stähle** werden vorzugsweise nach dem Elektrostahlverfahren hergestellt, bei dem die Wärme durch einen Lichtbogen erzeugt wird. Es wird zwischen niedriglegierten Stählen mit bis zu 5% und hochlegierten Stählen mit über 5% absichtlich zugesetzten Legierungsbestandteilen unterschieden. **Austenitische Stähle** sind Eisenwerkstoffe, bei denen durch geeignete Legierungsbestandteile die kubisch-flächenzentrierte Struktur des γ-Eisens (Austenitphase[1]) bei Raumtemperatur und darunter stabil gehalten wird. Das kann z. B. durch Zusatz von 1,2% Kohlenstoff und 12% Mangan oder durch Zusatz von 0,12% Kohlenstoff, 18% Chrom und 8% Nickel (austenitische Chrom-Nickel-Stähle) erreicht werden. Durch Zusatz von mindestens 13% Chrom entstehen Stähle, die bei hohen Temperaturen nicht in Austenit umgewandelt werden, sondern die kubisch-raumzentrierte Struktur des α-Eisens (Ferrit) behalten. Sie werden als **ferritische Stähle** bezeichnet. Zur Identifizierung von legierten Stählen sind Tüpelreaktionen für die verschiedenen Legierungsbestandteile geeignet. Dazu wird die Oberfläche des Stahls mit wenigen Tropfen Lösungssäure, z. B. einer Mischung aus Salzsäure und Salpetersäure angeätzt. Die Flüssigkeit wird anschließend mit Filtrierpapier aufgesaugt oder auf eine Porzellanplatte gebracht und mit spezifischen Reagenzlösungen versetzt, die mit den Legierungsbestandteilen charakteristische Farbreaktionen ergeben. Beispiele sind in Tab. 11.1 gegeben.

Tab. 11.1 Tüpfelreaktionen zur Identifizierung legierter Stähle (nach H. Bösch)		
Legierungs-bestandteil	Reagenzlösungen	Farbreaktion
Chrom	am Werkstück: + Natriumperoxid bis zur basischen Reaktion nach Aufnahme durch Filterpapier: + Oxalsäure (bei Anwesenheit von Mo) + H_2SO_4 + Diphenylcarbazid	rotviolett
Nickel	+ Wasserstoffperoxid + Weinsäure + Ammoniak + Diacetyldioxim	rot
Molybdän	+ Kaliumthiocyanat + Ascorbinsäure	rotbraun
Silicium	+ Ammoniummolybdat nach 15 min: + Oxalsäure + Ammoniumeisen(II)-sulfat	blau

---

[1] Nach W. C. Roberts-Austen

Zum **Nachweis von Eisen(III)-Ionen** in Lösungen dient die Reaktion mit Kaliumthiocyanat, KSCN, bei der sich intensiv rotes Eisenthiocyanat, $Fe(SCN)_3$, bildet.

Mit Kaliumhexacyanoferrat(II) (Gelbes Blutlaugensalz), $K_4[\overset{+II}{Fe}(CN)_6]$, geben Eisen(III)-Ionen je nach Stoffmengenverhältnis der Reaktionspartner lösliches $KFe[Fe(CN)_6]$ oder unlösliches $Fe_4[Fe(CN)_6]_3$, die beide eine intensiv blaue Farbe haben und unter der Bezeichnung „Berliner Blau" bekannt sind.

Beim **Nachweis von Eisen(II)-Ionen** mit Kaliumhexacyanoferrat(III) (Rotes Blutlaugensalz), $K_3[\overset{+III}{Fe}(CN)_6]$, entstehen dieselben farbigen Verbindungen. Vor der eigentlichen Farbreaktion findet in diesem Fall ein Wechsel der Oxidationszahlen statt:

$$Fe^{2+} + [\overset{+III}{Fe}(CN)_6]^{3-} \longrightarrow Fe^{3+} + [\overset{+II}{Fe}(CN)_6]^{4-}$$

Eisenoxide und **Eisenhydroxide** haben als Zunderschichten, Rost, Pigmente und magnetische Informationsträger für den Ingenieur Bedeutung.

Eisen(II)-oxid (Wüstit) ist ein schwarzes Pulver, das sich oberhalb 570 °C bei der Oxidation von Eisen mit Sauerstoff unter niedrigem Partialdruck oder mit Wasserdampf bildet:

$$Fe + H_2O \longrightarrow FeO + H_2$$

Es kristallisiert mit Natriumchloridstruktur. Die Zusammensetzung entspricht nicht genau der Formel FeO. Da ein Teil der Fe(II)-Ionen durch Fe(III)-Ionen ersetzt ist, ergibt sich aus Gründen der Elektroneutralität eine Zusammensetzung, die zwischen $Fe_{0,90}O$ und $Fe_{0,95}O$ liegt ($\rightarrow$ 17.1.). Unterhalb 570 °C zerfällt Wüstit nach Gleichung

$$4\,FeO \longrightarrow Fe + Fe_3O_4$$

Eisen(II)-hydroxid fällt aus, wenn Eisen(II)-Salzlösungen unter Luftabschluß mit Natronlauge oder Ammoniak versetzt werden:

$$Fe^{2+} + 2\,OH^- \longrightarrow Fe(OH)_2$$

Der weiße Niederschlag verfärbt sich an der Luft infolge Oxidation über schmutziggrün und schwarz nach braun.

Aus Eisen(III)-Salzlösungen fällt beim Zusatz von Basen ein rotbrauner, voluminöser Niederschlag. Er besteht aus verschiedenartigen Eisenoxidhydraten, die beim Erhitzen zu **Eisen(III)-oxid**, Fe_2O_3, entwässert werden. Zur technischen Herstellung definierter Eisen(III)-oxide und -hydroxide, die als **Pigmente** für Baustoffe (z. B. Verblendsteine, Bodenbeläge), Kunststoffe, Gummiartikel und Anstriche große Bedeutung haben, geht man von **Eisen(II)-sulfat**, $FeSO_4 \cdot 7\,H_2O$, aus. Das bläulichweiße, bei Verunreinigung mit Eisen(III)-Ionen grünliche Salz („Grünsalz") kristallisiert bei Kühlung aus schwefelsauren Beizlösungen aus. Der

Farbton von gelb-bräunlichem, nadelförmig kristallisierendem **α-Eisenoxidhydrat** (**Goethit**), α-FeOOH, kann durch die Teilchengröße der Kriställchen beeinflußt werden. Zur Herstellung wird zunächst Eisen(II)-sulfatlösung nach Zusatz von Natronlauge mit Luft begast. Dabei bilden sich nach Gleichung

$$2\,Fe^{2+} + 4\,OH^- + \tfrac{1}{2}O_2 \longrightarrow 2\,FeOOH + H_2O$$

Kristallkeime, die im schwach sauren Bereich nach Zusatz von Stahlschrott bis zur gewünschten Teilchengröße wachsen. Dabei laufen folgende Reaktionen ab:

$$2\,Fe^{2+} + \tfrac{1}{2}O_2 + 7\,H_2O \longrightarrow 2\,FeOOH + 4\,H_3O^+$$

$$2\,Fe + 4\,H_3O^+ \longrightarrow 2\,Fe^{2+} + 2\,H_2 + 4\,H_2O$$

Beim Erhitzen auf 300 °C entsteht aus Eisenoxidhydrat das rotbraune Pigment α-Fe$_2$O$_3$ mit der Kristallstruktur des Eisenerzes Hämatit. Ferromagnetisches γ-Fe$_2$O$_3$ in Form nadeliger Kriställchen wird, mit Polymeren als Bindemittel, zur Beschichtung von **Magnetbändern** verwendet. Der Herstellungsweg führt über den ferromagnetischen und elektrisch leitenden **Magnetit**, Fe$_3$O$_4$, genauer: $\overset{+\,II\,+\,III}{Fe\,Fe_2O_4}$:

$$\alpha\text{-}Fe_2O_3 \xrightarrow{\ \text{Reduktion}\ } Fe_3O_4 \xrightarrow{\ \text{vorsichtige Oxidation}\ } \gamma\text{-}Fe_2O_3$$

rotbraun   schwarz   schmutzigbraun

Eisen(III)-chlorid bildet sich beim chlorierenden Aufschluß von Titanerzen als Nebenprodukt oder kann durch Reaktion von Stahlschrott mit trockenem Chlorgas leicht hergestellt werden. Die dunkle, metallisch glänzende wasserfreie Form, FeCl$_3$, und das gelbbraune Hexahydrat, FeCl$_3 \cdot 6\,H_2O$, lösen sich leicht in Wasser. Infolge Protolyse der hydratisierten Eisen(III)-Ionen (→6.5.) reagiert die gelbe bis rotbraune Lösung sauer. Kupfer, Zink, Nickel, Blei und andere Metalle werden ohne Wasserstoffentwicklung durch die oxidierende Wirkung der Eisen(III)-Ionen gelöst, z. B. nach

$$Cu + 2\,Fe^{3+} \longrightarrow Cu^{2+} + 2\,Fe^{2+}$$

Eisen(III)-chlorid ist deshalb Bestandteil vieler **Ätzmittel,** die z. B. bei der Herstellung gedruckter Schaltungen oder beim Tiefdruck verwendet werden. Große technische Bedeutung hat Eisenchlorid neben anderen Eisensalzen als Flokkungs- und Fällungsmittel bei der Wasseraufbereitung (→8.3.).

11.2. Aluminium

Das Leichtmetall Aluminium ist das jüngste unter den Gebrauchsmetallen. 1827 von F. Wöhler erstmalig hergestellt, wird es seit 1886 durch Schmelzflußelektrolyse industriell erzeugt. Trotz seiner niedrigen Standardspannung ist Aluminium an der Luft und in neutralen oder schwach sauren wäßrigen Lösungen unerwartet korrosionsbeständig. Der Grund ist die spontane Ausbildung einer dichten, fest haftenden Oxidschicht auf der Oberfläche des Metalls. Ein weiterer Vorteil ist die geringe Dichte von 2700 kg m^{-3} (bei 20 °C), die besonders bei der Verwendung im Verkehrsbereich (Bauteile von Kraftfahrzeugen, Schienenfahrzeugen und Schiffen) und auf dem Verpackungssektor (Folien, Getränkedosen) zu Energieeinsparungen führt, die den hohen Stromverbrauch bei der Elektrolyse überkompensieren. In den wichtigsten Verbindungen hat Aluminium die Oxidationszahl +III.

Der erste Schritt der **Aluminiumherstellung** ist die Erzeugung von reinem Aluminiumoxid. Rohstoff dafür ist **Bauxit**[1], ein Gemenge aus den hydroxidischen Aluminiummineralen Hydrargillit, Böhmit und Diaspor, zusammen mit Eisenoxiden, die dem Bauxit die charakteristische rostrote Farbe geben, Kieselsäure in Form von Quarz oder Kaolinit und anderen Nebenbestandteilen. Die umfangreichsten Bauxitlagerstätten befinden sich in Guinea und Australien. Der Bauxitaufschluß wird, von einigen Modifikationen abgesehen, auch heute noch nach dem Verfahren durchgeführt, das der österreichische Chemiker K. J. Bayer 1887 zum Patent angemeldet hat. Beim **Bayer-Verfahren** wird der gemahlene Bauxit bei 140 bis 250 °C mit Natronlauge behandelt. Dabei gehen die Aluminiumhydroxide als Aluminationen in Lösung:

$$Al(OH)_3 + Na^+ + OH^- \rightleftharpoons Al(OH)_4^- + Na^+$$

Das Gleichgewicht der Reaktion läßt sich durch Temperaturerhöhung zugunsten des Aluminats und durch Temperaturerniedrigung zugunsten des Aluminiumhydroxids verschieben. Im Bauxit enthaltene Kieselsäure löst sich zunächst als Natriumsilicat, scheidet sich aber in Form von kristallinen Alumosilicaten wieder aus, so daß Verkrustungen insbesondere an Heizflächen auftreten können. Eisenoxid bleibt ungelöst und wird als **Rotschlamm** durch Sedimentation und Filtration abgetrennt. Rotschlamm kann als Pigment in Baustoffen verwendet oder zu Eisensalzen für die Wasseraufbereitung weiterverarbeitet werden. Aus der geklärten, auf 55 bis 75 °C abgekühlten Aluminatlösung scheidet sich beim „Ausrühren", in Umkehrung der Lösereaktion, Aluminiumhydroxid ab. Durch Impfen mit bereits ausgerührtem Hydroxid wird dieser Vorgang beschleunigt. Das Aluminiumhydroxid wird anschließend durch Trommelzellenfilter von der Lauge abgetrennt, mit heißem Wasser gewaschen, getrocknet und bei 1100 °C im Wirbel-

---

[1] nach dem ersten Fundort Les Baux in Südfrankreich

schichtofen kalziniert, wobei nach

$$2\,Al(OH)_3 \longrightarrow Al_2O_3 + 3\,H_2O$$

Aluminiumoxid entsteht. Eine Tonne Bauxit enthält 0,5 bis 0,6 Tonnen Aluminiumoxid, etwa 0,45 Tonnen können aber nur gewonnen werden. Verluste sind auf ungelöste Anteile und auf die Bildung von Alumosilicaten zurückzuführen. Die bei der Filtration anfallende verdünnte Lauge wird eingedampft, von Verunreinigungen (z. B. Soda) befreit und in den Kreislauf zurückgeführt.

Für die **Schmelzflußelektrolyse** werden mit Kohle ausgekleidete Stahlwannen verwendet, die zugleich als Kathoden dienen (Abb. 11.3). Die Anoden sind vorgebrannte Kohleblöcke. Das Anodenmaterial wird aus 60% Petrolkoks, 25% Anodenresten und 15% Steinkohlenteerpech gemischt und nach der Formung bei max. 1200°C gebrannt. Die eisernen Stromzuführungsbolzen werden mit Gußeisen an den Anodenblöcken befestigt. Der Elektrolyt ist eine 930 bis 980°C heiße Schmelze, die zu 95% aus Kryolith, Na_3AlF_6, und zu 5% aus Aluminiumoxid besteht. An der Kathode bildet sich nach

$$Al^{3+} + 3\,e \longrightarrow Al$$

flüssiges Aluminium, das von Zeit zu Zeit vom Boden der Elektrolysezelle abgesaugt und in der Gießerei zu Masseln oder Barren gegossen wird.

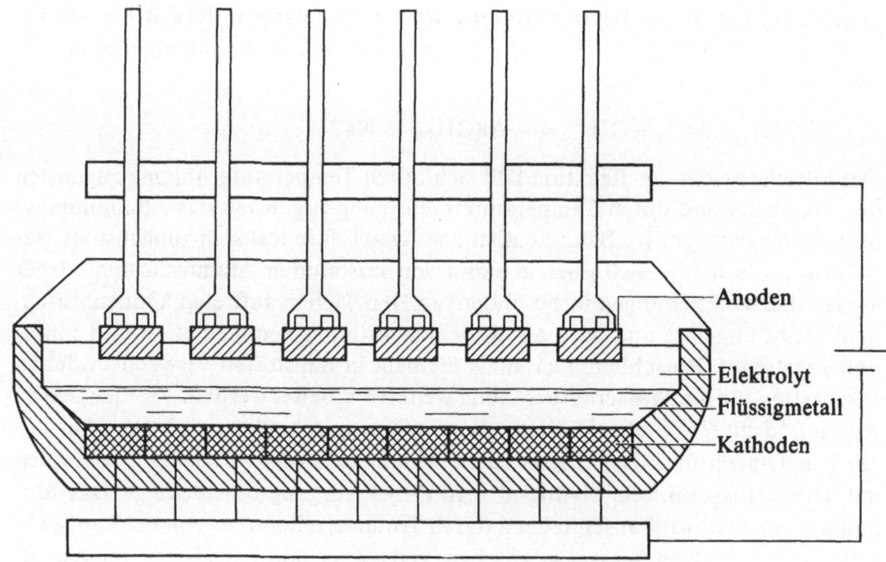

Abb. 11.3 Gewinnung von Aluminium durch Schmelzflußelektrolyse

Die Anodenreaktion kann vereinfacht durch die Reaktionsgleichung

$$C + 2O^{2-} \longrightarrow CO_2 + 4e$$

beschrieben werden. Obwohl es bei der hohen Temperatur thermodynamisch stabiler als Kohlendioxid ist, bildet sich kaum Kohlenmonoxid. Während der Elektrolyse müssen das verbrauchte Aluminiumoxid kontinuierlich ergänzt und die Anoden in bestimmten Zeitabständen erneuert werden. Verarmt der Elektrolyt an Aluminiumoxid, kommt es zur Zersetzung von Kryolith. Dieser sog. Anodeneffekt äußert sich in einem plötzlichen Anstieg der Zellenspannung sowie in der Bildung von Kohlenmonoxid und Kohlenstofftetrafluorid, CF_4, an der Anode.

In modernen Schmelzflußelektrolyseanlagen werden bei Zellenspannungen von 4 bis 5 V Stromstärken von 170 kA, in einigen Fällen bis zu 300 kA erreicht. Der Energieverbrauch liegt bei etwa 15 000 kW h je Tonne Aluminium.

Aluminium hat eine große Affinität zu Sauerstoff, die in der hohen Standard-Bildungsenthalpie des Aluminiumoxids von $-1675\,\text{kJ}\,\text{mol}^{-1}$ zum Ausdruck kommt. Demgegenüber liegt die Standard-Bildungsenthalpie von Chromoxid bei $-1130\,\text{kJ}\,\text{mol}^{-1}$ und von Eisen(III)-oxid bei $-822\,\text{kJ}\,\text{mol}^{-1}$. Diese Eigenschaft des Aluminiums wird bei der **Aluminothermie** technisch genutzt. Unter der Bezeichnung werden exotherme Reaktionen zwischen Aluminiumpulver und pulverförmigen Metallverbindungen zusammengefaßt, die nach Zündung der Mischung – z. B. durch eine sehr reaktionsfähige Zündmischung aus Bariumperoxid und Aluminiumpulver – selbstgängig ablaufen. Infolge der starken Wärmeentwicklung fallen das durch Reduktion gebildete Metall und die aluminiumoxidhaltige Schlacke in flüssiger Form an. Das Verfahren, 1898 von Goldschmidt mit Eisenoxid unter der Bezeichnung Thermitreaktion erstmalig durchgeführt, dient zur Herstellung sehr reiner, hochschmelzender Metalle wie Chrom:

$$Cr_2O_3 + 2\,Al \longrightarrow 2\,Cr + Al_2O_3$$

Oxidschichten auf Aluminiumoberflächen lassen sich durch **Anodisierung** verstärken. Die zu behandelnden Aluminiumteile bilden dabei die Anode einer Elektrolysezelle, die Anodenreaktion kann vereinfacht durch Gleichung

$$2\,Al + 9\,H_2O \longrightarrow Al_2O_3 + 6\,H_3O^+ + 6e$$

wiedergegeben werden. Durch konventionelle Anodisierung (Eloxal-Verfahren), die vor allem bei Aluminiumteilen im Bauwesen, bei Autozierteilen und Haushaltsgeräten angewandt wird, lassen sich Schichtdicken von 5 bis 25 µm erreichen. Dabei wird überwiegend mit Gleichstrom (G) bei Badspannungen zwischen 12 und 25 V gearbeitet. Bevorzugte Elektrolyte sind wäßrige Lösungen mit 15 bis 20% Schwefelsäure (GS-Verfahren), die zusätzlich Oxalsäure (GSX-Verfahren) enthalten können. Die farblosen und transparenten Oxidschichten haben über einer porenfreien Grundschicht eine poröse äußere Schicht, die leicht einfärbbar ist. Bei der Tauchfärbung werden färbende Komponenten aus Lösungen durch

Adsorption gebunden. Für goldgelbe Farbtöne wird z.B. Ammoniumeisen(III)-oxalat-Lösung verwendet. Große Bedeutung haben elektrolytische Färbeverfahren, bei denen aus saurer Zinnsulfatlösung oder anderen Metallsalzlösungen mit Wechselstrom kleine Metallpartikel in den Poren der Oxidschicht abgeschieden werden. Der Farbeindruck entsteht durch Lichtstreuung an den Metallpartikeln. Die Farbskala reicht von hellen Bronzetönen bis zu Schwarz. Damit ein ausreichender Korrosionsschutz gewährleistet ist, müssen anodisch erzeugte Oxidschichten verdichtet werden. Dieses „Sealing" kann z.B. durch Behandlung mit kochendem, entionisiertem Wasser erreicht werden, dessen pH-Wert durch einen geringen Gehalt an Ammoniumacetat auf 5,8 gehalten wird. Aluminiumoxid reagiert dabei zu Böhmit

$$Al_2O_3 + H_2O \longrightarrow 2\,AlOOH$$

und die damit verbundene Volumenausdehnung bewirkt den Porenverschluß. Durch **Hartanodisation** werden graue bis braune, sehr harte und verschleißfeste Oxidschichten mit Dicken von 25 bis 150 µm erzeugt. Das Verfahren unterscheidet sich von der konventionellen Anodisierung durch niedrigere Elektrolyttemperaturen (0 bis 10°C) und höhere Badspannungen (20 bis 60 V).

Aluminium bildet eine große Anzahl von amorphen oder kristallinen Hydroxiden und Oxidhydroxiden. Wird eine Aluminiumsalzlösung mit Ammoniak versetzt, fällt ein Gel aus, dessen Zusammensetzung je nach den Fällungsbedingungen unterschiedlich ist (→Abb. 8.5). Das amphotere Aluminiumhydroxid-Gel löst sich leicht in Säuren unter Bildung von Aluminiumionen:

$$Al(OH)_3 + 3\,H_3O^+ \longrightarrow Al^{3+} + 6\,H_2O$$

und in starken Basen unter Bildung von Aluminationen:

$$Al(OH)_3 + OH^- \longrightarrow Al(OH)_4^-$$

Beim Altern des Niederschlags entstehen kristalline Formen, die sich nur noch in konzentrierten starken Säuren und Basen lösen. Besonders wichtige Modifikationen sind

Hydrargillit (Gibbsit), **α-Al(OH)₃,** eine durch Alkaliionen stabilisierte Modifikation, die beim Bayer-Verfahren aus Aluminatlösungen ausfällt,

Bayerit, β-Al(OH)₃, die stabile Hydroxidform, die z.B. entsteht, wenn bei Raumtemperatur Kohlendioxid in Aluminatlösungen eingeleitet wird oder wenn, ebenfalls bei Raumtemperatur, Wasser auf Aluminium einwirkt, das mit Quecksilber aktiviert worden ist, und

Böhmit, α-AlOOH, der als Nebenprodukt der Hydrolyse von Aluminiumalkoholaten zu Fettalkoholen bei etwa 100°C anfällt:

$$\text{Al} \underset{\diagdown}{\overset{\diagup}{-}} \begin{matrix} \text{O}-\text{R} \\ \text{O}-\text{R} \\ \text{O}-\text{R} \end{matrix} + 2\,\text{H}_2\text{O} \longrightarrow \text{AlOOH} + 3\,\text{R}-\text{OH}$$

Aluminiumoxide (Tonerden) entstehen aus Hydroxiden und Oxidhydroxiden durch thermische Wasserabspaltung.

γ-Al_2O_3 ist eine Sammelbezeichnung für thermodynamisch instabile Aluminiumoxidformen mit einem Restgehalt an Hydroxidgruppen. Sie bilden sich aus Hydrargillit, Bayerit und Böhmit bei Temperaturen zwischen 400 und 750 °C. γ-Aluminiumoxide haben spezifische Oberflächen zwischen 150 und 400 m^2 g^{-1} und werden, häufig unter der Bezeichnung Aktivtonerde, als Katalysatorträger und Adsorptionsmittel verwendet.

α-Al_2O_3 **(Korund)** ist das thermodynamisch stabile Aluminiumoxid. Es zeichnet sich durch große Härte (9 auf der Skala nach Mohs) aus. Seine Schmelztemperatur liegt bei 2050 °C. Sinterkorund entsteht durch Sinterung von Tonerde bei 1700 bis 1750 °C. Elektrokorund wird aus Bauxit oder Tonerde im Lichtbogenofen erschmolzen, wobei zur reduktiven Abtrennung unerwünschter Oxide (z. B. Fe_2O_3) Koks zugesetzt werden kann. Korund wird als Feuerfest-Erzeugnis zur Ausmauerung von Hochtemperaturöfen, als Schleifmittel, als Strahlkorund für die Oberflächenbehandlung und als abriebfester Zusatz für Betonmischungen verwendet.

Aluminiumverbindungen, die bereits im Altertum in der Wollfärberei und zum Gerben verwendet wurden, sind die Alaune. **Alaune** sind kristallwasserhaltige Salze der allgemeinen Formel $\text{Me}^{1+}\text{Me}^{3+}(\text{SO}_4)_2 \cdot 12\,\text{H}_2\text{O}$, unter denen der Kaliumaluminiumalaun, $\text{KAl}(\text{SO}_4)_2 \cdot 12\,\text{H}_2\text{O}$, am bekanntesten ist.

Von den wasserlöslichen Aluminiumverbindungen hat heute **Aluminiumsulfat,** $\text{Al}_2(\text{SO}_4)_3$, die größte Bedeutung. Es wird aus Aluminiumhydroxid und Schwefelsäure hergestellt:

$$2\,\text{Al(OH)}_3 + 3\,\text{H}_2\text{SO}_4 \longrightarrow \text{Al}_2(\text{SO}_4)_3 + 6\,\text{H}_2\text{O}$$

Ein wichtiger Verbraucher von Aluminiumsulfat ist die Papierindustrie. Bei der Leimung von Papier ermöglichen die positiv geladenen Aluminiumhydroxokomplexe ($\rightarrow$ Abb. 8.5) die Haftung der negativ geladenen Leimharzteilchen an der ebenfalls negativ geladenen Papierfaser. Nachteilig ist die saure Reaktion der Aluminiumionen ($\rightarrow$ 6.5.). Durch Säuren wird die Hydrolyse des Papiergrundstoffs Cellulose beschleunigt und damit die Alterungsbeständigkeit des Papiers herabgesetzt.

11.3. Kupfer

Funde deuten darauf hin, daß gediegenes[1] Kupfer bereits vor 9000 Jahren verarbeitet wurde und daß die Gewinnung von Kupfer aus oxidischen Erzen vor 6000 bis 7000 Jahren bekannt war. Die Kupferverhüttung ist damit wahrscheinlich das älteste metallurgische Verfahren.

Kupfer ist ein relativ edles Metall mit einer Dichte von 8930 kg m^{-3} (bei 20°C), dessen wichtigste Eigenschaft die hohe elektrische Leitfähigkeit ist. Als Übergangsmetall kann es mit unterschiedlichen Oxidationszahlen auftreten. Bei niedrigeren Temperaturen, besonders in Lösungen, wird die Oxidationszahl $+$II bevorzugt, bei Temperaturen von über 800°C die Oxidationszahl $+$I.

Primäre Kupfererze sind sulfidisch. Zu ihnen gehören Kupferkies, $CuFeS_2$, und Kupferglanz, Cu_9S_5. In der Nähe der Erdoberfläche sind in Gegenwart sauerstoffhaltiger Wässer durch Verwitterung sekundäre Erze entstanden, unter denen Chrysokoll, $CuSiO_3 \cdot n\,H_2O$, Azurit, $2\,CuCO_3 \cdot Cu(OH)_2$ und Malachit, $CuCO_3 \cdot Cu(OH)_2$, die wichtigsten sind. Bedeutende Kupfervorkommen gibt es in den USA, in Chile, in der UdSSR, in Kanada, Sambia, Peru und Zaire. Da die derzeit sich im Abbau befindlichen Lagerstätten arm an Kupfer sind, muß der Verhüttung eine Anreicherung vorausgehen. Das bedeutendste Anreicherungsverfahren ist die **Flotation,** bei der z. B. aus einem Roherz mit 0,5% Kupfer ein Erzkonzentrat mit 20 bis 30% Kupfer gewonnen werden kann. Das Verfahren beruht auf der unterschiedlichen Benetzbarkeit von Kupfermineralen und Begleitmineralen (Gangart). Einer wäßrigen Suspension (Trübe) des feingemahlenen Roherzes werden grenzflächenaktive Stoffe (Sammler) zugesetzt, die selektiv an der Oberfläche der Kupferminerale adsorbiert werden. Dadurch werden diese hydrophob ($\rightarrow$ 13.), während die Begleitminerale hydrophil bleiben. Als Sammler für sulfidische Erze werden Xanthate (Xanthogenate) und Dialkyldithiophosphate verwendet (Abb. 11.4). In die Trübe eingebrachte Luftblasen haften an den hydrophoben Erzteilchen und tragen diese zur Wasseroberfläche (Abb. 11.4), wo sich eine Schaumschicht bildet, mit der das Erzkonzentrat ausgetragen wird. Durch Zusatz von Schäumern, die die Oberflächenspannung des Wassers herabsetzen, wird die Bildung eines tragfähigen Schaumes erleichtert und die Blasengröße vermindert. Die Löslichkeit der Verbindungen aus Metallionen und Sammlermolekülen ist vom pH-Wert abhängig. Da diese Löslichkeit geringer sein muß, als die ebenfalls pH-abhängige Löslichkeit des Minerals, läßt sich die Flotation durch den pH-Wert der Trübe sehr stark beeinflussen. Die Selektivität der Flotation kann außerdem durch Passivierungsmittel verändert werden. Bei Zusatz von Natriumdichromat bildet sich z. B. auf Bleierzen eine dünne, sehr schwer lösliche Schicht von Bleichromat, die eine Adsorption der Sammlerionen und damit eine Hydrophobierung der Oberfläche verhindert. Dadurch wird es möglich, die sulfidischen Erze Kupferkies und Bleiglanz voneinander zu trennen.

---

[1] im elementaren Zustand aufgefunden

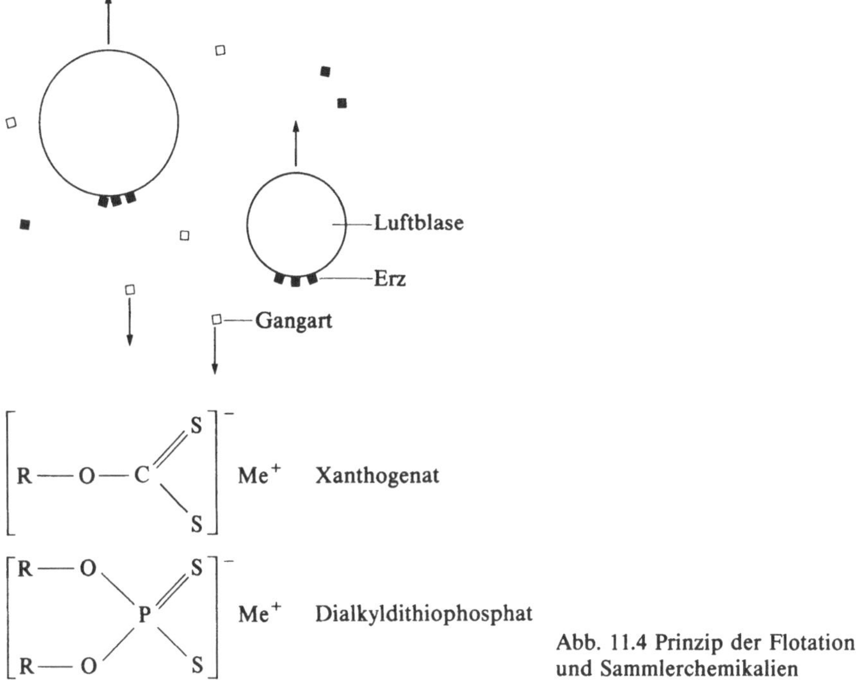

$$\left[R - O - C \begin{array}{c} S \\ \\ S \end{array} \right]^- \quad Me^+ \quad Xanthogenat$$

$$\left[\begin{array}{c} R - O \\ \\ R - O \end{array} P \begin{array}{c} S \\ \\ S \end{array} \right]^- \quad Me^+ \quad Dialkyldithiophosphat$$

Abb. 11.4 Prinzip der Flotation
und Sammlerchemikalien

Für den weiteren Aufarbeitungsweg sulfidischer Erze kann ein bestimmtes Kupfer-Schwefel-Verhältnis, eine vollständige Überführung in Oxide oder auch die Bildung von wasserlöslichem Kupfersulfat wünschenswert sein. Bei der **Röstung** wird das Erzkonzentrat vorzugsweise in der Wirbelschicht bei Temperaturen zwischen 500 und 900 °C mit Luft behandelt. Die für das Rösten von Kupferkies typischen Reaktionen sind:

$$2\,CuFeS_2 \longrightarrow Cu_2S + 2\,FeS + S$$

$$2\,FeS + \tfrac{7}{2}O_2 \longrightarrow Fe_2O_3 + 2\,SO_2$$

$$Cu_2S + 2\,O_2 \longrightarrow 2\,CuO + SO_2$$

$$S + O_2 \longrightarrow SO_2$$

$$SO_2 + \tfrac{1}{2}O_2 \rightleftharpoons SO_3$$

Bei niedriger Temperatur wird die sulfatisierende Röstung unter Bildung von Kupfersulfat begünstigt:

$$CuO + SO_3 \rightleftharpoons CuSO_4$$

Zur Verhüttung durch schmelzmetallurgische Verfahren wird partiell geröstetes Erzkonzentrat bei 1050 bis 1200 °C geschmolzen. In modernen Schwebeschmelzöfen wird der Schmelzprozeß mit der Röstung kombiniert. Bei der hohen Schmelztemperatur bildet sich aus Kupfer(II)-oxid unter Sauerstoffabspaltung Kupfer(I)-oxid

$$2\,CuO \;\rightleftharpoons\; Cu_2O + \tfrac{1}{2}O_2$$

das sich mit Eisensulfid weitgehend nach folgender Gleichung umsetzt:

$$Cu_2O + FeS \;\rightleftharpoons\; Cu_2S + FeO$$

Durch Zuschlag von Quarzsand wird Eisenoxid in Eisensilicat überführt

$$2\,FeO + SiO_2 \;\longrightarrow\; Fe_2SiO_4$$

und von der spezifisch leichteren Schlacke aufgenommen.

Kupfer ist überwiegend als Sulfid in der spezifisch schwereren Matte (Kupferstein) enthalten, die in flüssiger Form abgezogen und in Konvertern mit Luft verblasen wird. Das Verblasen ist eine partielle Röstung nach

$$2\,Cu_2S + 3\,O_2 \;\longrightarrow\; 2\,Cu_2O + 2\,SO_2$$

verbunden mit einer Reaktion zwischen dem entstehenden Kupfer(I)-oxid und dem noch vorhandenen Kupfer(I)-sulfid zu Rohkupfer:

$$2\,Cu_2O + Cu_2S \;\longrightarrow\; 6\,Cu + SO_2$$

Sauerstoffhaltige Kupfererze werden meist durch **hydrometallurgische Verfahren** gewonnen. Die erste Stufe besteht aus einer „Laugung" der Erze mit verdünnter Schwefelsäure, bei der das Kupfer in Form von Kupfer(II)-Ionen in Lösung geht. Bei der Behandlung von Malachit läuft dabei folgende Reaktion ab:

$$CuCO_3 \cdot Cu(OH)_2 + 4\,H_3O^+ \;\rightleftharpoons\; 2\,Cu^{2+} + CO_2 + 7\,H_2O$$

Zur Rückgewinnung des Kupfers aus der schwefelsauren Lösung werden folgende Verfahren angewandt:

- Ausfällung (Zementation) durch Zugabe von Eisenschrott nach der Reaktionsgleichung

$$Cu^{2+} + Fe \;\longrightarrow\; Cu + Fe^{2+}$$

- Gewinnungselektrolyse unter Verwendung von Kupferkathoden und inerten Anoden (z. B. aus einer Bleilegierung).

$$\text{Anodenreaktionen:}\quad 6\,H_2O \;\longrightarrow\; 4\,H_3O^+ + O_2 + 4\,e$$

$$Fe^{2+} \;\longrightarrow\; Fe^{3+} + e$$

$$\text{Kathodenreaktionen:}\quad Cu^{2+} + 2\,e \;\longrightarrow\; Cu$$

$$Fe^{3+} + e \;\longrightarrow\; Fe^{2+}$$

Die Redoxreaktionen des Eisens halten die Konzentrationen an Fe(II)- und Fe(III)-Ionen konstant.

- Flüssig-Flüssig-Extraktion: Die Kupferionen werden von einem in Kerosin gelösten Komplexbildner gebunden und damit aus der wäßrigen Phase in die organische Phase überführt. In einer zweiten Stufe wird das Kupfer mit Schwefelsäure relativ hoher Konzentration unter Regenerierung des Komplexbildners extrahiert. Aus der kupferreichen, sehr reinen schwefelsauren Lösung läßt sich das Kupfer durch Elektrolyse abscheiden. Als Komplexbildner eignen sich Hydroxyoxime der allgemeinen Formel

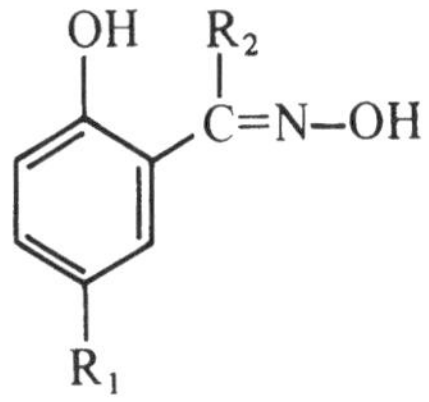

$$R_1 = -C_9H_{19}, -C_{12}H_{25}$$
$$R_2 = -H, -CH_3, -C_6H_5$$

Der Kupfergehalt von Konverter-Kupfer liegt bei 96 bis 99,5%, der von Zement-Kupfer zwischen 85 und 90%. Die weitere Reinigung erfolgt durch **Raffination.** Dazu werden im geschmolzenen Zustand Begleitelemente oxidiert und verschlackt oder, wie Schwefel, als gasförmige Oxide ausgeblasen. Der in Form von Cu_2O gelöste Sauerstoff wird beim „Polen" mit Kohle und durch Eintauchen frischer Baumstämme entfernt. Die weitere Raffination erfolgt auf elektrochemischem Wege ($\rightarrow$7.8.).

11.4. Zink

Das bereits bei 419 °C schmelzende und bei 906 °C siedende Zink nimmt unter den Gebrauchsmetallen den vierten Platz ein. Es hat bei 20 °C eine Dichte von 7140 kg m^{-3}. Zink überzieht sich an feuchter Atmosphäre mit einer gut haftenden, schützenden Schicht aus basischem Zinkcarbonat. Diese Schutzschicht und die hohe Überspannung der Wasserstoffbildung an Zinkoberflächen verhelfen dem unedlen Metall zu einer relativ hohen Korrosionsbeständigkeit ($\rightarrow$17.4.). In seinen Verbindungen hat Zink die Oxidationszahl $+$II.

Das wichtigste Zinkerz ist die Zinkblende, ZnS. Geringere Bedeutung haben Zinkspat, $ZnCO_3$, und verschiedene Zinksilicate. Die größten Zinkvorkommen gibt es in Kanada, in den USA, in der UdSSR und in Australien.

Sulfidische Erze werden meist durch Flotation ($\rightarrow$11.3.) zu Erzkonzentraten aufgearbeitet. Das bedeutendste Verfahren der Zinkgewinnung ist heute die Elektrolyse. Dazu muß das Zinksulfid der Erzkonzentrate zunächst durch oxidierende

Röstung ($\rightarrow$11.3.) in das Oxid überführt werden. Die Röstblende wird anschließend durch „Laugung" mit verdünnter Schwefelsäure gelöst:

$$ZnO + 2\,H_3O^+ \longrightarrow Zn^{2+} + 3\,H_2O$$

Bei ausreichend hoher Schwefelsäurekonzentration gehen auch andere Metalloxide und Zinkferrit, $ZnFe_2O_4$, in Lösung. Blei- und Silberverbindungen verbleiben im ungelösten Rückstand. Da insbesondere Eisenionen die Elektrolyse stören, müssen sie aus der schwefelsauren Lösung entfernt werden. Dafür gibt es verschiedene Fällungsverfahren.

Beim Goethit-Verfahren wird nach Reduktion von Eisen(III)-Ionen mit Zinksulfid (Erzkonzentrat) nach Gleichung

$$2\,Fe^{3+} + ZnS \longrightarrow Zn^{2+} + 2\,Fe^{2+} + S$$

mit Luft zu Goethit oxidiert

$$2\,Fe^{2+} + \tfrac{1}{2}O_2 + 7\,H_2O \longrightarrow 2\,FeOOH + 4\,H_3O^+$$

wobei die gebildeten Oxoniumionen durch Zusatz von Zinkoxid (Röstblende) weggefangen werden:

$$2\,ZnO + 4\,H_3O^+ \longrightarrow 2\,Zn^{2+} + 6\,H_2O$$

Bei einem anderen Verfahren wird aus der heißen schwefelsauren Lösung durch Zusatz von etwas Ammoniak das Eisen in Form von Jarosit, $NH_4Fe_3(SO_4)_2(OH)_6$, zu Ausfällung gebracht.

In neuerer Zeit gewinnen Verfahren der Flüssig-Flüssig-Extraktion an Bedeutung. Als Extraktionsmittel eignen sich Phosphorsäureester (z. B. Tributylphosphat) und Gemische synthetischer verzweigter Carbonsäuren (Versaticsäuren). Nach der Eisenentfernung werden durch Zementation mit Zinkstaub Kupfer, Kobalt, Nickel und Cadmium als Metalle zur Ausfällung gebracht. Die gereinigte schwefelarme Zinksulfatlösung wird der Gewinnungselektrolyse unterworfen. Zink scheidet sich dabei an Aluminiumkathoden ab, von denen es in bestimmten Zeitabständen mit speziellen Meißeln als blechartiger Niederschlag entfernt wird. Bevorzugtes Anodenmaterial ist Blei mit einem geringen Silbergehalt.

12. Kohlenstoff

12.1. Modifikationen und technische Anwendungsformen

Das Element Kohlenstoff kommt in der Natur in zwei Modifikationen vor, als farbloser, wasserklarer Diamant und als grauschwarzer Graphit. Im **Diamant** sind die C-Atome durch kovalente sp^3-Bindungen mit jeweils vier anderen Atomen tetraedrisch verknüpft (Abb. 12.1). Ein Diamantkristall kann deshalb als einziges großes Makromolekül aufgefaßt werden. Aus der relativ hohen Bindungsenergie der C—C-Bindung resultiert die große Härte. Diamant ist bei niedrigem Druck instabil. Die Umwandlung in den stabilen Graphit läuft bei Raumtemperatur extrem langsam, beim Erhitzen auf über 1600 °C aber innerhalb kurzer Zeit ab. Bei Drücken über 13 000 bar ist Diamant bei Raumtemperatur die stabile Modifikation. Die Umwandlungsgeschwindigkeit von Graphit in Diamant ist unter diesen Bedingungen zu gering, so daß technische Diamantsynthesen selbst in Gegenwart von Nickel- oder Eisenkatalysatoren erst ab etwa 1600 °C und 50 000 bar möglich sind. Für eine nichtkatalysierte Diamantsynthese sind etwa 3000 °C und 150 000 bar erforderlich. Synthetische Diamanten sind meist klein und undurchsichtig und werden überwiegend zum Bohren, Schneiden und Schleifen harter Materialien und für andere technische Zwecke verwendet.

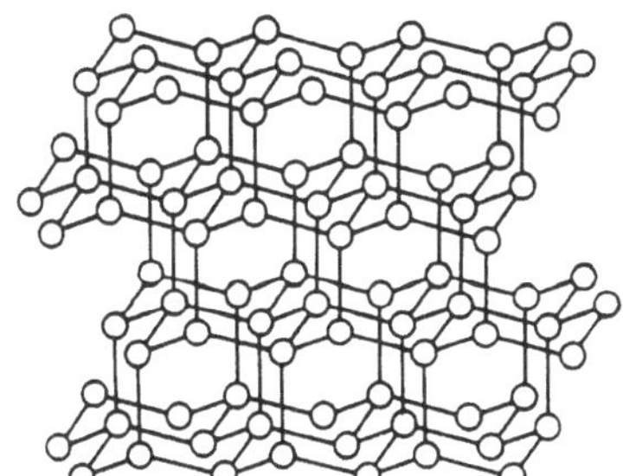

Abb. 12.1 Diamantgitter

Im **Graphit** sind die Kohlenstoffatome jeweils durch drei kovalente sp^2-Bindungen zu wabenförmigen Schichten miteinander verknüpft (Abb. 12.2). Die Elektronen der nicht hybridisierten p-Atomorbitale sind über die gesamte Schichtebene verteilt (delokalisiert) und halten die einzelnen Schichten durch relativ schwache π-Bindungen zusammen. Die ähnlich wie in einem Metall vorhandene Beweglichkeit der Elektronen ist Ursache für die elektrische Leitfähigkeit des Graphits. Aus den charakteristischen Bindungsverhältnissen resultiert eine starke **Anisotropie,** d. h. wichtige Eigenschaften sind in einem Graphitkristall richtungsabhängig. Der Wärmeausdehnungskoeffizient ist z. B. $28{,}3 \cdot 10^{-6}\,\mathrm{K}^{-1}$ senkrecht zu den Schichtebenen und $-1{,}5 \cdot 10^{-6}\,\mathrm{K}^{-1}$ parallel zu den Schichtebenen. Elektrische und thermische Leitfähigkeit sind parallel zu den Schichtebenen um ein Vielfaches größer als senkrecht dazu. Die Schichten können leicht gegeneinander verschoben werden. Das erklärt die leichte Spaltbarkeit und schmierende Wirkung von Graphitkristallen.

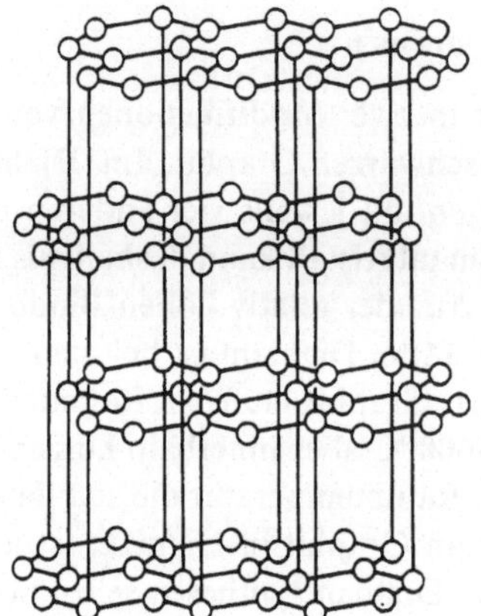

Abb. 12.2 Graphitgitter

Naturgraphit kommt z. B. in der UdSSR, in Nordkorea, Mexiko, in der Bundesrepublik Deutschland (bei Passau) und – in besonders reiner Form – auf Sri Lanka vor. Künstlicher Graphit wird durch Erhitzen von graphitierbaren Kohlenstoffträgern hergestellt. Feste, kohlenstoffreiche Rückstände, die sich bei der thermischen Zersetzung (**Pyrolyse**) kohlenstoffhaltiger Stoffe bilden, werden als **Kokse** bezeichnet. Kokse können mehr oder weniger gestörte Graphitstrukturen, amorphe Anteile und anorganische Bestandteile (Aschebildner) enthalten. Für die vollständige Graphitierung des Kohlenstoffs sind Temperaturen von 2500 bis 3000 °C erforderlich. Je besser die Graphitstruktur bereits vorgebildet ist, wie z. B. in kondensierten Aromaten, oder je größer die Mobilität der Moleküle während der Pyrolyse ist, um so leichter kann sich ein ungestörtes Graphitgitter ausbilden. Aromatenreiche Petrol- und Pechkokse sowie gasförmige, flüssige oder schmelzende Kohlenstoffträger sind deshalb leichter graphitierbar als nicht schmelzende Duroplaste oder Holz. Charakteristische Eigenschaften des Graphits sind Korrosionsbeständigkeit und – an der Luft bis 550 °C, unter Inertgas bis 3000 °C – Temperaturbeständigkeit sowie gute thermische und elektrische Leitfähigkeit. Aufgrund dieser Eigenschaften und seiner leichten Bearbeitbarkeit findet Graphit vielfältige Anwendungen. Besondere Bedeutung hat er als Elektrodenmaterial für Elektrostahlöfen und Elektrolyseanlagen, für Auskleidungen von Gießformen und als Werkstoff für Chemieapparate. Wegen der guten Gleitfähigkeit wird er als Material für Gleitkontakte in Pantographen von Elektrolokomotiven und Straßenbahnen sowie für Graphitbürsten in Elektromotoren und -generatoren verwendet.

Kohlenstoffasern können aus Polyacrylnitrilfasern hergestellt werden. Nach einheitlicher Ausrichtung der Makromoleküle durch Verstreckung werden unter oxidierenden Bedingungen zunächst stickstoffhaltige Ringsysteme gebildet, die bei hohen Temperaturen unter Abspaltung von Blausäure (HCN) und Stickstoff in reine Kohlenstoffstrukturen umgewandelt werden (Carbonisierung):

Der Grad der Graphitierung hängt von der Endtemperatur der Carbonisierung ab. Da die Schichtebenen mit den sehr festen kovalenten C—C-Bindungen in Richtung der Faserachse orientiert sind, ergeben sich für die weniger als 10 μm dicken Fasern ausgezeichnete mechanische Eigenschaften. Bei Temperaturen bis etwa 1600 °C bilden sich hochfeste Fasern mit Zugfestigkeiten von über 3500 N mm^{-2}. Bei 2500 bis 3000 °C entstehen Fasern mit sehr hohem Elastizitätsmodul (400 kN mm^{-2}). Kohlenstoffaserverstärkte Kunststoffe – meist Epoxidharze – werden vor allem in der Luft- und Raumfahrt sowie auf dem Sportgerätesektor (z. B. Ski, Tennisschläger) verwendet. Kohlenstoffasern sind außerdem als Asbestersatz von Interesse.

Aktivkohlen nennt man hochporöse kohlenstoffreiche Produkte mit inneren Oberflächen zwischen 500 und 1500 m^2 g^{-1}. Sie bestehen teils aus Graphitkriställchen mit bis zu 2,5 nm Länge, teils aus amorphen Bereichen, in denen Kohlenstoffatome untereinander und mit Sauerstoffatomen dreidimensional vernetzt sind. Aktivkohlen werden aus Steinkohle, Holz (z. B. Sägespänen), Torf, Kokosnußschalen und anderen kohlenstoffhaltigen Materialien durch Behandlung mit Zinkchlorid oder Phosphorsäure und anschließendes Erhitzen auf 600 bis 700 °C (chemische Aktivierung) oder durch Oxidation mit Wasserdampf bei 800 bis 1000 °C (Gasaktivierung) hergestellt. Sie haben große Bedeutung als Adsorptionsmittel, etwa bei der Lösemittelrückgewinnung aus Abluft, in Aktivkohlefiltern für den Atemschutz und bei der Entfernung von organischen Verunreinigungen aus Trink- und Abwasser. Bei der **Adsorption** werden gasförmige oder gelöste Stoffe an der inneren Oberfläche des Adsorptionsmittels durch Van-der-Waals-Kräfte oder chemische Reaktionen mit Carboxyl-, Hydroxyl- oder anderen Gruppen der Kohleoberfläche festgehalten. Das beladene Adsorptionsmittel kann in vielen Fällen durch Aufheizen und/oder Druckerniedrigung wieder von den adsorbierten Stoffen befreit (regeneriert) werden und steht damit erneut für die Adsorption zur Verfügung.

Ruß entsteht bei der unvollständigen Verbrennung oder Pyrolyse von gasförmigen oder verdampften Kohlenstoffträgern. Besonders geeignet sind aromatenreiche Fraktionen der Steinkohlenteer- oder Erdölverarbeitung, die beim Furnace-Prozeß in eine Gasflamme von 1200 bis 1900°C eingedüst werden. Ruß besteht aus kugelförmigen Primärteilchen mit 5 bis 500 nm Durchmesser, die zu kettenartigen Aggregaten zusammengewachsen sind. Der Kohlenstoff ist in graphitähnlichen Schichten um das Zentrum der Primärteilchen angeordnet. Je nach Herstellungsbedingungen kann Ruß bis zu 15% Sauerstoff enthalten. Der überwiegende Teil des produzierten Rußes wird als Füllstoff für Autoreifen, Förderbänder und andere Produkte der Gummiindustrie verwendet. Daneben spielen Ruße als schwarze Pigmente für Druckfarben, Lacke und Kunststoffe eine Rolle.

12.2. Oxide

Die wichtigsten Oxide des Kohlenstoffs sind Kohlenmonoxid und Kohlendioxid.

Kohlenmonoxid (Kohlenoxid), CO, ist ein farb- und geruchloses Gas, das bei $-191,5°C$ flüssig und bei $-199°C$ fest wird. Bei Raumtemperatur kann es unter Druck nicht verflüssigt werden. Kohlenmonoxid ist giftig. Es wird vom roten Blutfarbstoff Hämoglobin dreihundertmal fester gebunden als Sauerstoff und führt deshalb beim Einatmen zu einer Sauerstoff-Unterversorgung des Körpers. Ein Maß für die Gefährlichkeit ist das Produkt aus dem 10^4fachen Volumenanteil $\varphi(CO)$ in der Atemluft und der Einwirkungszeit in Stunden. Liegt der Zahlenwert dieses Produktes über 6, treten leichte Vergiftungserscheinungen auf, ein Wert von 15 wirkt in der Regel tödlich. Bei der maximalen Arbeitsplatzkonzentration (MAK-Wert) von 30 ml m^{-3} ($\varphi(CO)=30\cdot10^{-6}$) ergibt sich für einen Achtstundentag

$$0,3\cdot8=2,4$$

Der Grad der Vergiftung wird durch den Anteil des Hämoglobins wiedergegeben, der als Carboxyhämoglobin vorliegt (**CO-Hb**). Ab 5% CO-Hb werden Aufmerksamkeit und Lernfähigkeit deutlich herabgesetzt. Ab 10% CO-Hb, ein Wert, der durch extrem starkes Inhalieren beim Rauchen leicht erreicht werden kann, beobachtet man erste Vergiftungserscheinungen wie Kopfschmerzen und Schwindelanfälle. Bei 65% CO-Hb tritt in den meisten Fällen der Tod ein.

Kohlenmonoxid entsteht bei der Verbrennung aller kohlenstoffhaltigen Brenn und Kraftstoffe, wenn die Sauerstoffzufuhr ungenügend ist, z. B. nach Gleichung

$$C + \tfrac{1}{2} O_2 \longrightarrow CO \qquad \Delta H_r^{\circ} = -111 \, kJ \, mol^{-1}$$

Als Oxidationsmittel kann auch Wasserdampf verwendet werden, wie etwa bei der technisch wichtigen Dampfspaltung (**Steamreforming**) von Erdgas bei 850°C an Nickelkatalysatoren:

$$CH_4 + H_2O \rightleftharpoons CO + 3H_2 \qquad \Delta H_r^{\circ} = +206 \, kJ \, mol^{-1}$$

Die Reaktion dient zur Herstellung von Synthesegas und Wasserstoff.

Braunkohlen lassen sich ab etwa 700°C, Steinkohlen ab etwa 900°C mit Wasserdampf vergasen. Der komplexe Ablauf der **Kohlevergasung** kann vereinfacht durch die Reaktion

$$C + H_2O \rightleftharpoons CO + H_2 \qquad \Delta H_r^{\circ} = +131 \, kJ \, mol^{-1}$$

wiedergegeben werden.

Kohlenmonoxid verbrennt mit blauer Flamme zu Kohlendioxid:

$$CO + \tfrac{1}{2} O_2 \rightleftharpoons CO_2 \qquad \Delta H_r^{\circ} = -283 \, kJ \, mol^{-1}$$

Mit Wasserdampf reagiert es nach

$$CO + H_2O \rightleftharpoons CO_2 + H_2 \qquad \Delta H_r^{\circ} = -41 \, kJ \, mol^{-1}$$

Diese als **Wassergasreaktion** oder **CO-Konvertierung** bezeichnete Reaktion läuft bei 250°C in Gegenwart von Kupfer-Zink-Katalysatoren nahezu vollständig ab. Bei 900°C wird ohne Katalysator bei einem CO-Umsatz von etwa 70% ein Gleichgewichtszustand erreicht.

Kohlenmonoxid kann sich unter Abscheidung von Kohlenstoff in Kohlendioxid umwandeln:

$$2\,CO \rightleftharpoons CO_2 + C \qquad \Delta H_r^{\circ} = -172 \, kJ \, mol^{-1}$$

Oberhalb von 950°C liegt das Gleichgewicht dieser Reaktion (**Boudouard-Reaktion**) nahezu vollständig auf der Seite des Kohlenmonoxids (Abb. 12.3). Unterhalb von 400°C liegt es auf der Seite von Kohlendioxid und Kohlenstoff, die Reaktion läuft aber nur noch in Gegenwart von Katalysatoren mit ausreichender Geschwindigkeit ab.

Mit Wasserstoff läßt sich Kohlenmonoxid zu unterschiedlichen Reaktionsprodukten umsetzen. An Nickelkatalysatoren reagiert es bei etwa 300°C zu Methan:

$$CO + 3\,H_2 \rightleftharpoons CH_4 + H_2O \qquad \Delta H_r^\circ = -206\ \text{kJ mol}^{-1}$$

Die **Methanisierung** von Kohlenmonoxid erlaubt die Synthese eines erdgasähnlichen Brenngases, **SNG**[1].

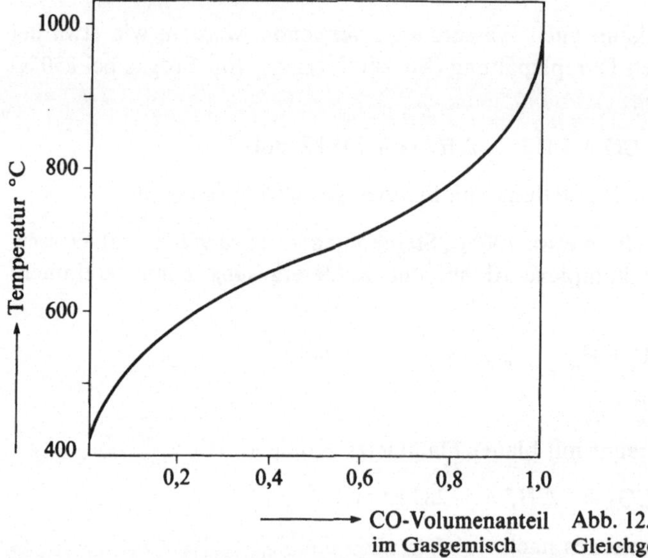

Abb. 12.3 Boudouard-Gleichgewicht

An Kupfer-Zink-Katalysatoren entsteht bei etwa 250°C und 50 bis 150 bar **Methanol**:

$$CO + 2\,H_2 \rightleftharpoons CH_3OH \qquad \Delta H_r^\circ = -91\ \text{kJ mol}^{-1}$$

An Eisenkatalysatoren bilden sich aus Kohlenmonoxid und Wasserstoff bei 20 bis 25 bar und 220 bis 340°C vorzugsweise höhere Kohlenwasserstoffe:

$$n\,CO + 2n\,H_2 \rightleftharpoons (-CH_2-)_n + n\,H_2O$$

Das unter dem Namen **Fischer-Tropsch-Synthese** bekannte Verfahren erlaubt die Herstellung von Benzin aus Kohle.

Der Nachweis von Kohlenmonoxid mit Hilfe von Prüfröhrchen basiert auf der durch Selendioxid und rauchende Schwefelsäure katalysierten Reaktion mit Iod(V)-oxid:

$$5\,CO + I_2O_5 \longrightarrow I_2 + 5\,CO_2$$

---

[1] engl. Substitute Natural Gas

Das bei der Reaktion gebildete elementare Iod kann an der braunen oder – bei großer Verdünnung – braungrünen Farbe erkannt werden.

Kohlendioxid, CO_2, ist ein farbloses, leicht säuerlich schmeckendes, unbrennbares Gas mit einer relativen Dichte (auf Luft bezogen) von 1,53, das sich bei 20°C unter einem Druck von 57 bar verflüssigen läßt. Festes Kohlendioxid, ein eisähnlicher Stoff (**Trockeneis**), verdampft bei -78°C ohne zu schmelzen. Bei der vollständigen Verbrennung wandelt sich der Kohlenstoff von Brennstoffen und Kraftstoffen in Kohlendioxid um. Kohlendioxid entsteht beim Brennen von Kalk. Es läßt sich aus Kalkstein (z. B. Marmor) und anderen Carbonaten mit Säuren in Freiheit setzen:

$$CaCO_3 + 2\,H_3O^+ \longrightarrow Ca^{2+} + CO_2 + 3\,H_2O$$

Bariumhydroxid wird beim Einleiten eines kohlendioxidhaltigen Gases durch ausfallendes Bariumcarbonat getrübt:

$$Ba(OH)_2 + CO_2 \longrightarrow BaCO_3 + H_2O$$

Diese Reaktion ist zum Nachweis von Kohlendioxid geeignet.

Kohlendioxid ist in der Luft mit einem Gehalt von etwa 350 ppm[1] enthalten. Das Kohlendioxid der Atmosphäre ermöglicht die Photosynthese der Pflanzen und ist damit die Voraussetzung für das Leben auf der Erde. Etwa die gleiche Kohlendioxidmenge, die durch Photosynthese gebunden wird – nach Schätzungen jährlich 110 Milliarden Tonnen Kohlenstoff – wird beim mikrobiellen Abbau von Biomasse und bei der Pflanzenatmung wieder an die Atmosphäre abgegeben. Vor allem die Verbrennung fossiler Brennstoffe und Brandrodungen von Wäldern bewirken seit längerer Zeit einen jährlichen Anstieg des Kohlendioxidgehaltes der Atmosphäre um etwa 1 ppm. Veränderungen des Kohlendioxidgehaltes können das Energiegleichgewicht verschieben, das sich zwischen Sonneneinstrahlung und den von der Erde abgegebenen Infrarotstrahlen eingestellt hat. Infrarotstrahlung wird – unter Erwärmung des Gases – von Kohlendioxid stärker absorbiert als Sonnenstrahlung, so daß bei einer Kohlendioxidanreicherung in der Atmosphäre globale Temperaturerhöhungen befürchtet werden müssen. Daß dieser **Treibhauseffekt** bisher nicht eindeutig meßbar ist, könnte daran liegen, daß sich in den letzten Jahren durch erhöhte Lufttrübung die Sonneneinstrahlung vermindert hat, oder daß die Ozeane mit ihrer großen Wärmekapazität den Temperaturanstieg verzögern.

---

[1] Abk. für engl. parts per million = Teile in 10^6 Teilen

12.3. Einführung in die organische Chemie

Organische Stoffe wie Essigsäure, Ethanol und Indigo waren schon im Altertum in mehr oder weniger reiner Form bekannt. Der Begriff „Organische Chemie" wurde um 1800 geprägt. Damals glaubte man, daß die Synthese organischer Stoffe nur über biologische Vorgänge mit Hilfe einer „vis vitalis" (Lebenskraft) möglich ist, obwohl bereits 1783 der schwedische Chemiker C. W. Scheele Blausäure aus Kaliumcarbonat, Kohle und Ammoniumchlorid hergestellt hatte. Blausäure bildet sich aus dem Amygdalin der Bittermandeln in Gegenwart von Wasser und Luft unter der Einwirkung von Enzymen und mußte deshalb der organischen Chemie zugerechnet werden. Die Hypothese von der vis vitalis wurde schließlich unhaltbar, als F. Wöhler 1825 zunächst Oxalsäure und 1828 dann Harnstoff über Blausäure synthetisch hergestellt hatte.

Obwohl es keinen prinzipiellen Unterschied zwischen organischer und anorganischer Chemie gibt, wurde die historisch bedingte Unterteilung beibehalten. Nach moderner Definition ist **organische Chemie** die Chemie der Kohlenwasserstoffe und der von diesen durch Einführung von Sauerstoff-, Stickstoff-, Schwefel-, Chlor- und anderen Heteroatomen abgeleiteten Derivaten (Abkömmlingen). Die Vielfalt organischer Verbindungen – es sind über sieben Millionen bekannt – beruht auf der Fähigkeit des Kohlenstoffatoms, sich mit anderen Kohlenstoffatomen zu Ketten- und Ringsystemen zu verknüpfen. Das C-Atom kann vier kovalente Einfachbindungen ausbilden, die nach den Ecken eines Tetraeders ausgerichtet sind (→3.2.; →12.1.). Zwei C-Atome können auch durch eine Doppelbindung oder Dreifachbindung miteinander verknüpft werden, wobei unter Einbeziehung der freien Bindungen ein ebenes bzw. lineares Gebilde entsteht (Abb. 12.4).

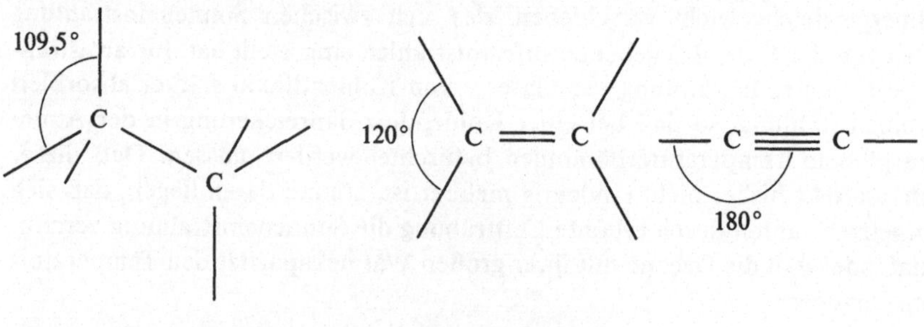

Abb. 12.4 Bindungsmöglichkeiten zwischen C-Atomen

Verbindungen, in denen sämtliche, nicht durch andere C-Atome besetzten Bindungen durch Wasserstoffatome abgesättigt sind, heißen **Kohlenwasserstoffe.** Kohlenwasserstoffe sind als Bestandteile von Brennstoffen und Kraftstoffen von großer technischer Bedeutung. **Gesättigte Kohlenwasserstoffe** haben nur C—C-Einfachbindungen. Werden darüber hinaus nur offene Molekülketten gebildet, kommt man zur Verbindungsgruppe der **Alkane (Paraffine)** mit der allgemeinen Formel C_nH_{2n+2}. Alkane, die eine unverzweigte Kette von C-Atomen enthalten, werden als *n*-**Alkane** bezeichnet, wobei *n* für „normal" steht. Tab. 12.1 zeigt *n*-Alkane, angeordnet nach steigender Kettenlänge, zusammen mit ihren Schmelz- und Siedetemperaturen. In den Formeln wird auf die Darstellung der tetraedrischen Anordnung verzichtet. Außerdem wird jedes C-Atom mit „seinen" H-Atomen zu einer Einheit zusammengezogen. Statt

wird z. B. CH_3—CH_2—CH_3 geschrieben. Aus der Tabelle läßt sich entnehmen, daß Alkane bis C_4 unter Raumbedingungen Gase sind. Alkane von C_5 bis C_{15} sind Flüssigkeiten, wobei die kurzkettigen benzinartige, die längerkettigen ölige Konsistenz haben (→3.5.). Alkane ab C_{16} sind unter Raumbedingungen wachsartige Feststoffe.

Tab. 12.1 Siede- und Schmelztemperaturen von n-Alkanen			
Name	Formel	Siedetemp. °C	Schmelztemp. °C
Methan	CH_4	− 161,5	− 182,5
Ethan	CH_3—CH_3	− 88,6	− 183,3
Propan	CH_3—CH_2—CH_3	− 42,1	− 187,7
n-Butan	CH_3—CH_2—CH_2—CH_3	− 0,5	− 138,4
n-Pentan	CH_3—CH_2—CH_2—CH_2—CH_3	36,1	− 129,7
n-Hexan	CH_3—$(CH_2)_4$—CH_3	68,7	− 95,3
n-Heptan	CH_3—$(CH_2)_5$—CH_3	98,4	− 90,6
n-Octan	CH_3—$(CH_2)_6$—CH_3	125,7	− 56,8
n-Nonan	CH_3—$(CH_2)_7$—CH_3	150,8	− 53,5
n-Decan	CH_3—$(CH_2)_8$—CH_3	174,1	− 29,7
n-Undecan	CH_3—$(CH_2)_9$—CH_3	195,9	− 25,6
n-Dodecan	CH_3—$(CH_2)_{10}$—CH_3	216,3	− 9,6
n-Hexadecan	CH_3—$(CH_2)_{14}$—CH_3	286,8	18,2

Trennt man von einem Alkanmolekül formal ein H-Atom ab, so entsteht eine nicht abgesättigte **Alkylgruppe,** die Teil eines Moleküls sein kann. Der Name dieser Gruppe wird vom Namen des entsprechenden Alkans abgeleitet, indem die Endung -an durch die Endung -yl ersetzt wird. So entsteht aus Methan die **Methylgruppe,** CH_3—, aus Ethan die **Ethylgruppe,** CH_3—CH_2— oder C_2H_5— usw. Bei Alkanen mit vier und mehr C-Atomen kann die Kohlenstoffkette verzweigt sein. Das bedeutet, es existieren unterschiedliche Isomere. Als **Isomere** werden chemische Verbindungen bezeichnet, die zwar gleiche Summenformel haben, die sich aber in der räumlichen Anordnung von Atomen oder Bindungen unterscheiden. Die Summenformel C_5H_{12} haben z. B. die folgenden drei Isomere:

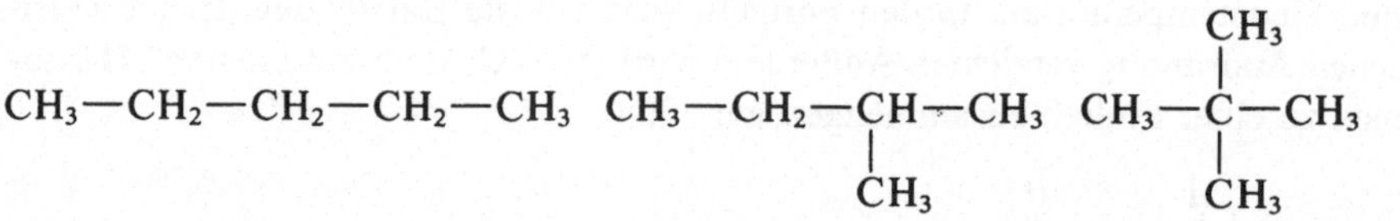

$$CH_3-CH_2-CH_2-CH_2-CH_3 \qquad CH_3-CH_2-\underset{\underset{CH_3}{|}}{CH}-CH_3 \qquad CH_3-\underset{\underset{CH_3}{|}}{\overset{\overset{CH_3}{|}}{C}}-CH_3$$

$$\text{n-Pentan} \qquad\qquad\qquad \text{2-Methylbutan} \qquad \text{2,2-Dimethylpropan}$$

Isomere unterscheiden sich in ihren physikalischen und – wenn manchmal auch nur geringfügig – in ihren chemischen Eigenschaften.

Alkane mit verzweigter Kohlenstoffkette werden **Isoalkane** (i-Alkane) oder **Isoparaffine** (i-Paraffine) genannt. Grundlage für ihre Bezeichnung ist der Name des n-Alkans, das der längsten unverzweigten C-Kette im Molekül – der Hauptkette – entspricht. Die C-Atome der Hauptkette werden vom kürzeren freien Ende an durchnumeriert, und die erhaltenen Nummern dienen zur Angabe der Positionen von Verzweigungen, die mit den Namen der jeweiligen Alkylgruppen bezeichnet werden. Zur Kennzeichnung mehrerer gleichartiger Gruppen werden die Vorsilben Di, Tri, Tetra usw. verwendet. Zur Erklärung soll folgendes Beispiel dienen:

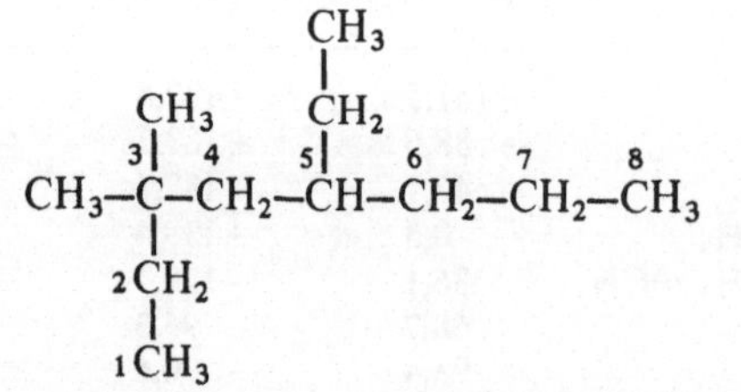

3, 3-Dimethyl-5-ethyloctan

Cycloalkane sind gesättigte Ringverbindungen, deren Namen aus dem des entsprechenden n-Alkans und der Vorsilbe Cyclo- gebildet werden z. B.

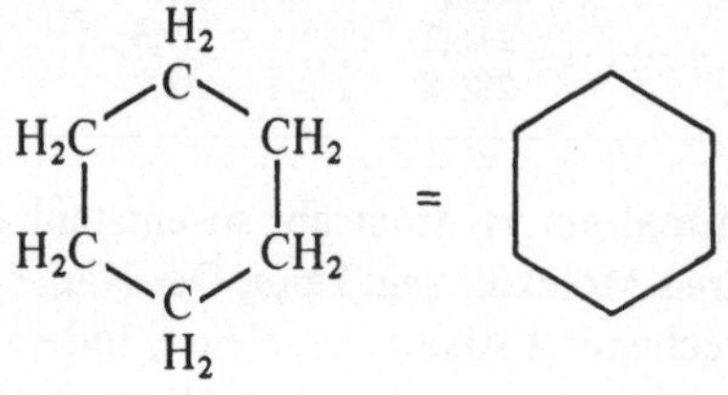

Cyclohexan 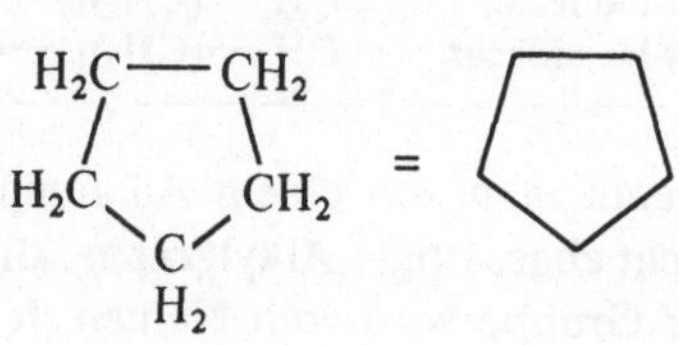 $\qquad\qquad\qquad\qquad\qquad$ Cyclopentan

Ungesättigte Kohlenwasserstoffe haben mindestens eine Doppel- oder Dreifachbindung.

222

Alkene (Olefine) enthalten eine Doppelbindung im Molekül und haben die allgemeine Summenformel C_nH_{2n}. Ihre Namen werden von dem des Alkans mit gleicher Kettenlänge abgeleitet, indem die Endung -an durch die Endung -en ersetzt wird. Die Lage der Doppelbindung wird durch Nummern angegeben, wobei die Zählung jeweils am kürzeren Ende der Kohlenstoffkette beginnt. Wichtige Alkene sind:

Ethen (Ethylen)	$CH_2{=}CH_2$	C_2H_4
Propen (Propylen)	$CH_3{-}CH{=}CH_2$	C_3H_6
1-Buten	$CH_3{-}CH_2{-}CH{=}CH_2$	
cis-2-Buten	$\begin{array}{cc} H & H \\ \diagdown & \diagup \\ C{=}C \\ \diagup & \diagdown \\ CH_3 & CH_3 \end{array}$	
trans-2-Buten	$\begin{array}{cc} CH_3 & H \\ \diagdown & \diagup \\ C{=}C \\ \diagup & \diagdown \\ H & CH_3 \end{array}$	C_4H_8
2-Methylpropen (Isobuten)	$CH_3{-}\underset{\underset{CH_3}{\mid}}{C}{=}CH_3$	

Bei den Alkenen mit der Summenformel C_4H_8 gibt es vier Isomere. Sie unterscheiden sich einmal durch die Lage der Doppelbindung und zum anderen durch die Verzweigung der Kohlenstoffkette. Da die Doppelbindung im Unterschied zur Einfachbindung nicht frei drehbar ist, tritt 2-Buten in zwei isomeren Formen auf. Die beiden CH_3-Gruppen liegen bei der cis-Form auf der gleichen, bei der trans-Form auf unterschiedlichen Seiten der Linie, die durch die beiden C-Atome mit der Doppelbindung gezogen werden kann. Diese **cis-trans-Isomerie** tritt immer dann auf, wenn beide an einer Doppelbindung beteiligten Kohlenstoffatome unterschiedliche Bindungspartner haben.

Kohlenwasserstoffe, deren Moleküle zwei Doppelbindungen enthalten, heißen **Diene**, Moleküle von **Polyenen** haben mehrere Doppelbindungen. Sind die Doppelbindungen jeweils durch eine Einfachbindung voneinander getrennt, spricht man von **konjugierten Doppelbindungen.** Ein technisch wichtiges Dien ist 1,3-Butadien, $CH_2{=}CH{-}CH{=}CH_2$.

Kohlenwasserstoffe mit einer Dreifachbindung im Molekül und der allgemeinen Summenformel C_nH_{2n-2} werden **Alkine** genannt. Von besonderer Bedeutung als chemischer Rohstoff und Brenngas zum Schweißen, Schneiden und Flammstrahlen ist das **Acetylen,** $HC\equiv CH$, dessen systematischer Name Ethin sich in der Technik bisher nicht durchgesetzt hat. Acetylen, das infolge von Verunreinigungen mit Schwefel- und Phosphorwasserstoff knoblauchartig riecht, ist eine unbeständige Verbindung, die unter Druck zum explosiven Zerfall neigt. Die sichere Speicherung bei Drücken bis zu 19 bar erfolgt in Stahlflaschen, die mit einem porösen Material ausgefüllt sind. Zur Herstellung des porösen Materials wird eine Suspension aus Branntkalk, Sand und Zugschlagstoffen in die evakuierte Stahlflasche eingebracht. Durch Reaktion bei 200°C und Trocknung bei 350°C bildet sich das Calciumsilicat Xonolit mit einer Porosität von über 90%. Der Porenraum des Silicates wird mit Aceton gefüllt, das als Lösemittel für Acetylen dient.

Mit Acetylen-Sauerstoff-Flammen werden Temperaturen von über 3100°C erreicht. Beim klassischen Verfahren der Acetylenherstellung werden zunächst Kalk und Koks bei etwa 2000°C elektrothermisch zu Calciumcarbid umgesetzt:

$$CaO + 3\,C \longrightarrow CaC_2 + CO$$

Im Acetylenentwickler wird Calciumcarbid anschließend mit Wasser zur Reaktion gebracht:

$$CaC_2 + 2\,H_2O \longrightarrow C_2H_2 + Ca(OH)_2$$

Größere Bedeutung, insbesondere für Acetylen zur chemischen Weiterverarbeitung, hat heute die thermische Spaltung von Erdgas bei 1500°C, z. B. nach Gleichung

$$2\,CH_4 \longrightarrow C_2H_2 + 3\,H_2$$

Aromatische Kohlenwasserstoffe (**Aromaten**) bilden ringförmige Moleküle mit konjugierten Doppelbindungen. Charakteristisch ist, daß die π-Bindungen nicht nur zwischen jeweils zwei benachbarten C-Atomen ausgebildet werden, sondern über das gesamte Ringsystem gleichmäßig verteilt sind (Abb. 12.5). Einfach- und Doppelbindungen sind dadurch gleichwertig oder zumindest stark angeglichen. Der aromatische Zustand tritt nach E. Hückel (1931) bei Ringsystemen mit $(4n+2)$ π-Elektronen auf. Die Anzahl der π-Elektronen ist gleich der Anzahl der C-Atome im Ring, und n kann eine beliebige ganze Zahl sein. Besonders wichtig ist der aromatische Sechsring, der nach Absättigung aller C-Atome mit Wasserstoff das Benzolmolekül ergibt. Die häufig verwendete Benzolformel

vereinfacht

gibt den typischen Bindungszustand der Aromaten nicht exakt wieder. Besser ist die von R. Robinson 1925 vorgeschlagene Darstellung der delokalisierten π-Elektronen durch einen im Sechseck angeordneten Kreis:

Der aromatische Ring ist gegenüber thermischer Belastung und chemischem Angriff sehr stabil. Während C—C-Bindungen der Alkane bei hoher Temperatur leicht gespalten werden, neigen aromatische Ringe dazu, sich zusammenzuschließen und unter Erhaltung des Sechsringes kondensierte Aromaten und schließlich Graphit zu bilden.

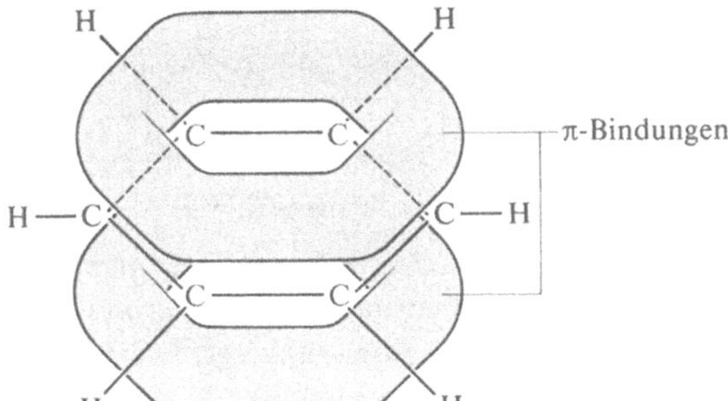

Abb. 12.5 Aromatischer Bindungszustand

Wichtige aromatische Kohlenwasserstoffe sind neben Benzol

Methylbenzol (Toluol)

1,2-Dimethylbenzol (o-Xylol)[1]

1,3-Dimethylbenzol (m-Xylol)[2]

1,4-Dimethylbenzol (p-Xylol)[3]

Die genannten Verbindungen sind Flüssigkeiten und als Bestandteile des Motorenbenzins von großer Bedeutung.

---

[1] o = ortho; [2] m = meta; [3] p = para

Eine einbindige, nicht abgesättigte Atomgruppe, die formal durch Abtrennung eines H-Atoms von einem aromatischen C-Atom entsteht, wird **Arylgruppe** oder, im speziellen Fall des Benzols, **Phenylgruppe** genannt:

Phenylgruppe C_6H_5—

Polycyclische Kohlenwasserstoffe enthalten mehrere Ringe im Molekül. Bei den **kondensierten polycyclischen Kohlenwasserstoffen** sind mindestens zwei weitgehend ungesättigte Ringe über mindestens zwei gemeinsame Kohlenstoffatome miteinander verknüpft, z. B.

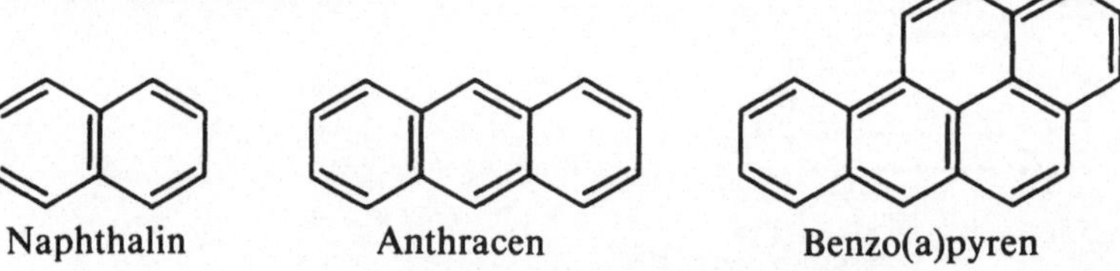

Naphthalin   Anthracen   Benzo(a)pyren

Kondensierte polycyclische aromatische Kohlenwasserstoffe sind sehr temperaturbeständig. Sie kommen deshalb im Steinkohlenteer und anderen Pyrolyseprodukten sowie in den Abgasen der unvollständigen Verbrennung vor. Die größten Mengen werden – an Feinstaub gebunden – bei der Verbrennung von Kohle im Haushalt, bei der Kokserzeugung und mit Autoabgasen emittiert. Von den Verbindungen mit 4 bis 6 Benzolringen wirken viele krebserzeugend. Insbesondere Benzo(a)pyren wird für den Zusammenhang zwischen Zigarettenrauchen und dem Auftreten von Lungenkrebs verantwortlich gemacht.

Verbindungen mit Ringmolekülen, die neben C-Atomen O-, N- oder S-Atome (Heteroatome) als Ringglieder enthalten, werden als **heterocyclische Verbindungen** bezeichnet. Beispiele sind **Ethylenoxid** (Oxiran), ein giftiges Gas und wichtiges Zwischenprodukt für die Herstellung von Tensiden und Glykolen, das durch Oxidation von Ethylen mit Sauerstoff an Silberkatalysatoren bei 250 bis 300 °C nach Gleichung

$$CH_2{=}CH_2 \;+\; \tfrac{1}{2}\,O_2 \;\longrightarrow\; CH_2{-}CH_2 \;\; O$$

hergestellt wird, Pyridin,

eine übelriechende Flüssigkeit, die zum Vergällen von Brennspiritus verwendet wird, und Dibenzothiophen, eine Verbindung, die im Erdöl enthalten ist.

Kohlenwasserstoffe und heterocyclische Verbindungen sind **Stammsysteme** der organischen Chemie. Ein **substituiertes System** leitet sich formal davon ab, indem ein H-Atom durch einen **Substituenten,** d.h. ein Heteroatom oder eine Atomgruppe mit einem oder mehreren Heteroatomen (**funktionelle Gruppe**) ersetzt wird. Der Substituent bestimmt, ob eine Carbonsäure, ein Alkohol, ein Amin oder eine andere Verbindungsklasse vorliegt. Zur Benennung substituierter Systeme wird in der modernen chemischen Literatur die **substitutive Nomenklatur** bevorzugt, die an den in Tab. 12.2 gegebenen Beispielen erläutert werden soll. Die Benennung erfolgt mit Hilfe von Vor- und Nachsilben, die zur Kennzeichnung des jeweiligen Substituenten an den Namen des Stammsystems angefügt werden. Da ein Stammsystem mehrere Substituenten haben kann, ist es notwendig, eine Rangfolge festzulegen. Der ranghöchste Substituent wird stets als Nachsilbe verwendet.

Tab. 12.2 Substitutive Nomenklatur organischer Verbindungen; ausgewählte Substituenten in steigender Rangfolge

Verbindungsklasse	Substituent	Vorsilbe	Nachsilbe
Chlorkohlenwasserstoffe	$-Cl$	Chlor...	—
Fluorkohlenwasserstoffe	$-F$	Fluor...	—
Ether	$-O-R^1$	...oxy...	—
Amine	$-NH_2$	Amino...	...amin
Alkohole, Phenole	$-OH$	Hydroxy...	...ol
Ketone	$>C=O$	Oxo...	...on
Aldehyde	$-C{\nwarrow}^{O}_{H}$	Formyl...	...al
Nitrile	$-C\equiv N$	Cyano...	...nitril[2]
Sulfonsäuren	$-SO_3H$	Sulfo...	...sulfonsäure
Carbonsäuren	$-C{\nwarrow}^{O}_{OH}$	Carboxy...	...säure[2] ...carbonsäure

[1] R = Abk. für eine beliebige Alkyl- oder Arylgruppe; [2] bei Zurechnung des C-Atoms des Substituenten zum Stammsystem

8*

Streng systematische Namen sind z. B.

$$\overset{1}{C}Cl_3-\overset{2}{C}H_3 \qquad \text{1,1,1-Trichlorethan}$$

$$NH_2-\overset{2}{C}H_2-\overset{1}{C}H_2-OH \qquad \text{2-Aminoethanol}$$

$$CH_3-\underset{\underset{O}{\|}}{C}-CH_3 \qquad \text{Propanon (Trivialname: Aceton)}$$

2-Hydroxynaphthalin-1-sulfonsäure

Die Nomenklatur substituierter Systeme ist zum Teil verwirrend, da in der Praxis mehrere Nomenklatursysteme nebeneinander verwendet und viele Trivial- oder Halbtrivialnamen beibehalten werden. Besonders für Carbonsäuren, aber auch für Aldehyde, Ketone und andere Verbindungen werden oft die unsystematischen **Trivialnamen** bevorzugt. Das sind häufig vom Entdecker der Verbindung geprägte Namen, die etwas über Vorkommen (z. B. Ameisensäure im Giftsekret der Ameisen) oder erste Herstellungsmethoden (z. B. Bernsteinsäure durch Pyrolyse von Bernstein), aber nichts über den chemischen Aufbau der Verbindung aussagen.

Die zahlreichen Reaktionen der organischen Chemie lassen sich in Gruppen einteilen.

Substitutionsreaktionen sind Reaktionen, bei denen in einem Molekül ein Atom oder eine Atomgruppe durch ein anderes Atom oder eine andere Atomgruppe ersetzt werden. Dazu gehört z. B. die **Sulfonierung** von Benzol mit rauchender Schwefelsäure, bei der ein Wasserstoffatom des Benzols durch die Sulfogruppe $-SO_3H$ ersetzt wird. Die Reaktion kann vereinfacht durch folgende Gleichung beschrieben werden:

Ein anderes wichtiges Beispiel ist die **Alkylierung** von Benzol mit Ethylen in Gegenwart von Aluminiumchlorid als Katalysator, bei der Ethylbenzol entsteht:

Bei **Additionsreaktionen** werden Atome oder Atomgruppen an Moleküle mit Doppel- oder Dreifachbindungen angelagert. Dabei wird kein Teil des ursprünglichen Moleküls abgespalten. Ein Beispiel ist die Addition von Brom an die Doppelbindung eines Alkens:

$$CH_3-CH_2-CH_2-CH=CH_2 + Br_2 \longrightarrow CH_3-CH_2-CH_2-\overset{|}{\underset{|}{CH}}-CH_2Br$$
$$Br$$

Eliminierungsreaktionen können als Umkehrung von Additionsreaktionen angesehen werden. Bei ihnen werden Atome oder Atomgruppen unter Bildung von Mehrfachbindungen aus Molekülen abgetrennt, wie z. B. bei der **Dehydrierung** von Ethylbenzol zu **Styrol,** einer leicht polymerisierenden Flüssigkeit und wichtigem Monomeren der Kunststoffindustrie. Die Reaktion verläuft an Eisenkatalysatoren bei etwa 600 °C:

Bei **Umlagerungsreaktionen** finden innerhalb eines Moleküls Positionsänderungen von Atomen oder Atomgruppen statt. Das ist z. B. bei der katalytischen **Isomerisierung** von n-Alkanen zu Isoalkanen der Fall:

$$CH_3-CH_2-CH_2-CH_3 \longrightarrow CH_3-\overset{|}{\underset{|}{CH}}-CH_3$$
$$CH_3$$

Chlorkohlenwasserstoffe sind Verbindungen, in denen ein oder mehrere H-Atome eines Kohlenwasserstoffs durch Chlor substituiert sind. Die vom Methan abgeleiteten Chlorkohlenwasserstoffe lassen sich durch Chlorierung von Methan mit elementarem Chlor bei 400 bis 450 °C herstellen. Die Substitutionsreaktion verläuft stufenweise:

$$CH_4 + Cl_2 \longrightarrow HCl + CH_3Cl \quad \text{Chlormethan (Methylchlorid)}$$

$$CH_3Cl + Cl_2 \longrightarrow HCl + CH_2Cl_2 \quad \text{Dichlormethan (Methylenchlorid)}$$

$$CH_2Cl_2 + Cl_2 \longrightarrow HCl + CHCl_3 \quad \text{Trichlormethan (Chloroform)}$$

$$CHCl_3 + Cl_2 \longrightarrow HCl + CCl_4 \quad \text{Tetrachlormethan}$$
$$\text{(Tetrachlorkohlenstoff)}$$

Durch Addition von Chlor an Ethylen in Gegenwart von Eisenchlorid läßt sich 1,2-Dichlorethan herstellen

$$CH_2=CH_2 + Cl_2 \longrightarrow \overset{|}{\underset{|}{CH_2}}-\overset{|}{\underset{|}{CH_2}}$$
$$Cl \quad Cl$$

das durch thermische Eliminierung von Chlorwasserstoff bei 425 bis 550 °C zu

Vinylchlorid weiterverarbeitet wird:

$$CH_2Cl-CH_2Cl \longrightarrow CH_2{=}CHCl + HCl$$

Durch ähnliche Reaktionen lassen sich 1,1,1-Trichlorethan, CCl_3-CH_3, Trichlorethylen, $CCl_2{=}CHCl$, Perchlorethylen (Tetrachlorethylen), $CCl_2{=}CCl_2$, und andere Chlorkohlenwasserstoffe mit zwei Kohlenstoffatomen herstellen.

Die von gasförmigen Kohlenwasserstoffen abgeleiteten Chlorkohlenwasserstoffe sind überwiegend farblose Flüssigkeiten mit süßlichem Geruch und narkotisierender Wirkung. Sie haben gutes Lösevermögen für Fette, Kautschuk, Bitumen und viele Harze und sind von einem bestimmten Chlorgehalt an unbrennbar. Die Anwendung als Lösemittel ist durch die Giftigkeit begrenzt. Als Maß für die Giftigkeit kann die Maximale Arbeitsplatzkonzentration (**MAK-Wert**) dienen. Sie ist definiert als höchstzulässige Konzentration eines Arbeitsstoffes in der Luft am Arbeitsplatz, die nach dem gegenwärtigen Stand der Kenntnisse bei achtstündiger Einwirkung im allgemeinen die Gesundheit der Beschäftigten nicht beeinträchtigt. Den jeweils neuesten Erkenntnissen angepaßte Stofflisten werden jährlich von der Deutschen Forschungsgemeinschaft herausgegeben. Tab. 12.3 zeigt MAK-Werte einiger Chlorkohlenwasserstoffe, aus denen hervorgeht, daß Dichlormethan und 1,1,1-Trichlorethan am wenigsten giftig sind. Außer diesen Werten muß berücksichtigt werden, daß bei den angegebenen Chlorkohlenwasserstoffen, mit Ausnahme von 1,1,1-Trichlorethan, der begründete Verdacht auf ein krebserzeugendes Potential besteht. Als technisches Reinigungsmittel, etwa zur Entfettung von Metallteilen, sollte deshalb bevorzugt 1,1,1-Trichlorethan verwendet werden.

Tab. 12.3 Siedetemperaturen und MAK-Werte (Stoffliste 1988) ausgewählter Chlorkohlenwasserstoffe

	Siedetemperatur °C	MAK-Wert ml m^{-3}
Chlormethan	−24	50
Dichlormethan	40	100
Trichlormethan	62	10
Tetrachlormethan	76,5	10
1,2-Dichlorethan	84	20
1,1,1-Trichlorethan	74	200
Trichlorethylen	87	50
Perchlorethylen	121	50

Chlorfluorkohlenwasserstoffe sind Verbindungen, in denen Wasserstoffatome von Kohlenwasserstoffmolekülen teils durch Chlor- und teils durch Fluoratome substituiert sind. Sie werden aus Chlorkohlenwasserstoffen durch Fluorierung mit Fluorwasserstoff hergestellt, z. B. nach Gleichung

$$CCl_4 + 2\,HF \longrightarrow CCl_2F_2 + 2\,HCl$$

Chlorfluorkohlenwasserstoffe sind unbrennbare, wenig giftige, unter Druck verflüssigbare Gase oder niedrigsiedende Flüssigkeiten. Bei den zur Bezeichnung verwendeten Kennzahlen bedeutet die erste Ziffer die Anzahl der C-Atome minus eins (entfällt bei Methanabkömmlingen), die zweite Ziffer die Anzahl der H-Atome plus eins und die dritte Ziffer die Anzahl der F-Atome im Molekül. Vor der Kennzahl steht entweder der Handelsname des Produkts oder ein R[1]. Technisch wichtige Beispiele sind:

$$\text{Trichlorfluormethan} \qquad \text{R 11} \qquad \underset{\displaystyle \overset{|}{Cl}}{\overset{\displaystyle \overset{Cl}{|}}{Cl-C-F}}$$

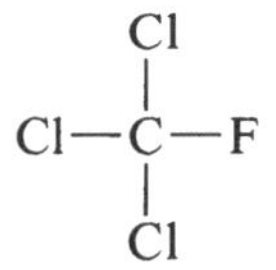

$$\text{Dichlordifluormethan} \qquad \text{R 12} \qquad \underset{\displaystyle \overset{|}{F}}{\overset{\displaystyle \overset{Cl}{|}}{Cl-C-F}}$$

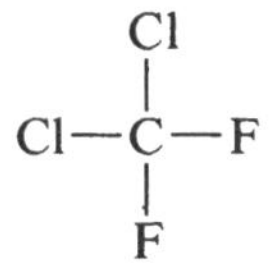

$$\text{1,2-Dichlortetrafluorethan} \qquad \text{R 114} \qquad \underset{\displaystyle \overset{|}{F} \quad \overset{|}{F}}{\overset{\displaystyle \overset{Cl}{|} \quad \overset{Cl}{|}}{F-C-C-F}}$$

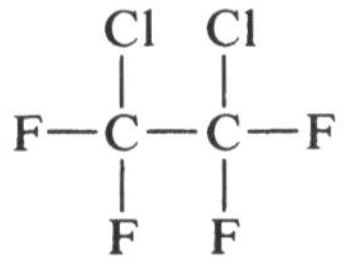

Chlorfluorkohlenwasserstoffe hatten in der Vergangenheit als Treibmittel für Spraydosen, als Kältemittel für Klima- und Kälteanlagen und zum Schäumen von Kunststoffen große Bedeutung. Seit 1974, als amerikanische Wissenschaftler erstmalig vor einem Abbau der stratosphärischen Ozonschicht durch Chlorfluorkohlenwasserstoffe und dessen Folgen warnten, gibt es Bestrebungen, die Anwendung dieser Verbindungen einzuschränken oder ganz zu verbieten. Wegen ihrer außerordentlich hohen chemischen Beständigkeit und geringen Wasserlöslichkeit reichern sich Chlorfluorkohlenwasserstoffe in der Atmosphäre an und gelangen auch in die Stratosphäre. Dort werden sie – genau wie das überwiegend bei Waldbränden und in den Ozeanen gebildete Chlormethan – durch UV-C-Strahlung (Wellenlänge: unter 280 nm) unter Freisetzung von Chloratomen gespalten, z. B. nach

$$CFCl_3 \longrightarrow CFCl_2 + Cl$$

Die Chloratome reagieren mit Ozon, das sich unter Einwirkung von UV-Strahlung aus Luftsauerstoff bildet und in 20 bis 25 km Höhe anreichert:

$$O_3 + Cl \longrightarrow O_2 + OCl$$

---

[1] von engl. Refrigerant = Kältemittel

Durch Reaktion von OCl mit Sauerstoffatomen werden die Chloratome wieder freigesetzt und erneut für die Reaktion mit Ozon zur Verfügung gestellt:

$$OCl + O \longrightarrow O_2 + Cl$$

Da die Ozonschicht der Stratosphäre als Filter für die biologisch hochwirksame UV-B-Strahlung (Wellenlänge: 280 bis 320 nm) wirkt, muß beim Abbau dieser Schicht mit dem verstärkten Auftreten von Hautkrebs und anderen Schäden bei Lebewesen gerechnet werden.

Ether sind Verbindungen, in denen zwei Alkyl- oder Arylgruppen über Sauerstoffatome miteinander verbunden sind. Die substitutive Nomenklatur ist bei den einfachen Vertretern dieser Verbindungsklasse nicht üblich. Der Name wird vielmehr aus den Namen der beteiligten Kohlenwasserstoffgruppen und der Endung -ether gebildet. Der meist kurz „Ether" genannte Diethylether, $C_2H_5-O-C_2H_5$, ist eine bei 34,5 °C siedende, leicht entzündliche Flüssigkeit, die bei der Synthese von Ethanol als Nebenprodukt anfällt. Große technische Bedeutung als klopffeste Kraftstoffkomponente hat **Methyl-tert.-butylether**[1] (**MTB**), der aus Isobuten und Methanol in Gegenwart von sauren Ionenaustauschern hergestellt wird:

$$CH_3OH + CH_3-\underset{\underset{CH_3}{|}}{C}=CH_2 \longrightarrow CH_3-O-\underset{\underset{CH_3}{|}}{\overset{\overset{CH_3}{|}}{C}}-CH_3$$

Amine lassen sich formal von Ammoniak ableiten, indem Wasserstoffatome durch Alkyl- oder Arylgruppen ersetzt werden. Je nachdem, ob eine, zwei oder drei H-Atome des NH_3-Moleküls substituiert sind, spricht man von primären, sekundären oder tertiären Aminen, z. B.

CH_3NH_2 Methylamin

$(CH_3)_2NH$ Dimethylamin

$(CH_3)_3N$ Trimethylamin

Amine mit niedermolekularen Alkylgruppen sind ammoniak- bis fischartig riechende Gase oder Flüssigkeiten. Die öligen oder festen Amine mit Alkylgruppen von 8 bis 24 C-Atomen werden **Fettamine** genannt. **Diamine** enthalten zwei, **Triamine** drei und **Polyamine** mehrere **Aminogruppen,** $-NH_2$, deren H-Atome durch Alkyl- oder Arylgruppen substituiert sein können. Ein wichtiges aromatisches Amin ist

Anilin (Phenylamin, Aminobenzol)

---

[1] tert. = tertiär

Amine wirken als Basen und bilden, ähnlich wie Ammoniak, mit Säuren Alkyl- bzw. Arylammoniumionen, z. B.

$$CH_3-CH_2-CH_2-NH_2 + H_3O^+ \longrightarrow CH_3-CH_2-CH_2-NH_3^+ + H_2O$$

Amine sind wichtige Zwischenprodukte der chemischen Industrie. Fettamine haben unter anderem als Korrosionsinhibitoren Bedeutung, als Härter für Epoxidharze dient

Diethylentriamin $\quad NH_2-CH_2-CH_2-NH-CH_2-CH_2-NH_2$

Alkohole sind Verbindungen, in denen **Hydroxylgruppen,** $-OH$, an Kohlenstoffatome gebunden sind, von denen nur Einfachbindungen ausgehen. Je nach Anzahl der OH-Gruppen im Molekül wird zwischen einwertigen, zweiwertigen, dreiwertigen und mehrwertigen Alkoholen unterschieden. Da sich zwischen den OH-Gruppen Wasserstoffbrücken ausbilden können, ist die Siedetemperatur eines Alkohols wesentlich höher als die des entsprechenden Stamm-Kohlenwasserstoffs (Tab. 3.4). Die Siedetemperaturen steigen mit der Länge der C-Kette und mit der Anzahl der OH-Gruppen im Molekül an (Tab. 12.4). Die Wasserlöslichkeit nimmt mit der Länge der C-Kette ab und mit der Anzahl der OH-Gruppen im Molekül zu. Einwertige Alkohole mit überwiegend unverzweigten Ketten aus mehr als acht C-Atomen werden als **Fettalkohole** bezeichnet.

Methanol wird aus Kohlenoxid und Wasserstoff technisch hergestellt ($\rightarrow$ 12.2.). Es ist giftig und kann – etwa nach versehentlicher Aufnahme durch Trinken – über Schwindelanfälle und schwere Sehstörungen zum Tod durch Atemlähmung oder Herzstillstand führen. **Ethanol,** in der Umgangssprache meist kurz „Alkohol" genannt, bildet sich unter dem Einfluß der Enzyme von Hefestämmen oder genetisch veränderten Bakterien (z. B. Zymomonas mobilis) in Lösungen von vergärbaren Zuckern wie Traubenzucker, Fruchtzucker oder Rohrzucker. Der Vorgang kann vereinfacht durch folgende Reaktionsgleichung wiedergegeben werden:

$$C_6H_{12}O_6 \longrightarrow 2C_2H_5OH + 2CO_2$$

Da Ethanol hemmend auf die Aktivität der Hefezellen wirkt, kommt die Gärung meist bei einem Alkoholgehalt von 6 bis 10 Vol.-% zum Stillstand. Synthetisch wird Ethanol durch Addition von Wasser (**Hydratisierung**) an Ethylen bei 300°C in Gegenwart phosphorsäurehaltiger Katalysatoren hergestellt:

$$CH_2{=}CH_2 + H_2O \longrightarrow C_2H_5OH$$

Nach dem gleichen Prinzip werden aus Propylen Isopropylalkohol, aus 1-Buten 2-Butanol und aus Isobuten tert.-Butylalkohol gewonnen. Andere technisch wichtige Alkohole werden aus Aldehyden durch Addition von Wasserstoff (**Hydrierung**) in Gegenwart von Nickelkatalysatoren hergestellt, z. B. nach

$$CH_3-CH_2-CH_2-CHO + H_2 \longrightarrow CH_3-CH_2-CH_2-CH_2OH$$

Tab. 12.4 Alkohole

		Siedetemperatur °C
Methanol (Methylalkohol)	CH_3OH	65
Ethanol (Ethylalkohol)	$CH_3{-}CH_2{-}OH$	78,5
1-Propanol	$CH_3{-}CH_2{-}CH_2{-}OH$	97,5
2-Propanol (Isopropylalkohol)	$CH_3{-}\underset{\underset{OH}{\mid}}{CH}{-}CH_3$	82,5
1-Butanol	$CH_3{-}CH_2{-}CH_2{-}CH_2{-}OH$	117
2-Butanol (sek.-Butylalkohol)	$CH_3{-}CH_2{-}\underset{\underset{OH}{\mid}}{CH}{-}CH_3$	99,5
2-Methyl-1-propanol (Isobutanol)	$CH_3{-}\underset{\underset{CH_3}{\mid}}{CH}{-}CH_2{-}OH$	108
2-Methyl-2-propanol (tert.-Butylalkohol)	$CH_3{-}\underset{\underset{OH}{\mid}}{\overset{\overset{CH_3}{\mid}}{C}}{-}CH_3$	82
Cyclohexanol		161
1,2-Ethandiol (Ethylenglykol)	$\underset{\underset{OH}{\mid}}{CH_2}{-}\underset{\underset{OH}{\mid}}{CH_2}$	198
1,2-Propandiol (Propylenglykol)	$\underset{\underset{OH}{\mid}}{CH_2}{-}\underset{\underset{OH}{\mid}}{CH}{-}CH_3$	189
1,2,3-Propantriol (Glycerin)	$\underset{\underset{OH}{\mid}}{CH_2}{-}\underset{\underset{OH}{\mid}}{CH}{-}\underset{\underset{OH}{\mid}}{CH_2}$	290 Zers.

Zur Gewinnung von **Ethylenglykol** wird Ethylenoxid mit Wasser umgesetzt (hydrolysiert):

$$\underset{O}{\overset{CH_2-CH_2}{\diagdown\diagup}} + H_2O \longrightarrow \underset{OH\quad OH}{\overset{CH_2-CH_2}{|\qquad|}}$$

Alkohole finden vielfältige Verwendungen als chemische Zwischenprodukte, z. B. bei der Herstellung von Kunststoffen, Synthesefasern und Tensiden. Als klopffeste Komponenten und Lösevermittler für Kraftstoffe werden vor allem Methanol, Ethanol, Isobutanol und tert.-Butylalkohol verwendet. Isopropylalkohol, 1-Butanol und Cyclohexanol haben als Lösemittel in der Lackindustrie und anderen technischen Bereichen große Bedeutung. Alkohole werden auch als **Gefrierschutzmittel** verwendet. Als Zusatz zu Kühlkreisläufen von Verbrennungsmotoren und Kühlsolen für Kältemaschinen dienen vor allem die hochsiedenden Verbindungen Ethylenglykol und – wegen seiner Ungiftigkeit besonders in der Nahrungsmittel- und Getränkeindustrie – Propylenglykol. Zum Enteisen von Windschutzscheiben sowie von Start- und Landebahnen auf Flugplätzen werden auch niedrigsiedende Alkohole verwendet. Zur Beurteilung eines Gefrierschutzmittels dient die Temperatur, bei der beim langsamen Abkühlen die ersten Eiskristalle auftreten (Eisflockenpunkt). Um einen Eisflockenpunkt von $-20\,°C$ zu erreichen, muß eine wäßrige Lösung 30 Vol.-% Methanol, 33 Vol.-% Ethylenglykol oder 37 Vol.-% Ethanol enthalten.

Verbindungen, in denen eine oder mehrere Hydroxylgruppen unmittelbar an Kohlenstoffatome des Benzolringes gebunden sind, heißen **Phenole**. Beispiele sind:

Hydroxybenzol (Phenol)

2-Hydroxytoluol (o-Kresol)

2-Chlor-5-hydroxytoluol

1,4-Dihydroxybenzol (Hydrochinon)

2,2-Bis(4-hydroxyphenyl)propan
(Bisphenol A)

Der einfachste Vertreter dieser Gruppe, das **Phenol,** ist ein farbloser, sich an der Luft rötlich färbender, leicht schmelzender kristalliner Stoff mit charakteristischem Geruch, der als Zwischenprodukt für die Herstellung von Kunststoffen und Synthesefasern große Bedeutung hat. Phenole werden als Antioxidantien für Mineralöle und Kunststoffe verwendet. 2-Chlor-5-hydroxytoluol, aber auch andere Phenole, sind Hauptbestandteile vieler Desinfektionsmittel.

Ketone sind Verbindungen, in denen die **Carbonylgruppe,** $>C=O$, an Alkyl- oder Arylgruppen gebunden ist. Propanon (Aceton), $CH_3-CO-CH_3$, und Butanon (Methylethylketon), $CH_3-CO-CH_2-CH_3$, sind charakteristisch riechende Flüssigkeiten, die als Lösemittel für Lacke und Klebstoffe verwendet werden.

Die durch die **Formylgruppe,** $-C{\overset{\textstyle H}{\underset{\textstyle O}{<}}}$, gekennzeichneten **Aldehyde** sind wichtige Zwischenprodukte der technischen Chemie. **Formaldehyd** (Methanal) ist ein stechend riechendes Gas, das durch Oxidation von Methanol bei 650 °C an Silberkatalysatoren hergestellt wird:

$$CH_3OH + \tfrac{1}{2}O_2 \longrightarrow H-C{\overset{\textstyle H}{\underset{\textstyle O}{<}}} + H_2O$$

Formaldehyd

Es wird zu verschiedenartigen chemischen Produkten weiterverarbeitet, unter denen Phenolharze, Aminoplaste und Polyoxymethylen besondere Bedeutung haben. Als Desinfektionsmittel hat Formaldehyd ein breites Wirkungsspektrum, das auch Tuberkelbazillen und Viren einschließt. In geringen Mengen bildet sich Formaldehyd durch photochemische Reaktionen in der Atmosphäre und bei der unvollständigen Verbrennung von Holz, Kohle, Benzin und anderen organischen Stoffen. Es ist deshalb in Autoabgasen enthalten. **Acetaldehyd** (Ethanal), eine niedrigsiedende Flüssigkeit mit stechend betäubendem Geruch, wird durch Oxidation von Ethylen in Gegenwart von Kupfer- und Palladiumchloridlösung hergestellt:

$$CH_2=CH_2 + \tfrac{1}{2}O_2 \longrightarrow CH_3-CHO$$

Ein wichtiges Verfahren zur Herstellung von Aldehyden ist die unter der Bezeichnung **Oxo-Synthese** bekannte Reaktion von Alkenen mit Kohlenoxid und Wasserstoff in Gegenwart von Kobalt- oder Rhodiumverbindungen. Nach dem Verfahren wird vor allem **Butyraldehyd** (Butanal) gewonnen:

$$CH_3-CH=CH_2 + CO + H_2 \longrightarrow CH_3-CH_2-CH_2-CHO$$

Furfural (Furfurol),

$$\text{(Furanring)}\!-\!CHO$$

ist ein heterocyclischer Aldehyd, der sehr leicht der Autoxidation unterliegt. Er wird aus Maiskolbenrückständen, Haferschalen und anderen landwirtschaftlichen Abfallprodukten hergestellt.

Bei den **Nitrilen** mit der allgemeinen Formel $R\!-\!C\!\equiv\!N$ wird der Name bevorzugt, der sich vom Trivialnamen der Carbonsäure mit gleicher Anzahl von C-Atomen ableitet. Das von der Acrylsäure abgeleitete **Acrylnitril** wird durch Ammonoxidation von Propylen an Wismut-Molybdänoxid-Katalysatoren hergestellt:

$$CH_2\!=\!CH\!-\!CH_3 + NH_3 + \tfrac{3}{2}O_2 \;\longrightarrow\; CH_2\!=\!CH\!-\!CN + 3\,H_2O$$

Bei der elektrochemischen Verknüpfung von zwei Acrylnitrilmolekülen (Dimerisierung) entsteht **Adiponitril** (Adipinsäuredinitril):

$$2\,CH_2\!=\!CH\!-\!CN + 2\,H_2O + 2\,e \;\longrightarrow\; NC\!-\!(CH_2)_4\!-\!CN + 2\,OH^-$$

Sulfonsäuren sind starke organische Säuren, deren gemeinsames Kennzeichen die **Sulfogruppe**, $-SO_3H$, ist. Ihre Salze heißen **Sulfonate.** Aromatische Sulfonsäuren werden durch Sulfonierung aromatischer Verbindungen mit konzentrierter Schwefelsäure, Oleum oder Schwefeltrioxid hergestellt. Alkansulfonsäuren lassen sich durch **Sulfoxidation** gewinnen. Bei dem Verfahren werden Alkane unter Anregung durch UV-Strahlung mit Schwefeldioxid und Sauerstoff zur Reaktion gebracht:

$$2\,R\!-\!H + 2\,SO_2 + O_2 \;\longrightarrow\; 2\,R\!-\!SO_3H$$

R ist in diesem Fall eine beliebige Alkylgruppe. Sulfonate finden vor allem als Tenside Verwendung.

Große Bedeutung beim natürlichen Stoffwechsel und in den verschiedensten Bereichen der Technik haben die **Carbonsäuren.** Ihr Merkmal ist die im Vergleich zur Sulfogruppe nur schwach sauer wirkende **Carboxylgruppe,** $-C\!\!\begin{smallmatrix}\nearrow OH\\ \searrow\!\!\!= O\end{smallmatrix}$. Je nach Anzahl der Carboxylgruppen im Molekül wird zwischen Mono-, Di-, Tri- und Polycarbonsäuren unterschieden. Der Begriff **Fettsäuren,** ursprünglich für die bei der Verseifung von Fetten entstehenden langkettigen, unverzweigten Carbonsäuren eingeführt, ist heute auch für kurzkettige und verzweigte, nicht aber für cyclische Monocarbonsäuren in Gebrauch. Tab. 12.5 zeigt wichtige, von Alkanen abgeleitete Carbonsäuren mit ihren Siede- und Schmelztemperaturen.

Tab. 12.5 Gesättigte Monocarbonsäuren

		Siedetemp. °C	Schmelztemp. °C
Ameisensäure (Methansäure)	$H-COOH$	101	8
Essigsäure (Ethansäure)	CH_3-COOH	118	17
Propionsäure (Propansäure)	CH_3-CH_2-COOH	141	−21
Buttersäure (Butansäure)	$CH_3-CH_2-CH_2-COOH$	163,5	− 5
Valeriansäure (Pentansäure)	$CH_3-CH_2-CH_2-CH_2-COOH$	186	−34
Capronsäure (Hexansäure)	$CH_3-(CH_2)_4-COOH$	205	− 3
Caprylsäure (Octansäure)	$CH_3-(CH_2)_6-COOH$	240	16,5
Caprinsäure (Decansäure)	$CH_3-(CH_2)_8-COOH$	270	31,5
Palmitinsäure (Hexadecansäure)	$CH_3-(CH_2)_{14}-COOH$	390	63
Stearinsäure (Octadecansäure)	$CH_3-(CH_2)_{16}-COOH$	360 (Zers.)	70

Die Oxidationszahl des C-Atoms am Ende einer Molekülkette steigt in der Reihenfolge

$$R-\overset{-III}{C}H_3 \qquad R-\overset{-I}{C}H_2OH \qquad R-\overset{+I}{C}HO \qquad R-\overset{+III}{C}OOH$$

Carbonsäuren können deshalb durch Oxidation von Kohlenwasserstoffen, Alkoholen oder Aldehyden hergestellt werden. **Ameisensäure** fällt als Nebenprodukt bei der Herstellung von Essigsäure durch Oxidation von Kohlenwasserstoffen an. Die Säure und ihre Salze, die **Formiate,** finden bei der Herstellung von Grünfuttersilagen, bei der Kautschukgewinnung sowie in der Textil- und Lederindustrie Verwendung. Die wichtigste Carbonsäure ist die **Essigsäure,** eine stechend riechende Flüssigkeit, die im wasserfreien Zustand auch als Eisessig bezeichnet wird. Ihre Salze und Ester heißen **Acetate.** Technische Hertellungsverfahren sind die Carbonylierung von Methanol

$$CH_3OH + CO \longrightarrow CH_3COOH$$

und die Oxidation von Butan, Benzin oder Acetaldehyd mit Luft oder reinem Sauerstoff in Gegenwart von Kobalt- oder Manganacetat. Verdünnte Lösungen

(Essig) werden durch Fermentation von wäßrigem Ethanol in Gegenwart von Essigbakterien (Acetobacter) gewonnen. Essigsäure wird zu Estern weiterverarbeitet, die als Lösemittel, zur Herstellung von Kunststoffdispersionen (Polyvinylacetat), Chemiefasern, Folien und Filmen (Celluloseacetat) verwendet werden.

Wichtige ungesättigte Monocarbonsäuren sind:

Acrylsäure $\quad CH_2=CH-COOH$

Methacrylsäure $\quad CH_2=C-COOH$
$\qquad\qquad\qquad\quad |$
$\qquad\qquad\qquad\ CH_3$

Ölsäure $\quad CH_3-(CH_2)_7$ $\diagdown$ $C=C$ $\diagup (CH_2)_7-COOH$
$\qquad\qquad\qquad\qquad\quad H \diagup \qquad \diagdown H$

Linolensäure

CH_3-CH_2 $\diagdown$ $C=C$ $\diagup CH_2$ $\diagdown$ $C=C$ $\diagup CH_2$ $\diagdown$ $C=C$ $\diagup CH_2-(CH_2)_6-COOH$
$\quad\ H \diagup \qquad \diagdown H \quad H \diagup \qquad \diagdown H \quad H \diagup \qquad \diagdown H$

Die einfachste Dicarbonsäure ist **Oxalsäure,** $HOOC—COOH$, ein kristalliner Stoff, der neben relativ stark sauren auch reduzierende Eigenschaften hat, und in der Textil- und Lederindustrie sowie zum Bleichen von Holz, Stroh, Wachsen und anderen Stoffen Verwendung findet. Weitere wichtige Dicarbonsäuren sind

Bernsteinsäure $\quad HOOC—(CH_2)_2—COOH$

Adipinsäure $\quad HOOC—(CH_2)_4—COOH$

Maleinsäure $\quad HOOC \qquad\qquad COOH$
$\qquad\qquad\qquad \diagdown \qquad\quad \diagup$
$\qquad\qquad\qquad\quad C=C$
$\qquad\qquad\qquad \diagup \qquad\quad \diagdown$
$\qquad\qquad\qquad H \qquad\qquad H$

Phthalsäure

Terephthalsäure

Durch Abspaltung von Wasser aus Carbonsäuremolekülen lassen sich **Säureanhydride** ableiten, wie z. B. Essigsäureanhydrid (Acetanhydrid) aus Essigsäure

$$CH_3-CO|OH \qquad \begin{matrix} CH_3-CO \\ \diagdown \\ \qquad O + H_2O \\ \diagup \\ CH_3-CO \end{matrix}$$

$$CH_3-COO|H$$

oder Phthalsäureanhydrid aus Phthalsäure

Säureamide entstehen formal aus Carbonsäuren, wenn die Hydroxylgruppe durch eine Aminogruppe ersetzt wird. Von Acrylsäure leitet sich auf diese Weise

$$Acrylamid, \quad CH_2{=}CH-C\underset{NH_2}{\overset{O}{\diagup}} \quad ab.$$

Besonders wichtige Säurederivate sind die **Ester**, die durch Reaktion von Säuren mit Alkoholen unter Wasserabspaltung gebildet werden, z. B.

$$CH_3-CO\boxed{OH + H}O-CH_2-CH_2-CH_2-CH_3 \rightleftharpoons$$
1-Butanol

$$CH_3-COO-CH_2-CH_2-CH_2-CH_3 + H_2O$$
Essigsäurebutylester
(Butylacetat)

Die **Veresterung** ist eine Gleichgewichtsreaktion, die durch starke Säuren katalysiert wird. Ein nahezu vollständiger Umsatz ist möglich, wenn das gebildete Wasser – etwa durch Abdestillieren – ständig aus dem Gleichgewicht entfernt wird ($\rightarrow$ 5.2.). Anstelle der Carbonsäuren werden häufig deren Anhydride mit Alkoholen zu Estern umgesetzt. Essigsäureethylester (Ethylacetat), Essigsäurebutylester (Butylacetat) und andere aus niederen Carbonsäuren und Alkoholen gebildete Ester sind angenehm fruchtig riechende Flüssigkeiten, die als Lösemittel für Lacke verwendet werden. Schwerflüchtige Ester haben als Weichmacher Bedeutung.

Natürliche Fette und Öle bestehen überwiegend aus Estern der höheren Fettsäuren mit dem dreiwertigen Alkohol Glycerin. In Umkehrung der Veresterungsreaktion können Fette durch Reaktion mit Wasser (**Hydrolyse**) bei 100 bis 250 °C in ihre Komponenten gespalten werden, z. B.

$$CH_2-O-CO-(CH_2)_{14}-CH_3$$
$$CH-O-CO-(CH_2)_7-CH=CH-(CH_2)_7-CH_3 \; + \; 3\,H_2O \; \longrightarrow$$
$$CH_2-O-CO-(CH_2)_{16}-CH_3$$

$$CH_2-OH \quad HO-CO-(CH_2)_{14}-CH_3 \qquad \text{Palmitinsäure}$$
$$CH-OH \; + \; HO-CO-(CH_2)_7-CH=CH-(CH_2)_7-CH_3 \quad \text{Ölsäure}$$
$$CH_2-OH \quad HO-CO-(CH_2)_{16}-CH_3 \qquad \text{Stearinsäure}$$

Die Fettspaltung läßt sich auch bei 80 bis 100°C mit Natronlauge durchführen. Dabei entstehen die Natriumsalze der Fettsäuren, die als **Seifen** Bedeutung haben. Die alkalische Esterhydrolyse wird deshalb häufig **Verseifung** genannt.

13. Grenzflächenaktive Stoffe

Wie in Kapitel 4.1. gesagt wurde, kann sich ein Stoff in einem anderen dann lösen, wenn die Kräfte zwischen den Molekülen der beiden Stoffe etwa gleiche Größe haben. So lösen sich Fette und Öle in Benzin oder Trichlorethan, da zwischen den Molekülen aller dieser Stoffe ausschließlich schwache Dispersionskräfte wirken. In Wasser lösen sich Ionenkristalle oder Stoffe, mit deren Molekülen die H_2O-Moleküle Wasserstoffbrückenbindungen eingehen können.

Es gibt nun Stoffe, deren Moleküle aus einer „fettfreundlichen" (**lipophilen**), Wassermoleküle nur schwach anziehenden (**hydrophoben**) Kohlenwasserstoffgruppe und einer zur Bildung von Wasserstoffbrücken befähigten **hydrophilen** (= wasserfreundlichen) funktionellen Gruppe bestehen. Solche Stoffe heißen **Tenside.** Wird ein Tensid in Wasser gelöst, so reichern sich die Tensidmoleküle an der Phasengrenze an, und zwar so, daß der hydrophile Teil zur wäßrigen Phase und die hydrophobe Kohlenwasserstoffkette zu Gasphase orientiert ist (Abb. 13.1). Mit steigender Tensidkonzentration nimmt die Belegung der Oberfläche zu und wenn die gesamte Oberfläche mit einer monomolekularen Schicht bedeckt ist, vereinigen sich neu hinzukommende Tensidmoleküle in der Flüssigphase zu Aggregaten von 100 bis 1000 Molekülen, den **Micellen.** Die hydrophoben Ketten der Tensidmoleküle sind im Inneren der kugelförmigen Micellen angeordnet, die hydrophilen Gruppen befinden sich an der Oberfläche und treten mit den Wassermolekülen der wäßrigen Phase in Wechselwirkung. Die Tensidkonzentration, bei der die Micellbildung beginnt, wird als kritische Micellbildungskonzentration bezeichnet.

Durch gelöste Tenside wird die **Oberflächenspannung** des Wassers herabgesetzt. Zur Erklärung der Vorgänge soll Abb. 13.2 dienen. Ein beliebiges Wassermolekül im Inneren einer reinen Wasserphase wird von benachbarten Molekülen angezogen, ohne daß eine bevorzugte Anziehungsrichtung besteht. Auf ein Molekül an der Phasengrenze wirken aus der Flüssigphase heraus sehr viel stärkere Anziehungskräfte als aus der angrenzenden Gasphase. Dadurch entsteht eine resultierende Kraft, die das Molekül in die Flüssigphase hineinzieht oder, anders ausgedrückt, Moleküle auf Oberflächenplätzen haben eine größere potentielle Energie als Moleküle im Inneren der Phase. Bei Vergrößerung der Flüssigkeitsoberfläche, wie sie bei der Zerteilung der Flüssigkeit in feine Tröpfchen auftritt, müssen zusätzliche Moleküle in energiereichere Oberflächenplätze eingebaut werden. Das bedeutet, dem System muß von außen Energie zugeführt werden. Damit die Oberfläche um den differentiellen Betrag dS erhöht werden kann, muß die Energie $\mathrm{d}W$ aufgebracht werden. Der Proportionalitätsfaktor γ in der Beziehung

$$\mathrm{d}W = \gamma \cdot \mathrm{d}S$$

ist die Oberflächenspannung der betreffenden Flüssigkeit. Ihre Einheit ergibt sich aus

$$\gamma = \frac{\mathrm{d}W}{\mathrm{d}S} \quad \text{zu} \quad \frac{\mathrm{N\,m}}{\mathrm{m}^2} \quad \text{oder} \quad \mathrm{N\,m}^{-1}$$

Hydrophile Gruppen von Tensidmolekülen in der Phasengrenze üben stärkere Anziehungskräfte auf die Wassermoleküle aus als Moleküle der Gasphase, d. h. mit zunehmender Besetzung der Oberfläche durch Tensidmoleküle vermindert sich die Oberflächenspannung.

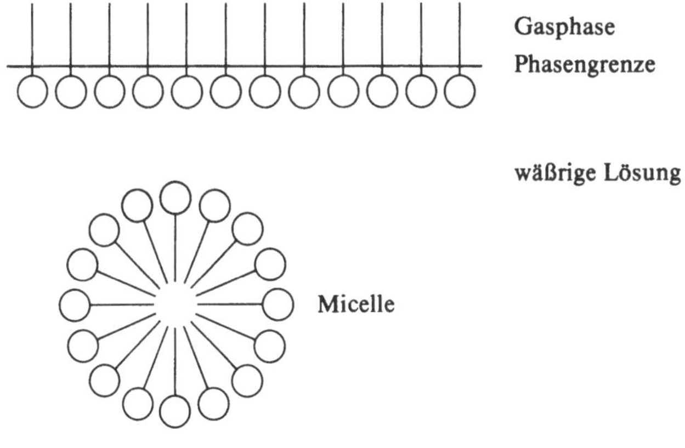

Abb 13.1 Orientierung von Tensidmolekülen an der Oberfläche einer wäßrigen Lösung und in einer Micelle

Im Prinzip ähnlich sind die Verhältnisse, wenn statt der Gasphase eine andere flüssige oder eine feste Phase an die Flüssigkeit angrenzt. In diesem Fall spricht man von **Grenzflächenspannung.**

Tenside werden nach ihren hydrophilen Gruppen klassifiziert. **Anionische Tenside** haben eine negativ geladene hydrophile Gruppe wie z. B. $-COO^-$, $-SO_3^-$, $-O-SO_3^-$ oder $-O-PO_3^{2-}$. Zu dieser Tensidklasse gehören die Seifen, die am längsten bekannten oberflächenaktiven Stoffe. **Seifen** sind die Alkalisalze von Fettsäuren mit in der Regel 12 bis 18 C-Atomen, z. B.

$$CH_3-(CH_2)_{14}-COO^-\,Na^+$$

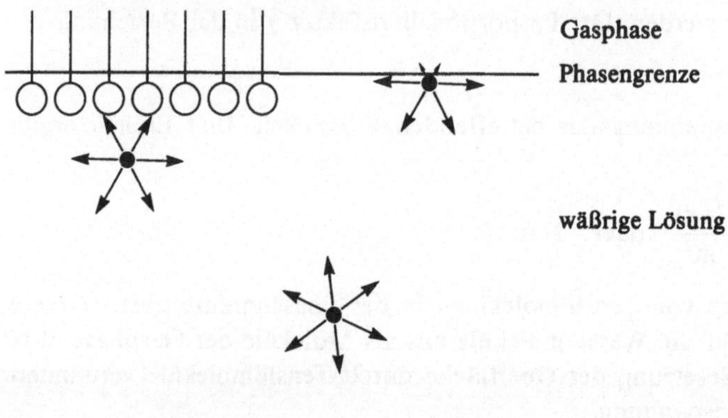

Abb 13.2 Erniedrigung der Oberflächenspannung durch Tenside

Wegen schlechter Waschwirkung, schlechtem Schmutztragevermögen und großer Härteempfindlichkeit haben sie als Bestandteile von Wasch- und Reinigungsmitteln nur noch untergeordnete Bedeutung. Ihr Hauptanwendungsgebiet ist die Körperreinigung. **n-Alkylbenzolsulfonate** sind als Komponenten vieler Wasch- und Reinigungsmittel derzeit die wichtigsten Tenside. Sie bestehen aus einer Alkylgruppe, die im Interesse der biologischen Abbaubarkeit keine Verzweigungen enthalten darf, und einem Benzolring, der die hydrophile Sulfonatgruppe trägt, z. B.

$$CH_3-CH_2-CH_2-CH_2-CH-CH_2-CH_2-CH_2-CH_2-CH_2-CH_2-CH_3$$

$$SO_3^- \ Na^+$$

Reduzierung der Oberflächenspannung, Netzvermögen und Schaumbeständigkeit sind am größten, wenn die Alkylgruppe 12 bis 14 C-Atome enthält. Ähnlich aufgebaut, aber chemisch weniger einheitlich, sind die durch Sulfonierung von aromatischen Erdölkomponenten und Neutralisation der entstehenden Sulfonsäuren gewonnenen **Petroleumsulfonate.** Sie werden als Additive für Motorenöle und Metallbearbeitungsöle sowie für andere technische Zwecke eingesetzt.

Kationische Tenside haben eine positiv geladene hydrophile Gruppe, in vielen Fällen eine quartäre Ammoniumgruppe mit der allgemeinen Formel

$$R_4-\overset{\displaystyle R_1}{\underset{\displaystyle R_3}{N^+}}-R_2$$

die z. B. bei den Imidazolinen auch Bestandteil eines Molekülringes sein kann:

$$R_1-C \overset{\overset{\displaystyle R_3}{|}}{\underset{\underset{\displaystyle R_2}{|}}{\underset{N-CH_2}{\overset{N_+-CH_2}{\diagup\diagdown}}}}$$

Als Bestandteile von Wasch- und Reinigungsmitteln werden kationische Tenside nur in seltenen Fällen angewandt. Bedeutung haben sie auf vielen Spezialgebieten wie z. B. als Weichspüler, Korrosionsschutzmittel, Desinfektionsmittel, als Hilfsmittel bei der Herstellung von Pigmenten oder als Bestandteile von Bitumenemulsionen, um die Haftung zwischen Bitumen und Mineralstoffen zu verbessern.

Nichtionische Tenside (Niotenside) tragen keine geladenen hydrophilen Gruppen. Die Wechselwirkung mit Wassermolekülen erfolgt über das Sauerstoffatom von Polyethergruppen, die durch Reaktion mit Ethylenoxid (Oxethylierung, Ethoxylierung) in Fettalkohole, Alkylphenole u. a. Verbindungen eingeführt werden können, z. B.

$$R-OH + n\ CH_2\overset{\diagdown}{\underset{O}{\diagup}}CH_2 \longrightarrow R-O-(CH_2-CH_2-O-)_n H$$

Fettalkoholoxethylat
(Fettalkoholpolyglykolether)

$$R-\!\!\left\langle\!\!\bigcirc\!\!\right\rangle\!\!-OH + n\ CH_2\overset{\diagdown}{\underset{O}{\diagup}}CH_2 \longrightarrow$$

$$R-\!\!\left\langle\!\!\bigcirc\!\!\right\rangle\!\!-O-(CH_2-CH_2-O-)_n H$$

Alkylphenoloxethylat

Die erhaltenen Oxethylate (Ethylenoxidaddukte) haben große Bedeutung als Bestandteile von Emulsionen und Reinigungsmitteln. Sie sind wenig härteempfindlich und haben geringe Neigung zur Schaumbildung. Mit steigendem Oxethylierungsgrad n steigt die Hydrophilie und damit die Wasserlöslichkeit. Mit steigender Temperatur nimmt die Hydratisierung und damit die Wasserlöslichkeit ab, bis es bei einer für das jeweilige nichtionische Tensid charakteristischen Temperatur, dem Trübungspunkt, zur Ausscheidung der Tensidphase kommt.

Grenzflächenaktive Stoffe lassen sich nach anwendungstechnischen Gesichtspunkten unterteilen.

Emulgatoren haben den Zweck, die Herstellung von Emulsionen zu ermöglichen oder zu erleichtern und bestehende Emulsionen zu stabilisieren. Ist eine wäßrige Phase in einer organischen Phase – wie z. B. Mineralöl – fein verteilt, spricht man von **Wasser-in-Öl-Emulsion** (W/O-Emulsion). Eine **Öl-in-Wasser-Emulsion** (O/W-Emulsion) liegt vor, wenn feinste Tröpfchen einer organischen Phase in einer kompakten wäßrigen Phase enthalten sind. Emulsionen können dünnflüssige (z. B. Milch) bis salbenartige (z. B. Butter) Konsistenz haben. Die Emulsionstypen lassen sich durch die Verdünnungsmethode voneinander unterscheiden. Bringt man einen Tropfen der Emulsion auf einer Glasplatte mit einem Wassertropfen in Berührung, so breiten sich die emulgierten Tröpfchen einer O/W-Emulsion in den Wassertropfen hinein aus, während eine W/O-Emulsion eine deutliche Phasengrenze bildet. Emulgatormoleküle reichern sich so an der Phasengrenze an, daß ihre hydrophilen Gruppen in die wäßrige und ihre hydrophoben Gruppen in die organische Phase eintauchen. Die dadurch bedingte Verminderung der Grenzflächenspannung hat zur Folge, daß für die Vergrößerung der Grenzfläche und damit für die Emulgierung weniger Energie aufgebracht werden muß. Die Auswahl von Emulgatoren wird durch das **HLB-System** (engl. Hydrophilic Lipophilic Balance) erleichtert. Danach kann jedem Emulgator eine Zahl zwischen 0 und 20 zugeordnet werden. Durch die Zahlen 0 bis 9 werden überwiegend öllösliche, hydrophobe und durch die Zahlen 11 bis 20 überwiegend wasserlösliche, hydrophile Emulgatoren gekennzeichnet.

Zur Stabilisierung einer Emulsion tragen folgende Vorgänge bei:

1. Gegenseitige Abstoßung der Tröpfchen infolge gleichsinniger elektrischer Ladung, die z. B. durch die Ionen der hydrophilen Gruppen bedingt ist oder durch Tröpfchenreibung entsteht.
2. Behinderung der gegenseitigen Annäherung von Tröpfchen durch lange, sperrige Emulgatormoleküle (z. B. Polyethergruppen von nichtionischen Tensiden), Polymerketten oder Schutzkolloide (z. B. Celluloseether).
3. Verringerung der Beweglichkeit der Tröpfchen durch Verdickungsmittel (z. B. Alginate).

Dispergiermittel (**Dispergatoren**) halten Feststoffteilchen in einer Flüssigphase in der Schwebe. Sie werden an der Feststoffoberfläche adsorbiert und wirken, ähnlich wie Emulgatoren, durch elektrostatische Abstoßung oder sterische Behinderung.

Netzmittel verbessern die Benetzung, d. h. die Fähigkeit einer Flüssigkeit, Luft von einer festen oder flüssigen Oberfläche zu verdrängen. Bringt man einen wäßrigen Tropfen auf eine feste Oberfläche, bildet sich in der Regel eine Flüssigkeitslinse aus. Der Winkel, den die Oberfläche der Linse an der Berührungslinie mit der Feststoffoberfläche bildet, ist der **Randwinkel** oder Netzwinkel Θ. Er ist nach der Youngschen Gleichung von der Oberflächenspannung des Feststoffs γ_s, von der Oberflächenspannung der Flüssigkeit γ_l und von der Grenzflächenspannung zwischen Flüssigkeit und Feststoff $\gamma_{l/s}$ abhängig:

$$\cos\Theta = \frac{\gamma_s - \gamma_{l/s}}{\gamma_l}$$

Bei $\Theta = 0°$ spreitet die Flüssigkeit, d.h. der Tropfen breitet sich bis zu einer monomolekularen Schicht gleichmäßig über die Feststoffoberfläche aus. In diesem Fall wird ideale Benetzung erreicht. Bei Netzwinkeln zwischen 0 und 90° wird die Oberfläche benetzt; liegt Θ zwischen 90 und 180°, findet keine Benetzung statt. Netzmittel müssen die Oberflächenspannung γ_l sehr stark erniedrigen, damit $\cos\Theta$ gegen den Grenzwert von eins und Θ gegen null geht. Gute Beweglichkeit und schnelle Adsorption an Grenzflächen wird durch kleine hydrophile Gruppen wie z.B. die Sulfonatgruppe erreicht.

Tenside sind wichtige Bestandteile von wäßrigen **Reinigungsbädern,** die zur Entfettung sowie zur Entfernung von organischen Rückständen, Pigmenten und Deckschichten bei der industriellen Fertigung und Produktion verwendet werden. Besondere Bedeutung haben dabei nichtionische Tenside, die durch den Oxyethylierungsgrad dem jeweiligen Zweck gut angepaßt werden können und die weitgehend unabhängig vom pH-Wert einsetzbar sind. Da sie nur wenig emulgierend wirken, werden abgelöste Öle und Fette aus der Reinigungslösung abgeschieden. Die Folgen sind längere Standzeiten der Reinigungsbäder und eine geringere Belastung der Abwasseraufbereitung.

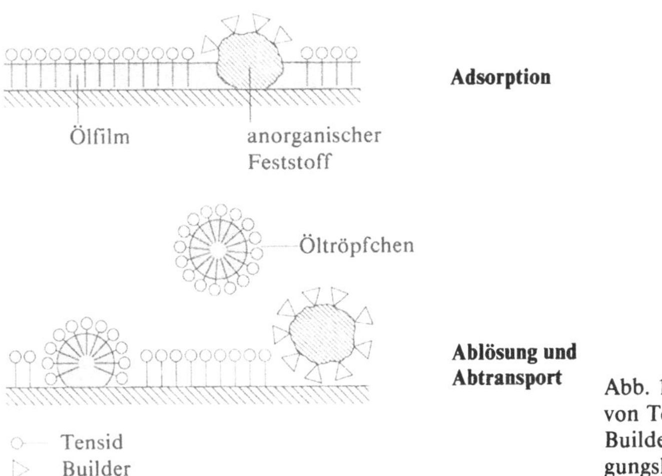

Abb. 13.3 Wirkung von Tensiden und Buildern in Reinigungslösungen

Bei der Entfettung einer Metalloberfläche wird der Hauptteil der öligen oder fettigen Verschmutzung mechanisch durch die Reinigungslösung abgetragen. Die Entfernung des verbleibenden dünnen Fettfilms erfolgt anschließend mit Hilfe der Tenside. Tensidmoleküle werden mit ihrer hydrophoben Gruppe an der Fettschicht adsorbiert (Abb. 13.3). Durch die gegenseitige Abstoßung der hydrophilen Gruppen und die verbesserte Benetzung durch Wasser kommt es zur Bildung von Tröpfchen, die von der Oberfläche abgelöst und weggeschwemmt werden.

Reinigungslösungen enthalten meist sog. **Builder,** das sind überwiegend anorganische Stoffe, die die reinigende Wirkung der Tenside unterstützen. Phosphate, Silicate und Borate erleichtern die Ablösung und Dispergierung von anorganischen Feststoffpartikeln und Rückständen, an deren hydrophilen Oberflächen Tenside nur schlecht adsorbiert werden (Abb. 13.3). Die Reinigungswirkung von Alkylbenzolsulfonaten und einigen anderen Tensiden nimmt mit zunehmender Wasserhärte ab. Komplexbildner wie Natriumtriphosphat oder Nitrilotriacetat und Ionenaustauscher wie Zeolithe binden Calcium- und Magnesiumionen und machen sie damit unwirksam. Alkalihydroxide, als Bestandteile von stark alkalischen Reinigungsbädern, verseifen vegetabile Fette. Durch saure Reiniger können Ablagerungen von Härtebildnern, Oxidschichten und Zunderschichten entfernt werden. Sie enthalten Schwefelsäure, Phosphorsäure oder andere Säuren zusammen mit Korrosionsinhibitoren und Netzmitteln.

14. Brennstoffe und Kraftstoffe

14.1. Allgemeine Definitionen und sicherheitstechnische Begriffe

Brennstoffe sind feste, flüssige oder gasförmige Stoffe, bei deren Verbrennung mit Luftsauerstoff eine meist dem Heizwert entsprechende Wärme wirtschaftlich gewonnen werden kann. Brennstoffe, deren chemisch gebundene Energie unmittelbar in mechanische Arbeit umgesetzt werden soll, werden als **Kraftstoffe** bezeichnet, wobei je nach Art der Verbrennungskraftmaschine zwischen Ottokraftstoffen, Dieselkraftstoffen und Turbinenkraftstoffen unterschieden wird.

Damit beim Umgang mit Brennstoffen Brände und Explosionen vermieden werden, müssen bestimmte Sicherheitsvorschriften eingehalten werden. Ein Kriterium für die Entflammbarkeit brennbarer Flüssigkeiten ist der **Flammpunkt**. Er ist definiert als die niedrigste Temperatur, bei der sich in einem Tiegel aus der Flüssigkeit unter festgelegten Bedingungen Dampf in solcher Menge entwickelt, daß sich ein durch eine Zündflamme entflammbares Dampf-Luft-Gemisch bildet. Der Flammpunkt ist neben der Mischbarkeit mit Wasser die Grundlage für die Einteilung **brennbarer Flüssigkeiten** in **Gefahrenklassen** (Tab. 14.1). Je nach Gefahrenklasse einer Flüssigkeit müssen bei Kennzeichnung, Lagerung und Transport bestimmte Auflagen erfüllt werden.

Tab. 14.1 Gefahrenklassen für die Lagerung brennbarer Flüssigkeiten

Gefahrenklasse	Flammpunkt °C	Mischbarkeit mit Wasser	Beispiele
A I	< 21		Ottokraftstoff
A II	21–55	nicht in jedem Verhältnis	Testbenzin Petroleum
A III	55–100		Heizöl EL Schmieröle
B	< 21	in jedem Verhältnis	Ethanol

Explosionsfähige Atmosphäre werden Gemische von Gasen, Dämpfen, Nebeln oder Stäuben mit Luft genannt, in denen nach erfolgter Zündung eine selbstständige Flammenfortpflanzung möglich ist. Die Grenzkonzentrationen, bei denen die selbstständige Verbrennung gerade noch stattfinden kann, werden als untere und obere **Explosionsgrenzen** bezeichnet. **Explosionsschutzmaßnahmen** haben den

Zweck, die Bildung oder die Zündung explosionsfähiger Atmosphäre zu verhindern. Das kann z. B. durch Handhabung eines Gases außerhalb seiner Explosionsgrenzen oder durch Vermeidung von offenen Flammen und Funkenbildung durch Schlag- oder Schleifvorgänge sowie durch explosionsgeschützte elektrische Anlagen erreicht werden.

14.2. Verbrennungsreaktionen

Die Oxidation organischer Stoffe mit Luftsauerstoff ist eine der wichtigsten chemischen Reaktionen. Durch selektive Oxidation werden Formaldehyd, Acetaldehyd, Essigsäure und andere wichtige Zwischenprodukte synthetisch hergestellt. Die natürliche Selbstreinigung der Oberflächengewässer und die großtechnische Reinigung von Abwasser beruht auf der biochemischen Oxidation organischer Wasserinhaltsstoffe in Gegenwart aerober Mikroorganismen. Für den Ingenieur hat die Verbrennung zum Zwecke der Energieerzeugung besondere Bedeutung. Die **Verbrennung** ist eine Gasphasenoxidation, die bei hohen Temperaturen unter Flammenerscheinung abläuft. Den eigentlichen Verbrennungsreaktionen können dabei – wie bei der Verbrennung von Kohle und Heizöl – Pyrolysereaktionen und Verdampfungsvorgänge vorausgehen. Bei der **vollständigen Verbrennung** werden Kohlenstoff, Wasserstoff und Sauerstoff in den organischen Molekülen des Brennstoffs in Kohlendioxid und Wasser überführt, z. B.

$$CH_4 \quad + 2\,O_2 \quad \longrightarrow \quad CO_2 + 2\,H_2O$$

$$C_6H_{14} \quad + \tfrac{19}{2}\,O_2 \quad \longrightarrow \quad 6\,CO_2 + 7\,H_2O$$

$$C_2H_5OH + 3\,O_2 \quad \longrightarrow \quad 2\,CO_2 + 3\,H_2O$$

Enthält der Brennstoff organische Schwefelverbindungen, entsteht Schwefeldioxid als zusätzliches Verbrennungsprodukt.

Der **Mindestsauerstoffbedarf** ist der nach der Reaktionsgleichung für die Oxidation erforderliche Sauerstoff, angegeben z. B. in Normkubikmeter pro Normkubikmeter Brenngas. Er läßt sich mit den in 1.3. und 1.4. behandelten Gesetzen berechnen. Für die Methanverbrennung folgt aus der Reaktionsgleichung:

$$\frac{n(CH_4)}{n(O_2)} = \frac{1}{2}$$

Da die Stoffmengen idealer Gase bei konstantem Druck und konstanter Temperatur ihren Volumina proportional sind, gilt

$$\frac{V(CH_4)_0}{V(O_2)_0} = \frac{1}{2}$$

und damit

$$V(O_2)_0 = 2\,V(CH_4)_0$$

Für die vollständige Verbrennung von einem Normkubikmeter Methan werden demnach zwei Normkubikmeter Sauerstoff benötigt. Luft enthält 0,21 Volumenanteile Sauerstoff, 0,78 Volumenanteile Stickstoff und 0,01 Volumenanteile Argon, Kohlendioxid und andere Nebenbestandteile. Den **Mindestluftbedarf** erhält man deshalb, indem man den Mindestsauerstoffbedarf durch 0,21 teilt:

$$V(\text{Luft})_0 = \frac{V(O_2)_0}{0,21}$$

Im praktischen Feuerungsbetrieb wird mehr Luft zugeführt, als für die vollständige Verbrennung der Brennstoffmoleküle erforderlich ist. Der Quotient von praktisch zugeführtem Luftvolumen und theoretisch ermitteltem Mindestluftbedarf wird als **Luftverhältnis** λ bezeichnet:

$$\lambda = \frac{V(\text{Luft})_{0,\,pr}}{V(\text{Luft})_{0,\,th}}$$

Bei $\lambda > 1$ herrscht Luftüberschuß, bei $\lambda < 1$ Luftmangel. Luftmangel oder ungenügende Reaktionszeit führen zu **unvollständiger Verbrennung,** bei der nicht nur Kohlendioxid und Wasser, sondern zusätzlich Kohlenmonoxid, Wasserstoff, Aldehyde, aromatische Kohlenwasserstoffe und andere Verbrennungsprodukte auftreten.

Die wichtigste Kenngröße zur Beurteilung eines Brennstoffs ist die bei seiner Verbrennung freiwerdende Wärme. Der **Brennwert**[1] H_o ist die Reaktionswärme, die bei der vollständigen Verbrennung einer definierten Brennstoffmenge freigesetzt wird, wenn das Abgas auf 25°C abgekühlt und der bei der Verbrennung entstehende Wasserdampf unter Abgabe der Kondensationswärme in flüssiger Form anfällt. Zur Bestimmung wird eine Probe des Brennstoffs in einem Druckgefäß aus korrosionsbeständigem Stahl (kalorimetrische Bombe) elektrisch gezündet und verbrannt. Der Brennwert ergibt sich aus der Temperaturerhöhung des Kalorimeterwassers, das die Bombe umgibt.

Der **Heizwert**[2] H_u ist die Reaktionswärme, die bei der vollständigen Verbrennung einer definierten Brennstoffmenge freigesetzt wird, wenn das Abgas auf 25°C abgekühlt wird, der bei der Verbrennung entstehende Wasserdampf aber dampfförmig bleibt.

Bei Brenngasen werden Brenn- und Heizwert meist auf einen Normkubikmeter trockenes Gas bezogen. Bei festen und flüssigen Brennstoffen unterscheidet man zwischen den auf die Masse von einem Kilogramm bezogenen spezifischen

---

[1] früher: oberer Heizwert; [2] früher: unterer Heizwert

Brenn- und Heizwerten und den auf die Stoffmenge von einem Mol oder einem Kilomol bezogenen molaren Brenn- und Heizwerten. Brenn- und Heizwert unterscheiden sich durch die Wärme, die bei der Kondensation des Verbrennungswassers bei der Bezugstemperatur von 25°C frei wird. Der Heizwert kann deshalb aus dem Brennwert, der bei der Verbrennung entstehenden Wassermenge und der Kondensationswärme des Wassers von 2442 kJ kg^{-1} errechnet werden. Zwischen spezifischem Heizwert und spezifischem Brennwert besteht z. B. die folgende Beziehung:

$$H_u = H_o - 2442 \text{ kJ kg}^{-1} \cdot w(H_2O)$$

$w(H_2O)$ ist die Masse des Verbrennungswassers bezogen auf die Masse des Brennstoffs.

Die Verbrennung verläuft als **Kettenreaktion** über Radikale. **Radikale** sind Bruchstücke von Molekülen mit ungepaarten Elektronen, die sich meist durch sehr hohe Reaktionsfähigkeit auszeichnen. Bei der Reaktion von Radikalen mit abgesättigten Molekülen werden neue Radikale gebildet, so daß sich eine Reaktionskette fortpflanzen kann. Bei der Verbrennung von Wasserstoff (**Knallgasreaktion**) können sich Radikale durch thermische Spaltung von Wasserstoffmolekülen bilden:

$$H_2 \longrightarrow H\cdot + \cdot H \qquad \text{Kettenstart}$$

Bei hoher Temperatur und niedrigem Druck reagieren die H-Radikale mit Sauerstoffmolekülen bevorzugt nach der Gleichung

$$H\cdot + O_2 \longrightarrow \cdot OH + \cdot O\cdot$$

Dadurch wird die Radikalkonzentration in der Flamme erhöht (Kettenverzweigung) und die Verbrennung beschleunigt. Wasser bildet sich z. B. bei folgenden Radikalreaktionen:

$$\cdot OH + \cdot OH \longrightarrow H_2O + \cdot O\cdot$$

$$\cdot H \;\; + \cdot OH \longrightarrow H_2O \qquad \text{Kettenabbruch}$$

Durch hohe Verbrennungstemperaturen wird die Bildung von umweltbelastenden **Stickoxiden,** NO_x, begünstigt. Bei Temperaturen von über 1000°C reagieren Sauerstoffradikale mit Molekülen des Luftstickstoffs zu Stickstoffmonoxid, das ebenfalls Radikalcharakter hat:

$$\cdot O\cdot + N_2 \longrightarrow \cdot NO + \cdot \underset{\cdot}{N}\cdot$$

$$\cdot \underset{\cdot}{N}\cdot + O_2 \longrightarrow \cdot NO + \cdot O\cdot$$

Bei Temperaturen unterhalb 650°C, wie sie z. B. in Rauchgaskanälen und Kaminen auftreten, reagiert das gebildete Stickstoffmonoxid zu Stickstoffdioxid weiter:

$$2\cdot NO + O_2 \longrightarrow 2\,NO_2$$

252

Die Radikale $\cdot H$, $\cdot OH$ und $\cdot O \cdot$ spielen auch bei der Verbrennung von Kohlenwasserstoffen die entscheidende Rolle. Die Oxidation von Methan ist z. B. über die angegebene Reaktionsfolge möglich:

$$CH_4 + \cdot OH \longrightarrow \cdot CH_3 + H_2O$$

$$\cdot CH_3 + \cdot O \cdot \longrightarrow CH_2O + \cdot H$$

$$CH_2O + \cdot OH \longrightarrow \cdot CHO + H_2O$$

$$\cdot CHO + O_2 \longrightarrow CO + HO_2 \cdot$$

$$CO + \cdot OH \longrightarrow CO_2 + \cdot H$$

Daneben vereinigen sich – besonders bei Sauerstoffmangel (fettes Gemisch) – Methylradikale zu Ethan, das bei Temperaturen um 1000 °C leicht in Acetylen übergeht. Durch Cyclisierung des Acetylens bilden sich aromatische Kohlenwasserstoffe und schließlich Ruß:

$$2 \cdot CH_3 \longrightarrow CH_3{-}CH_3 \xrightarrow{-4H} HC\equiv CH \xrightarrow{-nH} \text{Aromaten} \xrightarrow{-mH} \text{Ruß}$$

Aus dem Verbrennungsmechanismus läßt sich das Auftreten von CH_2O (Formaldehyd), CO, Aromaten, Ruß und anderen Stoffen bei der unvollständigen Verbrennung leicht erklären.

Lange Kohlenwasserstoffketten werden zunächst in Alkylradikale umgewandelt und dann zu kürzeren Ketten abgebaut. Die Spaltung der Kohlenstoffkette erfolgt bevorzugt zwischen dem zweiten und dritten C-Atom, gezählt vom C-Atom mit dem ungepaarten Elektron (β-Spaltung), z. B.

$$CH_3{-}CH_2{-}CH{-}CH_2{-}CH_2{-}CH_2{-}CH_3$$

$$\underset{H}{\uparrow}$$

$$+ \cdot H, \cdot O \cdot, \cdot OH \Big\downarrow - H_2, \cdot OH, H_2O$$

$$CH_3{-}CH_2{-}\overset{\cdot}{C}H{-}CH_2{-}CH_2{-}CH_2{-}CH_3$$

$$\Big\downarrow \beta\text{-Spaltung}$$

$$CH_3{-}CH_2{-}CH{=}CH_2 + \cdot CH_2{-}CH_2{-}CH_3$$

usw.

Die niedermolekularen Bruchstücke unterliegen – wie bei Methan beschrieben – der Oxidation zu CO_2 und H_2O.

Kurzkettige Kohlenwasserstoffe sind thermisch stabiler und werden deshalb auch langsamer oxidativ abgebaut als langkettige. Die Geschwindigkeit des oxidativen Abbaus nimmt außerdem mit zunehmender Beständigkeit der intermediär gebildeten Kohlenwasserstoffradikale ab. Die Beständigkeit der Alkylradikale sinkt in der Reihenfolge

$$-CH_2-\overset{\overset{\displaystyle CH_2}{|}}{\underset{\cdot}{C}}-CH_2- \quad > \quad -CH_2-\underset{\cdot}{C}H-CH_2-CH_2- \quad >$$

$$\cdot CH_2-CH_2-CH_2-CH_2-$$

Ein Radikal ist dann besonders beständig, wenn das ungepaarte Elektron mit π-Elektronensystemen von Doppelbindungen in Wechselwirkungen treten kann. Das gilt für Radikale vom Typ

$$-CH=CH-\underset{\cdot}{C}H-CH_2-$$

und in noch stärkerem Maße vom Typ

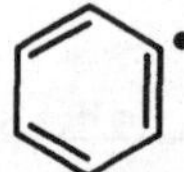

Die Klopffestigkeit von Ottokraftstoffen und die Zündwilligkeit von Dieselkraftstoffen hängt von der Verbrennungsgeschwindigkeit der Kraftstoffkomponenten ab. In einem Ottomotor breitet sich nach der Zündung des Kraftstoff-Luft-Gemisches an der Zündkerze die Flamme gleichmäßig über den Brennraum aus. Beim **Klopfen** kommt es im noch nicht brennenden Gemisch zu Selbstentzündungen. Die Folgen sind starker Druck- und Temperaturanstieg, Abfall der Motorleistung und, bei längerer Dauer dieses Zustandes, schwere Motorschäden. Die Klopfneigung nimmt mit steigender Gemischtemperatur und das bedeutet, mit steigendem Verdichtungsverhältnis zu. Sie kann durch Verstellung der Zündung in Richtung „spät" verringert werden. Der Klopfvorgang beginnt bei etwa 1100 K. Die bei diesen Temperaturen unter hohem Druck bevorzugten Radikalreaktionen

$$\cdot H \quad + O_2 \quad \longrightarrow HO_2\cdot$$

$$HO_2\cdot + R-H \longrightarrow H_2O_2 + \cdot R$$

$$H_2O_2 \quad \longrightarrow \cdot OH + \cdot OH$$

führen zu exponentieller Radikalvermehrung. Dadurch erhöht sich die Reaktionsgeschwindigkeit so stark, daß es unter den im Brennraum herrschenden Bedingungen zu Selbstentzündungen kommt. Mit abnehmendem Verdichtungsverhältnis sinkt zwar die Klopfneigung, es steigt aber als Folge des geringeren thermischen Wirkungsgrades der Kraftstoffverbrauch.

Klopffeste Kraftstoffe, die den Betrieb bei hohem Verdichtungsverhältnis erlauben, können durch folgende Maßnahmen erhalten werden:

– Verwendung von Kraftstoffkomponenten, die unter den Bedingungen der Verbrennung im Motor Radikale ($\cdot R$) mit höherer Beständigkeit bilden. Das sind unter den Kohlenwasserstoffen Aromaten, Isoalkane und Alkene. Daneben finden Methyl-tert.-butylether, Methanol, Ethanol, tert.-Butylalkohol und andere sauerstoffhaltige Verbindungen (Oxygenate) als klopffeste Kraftstoffkomponenten Verwendung.

- Zusatz von **Antiklopfmitteln,** die als Radikalfänger wirken und dadurch die Kettenreaktion verlangsamen. Neben **Tetraethylblei (TEL,** von engl. Tetra Ethyl Lead),

$$\begin{array}{c} C_2H_5 \diagdown \diagup C_2H_5 \\ Pb \\ C_2H_5 \diagup \diagdown C_2H_5 \end{array}$$

das Ottokraftstoffen schon seit Anfang der 20er Jahre zugesetzt wird, haben das für aromatenreiche Kraftstoffe besser geeignete Tetramethylblei (TML, von engl. Tetra Methyl Lead) sowie gemischte Ethyl-Methyl-Verbindungen Bedeutung erlangt. Die als Antiklopfmittel verwendeten **Bleialkyle** sind schwere, sehr giftige Flüssigkeiten, die wegen ihrer Fettlöslichkeit leicht durch die Haut resorbiert werden. Sie werden zusammen mit 1,2-Dibromethan oder 1,2-Dichlorethan und einem Farbstoff als „Fluid" dem Kraftstoff zugesetzt. Bei der Verbrennungstemperatur zerfallen sie unter Bildung von fein verteiltem Blei, das mit OH-Radikalen aus der Flamme reagiert. Die als Scavengers (Straßenfeger) zugesetzten Alkylhalogenide haben die Aufgabe, das Blei in niedrigschmelzende Verbindungen umzuwandeln, die mit dem Abgas leicht aus dem Verbrennungsraum herausgespült werden. Aus Umweltschutzgründen gibt es schon seit vielen Jahren Bestrebungen, den zulässigen Gehalt an Bleialkylen in Kraftstoffen zu reduzieren oder den Bleizusatz ganz einzustellen. Da die bisher entwickelten Abgaskatalysatoren durch Bleiverbindungen sehr schnell desaktiviert werden, ist unverbleites Benzin die Voraussetzung für die Einführung des Katalysatorautos.

Die **Klopffestigkeit** von Ottokraftstoffen wird als **Octanzahl** angegeben. Zu ihrer Bestimmung sind der **CFR-Motor**[1] und der später entwickelte **BASF-Motor**[2] zugelassen. Beide sind Einzylindermotoren, bei denen das Verdichtungsverhältnis durch Verschieben des Zylinders während des Motorlaufs zwischen 4 und 12 verstellt werden kann. Der Vergaser ist so konstruiert, daß ein schnelles Umschalten von einem Kraftstoff auf einen anderen möglich ist. Die Klopfintensität wird in elektrische Impulse umgewandelt, die nach Verstärkung an einem Klopfmeßgerät (Knockmeter) angezeigt werden. Der zu prüfende Kraftstoff wird mit zwei Testmischungen verglichen, die aus 2,2,4-Trimethylpentan (Isooctan) und n-Heptan bestehen. Die Klopffestigkeit des klopffesten Isooctans wird durch die Octanzahl 100, die des wenig klopffesten n-Heptans durch die Octanzahl 0 beschrieben. Die Octanzahl eines Kraftstoffes gibt an, wieviel Volumenprozent Isooctan

---

[1] Cooperative Fuel Research Committee of the American Society of Automotive Engineers; [2] Badische Anilin- und Sodafabrik

sich in einer Mischung mit n-Heptan befinden, die, im Prüfmotor unter standardisierten Bedingungen gemessen, die gleiche Klopffestigkeit hat, wie der zu prüfende Kraftstoff. Ein Ottokraftstoff mit der Octanzahl 92 ist demnach unter Prüfbedingungen genauso klopffest, wie eine Mischung aus 92 Volumenprozent Isooctan und 8 Volumenprozent n-Heptan. Octanzahlen von über 100 (bis etwa 115) können mit Testmischungen aus Tetraethylblei und Isooctan bestimmt werden.

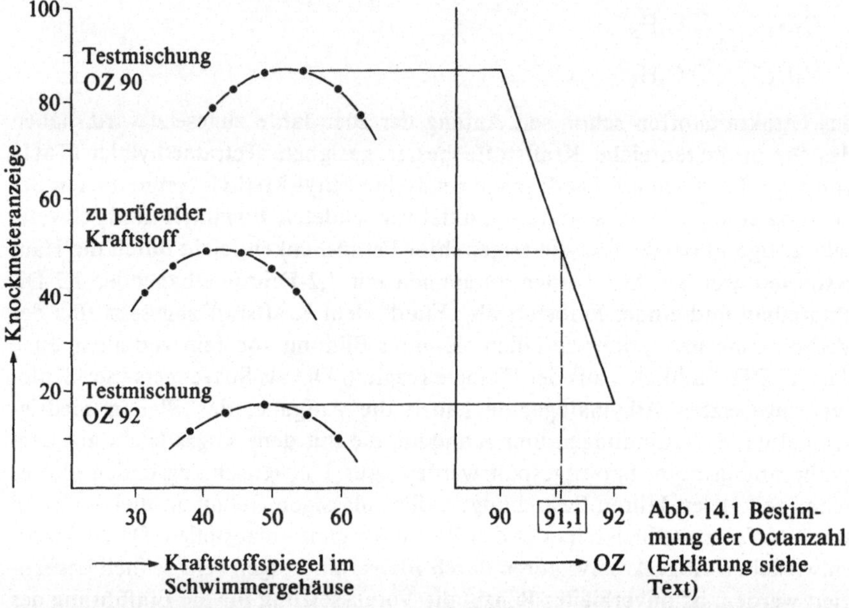

Abb. 14.1 Bestimmung der Octanzahl (Erklärung siehe Text)

Die Durchführung der Bestimmung soll mit Hilfe von Abb. 14.1 erläutert werden. Der Prüfmotor wird zunächst mit dem zu prüfenden Kraftstoff betrieben. Dabei wird über das Verdichtungsverhältnis ε die Klopfintensität so eingestellt, daß der Zeiger des Knockmeters etwa 50 Skalenteile anzeigt. Außerdem wird über den Kraftstoffspiegel im Schwimmergehäuse das Luftverhältnis verändert, bis maximales Klopfen auftritt. An der Stellung der Verdichtungsscheibe kann jetzt die ungefähr zu erwartende Octanzahl abgelesen werden. Die Messung wird anschließend bei demselben Verdichtungsverhältnis mit zwei Testmischungen durchgeführt, deren Octanzahlen sich um zwei Einheiten voneinander unterscheiden und von denen eine eine höhere, die andere eine niedrigere Octanzahl hat, als für den zu prüfenden Kraftstoff erwartet wird. Dabei wird jeweils durch Veränderung des Kraftstoffspiegels die maximale Klopfintensität eingestellt. Die Octanzahl des zu prüfenden Kraftstoffs wird aus den Knockmeteranzeigen durch lineare Interpolation errechnet.

Tab. 14.2 Betriebsbedingungen für den BASF-Motor zur Octanzahlbestimmung			ROZ	MOZ
Drehzahl		min^{-1}	600	900
Zündzeitpunkt		°KW vor OT[1]	10	abhängig von ε; z.B. 24 bei $\varepsilon = 5,5$ und 16 bei $\varepsilon = 9,0$
Gemischtemperatur		°C	—	165

[1] Grad Kurbelwinkel vor oberem Totpunkt

Je nach Prüfbedingungen (Tab. 14.2) unterscheidet man zwischen der Research-Methode und der Motor-Methode bzw. zwischen der **Research-Octanzahl, ROZ** und der **Motor-Octanzahl, MOZ.** Bei der Motor-Methode wird der Kraftstoff stärker thermisch belastet, das Klopfen beginnt deshalb fast immer bei niedrigeren Verdichtungsverhältnissen als bei der Research-Methode. Das bedeutet, die MOZ ist niedriger als die ROZ. Beide Octanzahlen geben die Klopffestigkeit eines Kraftstoffs in Serienfahrzeugen unter Straßenbedingungen nur bedingt wieder. Die Differenz zwischen ROZ und MOZ wird als **Sensitivity** bezeichnet. Sie ist ein Maß für die Temperaturempfindlichkeit der Klopffestigkeit. Ein Kraftstoff mit hoher Sensitivity verliert besonders bei hohen Drehzahlen des Motors an Klopffestigkeit, und es besteht die Gefahr des Hochgeschwindigkeitsklopfens. In Tab. 14.3 sind ROZ, MOZ und Sensitivity einiger reiner Kohlenwasserstoffe angegeben.

Tab. 14.3 Octanzahlen ausgewählter Kohlenwasserstoffe	ROZ	MOZ	Sensitivity
Propan	111	97	14
n-Butan	94	89	5
n-Pentan	62	62	0
n-Hexan	25	26	−1
n-Heptan	0	0	0
2-Methylpentan	73	73	0
2,3-Dimethylbutan	103	94	9
Cyclohexan	83	78	5
1-Hexen	76	63	13
2-Methyl-1-penten	94	81	13
2,3-Dimethyl-1-buten	101	83	18
Benzol	> 100	> 100	—

Im Dieselmotor entzündet sich der Kraftstoff nach dem Einspritzen in die komprimierte, hocherhitzte Luft von selbst. Dieselkraftstoff muß deshalb, im Gegensatz zu Ottokraftstoff, einen hohen Gehalt an zündwilligen, leicht oxidierbaren n-Alkanen haben. Seine **Zündwilligkeit** wird als **Cetanzahl** angegeben. Sie wird in Prüfmotoren bestimmt, indem, zunächst bei Betrieb mit dem zu prüfenden Kraftstoff, durch Veränderung des Verdichtungsverhältnisses (CFR-Motor) oder Drosselung der Ansaugluft (BASF-Motor) der Verdichtungsdruck variiert wird, bis ein definierter Zündverzug erreicht ist. Im Anschluß daran wird mit zwei Testmischungen derselbe Zündverzug-Sollwert eingestellt, wobei die Verdrängerkolbenstellung bzw. der Unterdruck in der Ansaugleitung als Meßwerte registriert werden. Die Komponenten der Testmischungen sind Cetan (n-Hexadecan), $C_{16}H_{34}$, mit der Cetanzahl 100 und 1-Methylnaphthalin,

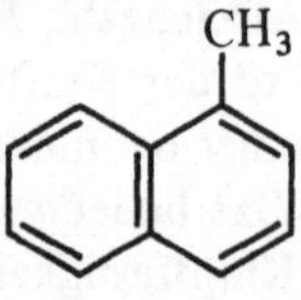

mit der Cetanzahl 0.

Die Auswertung erfolgt durch lineare Interpolation der Meßwerte. Ein Dieselkraftstoff hat z. B. die Cetanzahl 55, wenn er unter Prüfbedingungen genauso zündwillig ist wie eine Testmischung aus 55 Volumenprozent Cetan und 45 Volumenprozent 1-Methylnaphthalin.

14.3. Autoxidation

Als **Autoxidation** wird die flammenlose Reaktion organischer Verbindungen mit Luftsauerstoff bei Raumemperatur oder mäßig erhöhter Temperatur bezeichnet. Diese meist unerwünschte Reaktion kann bei Mineralölen, aber auch bei Kunststoffen, Lebensmitteln und anderen Produkten zu Verfärbungen, Qualitätsverschlechterungen und Betriebsstörungen führen. Typische Folgen von Autoxidation sind die Bildung von Ablagerungen in Kraftstoffsystemen (z. B. im Vergaser) und von korrosiven Säuren im Ölsumpf von Kraftfahrzeugen.

Die Autoxidation verläuft, wie die Verbrennung, nach einem Radikalkettenmechanismus. Der Kettenstart führt zunächst zur Bildung von Radikalen:

$$R-H + O_2 \longrightarrow R\cdot + \cdot OOH$$

Dieser im allgemeinen langsame Reaktionsschritt kann durch Temperaturerhöhung und kurzwellige UV-Strahlung beschleunigt werden. Die C—H-Bindungen werden um so leichter gespalten, je niedriger ihre Dissoziationsenergie ist. Wie aus Tab. 14.4 hervorgeht, sind H-Atome in Nachbarschaft einer Doppelbindung besonders leicht angreifbar.

Tab. 14.4 Dissoziationsenergien von C—H-Bindungen

	W_D kJ mol^{-1}

$-CH_2-CH_2$
        |
        H
	410

$-CH_2-CH-CH_3$
        |
        H
	395

CH_3
        |
$-CH_2-C-CH_3$
        |
        H
	381

$-CH=CH-CH_2$
            |
            H
	365

Die einmal gebildeten Radikale pflanzen die Reaktionskette sehr schnell fort. Durch Reaktion mit Sauerstoff entstehen zunächst Peroxidradikale,

$$R\cdot + O_2 \longrightarrow R-O-O\cdot$$

die auf verschiedene Weise weiterreagieren können, z. B. zu Hydroperoxiden

$$R-O-O\cdot + R-H \longrightarrow R-O-O-H + R\cdot$$

oder durch Addition an ungesättigte Verbindungen,

$$R-O-O\cdot + {\scriptstyle \diagdown}C=C{\scriptstyle \diagup} \longrightarrow R-O-O-\overset{|}{\underset{|}{C}}-\overset{|}{\underset{|}{C}}\cdot$$

wobei unlösliche, harzartige Produkte entstehen können:

$$R-O-O-\overset{|}{\underset{|}{C}}-\overset{|}{\underset{|}{C}}\cdot + {\scriptstyle \diagdown}C=C{\scriptstyle \diagup} \longrightarrow R-O-O-\overset{|}{\underset{|}{C}}-\overset{|}{\underset{|}{C}}-\overset{|}{\underset{|}{C}}-\overset{|}{\underset{|}{C}}\cdot \text{ usw.}$$

Zur Erhöhung der Radikalkonzentration und Beschleunigung der Autoxidation führen Kettenverzweigungen wie

$$R-O-O-H \longrightarrow R-O\cdot + \cdot OH$$

9*

Reaktionen dieser Art werden durch Kupferionen und Ionen anderer Übergangsmetalle katalytisch beschleunigt, z. B.

$$R\text{—}O\text{—}O\text{—}H + Cu^+ \longrightarrow R\text{—}O\cdot \qquad + OH^- \qquad + Cu^{2+}$$

$$R\text{—}O\text{—}O\text{—}H + Cu^{2+} \longrightarrow R\text{—}O\text{—}O\cdot + H^+ \qquad + Cu^+$$

$$\overline{2\,R\text{—}O\text{—}O\text{—}H \qquad \longrightarrow R\text{—}O\cdot \qquad + R\text{—}O\text{—}O\cdot + H_2O}$$

Beispiele für Kettenfortpflanzungen, bei denen abgesättigte Oxidationsprodukte
wie Alkohole oder Wasser entstehen, sind

$$R\text{—}O\cdot + R\text{—}H \longrightarrow R\text{—}OH + R\cdot$$

$$\cdot OH \quad + R\text{—}H \longrightarrow H_2O \quad + R\cdot$$

Die gebildeten Alkohole können zu Carbonsäuren weiteroxidiert werden.

Da der Kettenstart in der Regel der langsamste Reaktionsschritt ist, treten in der
ersten Phase der Autoxidation nur sehr geringe Produktveränderungen auf. Erst
nach Ablauf der **Induktionszeit** kommt es zum raschen Anstieg der Oxidationsge-
schwindigkeit und sichtbaren oder leicht meßbaren Produktverschlechterungen.
Die Induktionsdauer dient als Maß für die Oxidationsbeständigkeit von Ottokraftstoffen bei der Lagerung. Sie wird bestimmt, indem man eine Kraftstoff-
probe in einer Prüfbombe mit 7 bar Sauerstoff beaufschlagt und, nach dem Einsetzen in ein Heizbad von 100 °C, die aus dem Sauerstoffverbrauch resultierende
Druckabnahme verfolgt. Ein Markenkraftstoff hat unter diesen Bedingungen
eine Induktionsdauer von mehr als 360 Minuten, während z. B. bei der Ethylen-
herstellung anfallendes Pyrolysebenzin aufgrund seines hohen Gehaltes an Alki-
nen, Dienen und anderen ungesättigten Verbindungen durch eine sehr kurze Induktionsdauer gekennzeichnet ist (Abb. 14.2).

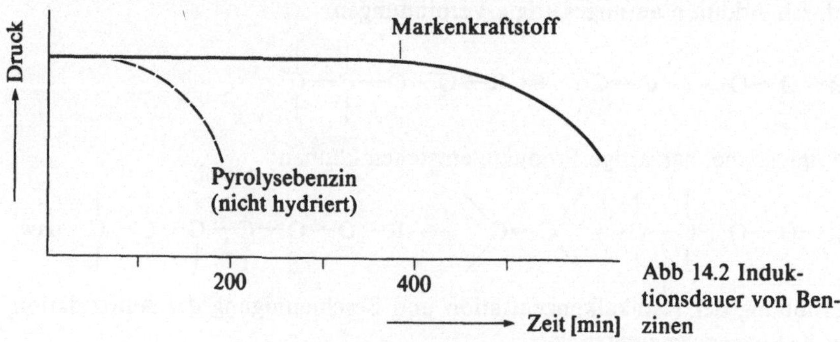

Abb 14.2 Induktionsdauer von Benzinen

Zur Unterdrückung der Autoxidation werden Kraftstoffen, Schmierölen und anderen technischen Produkten **Antioxidantien** zugesetzt. Antioxidantien können als Radikalfänger wirken, indem sie ein H-Atom auf die Radikale R· und ROO· übertragen und damit die Reaktionskette unterbrechen, z. B.

$$R-O-O· + HA \longrightarrow R-O-O-H + A·$$

AH = Antioxidansmolekül; A· = Antioxidansradikal

Die gebildeten Antioxidansradikale haben durch ihre aromatischen Ringe eine relativ hohe Beständigkeit. Sie tragen nicht zur Fortsetzung der Kettenreaktion bei, sondern reagieren unter Bildung abgesättigter Verbindungen, z. B. nach

$$A· + A· \longrightarrow A-A$$

In Kraftstoffen werden vor allem Phenole und Amine als Radikalfänger eingesetzt, z. B.

Peroxidzersetzer wandeln bei der Autoxidation gebildete Hydroperoxide in inaktive Stoffe um und verhindern damit Kettenverzweigungen. Zu dieser Gruppe von Antioxidantien gehören die als Schmieröladditives verwendeten Zinkdialkyldithiophosphate.

Metalldesaktivatoren verbessern die Oxidationsbeständigkeit von Kraftstoffen dadurch, daß sie katalytisch wirkende Schwermetalle als Komplexe binden und damit unwirksam machen, z. B.

14.4. Brenngase

Brenngase (gasförmige Brennstoffe) sind Gase oder Gasgemische, die in Haushalt, Gewerbe und Industrie vorwiegend für die Wärmeerzeugung eingesetzt werden. Sie lassen sich nach ihrer Herkunft in Naturgase (z. B. Erdgas, Grubengas) und hergestellte Gase (z. B. Kokereigas, Raffineriegas, LPG) unterteilen. Eine Klassifizierung kann nach dem Brennwert erfolgen (Tab. 14.5). Zur Anpassung von Brenngasen der öffentlichen Gasversorgung an Brenner und andere Einrichtungen dient die Einteilung in **Gasfamilien** (Tab. 14.6). Die Gasfamilie N unterscheidet sich von der Gasfamilie S vor allem durch höhere Brennwerte, höhere Gasdichten und damit durch einen höheren Wobbeindex. Der **Wobbeindex** W, eine wichtige Größe zur Beurteilung der Austauschbarkeit von Brenngasen, ist gegeben durch die Beziehung

$$W = \frac{H_{o,n}}{\sqrt{d}}$$

$H_{o,n}$ = Brennwert in MJ m^{-3}
$d\quad$ = relative Gasdichte (Quotient von Gasdichte und Luftdichte)

Tab. 14.5 Einteilung von Brenngasen nach dem Brennwert

Gruppe	Brennwert MJ m^{-3}	Beispiele
1	bis 10	Hochofengas
2	10–30	Stadtgas, Wasserstoff
3	30–60	Erdgas, Raffineriegas, Acetylen
4	über 60	Propan, Butan

Tab. 14.6 Gasfamilien

Symbol	Gasart	Gruppe	Beispiele
S	Stadtgas	A	Stadtgas
		B	Kokereigas
N	Naturgas	L	Erdgas
		H	Erdölgas
F	Flüssiggas	—	Propan, Butan

Erdgas, weltweit mit 20%, in der Bundesrepublik Deutschland mit 15% am Primärenergieverbrauch beteiligt, ist derzeit das wichtigste Brenngas. Unter der Bezeichnung Erdgas werden brennbare, in der Erdkruste vorkommende Naturgase zusammengefaßt, die durch Bohrung gewonnen werden. Neben Methan als Hauptbestandteil enthalten Erdgase Ethan, Propan, Stickstoff, Kohlendioxid und Wasserdampf, in einigen Fällen auch Schwefelwasserstoff oder Helium. Nach dem Gehalt an sauren Komponenten unterscheidet man zwischen **Sauergas** mit über 1 Volumenprozent Schwefelwasserstoff, **Leangas** mit weniger als 1 Volumenprozent Schwefelwasserstoff und **Süßgas,** das weniger als 2 Volumenprozent Kohlendioxid und keinen Schwefelwasserstoff enthält. Erdgas wird nach der Förderung auf etwa 80 bar entspannt und durch Absorption mit Glykolen auf einen Taupunkt von maximal $-5\,°C$ getrocknet. Über 50% der deutschen Erdgasreserven sind Sauergase, in einigen Fällen mit einem Schwefelwasserstoff-Gehalt von mehr als 20%. Da **Schwefelwasserstoff,** H_2S, ein übelriechendes, stark giftiges und korrosives Gas ist, müssen Sauergase vor der Einspeisung in das Verteilernetz durch **Gaswäsche (Absorption)** gereinigt werden. Bei der physikalischen Gaswäsche werden Lösemittel verwendet, in denen Schwefelwasserstoff unter Druck gelöst (absorbiert) und bei Entspannung wieder freigesetzt (desorbiert) wird. Technisch wichtige Lösemittel sind N-Methylpyrrolidon (Purisol-Wäsche) und Polyethylenglykoldimethylether (Selexol-Wäsche). Bei der chemischen Gaswäsche geht Schwefelwasserstoff mit Komponenten der Waschflüssigkeit eine reversible chemische Reaktion ein, die bei Temperaturerhöhung unter Desorption des Schwefelwasserstoffs wieder rückgängig gemacht wird. Technische Bedeutung hat das Sulfinol-Verfahren, bei dem eine wäßrige Lösung von Sulfolan und Diisopropanolamin als Waschflüssigkeit verwendet wird (Abb. 14.3).

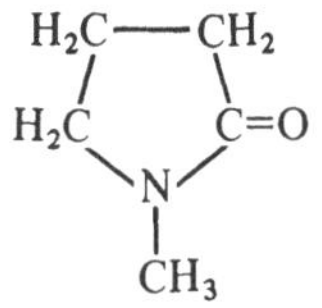

N—Methylpyrrolidon (NMP)

$$CH_3-O-CH_2-CH_2-O\text{-}(CH_2-CH_2-O)_n CH_3$$

Polyethylenglykol-dimethylether

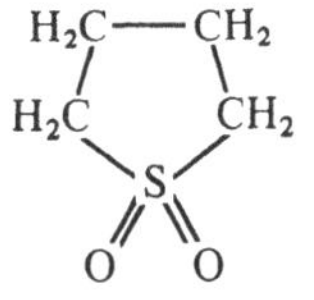

Sulfolan

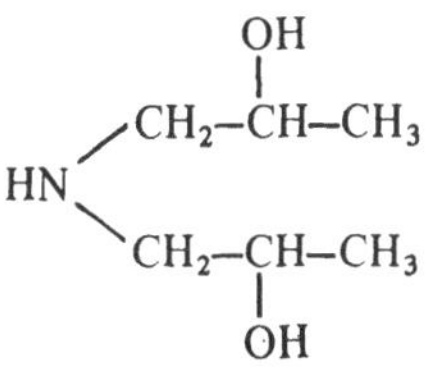

Diisopropanolamin

Abb. 14.3 Chemikalien zur Reinigung von saurem Erdgas

Der durch Absorption isolierte Schwefelwasserstoff wird beim **Claus-Verfahren** zu einem Drittel mit Luftsauerstoff verbrannt:

$$H_2S + \tfrac{3}{2}O_2 \longrightarrow SO_2 + H_2O$$

Das gebildete Schwefeldioxid wird anschließend an Aluminiumoxidkatalysatoren mit dem Rest des Schwefelwasserstoffs zu elementarem Schwefel umgesetzt:

$$SO_2 + 2\,H_2S \longrightarrow 3\,S + 2\,H_2O$$

Erdgas ist nicht nur ein sauberer, umweltfreundlicher Brennstoff, sondern auch ein wichtiger Rohstoff für die chemische Industrie. Damit das geruchlose Gas bei Undichtigkeiten leichter erkannt werden kann, wird es mit Tetrahydrothiophen, THT, oder einem anderen Geruchsstoff odoriert. **LNG** (von engl. Liquefied Natural Gas) ist verflüssigtes Erdgas, das bei $-162\,°C$ drucklos mit speziellen Tankschiffen transportiert wird.

Das bei der Verkokung von Steinkohle oder durch Vergasen von Mineralölen oder Kohle in Gegenwart von Wasserdampf und Luft gewonnene **Stadtgas** enthält etwa 50 Volumenprozent Wasserstoff und je nach Herstellungsverfahren unterschiedliche Anteile an Kohlenmonoxid, Methan und Stickstoff. Seit Entdekkung der holländischen Erdgasvorkommen Ende der 50er Jahre ist seine Bedeutung für die öffentliche Gasversorgung ständig zurückgegangen.

Als **Flüssiggas, LPG** (von engl. Liquefied Petroleum Gas), werden die bei der Erdölverarbeitung anfallenden C_3- und C_4-Kohlenwasserstoffe bezeichnet, da sie sich mit Kühlwasser unter einem Druck bis zu 25 bar verflüssigen lassen. Flüssiggase sind nicht nur als Brenngase von Bedeutung, sondern, wegen ihrer hohen Octanzahl, auch als Ottokraftstoffe (Autogas). Für technisches **Propan** wird ein Mindestgehalt von 95% Propan und Propen gefordert, wobei der Propangehalt überwiegen muß. Außerdem muß sein Dampfdruck bei $70\,°C$ unter $30{,}4$ bar liegen. Technisches **Butan** muß zu mindestens 95% aus Butan- und Butenisomeren und zusätzlich überwiegend aus Butanisomeren bestehen. Der maximal zulässige Dampfdruck bei $70\,°C$ ist $12{,}7$ bar. Abb. 14.4 zeigt ein Gaschromatogramm, aus dem hervorgeht, daß das untersuchte Butangas etwa 3% Propan/Propen und 0,5% Pentane enthält.

Die **Gaschromatographie** ist ein wichtiges Trennverfahren zur Analyse gasförmiger und unzersetzt verdampfbarer Stoffgemische. Die gasförmige Probe wird als mobile Phase von einem Trägergas (z. B. Helium) durch ein Rohr von 0,2 bis 4 mm Innendurchmesser (Trennsäule) transportiert, in dem die stationäre Phase fest angeordnet ist. Die stationäre Phase besteht bei Kapillarsäulen aus einem dünnen Flüssigkeitsfilm auf der Innenseite der Säule, bei gepackten Säulen aus einem feinkörnigen, porösen Feststoff, der mit einer Flüssigkeit beladen sein kann. Der Trennvorgang beruht auf unterschiedlicher Löslichkeit in der stationären Flüssigkeit oder unterschiedlicher Adsorption an der Oberfläche des porösen

Feststoffs. Bei konstantem Trägergasstrom bleiben die Komponenten der mobilen Phase um so länger auf der Säule, je besser sie von der stationären Phase gelöst oder adsorbiert werden. Die voneinander getrennten, nach unterschiedlicher Rückhaltezeit (Retentionszeit) aus der Säule austretenden Komponenten werden durch ein geeignetes Detektorsystem registriert. Für die Detektion eignen sich vor allem die Wärmeleitfähigkeit (WLD = Wärmeleitfähigkeitsdetektor) und der elektrische Strom, der durch die bei der Verbrennung der Substanz in einer Wasserstoffflamme entstehenden Ionen erzeugt wird (FID = Flammenionisationsdetektor). Das Gaschromatogramm zeigt die Detektorsignale als Peak in Abhängigkeit von der Retentionszeit. Die Peakfläche ist ein Maß für die Menge der jeweiligen Komponente.

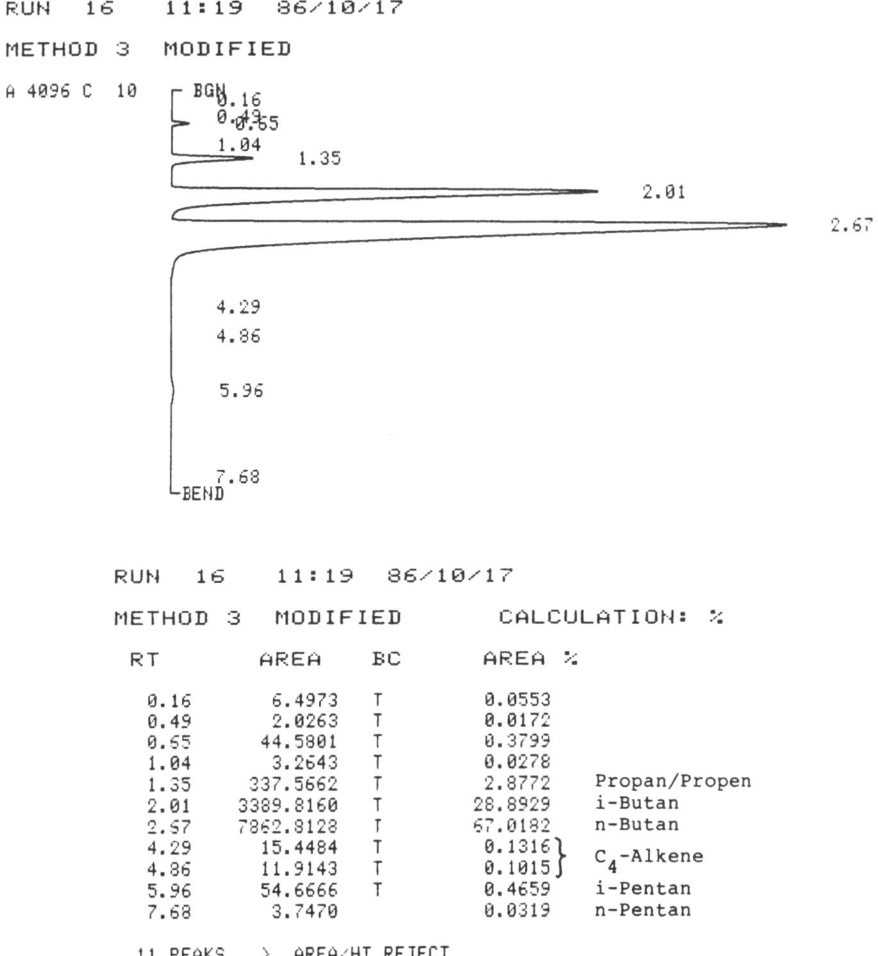

Abb. 14.4 Gaschromatogramm von technischem Butan

Der Trend zu regenerativen Energieformen und der Zwang zur Sicherung von Mülldeponien hat in den letzten Jahren zu einer verstärkten Nutzung von Biogas geführt. **Biogas** entsteht bei der sauerstofffreien (anaeroben) bakteriellen Zersetzung von Exkrementen, Ernterückständen, Überschußschlamm aus Belebungsanlagen (**Klärgas**), deponierten Müllanteilen (**Deponiegas**) oder anderen abbaubaren organischen Abfällen. Es enthält 54 bis 70% Methan, 27 bis 45% Kohlendioxid sowie geringe Anteile an Stickstoff, Wasserstoff, Wasserdampf, Schwefelwasserstoff und bei Gewinnung aus Deponien auch an Chlorkohlenwasserstoffen. Für die Nutzung zur Kesselfeuerung oder in Gasmotoren ist eine Reinigung, für die Substitution von Erdgas außerdem eine Erhöhung des Methangehaltes erforderlich. Die Entschwefelung von Biogas ist durch chemische Reaktion mit pelletisierter Reinigungsmasse aus Raseneisenerz möglich. Das bei der Reaktion

$$2\,\mathrm{FeOOH} + 3\,\mathrm{H_2S} \longrightarrow \mathrm{Fe_2S_3} + 4\,\mathrm{H_2O}$$

gebildete Eisensulfid kann durch Zudosierung geringer Luftanteile in Eisenoxidhydrat zurückverwandelt werden:

$$\mathrm{Fe_2S_3} + \tfrac{3}{2}\mathrm{O_2} + \mathrm{H_2O} \longrightarrow 2\,\mathrm{FeOOH} + 3\,\mathrm{S}$$

Chlorkohlenwasserstoffe lassen sich mit Aktivkohlefiltern entfernen. Zur Erhöhung des Methangehaltes ist die **Druckwechseladsorption** an Zeolith- oder Kohlenstoffmolekularsieben geeignet. An der inneren Oberfläche der Molekularsiebe werden bei erhöhtem Druck Gase adsorbiert, und zwar nimmt die Stärke der Adsorption in der Reihenfolge Wasserstoff, Stickstoff, Methan, Kohlendioxid zu. Das bedeutet, daß einem trockenen Gasgemisch, das eine Schüttung des Molekularsiebes durchströmt, solange Kohlendioxid entzogen wird, bis das Molekularsieb beladen ist. Bei Entspannung auf Atmosphärendruck erfolgt Desorption und damit eine Regenerierung des Molekularsiebes.

14.5. Erdöl und Erdölverarbeitung

Rohes Erdöl (**Rohöl**) ist ein strohfarbenes bis schwarzbraunes Gemisch aus Kohlenwasserstoffen und Kohlenwasserstoffderivaten, das in Poren von Sedimentgesteinen (z. B. Sandstein) angereichert ist und das durch Bohrlöcher unter dem Eigendruck der Lagerstätte oder mittels mechanischer Hilfen gefördert werden kann. Es besteht überwiegend aus Alkanen, Cycloalkanen und Aromaten, enthält aber kaum Alkene. Darüber hinaus kann Erdöl bis zu 7% Schwefel in Form organischer Schwefelverbindungen wie:

Dimethylsulfid, $\qquad\qquad \mathrm{CH_3{-}S{-}CH_3,}$

Ethanthiol (Ethylmercaptan), $\qquad \mathrm{CH_3{-}CH_2{-}S{-}H,}$

Dibenzothiophen,

korrosive **Naphthensäuren**, z. B.

und Stickstoffverbindungen enthalten. Kolloide Erdölbestandteile sind bei der Destillation nicht verdampfbar. Ihre Moleküle stellen komplizierte Ringsysteme dar, die z. T. Metallatome (z. B. Vanadium, Nickel) gebunden haben. Sie werden in pentanunlösliche **Asphaltene** und pentanlösliche **Erdölharze** unterteilt. Je nachdem, ob ein Erdöl überwiegend aus Alkanen (Paraffinen) oder Cycloalkanen (Naphthenen) aufgebaut ist, spricht man von paraffinbasischen oder naphthenbasischen Erdölen. Asphaltische Erdöle enthalten über 60% Asphaltene. Paraffinbasische Erdöle haben in der Regel einen niedrigen Schwefelgehalt. Sie liefern Dieselkraftstoffe mit hoher Cetanzahl und Schmieröle mit hohem Viskositätsindex, neigen aber bei Abkühlung zur Ausscheidung fester Paraffine.

Primäre Erdölgewinnungsmethoden nutzen den natürlichen Lagerstättendruck. Dieser kommt dadurch zustande, daß sich Gase aus dem Erdöl entlösen und ausdehnen oder daß Wasserschichten mit ihrem hydrostatischen Druck auf der Erdöllagerstätte lasten. Der Ausbeutegrad der Lagerstätte liegt in diesem Fall zwischen 10 und 20%, unter günstigen Bedingungen auch höher. Bei **sekundären Erdölgewinnungsmethoden** wird der Lagerstättendruck durch Injektion von Wasser (**Wasserfluten**) oder Erdgas aufrechterhalten und damit der Entölungsgrad auf 30 bis 40% erhöht. Eine weitere Entölung ist durch **tertiäre Erdölgewinnungsmethoden** möglich, von denen in der Bundesrepublik Deutschland das Dampffluten und das Polymerfluten Bedeutung erlangt haben. Beim **Dampffluten** wird bis zu 340 °C heißer Wasserdampf unter 150 bar in die Lagerstätte injiziert. Druckerhöhung und die durch Erwärmung bedingte Viskositätsminderung erhöhen die Mobilität des Erdöls. Beim **Polymerfluten** wird die Viskosität des Flutwassers durch gelöste Polymere erhöht und damit sein vorzeitiges Durchbrechen zur Produktionsbohrung verhindert. Als Polymere für Süßwasser eignen sich Acrylamid-Acrylsäure-Copolymere, wie sie auch als Flockungshilfsmittel verwendet werden (→8.3.). Zur Aufdickung von salzhaltigen Lagerstättenwässern werden Biopolymere wie Xanthane oder Scleroglucane verwendet.

Das geförderte Erdöl wird auf dem Erdölfeld in Separatoren von niedrigsiedenden Kohlenwasserstoffen (**Erdölgas**) und Wasser befreit und nach dem Transport in Tankern oder über Pipelines in **Raffinerien** zu verkaufsfähigen Produkten verarbeitet. Der Anteil der Erdölprodukte am Primärenergieverbrauch liegt derzeit weltweit bei knapp 40%.

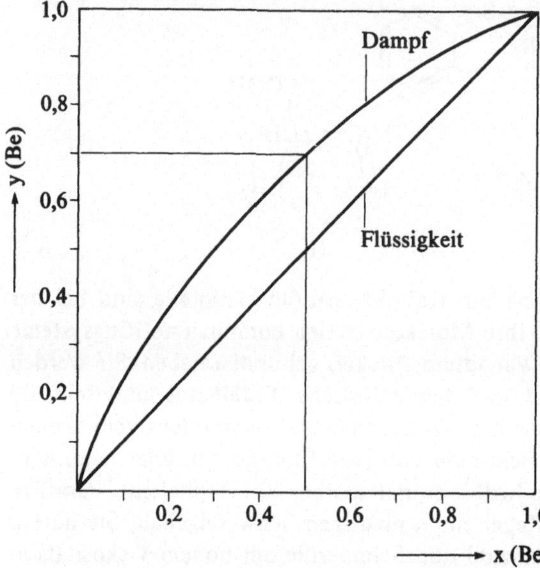

Abb. 14.5 Dampf-Flüssigkeits-Gleichgewicht für das System Benzol/Toluol

Der erste Schritt der **Erdölverarbeitung** ist die **Destillation,** bei der das Vielstoffgemisch Erdöl in Fraktionen mit unterschiedlichem Siedebereich und einen nicht verdampfbaren Destillationsrückstand zerlegt wird. Hier werden bereits wichtige Eigenschaften der Fertigprodukte wie der Siedeendpunkt von Ottokraftstoffen oder die Penetration des Bitumens festgelegt. Das Prinzip der Destillation soll zunächst am Zweistoffgemisch Benzol (Siedetemperatur: 80°C)/Toluol (Siedetemperatur: 110°C) erläutert werden. Abb. 14.5 zeigt für siedende Gemische die Zusammensetzung der Dampfphase y in Abhängigkeit von der Zusammensetzung der Flüssigphase x im Gleichgewichtszustand. Die Zusammensetzung ist als Stoffmengenanteil des Benzols angegeben. Der Stoffmengenanteil des Toluols ergibt sich aus der Beziehung

$$x(Be) + x(T) = 1 \quad \text{bzw.} \quad y(Be) + y(T) = 1$$

Wird z. B. ein Gemisch mit der Zusammensetzung $x(Be) = 0,5$ zum Sieden erhitzt, so hat der Dampf im Gleichgewicht die Zusammensetzung $y(Be) = 0,7$, d. h. das leichter flüchtige Benzol ist im Dampf angereichert. Wie man erkennt, lassen sich Benzol und Toluol durch einmaliges Verdampfen und Kondensieren nicht vollständig voneinander trennen. Die Trennwirkung kann verbessert werden, wenn für die Destillation eine Kolonne verwendet wird. Die in Abb. 14.6 gezeigte Kolonne ist mit vier Siebböden ausgestattet. Das zu trennende Benzol-Toluol-Gemisch wird in der Blase verdampft, der Dampf steigt in der Kolonne auf, wobei er die Bohrungen der Siebböden durchströmt, und wird am Kopf der Kolonne kondensiert. Das Kondensat fließt als Rücklauf auf den obersten Boden der Kolonne zurück und von dort auf die tieferliegenden Böden. Auf den Böden kommt es zwischen Dampf und Flüssigkeit zu intensivem Stoff- und Wärmeaustausch und im Idealfall zu einem Gleichgewichtszustand zwischen den beiden Phasen. Die Gleichgewichtszusammensetzung ändert sich von Boden zu Boden sprungartig. Die graphische Darstellung ihres Verlaufs wird als **McCabe-Thiele-Diagramm** (Abb. 14.6) bezeichnet. Die jeder Gleichgewichtszusammensetzung entsprechende Siedetemperatur nimmt innerhalb der Kolonne von unten nach oben ab. Eine Destillation, bei der Flüssigkeit und Dampf unter unmittelbarem Kontakt im Gegenstrom geführt werden, wird als **Rektifikation** bezeichnet. Bei der in Abb. 14.6 dargestellten Anlage wird kein Destillat entnommen. Das Rücklaufverhältnis – definiert als Quotient der Stoffmengenströme von Rücklauf und Destillat – ist unendlich groß. Bei der Entnahme von Destillat hinter dem Kondensator verschlechtert sich die Trennwirkung der Kolonne, und zwar um so mehr, je geringer das Rücklaufverhältnis wird.

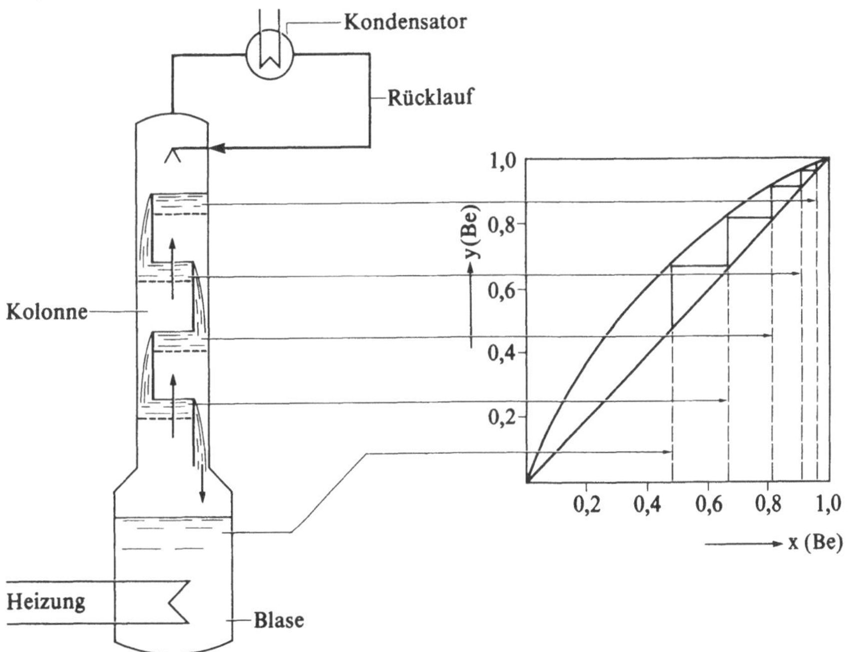

Abb. 14.6 Destillation mit Kolonne bei unendlichem Rücklaufverhältnis und McCabe-Thiele-Diagramm

Der **Siedeverlauf** gibt den durch diskontinuierliche Labor-Destillation bestimmten Destillatanteil (in Volumenprozent) in Abhängigkeit von der Siedetemperatur. Er wird häufig als **Siedekurve** dargestellt. Abb. 14.7a zeigt Siedekurven für das als Beispiel gewählte Benzol-Toluol-Gemisch. Bei der Destillation mit Kolonne kann zu Beginn nahezu reines Benzol abgezogen werden, was an der Siedetemperatur von 80 °C erkennbar ist. Wenn das Benzol abdestilliert ist, steigt die Temperatur sprungartig auf 110 °C, die Siedetemperatur des Toluols. Bei der Destillation ohne Kolonne enthält der Dampf bereits zu Beginn Toluol. Die Siedetemperatur liegt deshalb über der des reinen Benzols. Im Laufe der Destillation erhöhen sich Toluolgehalt und Siedetemperatur, ohne daß eine deutliche Stufe in der Kurve erkennbar wird. Bei der Destillation des Vielstoffgemischs Erdöl lassen sich selbst bei Verwendung einer Kolonne keine Einzelkomponenten als Stufen in der Siedekurve erkennen. Es ergibt sich eine mehr oder weniger gleichmäßig verlaufende Kurve, die zur Charakterisierung des betreffenden Erdöls oder der betreffenden Erdölfraktion verwendet werden kann. Kurven dieser Art werden mit standardisierten Testapparaturen erhalten und als **TBP-Kurven** (engl. True Boiling Point Curve = wahre Siedekurve) bezeichnet.

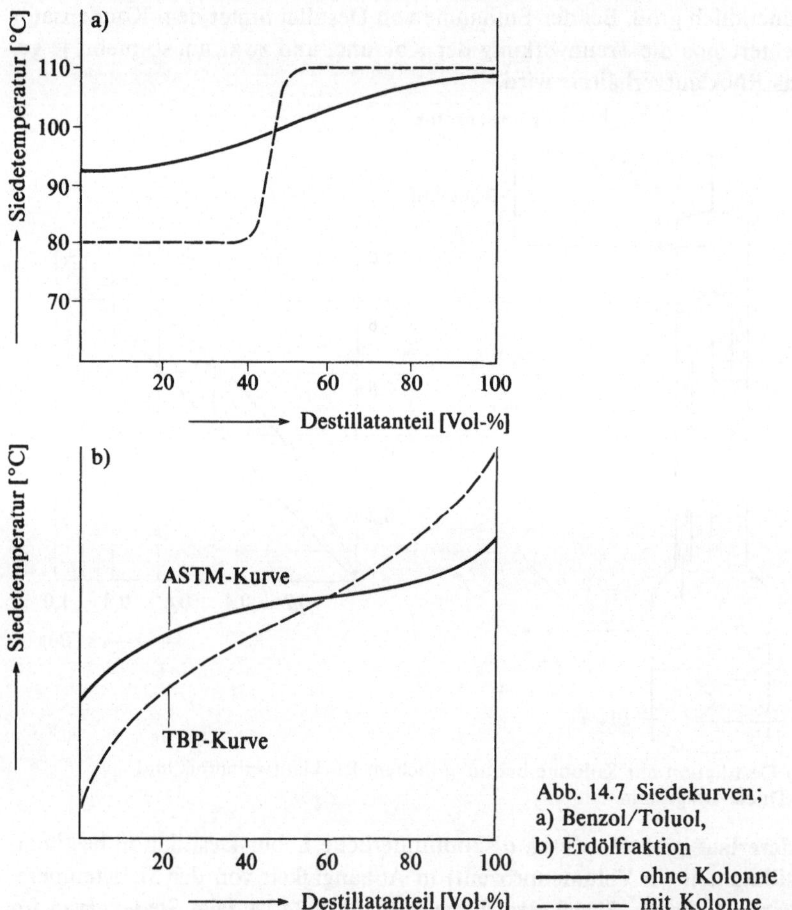

Abb. 14.7 Siedekurven;
a) Benzol/Toluol,
b) Erdölfraktion
——— ohne Kolonne
——— mit Kolonne

In der Praxis des Raffineriebetriebes bevorzugt man die ASTM- oder Engler-Destillation, bei der ohne Kolonne garbeitet wird. Die ASTM-Kurve verläuft immer flacher als die TBP-Kurve (Abb. 14.7b). **Siedebeginn** heißt die Temperatur, bei der der erste Destillattropfen in die Vorlage fällt. Der **Siedeendpunkt** ist die höchste bei der Destillation erreichbare Siedetemperatur.

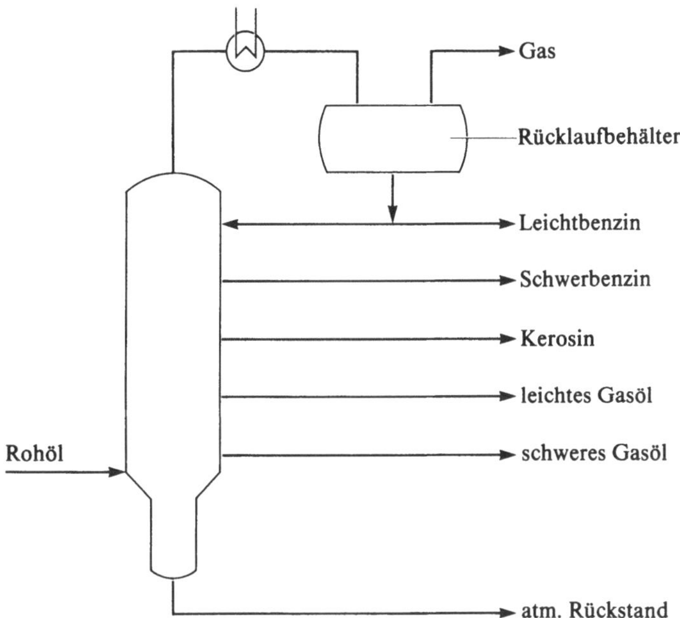

Abb. 14.8 Schema der atmosphärischen Rohöldestillation

Das Rohöl wird bei der technischen Destillation durch ein System von Wärmeaustauschern und einen Röhrenofen auf 350 bis 400 °C aufgeheizt und kontinuierlich der atmosphärischen Kolonne zugeführt (Abb. 14.8), die im Unterschied zur Vakuumkolonne bei Atmosphärendruck (genauer, bei einem leichten Überdruck) betrieben wird. Aus der Kolonne werden über Kopf und als Seitenströme gleichzeitig mehrere Destillate und, als Sumpfprodukt, der unverdampfte atmosphärische Rückstand abgezogen. Diese sog. Straightrun-Produkte[1] haben in der Regel die in Tab. 14.7 angegebenen Hauptbestandteile bzw. Siedebereiche. Die Siedebereiche sind Anhaltswerte, die in der Praxis in gewissen Grenzen schwanken können. Bei Temperaturen ab etwa 400 °C beginnen Kohlenwasserstoffe sich zu zersetzen. Zur weiteren Auftrennung des atmosphärischen Rückstandes muß deshalb im Vakuum destilliert werden. Die wichtigsten Produke der Vakuumdestillation sind Vakuumgasöl, Vakuumdestillate mit unterschiedlichem Siedebereich (Catcrackerfeed) und Vakuumrückstand.

Die Erdölverarbeitung ist eine Kuppelproduktion, bei der gleichzeitig Leichtdestillate, Mitteldestillate und Rückstände anfallen. Leichtdestillate dienen vorzugsweise zur Herstellung von Ottokraftstoffen, in geringerem Maße als Rohstoff für die chemische Industrie. Kerosin ist die Basis für Flugturbinenkraftstoffe, Gasöl für Heizöl EL und Dieselkraftstoff. Der atmosphärische Rückstand war als Heizöl S in der Vergangenheit begehrter Brennstoff für Kraftwerke und Indu

---

[1] engl.: unmittelbar fließend

strie. Als Folge der Ölpreiserhöhungen der 70er Jahre und Fördermaßnahmen für die einheimische Kohle ist der Bedarf an Heizöl S in der Bundesrepublik Deutschland seit 1973 stark zurückgegangen. Deshalb müssen Destillationsrückstände in verstärktem Maße durch **Konversionsverfahren** in Leicht- und Mitteldestillate umgewandelt werden.

Tab. 14.7 Produkte der atmosphärischen Rohöldestillation

Raffineriegas	CH_4, C_2H_6	
Flüssiggas	C_3H_8, C_4H_{10}	
Benzin	35–200 °C	Leichtdestillate
Kerosin (Petroleum)	150–250 °C	Mitteldestillate
Gasöl	200–370 °C	
atmosphärischer Rückstand	> 370 °C	

Beim **thermischen Cracken** werden langkettige Kohlenwasserstoffe unter dem Einfluß hoher Temperaturen in kürzere Bruchstücke gespalten. Die Reaktion, die nach einem Radikalkettenmechanismus abläuft, beginnt mit der Spaltung von C—C-Bindungen. Dabei werden bevorzugt die Bindungen mit niedriger Dissoziationsenergie gespalten, z. B.

$$356 \quad\quad 364 \quad\quad\quad\quad\quad 335\ \ 327 \quad\quad\quad kJ\ mol^{-1}$$

$$CH_3|CH_2-CH_2|CH_2-CH_2-CH_2|CH|CH-CH_3$$
$$CH_2\ \ CH_3$$
$$CH_3$$

$$\downarrow$$

$$CH_3-CH_2-CH_2-CH_2-CH_2-CH_2-\overset{\bullet}{C}H\ +\ \overset{\bullet}{C}H-CH_3$$
$$CH_2\quad\quad CH_3$$
$$CH_3$$

Die gebildeten Radikale unterliegen, wie bei der Verbrennung, der β-Spaltung:

$$CH_3-CH_2-CH_2-CH_2-CH_2-CH_2-\overset{\bullet}{C}H-CH_2-CH_3$$

$$\downarrow$$

$$CH_3-CH_2-CH_2-CH_2-\overset{\bullet}{C}H_2\ +\ CH_2=CH-CH_2-CH_3$$

Kurzkettige Radikale stabilisieren sich durch Aufnahme von H-Atomen unter Bildung neuer Radikale, z. B.

$$CH_3-CH_2-\underset{\underset{H}{|}}{\overset{\overset{CH_3}{|}}{C}}-CH_2-CH_2-CH_2-CH_2-CH_3 \quad + \quad CH_3-\overset{\bullet}{C}H-CH_3$$

$$\downarrow$$

$$CH_3-CH_2-\underset{\bullet}{\overset{\overset{CH_3}{|}}{C}}-CH_2-CH_2-CH_2-CH_2-CH_3 \quad + \quad CH_3-CH_2-CH_3$$

Da die Wahrscheinlichkeit der Spaltung eines Kohlenwasserstoffmoleküls mit der Anzahl der C—C-Bindungen zunimmt, steigt die Crackgeschwindigkeit mit zunehmender Länge der Kohlenstoffkette. Wie aus dem angegebenen Reaktionsablauf ersichtlich ist, entstehen beim thermischen Cracken von Alkanen neben kurzkettigen Alkanen immer auch Alkene. Nachteile des thermischen Crackens sind der hohe Anfall an Methan, Ethan und anderen gasförmigen Kohlenwasserstoffen sowie die schlechte Qualität des Crackbenzins.

Technische Bedeutung hat das **Visbreaking,** bei dem überwiegend atmosphärischer Rückstand durch Erhitzen auf 450 bis 480 °C in Gase, Leicht- und Mitteldestillate sowie einen in seiner Viskosität erniedrigten Rückstand umgewandelt wird. Bei dem Verfahren kann nur etwa ein Drittel des eingesetzten Destillationsrückstands gespalten werden, da es bei höheren Umsätzen infolge Asphaltenausscheidungen zu Verkokung der Öfen und Sedimentbildung im Rückstandsprodukt kommt.

Beim **Delayed Coking** wird Destillationsrückstand auf etwa 500 °C erhitzt und in großen Behältern (Kokskammern) solange bei dieser Temperatur gehalten, bis der nichtflüchtige Crackrückstand in **Petrolkoks** umgewandelt worden ist.

Das **Steamcracken** gehört als wichtigstes Verfahren der Petrochemie ebenfalls zu den thermischen Crackverfahren. Bei dem Verfahren werden Benzin oder andere Kohlenwasserstofffraktionen zusammen mit Wasserdampf in Röhrenöfen auf 800 bis 850 °C erhitzt. Bei der Spaltung der Moleküle entstehen Ethylen und Propylen als Hauptprodukte, z. B. durch die Radikalreaktionen

$$CH_3-CH_2-CH_2-CH_2-CH_2-CH_3 \longrightarrow$$

$$CH_3-CH_2-CH_2-CH_2-CH_2\cdot + \cdot CH_3$$

$$CH_3-CH_2-CH_2-CH_2-CH_2\cdot \longrightarrow CH_3-CH_2-CH_2\cdot + CH_2{=\!=}CH_2$$

$$\cdot CH_3 + \cdot CH_2-CH_2-CH_3 \longrightarrow CH_4 + CH_2{=\!=}CH-CH_3$$

sowie Butadien und Isobuten als wichtige Nebenprodukte. Außerdem fällt eine Benzinfraktion (**Pyrolysebenzin**) mit hohem Benzolgehalt und einer ROZ von 95 bis 100 an. Benzol bildet sich unter den Bedingungen des Steamcrackens vor allem durch Folgereaktionen zwischen den Primärprodukten Ethylen und Butadien:

$$HC\underset{HC}{\overset{CH_2}{=}}\underset{CH_2}{\overset{}{}} + \underset{CH_2}{\overset{CH_2}{\|}} \longrightarrow \text{[Cyclohexen]} \longrightarrow \text{[Benzol]} + 2\,H_2$$

Beim **katalytischen Cracken** werden Kohlenwasserstoffe bei Temperaturen um 500 °C oder darüber in Gegenwart von Katalysatoren gespalten. Als Katalysatoren sind überwiegend Zeolithe vom Typ Y in Gebrauch. Da Destillationsrückstände infolge ihres Gehaltes an Asphaltenen zu einer starken Verkokung des Katalysators führen, werden als Einsatzmaterial vorzugsweise Vakuumdestillate verwendet. Anders als beim thermischen Cracken, entstehen beim „Catcracken" **Carbeniumionen** als reaktive Zwischenstufen, die durch ein dreibindiges C-Atom mit positiver Ladung gekennzeichnet sind. Carbeniumionen können sich unter anderem dadurch bilden, daß an aktiven Zentren der Katalysatoroberfläche (Kat) ein H-Atom zusammen mit dem bindenden Elektronenpaar (Hydridanion) abgetrennt wird, z. B.

$$R-CH_2-CH_2-\underset{H}{\overset{}{CH}}-CH_3 + Kat \; \rightleftharpoons \; R-CH_2-CH_2-\overset{+}{CH}-CH_3 + Kat\,H^-$$

In Umkehrung dieser Reaktion werden Carbeniumionen nach der katalytischen Reaktion wieder von der Katalysatoroberfläche abgegeben. Am Katalysator adsorbierte Carbeniumionen können der β-Spaltung unterliegen:

$$R-CH_2-CH_2-\overset{+}{CH}-CH_3 \; \longrightarrow \; R-\overset{+}{CH_2} + CH_2{=}CH-CH_3$$

oder eine Isomerisierung erfahren, z. B.

$$R-CH_2-CH_2-\overset{+}{CH}-CH_3 \; \rightleftharpoons \; R-CH_2-\overset{+}{CH}-CH_2-CH_3 \; \rightleftharpoons$$

$$R-CH_2-\underset{CH_3}{\overset{}{CH}}-\overset{+}{CH_2}$$

Isomerisierungen und Aromatenbildungsreaktionen erhöhen die Qualität des Crackbenzins. Während Visbreakerbenzin nur eine ROZ von etwa 62 hat, liegt die ROZ von Benzin aus katalytischen Crackanlagen bei 92. Die Katalysatoroberfläche wird während des Betriebes durch Verkokung sehr schnell inaktiv.

Die feinen Katalysatorkügelchen werden deshalb beim **FCC-Verfahren** (engl. Fluid Catalytic Cracking) in aufgewirbeltem Zustand kontinuierlich aus dem Reaktor in einen separaten Regenerator transportiert, wo Koksablagerungen bei 600 bis 700°C durch Oxidation mit Luft wieder entfernt werden.

Die Klopffestigkeit von Schwerbenzin wird durch **katalytisches Reformieren** bei etwa 530°C in Gegenwart von Wasserstoff erhöht. Als Katalysator wird dabei Aluminiumoxid verwendet, auf das weniger als 1% Platin und andere Übergangsmetalle aufgetragen sind. Typische Reformerreaktionen sind

Dehydrierungen von Cycloalkanen zu Aromaten, z. B.

$$\text{Methylcyclohexan} \rightleftharpoons \text{Toluol} + 3\,H_2$$

	ROZ	75	>115

Isomerisierungen, z. B.

$$\text{Methylcyclopentan} \rightleftharpoons \text{Cyclohexan}$$

	ROZ	91	83

$$CH_3-CH_2-CH_2-CH_2-CH_3 \rightleftharpoons CH_3-CH_2-\underset{\underset{CH_3}{|}}{CH}-CH_3$$

	ROZ	62	92

und die Dehydrocyclisierung von Alkanen zu Aromaten, z. B.

$$\text{Dimethyl-Alkan} \rightleftharpoons \text{o-Xylol} + 4\,H_2$$

	<0	>115

Wie die angegebenen Octanzahlen zeigen, tragen Dehydrierung von Cycloalkanen und Dehydrocyclisierung von Alkanen am stärksten zur Erhöhung der Klopffestigkeit des Benzins bei. Das Gleichgewicht beider Reaktionen verschiebt sich mit zunehmender Temperatur auf die Seite der Reaktionsprodukte ($\Delta H > 0$). Mit zunehmender Temperatur erhöht sich aber auch die Geschwindigkeit von Hydrocrackreaktionen, z. B.

$$CH_3—CH_2—CH_2—CH_2—CH_2—CH_2—CH_3 + H_2$$

$$\downarrow$$

$$CH_3—CH_2—CH_3 + CH_3—CH_2—CH_2—CH_3$$

Durch **Hydrocracken** werden flüssige Kohlenwasserstoffe in Gase umgewandelt, so daß die Ausbeute an reformiertem Benzin (**Reformat**) erniedrigt wird. Reformat hat eine ROZ von etwa 95, bei modernen Reformern mit kontinuierlicher Katalysatorregenerierung liegt sie bei etwa 100. Ein wichtiges Nebenprodukt des katalytischen Reformierens ist der bei Dehydrierung und Dehydrocyclisierung gebildete Wasserstoff.

Die Schwefelverbindungen des Edöls haben meist schädlichen Einfluß auf die Qualität der Erdölprodukte. Bei der Verbrennung als Schwefeldioxid emittiert, sind sie ein bedeutender Beitrag zur Luftverschmutzung. Die durch die funktionelle Gruppe —SH gekennzeichneten Thiole haben einen unangenehmen Geruch und sind als schwache Säuren korrosiv. Darüber hinaus wirken Schwefelverbindungen bei einigen Raffinerieverfahren, z. B. beim Reformieren, als Katalysatorgifte.

Das wichtigste Verfahren zur Entschwefelung von Erdölfraktionen ist das **Hydrotreating**. Das Verfahren beruht auf einer Behandlung mit Wasserstoff in Gegenwart von Katalysatoren, die meist Kobalt und Molybdän enthalten, die auf Tabletten oder Strangpreßlingen aus Aluminiumoxid aufgetragen sind. Bei Leicht- und Mitteldestillaten werden dabei Temperaturen von 250 bis 380 °C und Drücke von 25 bis 60 bar angewandt. Unter dem Einfluß des Wasserstoffs wird aus den Schwefelverbindungen der Schwefel in Form von Schwefelwasserstoff abgespalten, z. B. nach

$$CH_3–S–H + H_2 \longrightarrow CH_4 + H_2S$$

und in einer Clausanlage (→14.4.) zu elementarem Schwefel umgesetzt.

Verkaufsfähige Erdölprodukte werden aus den in der Raffinerie zur Verfügung stehenden Zwischenprodukten durch Mischung und gegebenenfalls unter Zusatz von Additives (z. B. Antiklopfmittel, Antioxidantien) hergestellt. Dabei müssen bestimmte Spezifikationen, d. h. physikalische und chemische Anforderungen erfüllt werden. Mischkomponenten für **Ottokraftstoffe** sind z. B. Reformat, FCC-Benzin, Leichtbezin, und – zur Einstellung des Dampfdrucks – Butan. Einige in der Bundesrepublik Deutschland geforderte Spezifikationen für unverbleiten Normalkraftstoff und verbleiten Superkraftstoff sind in Tab. 14.8 zusammengestellt. Hoher Dampfdruck und hoher Anteil der bis 70 °C verdampfenden Kraftstoffanteile ermöglichen die Bildung eines zündfähigen Kraftstoff-Luft-Gemischs bei tiefen Temperaturen und damit den Kaltstart im Winter. Andererseits kann ein zu hoher Anteil an leicht verdampfbaren Komponenten im Sommer zu Dampfblasenbildung in der Kraftstoffleitung und hohen Verdampfungsverlusten führen. Für Sommer- und Winterkraftstoff fordert die Norm deshalb unterschiedlichen Dampfdruck und Siedeverlauf.

Tab. 14.8 Auszug aus den Normen für Ottokraftstoffe

		Normal unverbleit		Super verbleit	
Bleigehalt höchstens	g l^{-1}	0,013		0,15	
Benzolgehalt höchstens	%	5		5	
Klopffestigkeit					
mindestens ROZ		91,0		98,0	
mindestens MOZ		82,5		88,0	
		Sommer	Winter	Sommer	Winter
Dampfdruck nach Reid	bar	0,45–0,7	0,6–0,9	0,45–0,7	0,6–0,9
Siedeverlauf: verdampfte Volumenanteile					
bis 70 °C	%	15–42	20–47	15–40	20–45
bis 100 °C	%	40–65	42–70	42–65	45–70
bis 180 °C mind.	%	85	85	90	90

Dieselkraftstoff besteht aus Mitteldestillaten. Die Mindest-Cetanzahl ist auf 45, der maximal zulässige Schwefelgehalt auf 0,20% festgelegt. Außerdem sind Maximaltemperaturen angegeben, bei denen der Kraftstoff noch filtrierbar sein muß. Diese Temperaturen liegen für Sommerkraftstoff bei 0 °C und für Winterkraftstoff bei −15 °C.

Für **Heizöl EL** (extra leichtflüssig), das vorwiegend für kleine Heizanlagen (z. B. in Haushaltungen) als Brennstoff verwendet wird, sind die Anforderungen ähnlich. Um die mißbräuchliche Verwendung als Dieselkraftstoff zu verhindern, muß es mit geringen Mengen Furfurol und einem roten Farbstoff gekennzeichnet sein.

14.6. Kohle

Kohlen sind aus fossilem Pflanzenmaterial unter Luftabschluß entstandene organische Sedimentgesteine. Im Laufe der **Inkohlung** sind aus Lignin, Cellulose, Eiweißstoffen und anderen Pflanzenbestandteilen durch chemische und mikrobiologische Vorgänge zuerst Torf, in tieferen Erdschichten dann Braunkohlen und durch rein chemische Reaktionen bei hohen Temperaturen im Laufe von Jahrmillionen schließlich Steinkohlen entstanden. Der chemische Aufbau von Kohlen ist nicht vollständig geklärt. Nach Modellvorstellungen bestehen Steinkohlen aus polycyclischen Ringsystemen, die vor allem durch CH_2-, CH_2-CH_2- und CH_2-O-Brücken miteinander verbunden sind (Abb. 14.9). In den Hohlräumen der gebildeten Netzwerke (Kohlematrix) sind Kohlenwasserstoffmoleküle (mobile Phase) eingeschlossen. Bei der Matrix von Braunkohlen sind kleinere Ringsysteme mit längeren Kohlenwasserstoffketten sowie Carboxyl-, Aldehyd-, Anhydrid- und anderen Gruppen verbunden. Neben der organischen Materie enthalten Kohlen aschebildende mineralische Bestandteile wie Quarz, Tonminerale und Pyrit.

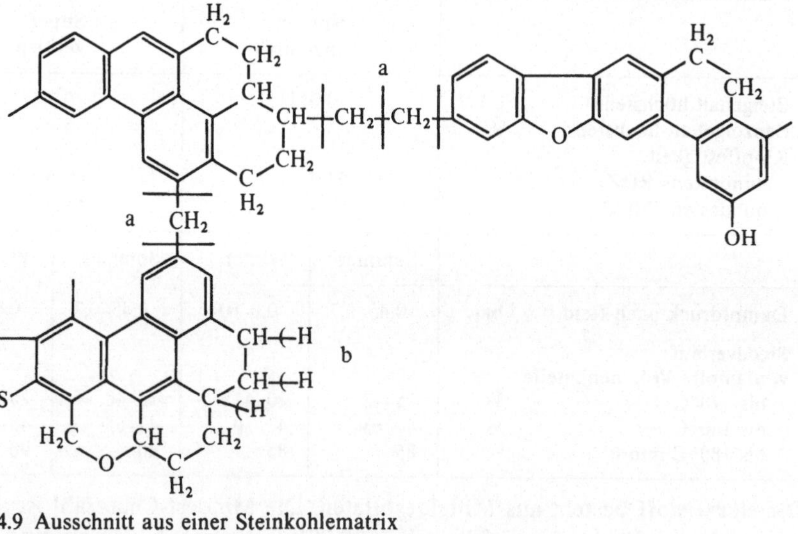

Abb. 14.9 Ausschnitt aus einer Steinkohlematrix
a, b: Beispiele für bevorzugte Angriffspunkte bei der Pyrolyse

Braunkohlen haben hohen Wassergehalt (Rheinische Braunkohle: ca. 60%) und, im wasser- und aschefreien Zustand, einen Kohlenstoffgehalt zwischen 62 und 78%. Im Unterschied zu Steinkohlen geben sie auf weißem Grund einen braunen Strich und beim Kochen mit Kalilauge eine dunkelbraune Färbung. Weichbraunkohle besteht aus Humussäuren mit Resten von Holz, während Hartbraunkohle ohne sichtbare holzigen Einschlüsse ist. Braunkohle wird überwiegend im Tagebau gewonnen und in grubennahen Kraftwerken verbrannt. Etwa 20% der bundesdeutschen Braunkohleförderung werden nach Trocknung auf einen Wassergehalt von ca. 15% zu Briketts und Braunkohlenstaub mit einem Heizwert von ca. 20 MJ kg^{-1} weiterverarbeitet.

Steinkohlen enthalten unterschiedliche Anteile Wasser (deutsche Kohle: 2 bis 7%) und Asche (deutsche Kohle: 4 bis 11%) und haben im Wasser- und aschefreien Zustand Kohlenstoffgehalte zwischen 75 und 92%. Sie werden nach ihren Eigenschaften durch eine dreistellige Kennzahl international klassifiziert. Die erste Stelle der Kennzahl gibt die Steinkohlen-Klasse an, die nach dem Anteil der beim Erhitzen auf 900 °C durch Zersetzung entstehenden flüchtigen Bestandteile und dem Brennwert festgelegt wird (Tab. 14.9). An zweiter Stelle steht die Steinkohlen-Gruppe (0 bis 3), die durch Blähzahl und Backzahl gegeben ist. Beide Kenngrößen charakterisieren das **Backvermögen,** d.h. die Eigenschaft, beim Erhitzen in den plastischen Zustand überzugehen und einen stückigen Koks zu bilden. Durch die dritte Stelle der Kennzahl – die Untergruppen 0 bis 5 – wird das Kokungsvermögen beschrieben.

Tab. 14.9 Steinkohlen-Klassen

Klasse	flüchtige Bestandteile (wasser- und aschefrei) Gew.-%	Brennwert (lufttrocken u. aschefrei) MJ kg^{-1}	Benennung
0	0–3	—	Meta-Anthrazit
1	> 3–10	—	Anthrazit
2	>10–14	—	Magerkohle
3	>14–20	—	geringbituminöse Kohle
4	>20–28	—	mittelbituminöse Kohle
5	>28–33	—	
6	>33	>32,4	hochbituminöse Kohle
7	>33	>30,1–32,4	
8	>33	>25,5–30,1	
9	>33	>23,9–25,5	

Beim Steinkohleverbrauch steht Kesselkohle für die Stromerzeugung an erster Stelle, gefolgt von Kokskohle für den Hochofenprozeß. Zur Erzeugung von **Hochofenkoks** wird Kokskohle – besonders die unter den Bezeichnungen Fettkohle und Gaskohle bekannten, gut backenden Kohlen der Klassen 3 bis 6 – in Kammern aus feuerfestem Mauerwerk unter Luftabschluß bis auf 1300 °C erhitzt. Zur Wärmeerzeugung dient Kokereigas, das in den an die Ofenkammern angrenzenden Heizzügen verbrannt wird. Bei der **Verkokung** unterliegt die Kohle der Pyrolyse, die mit der Abgabe von Wasser und adsorbierten Gasen beginnt. Von etwa 250 °C an kommt es zur Destillation von flüssigen Kohlenwasserstoffen (Teer) der mobilen Phase und zu ersten Veränderungen des Kohlekorns. Oberhalb 400 °C wird die Kohlematrix abgebaut. Das geschieht dadurch, daß gesättigte

Ringe und Wasserspaltung in aromatische Ringe übergehen (Abb. 14.9;b) und C—C-Bindungen der Brücken gespalten werden (Abb. 14.9;a). Aus der entstehenden Radikalen bilden sich nach Absättigung durch Wasserstoff Methan und polycyclische Aromaten (Teer). Die Kohle geht dabei unter Blähen in den plastischen Zustand über. Ab 600 °C vereinigen sich aromatische Ringsysteme unter Abgabe von Wasserstoff zu größeren Einheiten, wobei sich aus dem Pyrolyserückstand zunächst sog. Halbkoks und bei weiterer Temperaturerhöhung schließlich Koks bildet.

Hauptbestandteile des ausgetriebenen **Kokereigases** sind Wasserstoff (ca. 60%) und Methan. In geringeren Konzentrationen sind Kohlenmonoxid, höhere Kohlenwasserstoffe (Ethan, Ethylen), Kohlendioxid, Benzol und Ammoniak enthalten. Aus dem aromatenreichen **Steinkohlenteer** werden durch Destillation, Kristallisation und Extraktion Naphthalin, Anthracen und andere Verbindungen isoliert. Steinkohlenteerpech, der Rückstand der Teerdestillation, wird über Pechkoks zu technischen Kohlenstoffprodukten weiterverarbeitet oder minderwertigen Kokskohlen zugesetzt, um deren Verkokungsverhalten zu verbessern.

Mit Kohle werden derzeit etwa 30% des Weltverbrauchs an Primärenergie gedeckt. Zum Vergleich verschiedener Energieträger dient häufig die **Steinkohleneinheit, SKE**. Eine SKE entspricht 29,3 MJ, das ist die Energie, die bei der Verbrennung von 1 kg Durchschnittssteinkohle gewonnen werden kann. Die in Statistiken häufig angegebene Einheit t SKE ist danach mit einer Energie von 29 300 MJ gleichzusetzen.

Kohlevergasung (→ 12.2.) und Kohleverflüssigung sind derzeit unwirtschaftlich und haben nur in Südafrika einen bedeutenden Anteil am Kohleverbrauch. Die Umwandlung von Kohle in Benzin und Mitteldestillate ist mit dem Fischer-Tropsch-Verfahren, mit dem MTG-Verfahren über Methanol als Zwischenprodukt oder durch direkte Kohlehydrierung möglich. Bei der von F. Bergius und M. Pier entwickelten und um 1980 verbesserten **Kohlehydrierung** werden feingemahlene Kohle und Eisenoxidkatalysator in Öl aufgeschlämmt und bei 470 bis 490 °C und 300 bar mit Wasserstoff behandelt. Die Absättigung von aufgebrochenen Bindungen der Kohlematrix mit Wasserstoff wird unter diesen Bedingungen begünstigt. Es bilden sich aromatenreiche Flüssigprodukte, aus denen zwar Ottokraftstoffe mit hoher Klopffestigkeit, aber keine Dieselkraftstoffe mit ausreichender Zündwilligkeit gewonnen werden können.

14.7. Verbrennungsabgase und ihre Reinigung

Verbrennungsabgase aus Feuerungsanlagen und Kraftfahrzeugen tragen in erheblichem Maße zur Luftverunreinigung bei. Insbesondere die Emission von Schwefeldioxid, Stickstoffoxiden und Kohlenmonoxid stammen zu über 90% aus den Abgasen von Verbrennungsprozessen. **Emissionen** sind die von einer Anlage – etwa über den Schornstein oder den Auspuff – abgegebenen Luftverunreinigungen. Nach mehr oder minder gleichmäßiger Verteilung in der Atmosphäre werden daraus **Immissionen,** d. h. auf Menschen, Tiere, Pflanzen und Sachwerte einwirkende Luftverunreinigungen, und durch Niederschlag mit Staub oder Regen schließlich **Depositionen.**

Die Schwefeldioxid-Emission von Feuerungsanlagen ist – soweit keine Rauchgasentschwefelung angewendet wird – hautsächlich vom Schwefelgehalt des Brennstoffs abhängig. Mit einem mittleren Schwefelgehalt von 1,5% trägt Steinkohle am stärksten zur SO_2-Emission bei. Der Schwefel der Steinkohle ist etwa zur Hälfte in der organischen Kohlematrix und zur anderen Hälfte in mineralischen Bestandteilen (z. B. Pyrit oder Markasit, beide FeS_2) gebunden. Braunkohlen bilden eine basische Asche, die 10 bis 40% des bei der Verbrennung gebildeten Schwefeldioxids binden kann, so daß die Emission vermindert wird. Stickstoffoxide werden überwiegend von Kraftfahrzeugen emittiert und erst in zweiter Linie aus Feuerungsanlagen von Kraftwerken und Industriebetrieben. Neben dem Stickstoffgehalt des Brennstoffs – er ist bei Kohle am höchsten – spielt die Verbrennungstemperatur eine entscheidende Rolle ($\rightarrow$14.2.). Wegen der höheren Verbrennungstemperatur emittieren Großfeuerungsanlagen mehr NO_x pro Tonne Brennstoff als kleine Anlagen, und Kohlefeuerungen mit flüssigem Ascheabzug mehr als Kohlestaubtrockenfeuerungen. Kohlenmonoxid und Kohlenwasserstoffe, die Produkte der unvollständigen Verbrennung, treten im Rauchgas von Großfeuerungsanlagen kaum auf, da aus wärmewirtschaftlichen Gründen ein hoher Ausbrand angestrebt wird. Hauptemittenten sind Kraftfahrzeuge und – insbesondere wenn sie mit Kohle betrieben werden – Haushaltsfeuerungen.

Im Zeitraum zwischen Emission und Deposition können Luftverunreinigungen vielfältige chemische Reaktionen eingehen. Im unteren Teil der Atmosphäre (Troposphäre) wird Stickstoffdioxid durch den UV-A-Teil der Sonnenstrahlung in Stickstoffmonoxid umgewandelt[1]:

$$NO_2 \longrightarrow NO + O$$

Die bei der Reaktion abgespaltenen Sauerstoffatome reagieren mit molekularem Sauerstoff unter Bildung des starken Oxidationsmittels **Ozon:**

$$O + O_2 \longrightarrow O_3$$

---

[1] die ungepaarten Elektronen der Radikale wurden weggelassen

Bei fehlender UV-Strahlung dominiert die Reaktion

$$NO + O_3 \longrightarrow NO_2 + O_2$$

nach der Ozon unter Rückbildung von Stickstoffdioxid abgebaut wird. Die Zersetzung von Ozon wird auch durch die energiereichere UV-B-Strahlung bewirkt:

$$O_3 \longrightarrow O_2 + O$$

Bei der Reaktion entstehen angeregte Sauerstoffatome, die mit Wasser Hydroxylradikale bilden können:

$$O + H_2O \longrightarrow 2OH$$

OH-Radikale spielen bei der chemischen Umwandlung von Luftverunreinigungen eine entscheidende Rolle. Sie reagieren z. B. mit Stickstoffdioxid unter Bildung von Salpetersäure:

$$NO_2 + OH \longrightarrow HNO_3$$

Schwefeldioxid kann auf verschiedene Weise zu Schwefeltrioxid oxidiert werden. In Abgasfahnen – unter dem katalytischen Einfluß von schwermetallhaltiger Flugasche – erfolgt die Oxidation mit Luftsauerstoff. Beim atmosphärischen Transport über Hunderte von Kilometer wirken Oxidantien wie Ozon und Hydroxylradikale, z. B. nach Gleichung

$$SO_2 + OH \longrightarrow SO_3 + H$$

Mit dem Wasser von Wolken, Nebel oder Regen reagiert das gebildete Schwefeltrioxid zu Schwefelsäure:

$$SO_3 + H_2O \longrightarrow H_2SO_4$$

Beim oxidativen Abbau von Kohlenwasserstoffen durch Hydroxylradikale oder Ozon treten Aldehyde als stabile Zwischenstufen auf. Stickstoffmonoxid katalysiert den Reaktionsablauf, Stickstoffdioxid führt zur Bildung von Peroxyacylnitraten, PAN, mit der allgemeinen Formel $R\!-\!CO\!-\!O\!-\!O\!-\!NO_2$. Die verstärkte photochemische Bildung von Reizstoffen wie Ozon, PAN und Aldehyden bei starker Belastung der Atmosphäre mit Kohlenwasserstoffen und Stickstoffoxiden und intensiver Sonneneinstrahlung kann zum **photochemischen Smog** führen.

Vielfältig sind die als Folge von Luftverunreinigungen auftretenden Schäden. Durch trockene Schwefeldioxid-Depositionen verursachte Vegetationsschäden – besonders bei Tannen und Fichten – sind seit langem als Rauchschäden bekannt. Nasse Säure-Deposition – z. B. in Form von saurem Regen – führen zur Absenkung des pH-Wertes in schlecht gepufferten Böden und Gewässern, zu verstärkter atmosphärischer Korrosion und zur Vernichtung von Baudenkmälern durch Steinzerfall. Kalk- oder dolomitgebundene Sandsteine unterliegen besonders leicht dem **Steinzerfall.** Insbesondere in Nebel oder Regen gelöste Schwefelsäure reagiert mit den carbonatischen Bindemitteln zu Sulfaten, z. B.

$$H_2SO_4 + CaCO_3 + H_2O \longrightarrow CaSO_4 \cdot 2\,H_2O + CO_2$$

Durch ihren Kristallwassergehalt haben die Sulfate einen größeren Raumbedarf. Es entstehen Drücke in den Bindemittelzonen, die zur Lockerung des Gefüges führen. Dazu kommt, daß Sulfate besser in Wasser löslich sind als die Carbonte und bei Regen leicht ausgewaschen werden. Bestimmte Kohlenwasserstoffe wie Benzol und polycyclische Aromaten haben ein krebserzeugendes Potential, auf die toxische Wirkung von Kohlenmonoxid wurde bereits in 12.2. eingegangen.

TA-Luft (Technische Anleitung zur Reinhaltung der Luft) und Großfeuerungsanlagen-Verordnung begrenzen in der Bundesrepublik die Emission von Staub, Schwefeldioxid, Stickstoffoxiden und anderen Schadstoffen. Die Entstaubung von Abgasen kohlegefeuerter Kraftwerkskessel ist energiesparend und bei hoher Betriebssicherheit mit Hilfe moderner Elektrofilter möglich. Die meisten Verfahren der **Rauchgasentschwefelung** arbeiten mit wäßrigen Suspensionen von Kalkhydrat oder Kalkstein als Absorptionsmittel und führen zum Endprodukt Gips. In Absorbern (Wäschern) reagiert Schwefeldioxid bei 40 bis 60°C mit dem Kalk der Waschsuspension nach folgenden Gleichungen zu Calciumsulfit:

$$Ca(OH)_2 + SO_2 \longrightarrow CaSO_3 \cdot \tfrac{1}{2}H_2O + \tfrac{1}{2}H_2O$$

$$CaCO_3 + SO_2 + \tfrac{1}{2}H_2O \longrightarrow CaSO_3 \cdot \tfrac{1}{2}H_2O + CO_2$$

Durch Oxidation mit Luft entsteht Calciumsulfat-Dihydrat

$$CaSO_3 \cdot \tfrac{1}{2}H_2O + \tfrac{1}{2}O_2 + \tfrac{3}{2}H_2O \longrightarrow CaSO_4 \cdot 2\,H_2O$$

das gereinigt und entwässert – anstelle von Naturgips – als Zuschlag für Zement oder zur Herstellung von Gipsprodukten für die Bauindustrie verwendet werden kann ($\rightarrow$ 10.2.).

Beim Walther-Verfahren wird das entstaubte Abgas nach Zusatz von Ammoniak mit Wasser gewaschen. In den Wäschern laufen die folgenden Reaktionen ab:

$$SO_2 + NH_3 + H_2O \longrightarrow NH_4HSO_3 \quad \text{Ammoniumhydrogensulfit}$$

$$NH_4HSO_3 + NH_3 \longrightarrow (NH_4)_2SO_3 \quad \text{Ammoniumsulfit}$$

Im Oxidationsbehälter wird Ammoniumsulfit mit Luft zu Ammoniumsulfat oxidiert:

$$(NH_4)_2SO_3 + \tfrac{1}{2}O_2 \longrightarrow (NH_4)_2SO_4$$

Bei der Verdampfung des Wassers in einem Sprühtrockner fällt festes Ammoniumsulfat an, das als Düngemittel verwendet werden kann.

Bei der Verbrennung von Braunkohle kann der Ascheeinbindungsgrad für Schwefel durch direkten Kalkzusatz in den Feuerungsraum erhöht werden.

Die Verminderung der Stickstoffoxidemission ist durch Senkung der Verbrennungstemperatur auf 850°C mit feuerungstechnischen Maßnahmen – z.B. Verbrennung in der zirkulierenden Wirbelschicht – möglich. Bei den **DeNO$_x$-Verfahren** zur Reduzierung des NO$_x$-Gehaltes von Rauchgasen wird das Gas nach Zusatz von Ammoniak bei 250 bis 450°C über Katalysatoren aus Titan-, Wolfram- und Vanadiumoxid geleitet. Dabei laufen folgende Reaktionen ab:

$$4\,NO + 4\,NH_3 + O_2 \longrightarrow 4\,N_2 + 6\,H_2O$$

$$6\,NO_2 + 8\,NH_3 \longrightarrow 7\,N_2 + 12\,H_2O$$

Zur Entfernung von Kohlenwasserstoffen und Kohlenmonoxid aus Autoabgasen ist die **katalytische Nachverbrennung** geeignet. Die Abgase werden nach Zusatz von Sekundärluft in Gegenwart von Oxidationskatalysatoren zu CO$_2$ und H$_2$O oxidiert. Die Katalysatoren sind meist keramische Monolithe mit Kanälen, die mit γ-Aluminiumoxid zur Vergrößerung der Oberfläche und mit Edelmetallen (Platin, Palladium) als den eigentlichen aktiven Komponenten belegt sind. Für die vollständige Oxidation von Kohlenmonoxid sind etwa 200°C, für die vollständige Oxidation aller Kohlenwasserstoffe etwa 400°C erforderlich. Die gleichzeitige Entfernung von Kohlenmonoxid, Kohlenwasserstoffen und Stickstoffoxiden ist mit multifunktionellen Katalysatoren (**Dreiweg-Katalysatoren**) möglich, die neben Platin und Rhodium verschiedene Metalloxide enthalten. Damit über die Reaktionen

$$CO + NO \longrightarrow \tfrac{1}{2}N_2 + CO_2$$

und

$$C_mH_n + 2\,(m+n/4)\,NO \longrightarrow (m+n/4)\,N_2 + n/2\,H_2O + m\,CO_2$$

Stickstoffmonoxid möglichst vollständig in Stickstoff umgewandelt werden kann, muß das Luftverhältnis bei $\lambda \approx 1$ konstant gehalten werden. Bei zu magerem Gemisch ($\lambda > 1$) werden die schnelleren Reaktionen

$$CO + \tfrac{1}{2}O_2 \longrightarrow CO_2$$

und

$$C_mH_n + (m+n/4)\,O_2 \longrightarrow m\,CO_2 + n/2\,H_2O$$

bevorzugt, d.h. Kohlenmonoxid und Kohlenwasserstoffe stehen nicht in ausreichender Menge für die Reaktion mit NO zur Verfügung und der Gehalt an Stickstoffoxiden im Abgas steigt an. Bei zu fettem Gemisch ($\lambda < 1$) reicht der Sauerstoff zur Oxidation nicht aus und der Gehalt an Kohlenmonoxid und Kohlenwasserstoffen im Abgas steigt an. Der enge Bereich, in dem für die drei Schadstoffkomponenten hohe Umsätze erreicht werden können, wird als λ-Fenster bezeichnet (Abb. 14.10). Die Messung und Regelung des Luftverhältnisses erfolgt über den Restsauerstoffgehalt mit Hilfe der λ-Sonde. Die bei Kraftfahrzeugen angewendete Spannungssonde ist eine Konzentrationszelle ($\rightarrow$7.6.) mit Festelektrolyt ($\rightarrow$7.2.) und Platinelektroden (Abb. 14.11), deren günstigste Betriebstemperatur zwischen 650 und 800 °C liegt. Der Festelektrolyt besteht aus Zirkoniumdioxid, ZrO_2, das mit Yttriumoxid, Y_2O_3, dotiert ist. Führt man der einen Elektrode Abgas, der anderen ein Referenzgas mit bekanntem Sauerstoffgehalt (z. B. Luft) zu, so entsteht aufgrund der Konzentrationsunterschiede eine Sondenspannung.

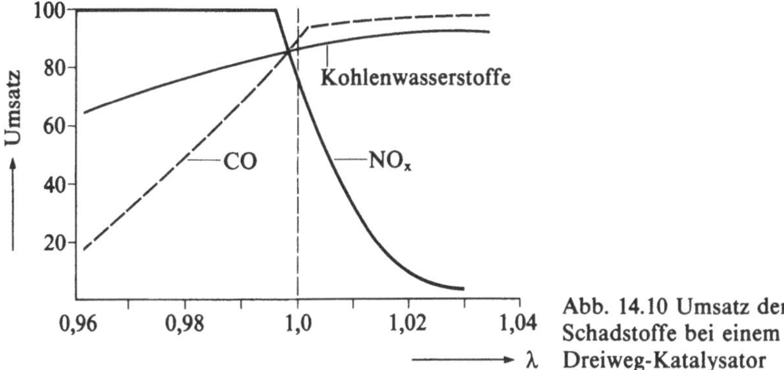

Abb. 14.10 Umsatz der Schadstoffe bei einem Dreiweg-Katalysator

Die Änderung der Sondenspannung mit dem Sauerstoffgehalt des Abgases ist im Bereich $\lambda \approx 1$ relativ groß und weitgehend unabhängig von der Temperatur, so daß sie zur Gemischeinstellung am Vergaser oder an der Kraftstoffeinspritzung verwendet werden kann.

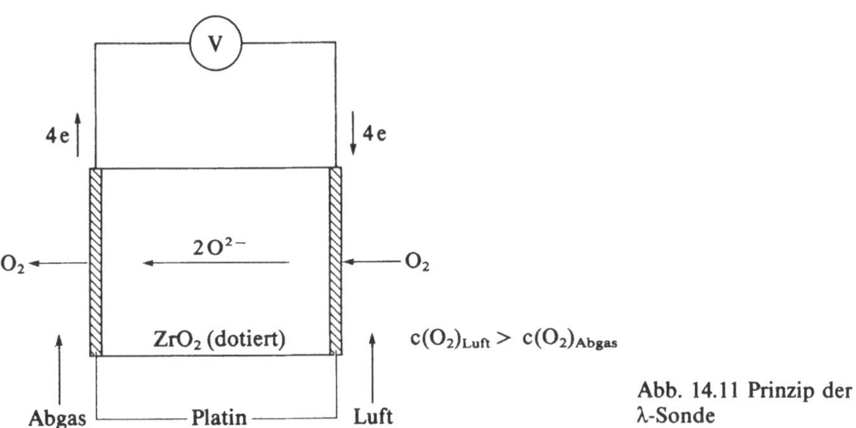

Abb. 14.11 Prinzip der λ-Sonde

15. Schmierstoffe und Bitumen

Schmierstoffe und Bitumen werden, sieht man einmal von den der Menge nach unbedeutenden synthetischen Schmierstoffen ab, aus atmosphärischen Rückständen der Erdöldestillation durch Destillation unter Vakuum gewonnen. Für die technische Anwendung beider Produktgruppen ist das Fließverhalten und dessen Abhängigkeit von der Temperatur von entscheidender Bedeutung.

15.1. Reibung, Verschleiß und Schmierung – Viskosität

Reibung ist der Widerstand gegen die Relativbewegung sich berührender Körper. Wird die eine Relativbewegung behindernde Reibungskraft F_R durch die senkrecht zu den Reibungsflächen wirkende Normalkraft (Anpreßkraft) F_N geteilt, erhält man die **Reibungszahl** μ:

$$\mu = \frac{F_R}{F_N} \qquad \textbf{Reibungsgesetz von Coulomb}$$

Die Reibungszahl ist von der Werkstoffpaarung und der Beschaffenheit der Oberflächen abhängig.

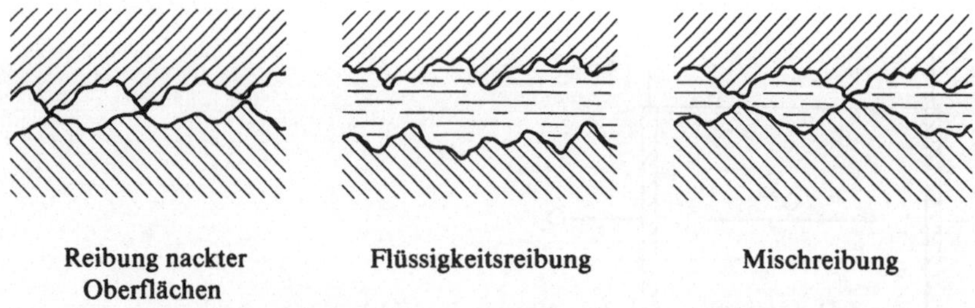

Abb. 15.1 Reibungszustände

In Abb. 15.1 sind verschiedene **Reibungszustände** dargestellt. Bei der Reibung nackter Oberflächen, die unverfälscht nur im Vakuum oder im Weltraum realisiert werden kann, berühren sich die Rauheiten der Festkörperoberflächen direkt. Die Reibung und der dadurch bedingte Materialabtrag (**Verschleiß**) sind hoch. Unter atmosphärischen Bedingungen werden Reibung und Verschleiß durch adsorbierte Stoffe (z. B. Wasser) und/oder Reaktionsschichten (z. B. Oxide) reduziert (**Oberflächenschichtreibung**). Schmierung ist eine Maßnahme, bei der die Reibungszahl und damit der Verschleiß vermindert wird. Bei der **Flüssigkeitsreibung** – ähnliches gilt für die Gasreibung – werden die Festkörperoberflächen durch flüssige oder pastöse hydrodynamische Tragfilme vollständig voneinander getrennt. Die Reibung wird in das Innere der Flüssigkeit verlegt, ein Verschleiß findet nicht statt. **Mischreibung** liegt vor, wenn etwa bei Stoßbelastungen, wie sie z. B. für den Nocken-Stößel-Bereich von Motoren charakteristisch sind, der Tragfilm stellenweise durchbrochen wird und Oberflächenschichtreibung auftritt.

Feststoffe mit niedriger Reibungszahl wie Graphit, Molybdänsulfid oder PTFE, die gleitfähige Oberflächenschichten ausbilden und gleichzeitig Rauhtiefen ausfüllen, können als **Trockenschmierstoffe** verwendet oder flüssigen Schmierstoffen als Additives zugesetzt werden.

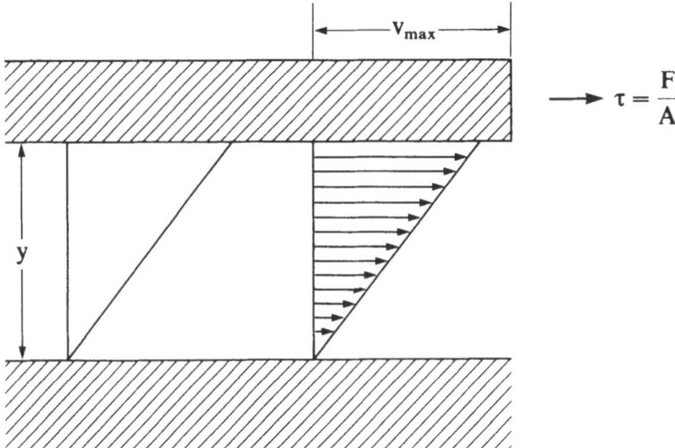

Abb. 15.2 Fließen einer Flüssigkeit zwischen zwei parallelen Platten

Ein Maß für die innere Reibung einer Flüssigkeit ist die **Viskosität** (Zähigkeit). Abb. 15.2 zeigt das Fließen einer Flüssigkeit zwischen zwei im Abstand y voneinander angeordneten parallelen Platten. Wird die Deckplatte durch eine Schubspannung τ bewegt, entsteht im Flüssigkeitsspalt ein **Geschwindigkeitsgefälle D**. Die Fließgeschwindigkeit fällt vom Maximalwert v_{max} an der oberen Grenzfläche auf Null an der unteren Grenzfläche ab. In diesem einfachen Modell ist das Geschwindigkeitsgefälle linear. Es ist durch die Gleichung

$$D = \frac{v_{max}}{y}$$

definiert und hat die Einheit

$$[D] = \frac{m\,s^{-1}}{m} = s^{-1}$$

Das Geschwindigkeitsgefälle ist der angreifenden Schubspannung proportional. Der Proportionalitätsfaktor ist die **dynamische Viskosität** η der Flüssigkeit:

$$\tau = \eta\,D \qquad \textbf{Fließgesetz von Newton}$$

Ihre Einheit ergibt sich aus

$$[\eta] = \frac{[\tau]}{[D]} = \frac{N\,m^{-2}}{s^{-1}} = Pa\,s$$

Bei Schmierölen wird die Einheit mPa s bevorzugt.

Die **kinematische Viskosität** ν ist der Quotient von dynamischer Viskosität und Dichte:

$$\nu = \frac{\eta}{\rho}$$

Sie hat die Einheit

$$[\nu] = \frac{N\,m^{-2}\,s}{kg\,m^{-3}} = \frac{m^2}{s}$$

bei Schmierölen bevorzugt: $mm^2\,s^{-1}$

Die **Viskositätskurve** gibt die Abhängigkeit der dynamischen Viskosität vom Geschwindigkeitsgefälle. Bei Flüssigkeiten, die dem Fließgesetz von Newton gehorchen (**Newtonsche Flüssigkeiten**), ist die Viskosität vom Geschwindigkeitsgefälle unabhängig (Abb. 15.3). Newtonsche Flüssigkeiten sind z. B. Wasser, reine Mineralöle, Syntheseöle und Bitumen oberhalb des Erweichungspunktes. Mehrbereichsöle mit polymeren VI-Verbesserern, Schmierfette und Bitumen unterhalb des Erweichungspunktes sind **strukturviskose Flüssigkeiten,** d. h. ihre Viskosität nimmt mit steigendem Geschwindigkeitsgefälle ab.

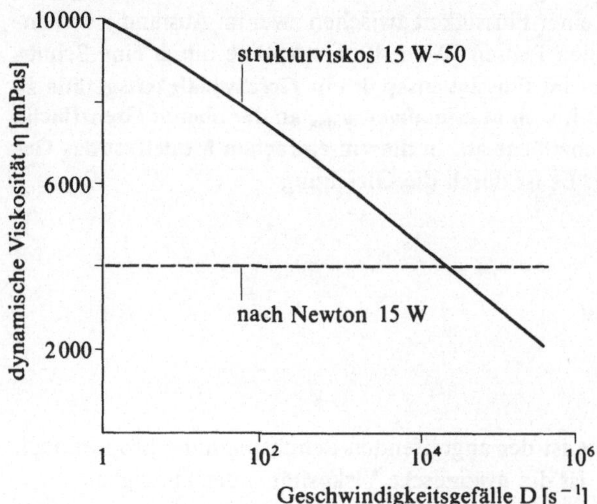

Abb. 15.3 Viskositätskurven von Motorenölen bei −20°C

Bei Mineral- und Syntheseölen sinkt die Viskosität mit steigender Temperatur. Als konventionelles Maß für die Temperaturabhängigkeit der Viskosität (**VT-Verhalten**) wurde 1929 von Dean und Davis der **Viskositätsindex, VI,** eingeführt. Zu seiner Bestimmung wird die kinematische Viskosität des Öles bei 40 und 100°C gemessen. Das Öl wird dann anhand der Meßwerte zwischen zwei Referenzölen eingeordnet, von denen das eine den Viskositätsindex 100 (geringe Temperaturabhängigkeit der Viskosität), das andere den Viskositätsindex 0 (sehr hohe Temperaturabhängigkeit der Viskosität) hat. Die VI-Skala wurde später auf Werte von über 100 ausgedehnt. Für schmiertechnische Berechnungen ist die empirisch gefundene **Walthersche Funktion** W besser geeignet:

$$W = \lg\lg(\nu + 0{,}8)$$

Im W-$\lg T$-Diagramm geben Newtonsche Flüssigkeiten Geraden (Abb. 15.4), so daß nach Viskositätsmessungen bei zwei verschiedenen Temperaturen durch Interpolation oder Extrapolation die Viskosität bei einer beliebigen Temperatur ermittelt werden kann. Die Steigung der Geraden, die **Richtungskonstante** m nach Ubbelohde-Walther, ist ein Maß für die Temperaturabhängigkeit der Viskosität. Sie ergibt sich aus der Beziehung

$$m = \frac{W_1 - W_2}{\lg T_2 - \lg T_1}$$

Wenn die chemische Basis und damit das VT-Verhalten der zu mischenden Komponenten nicht zu stark voneinander abweichen, können über die Walthersche Funktion die **Viskositäten von Mineralölmischungen** linear interpoliert werden:

$$W(\text{Ms}) = w(\text{A})\, W(\text{A}) + w(\text{B})\, W(\text{B})$$

$w(\text{A})$, $w(\text{B})$: Massenanteile der Komponenten A und B
$W(\text{A})$, $W(\text{B})$, $W(\text{Ms})$: Walthersche Funktionen der Komponenten A und B und der Mischung

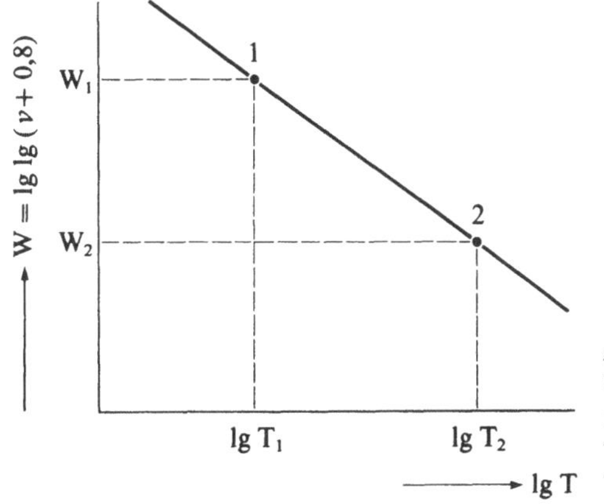

Abb. 15.4 VT-Gerade nach Ubbelohde-Walther
× Meßpunke
T = thermodynamische Temperatur in K

15.2. Herstellung von Grundölen und Bitumen

Schmierstoffe bestehen aus mineralischen oder synthetischen Grundölen und Zusätzen (Additives), mit deren Hilfe ganz bestimmte Eigenschaften erreicht werden sollen. Schmierfette enthalten darüber hinaus einen Eindicker.

Da sich die hochmolekularen Schmierölbestandteile nicht unzersetzt verdampfen lassen, werden mineralische Grundöle durch fraktionierende Destillation unter Vakuum gewonnen. Nachdem Benzin und Mitteldestillate in der atmosphärischen Kolonne (→14.5.) abdestilliert worden sind, wird der atmosphärische Rückstand erneut auf 350 bis 400°C aufgeheizt und der Vakuumkolonne zugeführt. Aus dieser werden gleichzeitig Vakuumgasöl, in der Regel drei bis vier Schmierölfraktionen unterschiedlicher Viskosität und der unverdampfte Vakuumrückstand abgezogen. Die niedrigviskosen Schmieröldestillate werden meist Spindelöle genannt, die höherviskosen Maschinenöle oder auch Neutralöle. Die Ausbeute der einzelnen Schmierölfraktionen mit vorgegebenen Viskositäten kann für ein Rohöl bestimmter Zusammensetzung mit Hilfe von Abb. 15.5 ermittelt werden. Die dargestellte Kurve erhält man, wenn bei einer diskontinuierlichen Destillation des Rohöls im Labormaßstab die Viskosität des jeweiligen Destillats – ausgedrückt in W – in Abhängigkeit von dem insgesamt abdestillierten Massenanteil (Rohölposition) aufgetragen wird. Da sich Mischungsviskositäten über die Walthersche Funktion linear interpolieren lassen, kann man – wie in Abb. 15.5 am Beispiel gezeigt – bei Vorgabe der Destillatviskositäten mögliche Ausbeutekombinationen in der technischen Destillationsanlage vorhersagen.

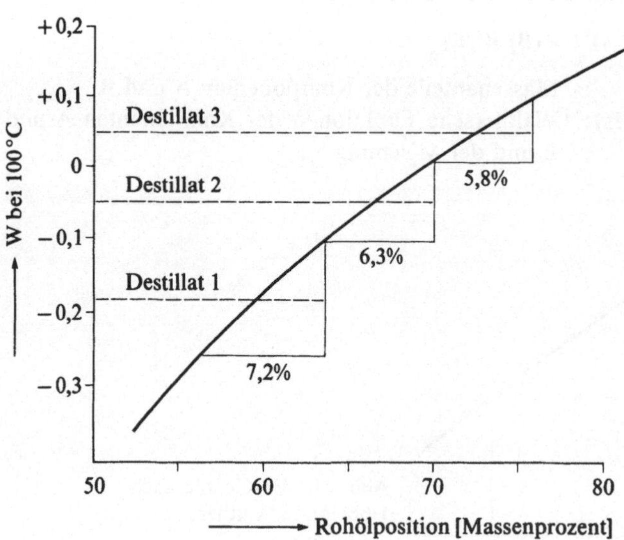

Abb. 15.5 Ermittlung der Ausbeuten von Schmieröldestillaten bei vorgegebenen Viskositäten

Ehe Vakuumdestillate als Grundöle verwendet werden können, müssen durch Raffination die Komponenten entfernt werden, die sich auf die Eigenschaften der Schmierstoffe ungünstig auswirken.

Bei der **Solventextraktion** werden aromatische und heterocyclische Verbindungen durch selektive Lösemittel wie Furfurol, Phenol oder N-Methylpyrrolidon herausgelöst und als Extrakt isoliert. Die aromatenarmen **Solventraffinate** zeichnen sich gegenüber den Destillaten durch einen höheren Viskositätsindex und eine höhere Beständigkeit gegenüber Autoxidation aus. Da Aromaten und Heterocyclen in geringer Konzentration als natürliche Antioxidantien wirken, verschlechtert sich die Oxidationsbeständigkeit, wenn zu weitgehend extrahiert wird.

Solventraffinate paraffinbasischer Rohöle – und nur solche sind zur Herstellung von Motorenölen geeignet – neigen z.T. schon bei Raumtemperatur zur Ausscheidung fester Paraffine, die ein Stocken des Öles bewirken. Das entscheidende Qualitätsmerkmal ist der **Pourpoint** (engl. für Fließpunkt), der als die Temperatur definiert ist, bei der das Öl beim Abkühlen gerade noch fließt. Zur Erniedrigung des Pourpoints werden Solventraffinate in den meisten Fällen einer **Kälteentparaffinierung** unterworfen. Bei dem Verfahren wird das Öl nach Verdünnung mit Lösemitteln auf etwa $-20\,°C$ abgekühlt. Dabei kristallisieren die Paraffine als sog. Gatsch aus, so daß sie abfiltriert werden können. Das Lösemittel muß eine hohe Löslichkeit für das Öl haben, darf aber Paraffine nur wenig lösen. Diese Bedingung wird von den Lösemittel-Mischungen Dichlormethan/Dichlorethan und Toluol/Butanon hinreichend gut erfüllt. Bei der **katalytischen Entparaffinierung** werden geradkettige Paraffine im Porensystem von Molekularsieben ($\rightarrow$9.3.) in Gegenwart von Wasserstoff selektiv in niedermolekulare Bruchstücke gespalten und damit aus dem Öl entfernt.

Auch für **Syntheseöle** ist in den meisten Fällen Erdöl der Rohstoff. Die vielen komplizierten, nicht eindeutig definierten Komponenten des Erdöls werden hier aber zunächst in einfache Bruchstücke gespalten, aus denen schließlich über eine große Anzahl von Zwischenstufen chemisch einheitliche Verbindungen synthetisiert werden. Wegen der aufwendigeren Herstellung ist der Preis von Syntheseölen um ein Mehrfaches höher als der von Mineralölen. Ihr Anteil an der Schmierstoffherstellung beträgt deshalb trotz der vielfach besseren Eigenschaften nur wenige Prozent.

Als Basis für Motorenöle haben vor allem **Polyalphaolefine,** PAO, Bedeutung erlangt, denen zur Verbesserung der Ansprechbarkeit von Additives meist Dicarbonsäureester (**Esteröle**) zugesetzt werden. Während Solventraffinate einen Viskositätsindex von etwa 100 haben, sind für Polyalphaolefine und Diester Werte zwischen 130 und 150 typisch. Weitere Vorteile sind Pourpoints von unter $-60\,°C$ und sehr geringe Verdampfungsneigung.

Die Synthese eines Polyalphaolefins kann vereinfacht wie folgt formuliert werden:

$$15\ CH_2{=}CH_2 \qquad\qquad \text{Ethylen}$$

$$\downarrow$$

$$3\ CH_3{-}CH_2{-}CH_2{-}CH_2{-}CH_2{-}CH_2{-}CH_2{-}CH_2{-}CH{=}CH_2 \qquad \text{1-Decen}$$

$$\downarrow$$

$$CH_3{-}CH_2{-}CH_2{-}CH_2{-}CH_2{-}CH_2{-}CH_2{-}CH_2{-}CH_2$$
$$|$$
$$CH_2$$
$$|$$
$$CH_3{-}CH_2{-}CH_2{-}CH_2{-}CH_2{-}CH_2{-}CH_2{-}CH_2{-}CH$$
$$|$$
$$CH_2$$
$$|$$
$$CH_3{-}CH_2{-}CH_2{-}CH_2{-}CH_2{-}CH_2{-}CH_2{-}CH_2{-}C$$
$$\|$$
$$CH_2$$

$$\downarrow\ +H_2$$

$$CH_3{-}CH_2{-}CH_2{-}CH_2{-}CH_2{-}CH_2{-}CH_2{-}CH_2{-}CH_2$$
$$|$$
$$CH_2$$
$$|$$
$$CH_3{-}CH_2{-}CH_2{-}CH_2{-}CH_2{-}CH_2{-}CH_2{-}CH_2{-}CH$$
$$|$$
$$CH_2$$
$$|$$
$$CH_3{-}CH_2{-}CH_2{-}CH_2{-}CH_2{-}CH_2{-}CH_2{-}CH_2{-}CH$$
$$|$$
$$CH_3$$

Die Herstellung eines Esteröles aus Trimethyladipinsäure und Decanol läßt sich durch folgende Gleichung wiedergeben:

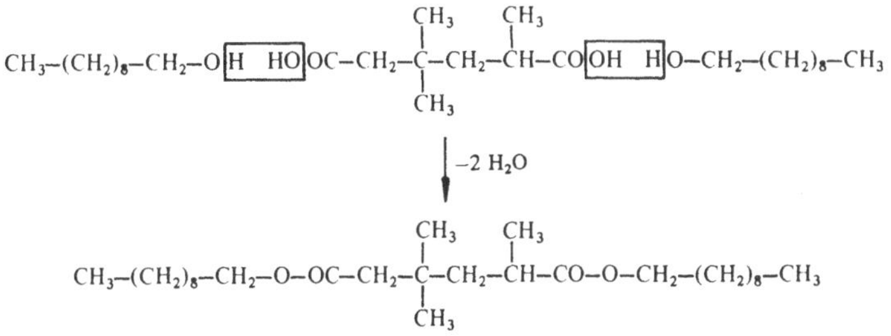

$$CH_3-(CH_2)_8-CH_2-O\boxed{H \quad HO}OC-CH_2-\overset{\overset{\displaystyle CH_3}{|}}{\underset{\underset{\displaystyle CH_3}{|}}{C}}-CH_2-\overset{\overset{\displaystyle CH_3}{|}}{CH}-CO\boxed{OH \quad H}O-CH_2-(CH_2)_8-CH_3$$

$$\downarrow -2\ H_2O$$

$$CH_3-(CH_2)_8-CH_2-O-OC-CH_2-\overset{\overset{\displaystyle CH_3}{|}}{\underset{\underset{\displaystyle CH_3}{|}}{C}}-CH_2-\overset{\overset{\displaystyle CH_3}{|}}{CH}-CO-O-CH_2-(CH_2)_8-CH_3$$

Polyalkylenglykole nehmen unter den synthetischen Industrieschmierstoffen den ersten Platz ein. Sie haben außerdem Bedeutung als Hydrauliköle, wobei die Schwerpunkte bei Bremsflüssigkeiten und, in Mischung mit Wasser und einfachen Glykolen, bei schwerentflammbaren Hydraulikflüssigkeiten liegen. Die Herstellung erfolgt durch Addition von Ethylenoxid oder Propylenoxid an Moleküle eines Starters (z. B. Propylenglykol) in Gegenwart von starken Basen, z. B.

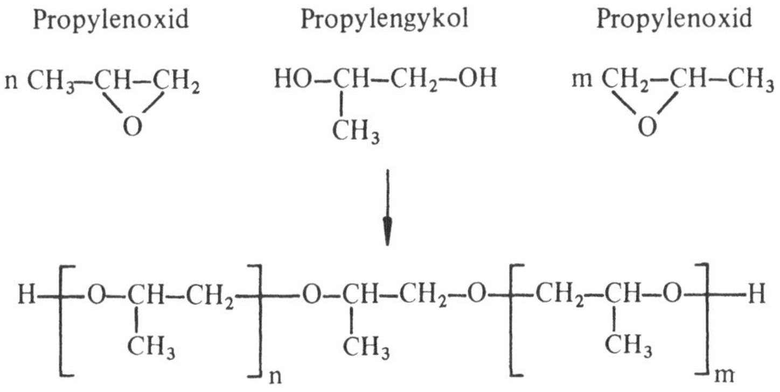

Propylenoxid   Propylengykol   Propylenoxid

$$n\ CH_3-\overset{}{\underset{O}{CH-CH_2}} \qquad HO-\overset{}{\underset{\underset{\displaystyle CH_3}{|}}{CH}}-CH_2-OH \qquad m\ \overset{}{\underset{O}{CH_2-CH-CH_3}}$$

$$\downarrow$$

$$H\left[O-\overset{}{\underset{\underset{\displaystyle CH_3}{|}}{CH}}-CH_2\right]_n-O-\overset{}{\underset{\underset{\displaystyle CH_3}{|}}{CH}}-CH_2-O-\left[CH_2-\overset{}{\underset{\underset{\displaystyle CH_3}{|}}{CH}}-O\right]_m-H$$

Kettenlänge und die davon abhängige Viskosität können in weiten Grenzen variiert werden. Polyethylenglykole unterscheiden sich von Polypropylenglykolen vor allem durch die bessere Wasserlöslichkeit.

Bitumen sind dunkelfarbige Gemische aus den höchst- und nichtsiedenden Komponenten überwiegend naphthenbasischer oder asphaltischer Erdöle. **Destillationsbitumen** fällt bei der Vakuumdestillation als Rückstand an. Es ist um so härter, je mehr hochsiedende Anteile verdampft und mit den Destillaten abgezogen werden. **Oxidationsbitumen** wird aus Destillationsbitumen durch Einblasen von Luft bei 250 bis 300 °C gewonnen. Durch die beim „Blasen" ablaufenden Oxidations- und Dehydrierungsreaktionen werden polare sauerstoffhaltige und hocharomatische Verbindungen gebildet. Das Bitumen wird dadurch elastischer und sein Erweichungspunkt erhöht sich.

15.3. Eigenschaften spezieller Schmierstoffe

Motorenöle haben unter den Schmierstoffen mit Abstand die größte Bedeutung. Sie werden einmal nach der Viskosität und zum anderen nach der Qualität klassifiziert.

Die Viskosität eines Motorenöls darf bei tiefen Temperaturen nicht zu hoch sein, damit beim Kaltstart im Winter das Durchdrehen der Kurbelwelle und eine rasche Ölversorgung der Reibstellen ermöglicht wird. Auf der anderen Seite muß bei hohen Öltemperaturen, wie sie bei Vollgasfahrten im Sommer auftreten können (Heißbetrieb), eine Mindestviskosität garantiert werden, damit Verschleißschutz und Kolbenabdichtung sichergestellt sind.

Grundlage für die **SAE-Viskositätsklassen**[1] sind die kinematische Viskosität bei 100°C, die dynamische Viskosität bei verschiedenen tiefen Temperaturen und die Grenzpumptemperatur (Tab. 15.1). Je höher die Viskositätsklasse ist, um so höher ist die für 100°C geforderte Viskosität und um so sicherer ist die Ausbildung eines tragfähigen Schmierfilms im Heißbetrieb. Für die mit W gekennzeichneten Klassen der Winteröle ist das Kälteverhalten ausschlaggebend. Je niedriger die W-Klasse ist, um so tiefer liegt die Temperatur, bei der bestimmte Grenzviskositäten nicht überschritten werden dürfen. Für den Ganzjahresbetrieb geeignete **Mehrbereichsöle** erfüllen die Bedingungen von zwei SAE-Klassen. Das in der Bundesrepublik Deutschland bevorzugte SAE 15W-40 darf z. B. bei $-15°C$ eine dynamische Viskosität von 3500 mPa s nicht überschreiten und muß bei $-20°C$ noch pumpbar sein. Gleichzeitig wird für 100°C mindestens die relativ hohe kinematische Viskosität von 12,5 mm^2 s^{-1} gefordert.

Tab. 15.1 SAE-Viskositätsklassen für Motoren-Schmieröle (DIN 51511)

SAE-Viskositätsklasse	Maximale scheinbare Viskosität in mPa·s bei Temperatur °C	Maximale Grenzpumptemperatur °C	kinematische Viskosität bei 100°C mm^2/s min.	max.
0 W	3250 bei -30	-35	3,8	—
5 W	3500 bei -25	-30	3,8	—
10 W	3500 bei -20	-25	4,1	—
15 W	3500 bei -15	-20	5,6	—
20 W	4500 bei -10	-15	5,6	—
25 W	6000 bei $-\ 5$	-10	9,3	—
20	—	—	5,6	unter 9,3
30	—	—	9,3	unter 12,5
40	—	—	12,5	unter 16,3
50	—	—	16,3	unter 21,9

---

[1] Society of Automotive Engineers

Die Temperaturabhängigkeit der Viskosität muß bei einem weitgespannten Mehrbereichsöl sehr gering sein. Diese Anforderung wird von Solventraffinaten nur nach Zusatz von VI-Verbesserern erfüllt. **VI-Verbesserer** sind Polymethacrylate, Ethylen-Propylen-Copolymere oder andere Polymere, deren Makromoleküle im Öl fein verteilt sind. Sie dicken das Grundöl in der Wärme stärker auf als in der Kälte und verringern damit die Steigung der VT-Geraden (Abb. 15.4). Der Effekt kann damit erklärt werden, daß die Polymermoleküle, die im Öl als „statistische Knäuel" vorliegen, bei Temperaturerhöhung allmählich ein größeres Volumen einnehmen, so daß stärkere Anziehungskräfte (Solvatation; →4.1.) zwischen ihnen und den Ölmolekülen wirksam werden können (Abb. 15.6). Polymerhaltige Motorenöle zeigen besonders in der Kälte strukturviskoses Verhalten. Bei hohem Geschwindigkeitsgefälle strecken sich die Makromoleküle, ihr Einfluß auf die Viskosität vermindert sich, und es kommt zu einem temporären Viskositätsverlust. Abb. 15.3 zeigt die Viskositätskurven eines Einbereichsöles der Klasse SAE 15W mit Newtonschem Verhalten und eines strukturviskosen Mehrbereichsöles SAE 15W-50 bei $-20\,°C$. Im Kurbelwellenlager und zwischen Kolben und Zylinder treten Geschwindigkeitsgefälle von 10^4 bis $10^5\,s^{-1}$ auf. Aus Abb. 15.3 geht hervor, daß die beiden 15W-Öle nur bei diesem Geschwindigkeitsgefälle gleiche Viskositäten haben. Wenn die SAE-Klassifikation auch für polymerhaltige Öle sinnvoll sein soll, muß die Kälteviskosität bei dem Geschwindigkeitsgefälle gemessen werden, das auch an den Reibstellen im Motor auftritt. Das geschieht in einem speziellen Rotationsviskosimeter, dem Cold Cranking Simulator.

Von VI-Verbesserern muß erwartet werden, daß sie ihre Funktion zwischen zwei Ölwechseln unverändert ausüben. Diese Voraussetzung ist bei vielen Polymeren nicht erfüllt, da es während des Betriebes unter dem Einfluß von Scherkräften zum mechanischen Polymerabbau und damit zu einem permanenten Viskositätsverlust kommt. Das Öl kann dadurch nach kurzer Betriebszeit in die nächst tiefere SAE-Klasse rutschen. Die **Scherstabilität** ist vom Typ und von der molaren Masse des Polymeren abhängig. Sie ist bei Polymethacrylaten geringer als bei Ethylen-Propylen-Copolymeren. Motorenöle auf der Basis von Syntheseölen mit hohem Viskositätsindex benötigen nur sehr wenig oder gar keinen VI-Verbesserer. Ein temporärer und permanenter Viskositätsverlust tritt deshalb bei diesen Ölen nicht oder nur in geringem Maße auf.

Die Qualität eines Motorenöls äußert sich unter anderem in seiner Fähigkeit, Lagerkorrosion, Stößel-Nocken-Verschleiß, Öloxidation und die Bildung von Ablagerungen zu verhindern. Sie ist z. B. in der amerikanischen API-Klassifikation[1] und in der europäischen CCMC-Spezifikation[2] festgelegt und wird in aufwendigen Testserien an Prüfmotoren ermittelt. Die Qualitätsanforderungen, die an mo-

---

[1] American Petroleum Institute;
[2] Comité des Constructeurs d'automobiles du Marché Commun

derne **HD-Öle** (von engl. Heavy Duty = starke Beanspruchung) gestellt werden, können nur durch Additives erfüllt werden, die, in abgestimmter Kombination und mit einem Stellöl konfektioniert, als „Package" dem Grundöl in Anteilen von 6 bis 16% zugesetzt werden.

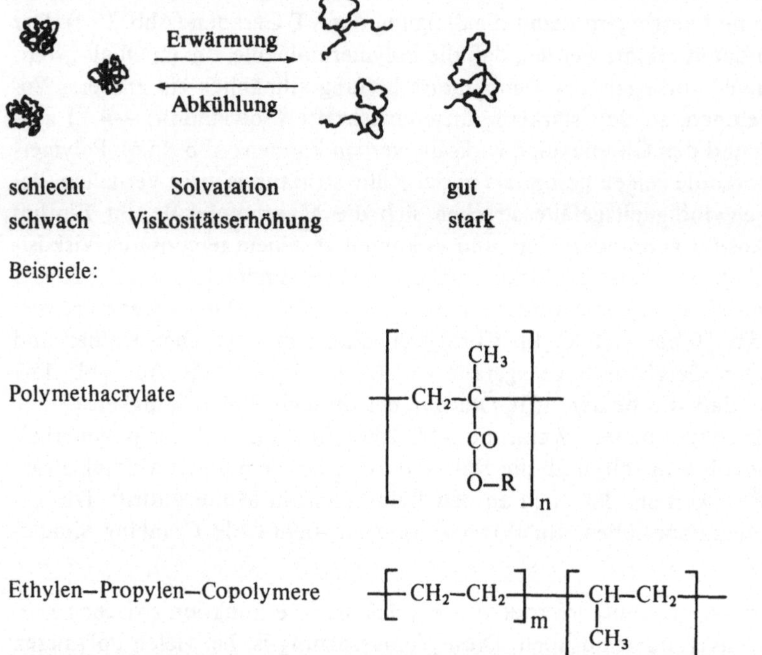

Beispiele:

Polymethacrylate

Ethylen–Propylen–Copolymere

Abb. 15.6 VI-Verbesserer

Detergents und **Dispersants** sind grenzflächenaktive Stoffe, die Schmutzstoffe dispergieren und damit den Motor sauber halten (→ 13.). Sie verhindern vor allem Hochtemperaturablagerungen am Kolben (Ölkohle, Kolbenlack), die bei thermischer Überlastung des Öls gebildet werden, und das Absetzen von Ruß, der bei der unvollständigen Verbrennung von Dieselkraftstoffen entsteht. Als Detergents dienen Erdalkalisalze von Sulfonsäuren, die durch Behandlung von Erdölfraktionen mit Schwefelsäure hergestellt werden (Petroleumsulfonate), oder von Alkylphenolen, bei denen zwei Benzolringe durch Schwefelbrücken miteinander verknüpft sein können (Abb. 15.7). Detergents können mit einem Überschuß an kolloiddispersem Erdalkalicarbonat oder -hydroxid hergestellt werden. Diese „überbasischen Detergents" bilden die sog. Alkalireserve des Motorenöls, durch die Säuren neutralisiert werden, die im Verbrennungsraum z. B. aus Stickstoffoxiden oder Schwefelverbindungen von Dieselkraftstoffen entstehen können. Zur Unterscheidung von den metallhaltigen (aschebildenden) Detergents werden die Dispersants auch als aschefreie HD-Additives bezeichnet. Besonders häufig werden die von der Bernsteinsäure abgeleiteten Succinimide verwendet (Abb. 15.7).

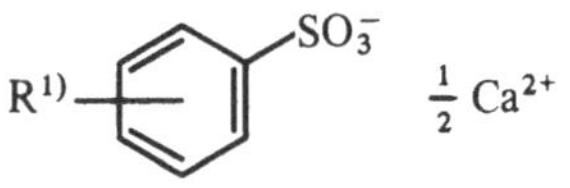

Sulfonat

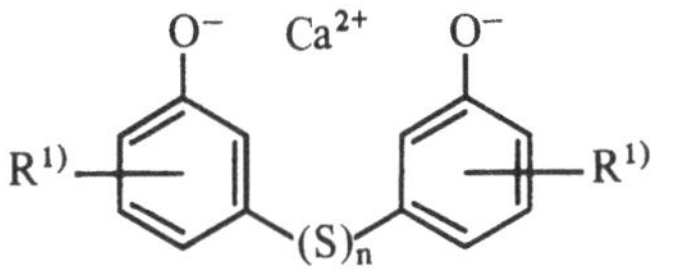

Alkylphenolat (schwefelhaltig)

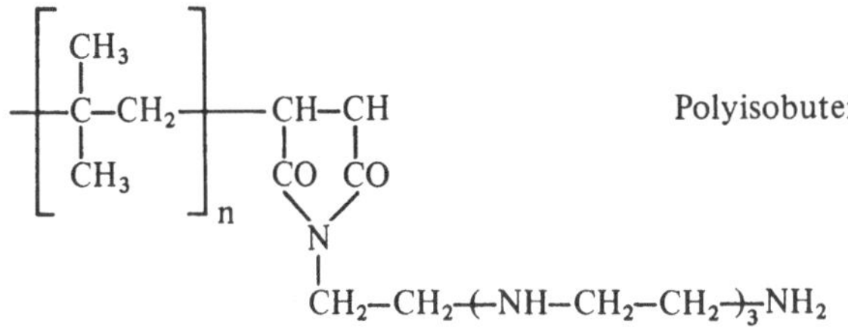

Polyisobutensuccinimid

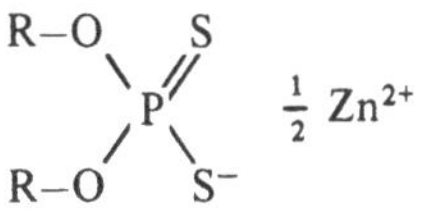

Zinkdialkyldithiophosphat

Abb. 15.7 Beispiele für Motorenöladditives
[1] die Stellung der Alkylgruppe am Benzolring ist nicht definiert

Weitere wichtige Bestandteile von Motorenölen sind die **Zinkdialkyldithiophos-phate,** die gleichzeitig als Antioxidantien ($\rightarrow$14.3.), Korrosionsinhibitoren ($\rightarrow$17.4.) und verschleißmindernde Hochdruckzusätze wirken. **Hochdruckzusätze (EP-Additives,** von engl. extreme pressure) sollen einen starken Verschleiß oder gar das „Fressen" verhindern, wenn es bei hohen Flächenpressungen zur Mischreibung kommt. Zinkdithiophosphate werden bei niedriger Temperatur an der Metalloberfläche adsorbiert. Wird der Schmierfilm stellenweise durchbrochen, kommt es durch verstärkte Reibung zur Temperaturerhöhung. Die adsorbierten Zinkdithiophosphate zersetzen sich dann und bilden gleitfähige Oberflächenschichten aus Zinksulfiden und -phosphaten, die in der Lage sind, die Last aufzunehmen.

Hydrauliköle dienen in erster Linie der hydrostatischen Kraftübertragung, sie haben darüber hinaus aber auch für Schmierung, Wärmeabfuhr und Korrosionsschutz zu sorgen. Für die meisten Anwendungen werden paraffinbasische Solventraffinate mit geeigneter Viskosität und ausreichend tiefem Pourpoint verwendet. Für den Einsatz in mobilen Hydrauliken, deren gleichmäßige Funktion auch bei schwankenden Temperaturen gewährleistet sein muß, wird die Temperaturabhängigkeit der Viskosität durch den Zusatz von VI-Verbesserern herabgesetzt (Hoch-VI-Hydrauliköle). Die am häufigsten verwendeten Additives sind Zinkdithiophosphate, die wie bei Motorenölen als Oxidationsinhibitoren, Korrosionsinhibitoren und EP-Additives wirken. Eine hohe Oxidationsbeständigkeit ist wichtig, denn bei der Autoxidation bilden sich korrosive Säuren und Ablagerungen, die enge Öffnungen im Ölkreislauf und Filter verstopfen können. Ein weiteres Qualitätsmerkmal für Hydrauliköle ist das Luftabscheidevermögen. Luft, die durch ungenügende Entlüftung oder Undichtigkeiten der Anlage mit dem Öl in Berührung kommt und in diesem dispergiert wird, erhöht die Kompressibilität des Öles, beschleunigt die Öloxidation und kann an Pumpen und Ventilen zu Kavitation führen. Durch die Kompression von Luft kommt es außerdem zu unerwünschter Temperaturerhöhung. Das Luftabscheidevermögen verschlechtert sich mit zunehmender Ölviskosität. Es verschlechtert sich außerdem im Laufe des Betriebs infolge Öloxidation und Anreicherung von Verunreinigungen (z. B. durch Silicone).

Kühlschmierstoffe (Metallbearbeitungsöle) werden beim Trennen und Umformen von Werkstoffen zum Kühlen und Schmieren eingesetzt. Bei spanenden Fertigungsverfahren haben sie außerdem die Aufgabe, die gebildeten Späne abzutransportieren. Steht die Schmierung im Vordergrund, werden nichtwassermischbare Kühlschmierstoffe verwendet (z. B. Schneidöle für Automatenarbeiten, Honöle), liegt der Schwerpunkt wie bei Dreh-, Fräs- und Gewindeschneidarbeiten beim Kühlen, werden wassermischbare Kühlschmierstoffe bevorzugt. Mineralölhaltige wassermischbare Kühlschmierstoffe liegen im Anwendungszustand meist als Öl-in-Wasser-Emulsionen vor, sie enthalten deshalb anionische oder nichtionische Emulgatoren (→ 13.). Die häufig verwendeten Sulfonate tragen gleichzeitig zum Korrosionsschutz bei. Besonders hohe Anforderungen werden an das Hochdruckverhalten gestellt, die von Zinkdithiophosphaten nicht erfüllt werden können. Bevorzugte **EP-Additives** für wassermischbare Kühlschmierstoffe sind langkettige Alkane, deren H-Atome zum Teil durch Chlor ersetzt sind (Chlorgehalt: 40 bis 70%). Bei thermischer Belastung im Mischreibungsgebiet reagieren die Chlorparaffine mit der Stahloberfläche unter Bildung von gleitfähigen Reaktionsschichten aus Eisenchlorid. Zusätze von pflanzlichen Fettölen (z. B. Palmöl, Sojaöl) werden an der Metalloberfläche adsorbiert und begünstigen den Aufbau des Schmierfilms bei niedriger Temperatur. Wäßrige Anwendungsformen von Kühlschmierstoffen werden leicht von Mikroorganismen (Bakterien, Hefen, Pilze) befallen, die ihre Gebrauchseigenschaften beeinträchtigen und zu Hautinfektionen führen können. Wassermischbaren Kühlschmierstoffen werden deshalb Formaldehydabspalter oder Phenole als **Mikrobizide** zugesetzt.

Schmierfette enthalten außer einem Grundöl immer einen **Eindicker** in dispergierter, meist faseriger Form, der das Schmierfett zu einem konsistenten Stoff macht, der nicht aus der Schmierstelle heraustropft. Eindicker sind meistens Metallseifen, in einigen Fällen auch andere Stoffe (z. B. hydrophobierte Kieselsäuren oder Bentonite). Schmierfette werden nach der Eindringtiefe eines genormten Kegels (Walkpenetration) in NLGL-Konsistenzklassen[1] eingeteilt, z. B. 000 = sehr weich, ähnlich sehr dickem Öl; 2 = salbenartig; 6 = sehr fest, wie Seife. Die maximale Einsatztemperatur ist bei den meisten Schmierfetten durch die Temperatur gegeben, bei der sich die Seife im Grundöl löst (**Tropfpunkt**). Einfache Metallseifenfette, die aus 75 bis 96% mineralischem Grundöl, 4 bis 20% Seife und bis zu 5% Additives bestehen, sind die wichtigsten Schmierfette. Sie werden nach dem Kation der Seife benannt. **Lithiumfette** enthalten Lithiumseifen, die durch Umsetzung von Fettsäuren (z. B. Stearinsäure) mit Lithiumhydroxid hergestellt werden. Sie haben wegen ihres hohen Tropfpunktes und ihrer guten Wasserbeständigkeit die größte technische Bedeutung. **Kalkfette** sind die preisgünstigeren Produkte. **Komplexfette** enthalten Seifen aus langkettigen und kurzkettigen Carbonsäuren. Besonders Aluminium-Komplexfette zeichnen sich durch sehr hohe Tropfpunkte aus. Synthetische Schmierfette enthalten vorzugsweise Polyalphaolefine oder Ester als Grundöle. Infolge der hohen Oxidationsbeständigkeit und des niedrigen Pourpoints der Syntheseöle sind sie als Hochtemperaturschmierfette (Anwendungstemperatur: 150 bis 200 °C) und Tieftemperaturschmierfette (Anwendungstemperatur: − 50 bis unter − 70 °C) gleichermaßen geeignet.

15.4. Eigenschaften und Anwendung von Bitumen

Bitumen ist ein kolloides System, das hochsiedende Öle (Maltene) als Dispergiermittel und **Erdölharze** sowie **Asphaltene** als disperse Phase enthält (→ 1.1.). Die Teilchen der dispersen Phase sind Micellen (→ 13.), die aus Molekülen mit ungesättigten und gesättigten Ringen und polaren Gruppen aufgebaut sind. Die polaren Gruppen sind in das Innere der Micelle gerichtet, die Kohlenwasserstoffgruppen zeigen nach außen. Erdölharze werden durch Assoziation der Moleküle hochmolekularer Erdölverbindungen gebildet und stehen mit diesen im Gleichgewicht. In ihnen sind basische Stickstoffverbindungen angereichert, Erdölharze sind deshalb kationenaktiv. Während die Durchmesser der Erdölharz-Micellen nur wenige Nanometer betragen, reichen die von Asphalten-Micellen bis zu etwa 30 nm. Die im isolierten Zustand harten und spröden Asphaltene sind komplizierter aufgebaut. Sie enthalten sauerstoff- und schwefelhaltige saure Gruppen und sind deshalb anionenaktiv. Außerdem haben sie anorganische Salze (z. B. Natriumchlorid) eingeschlossen. Beim Bitumenblasen werden Erdölharze in Asphaltene umgewandelt.

---

[1] National Lubrication Grease Institute

Bitumen ist eine hochviskose Flüssigkeit – genauer, ein disperses System – deren Fließverhalten aus ihrem kolloiden Aufbau resultiert. Je mehr Ölbestandteile bei der Vakuumdestillation abgetrennt werden, um so höher wird die Konzentration der Erdölkolloide im Destillationsrückstand. Da mit der Kolloidkonzentration die Wechselwirkungen zwischen den polaren Molekülen zunehmen, wird das Bitumen härter. Ein Maß für die Härte von Bitumen ist die **Penetration.** Sie ist definiert als die Anzahl der Zehntelmillimeter, um die eine mit 100 g belastete Nadel bei 25 °C in 5 Sekunden in das Bitumen eindringt. Destillationsbitumen werden nach ihrer Penetration bezeichnet. B 200 ist z. B. ein weiches, B 25 ein hartes Bitumen.

Bitumen zeigt thermoplastisches Verhalten. Beim Erwärmen wird es erst knetbar, dann zähflüssig und schließlich dünnflüssig. Der **Erweichungspunkt Ring und Kugel** ist die Temperatur, bei der eine Bitumenschicht unter genormten Bedingungen unter dem Gewicht einer Stahlkugel eine definierte Verformung erleidet. Oberhalb des Erweichungspunktes verhält sich Bitumen weitgehend wie eine Newtonsche Flüssigkeit. Die Temperaturabhängigkeit der Viskosität erhöht sich mit zunehmendem Gehalt an Erdölharzen. Die Abweichungen vom Newtonschen Verhalten vergrößern sich, wenn die Temperatur sinkt und der Asphaltengehalt steigt. Bitumen nimmt dann ein **viskoelastisches Verhalten** an, d. h. bei Einwirkung einer Schubspannung tritt nicht nur ein Fließen, sondern auch eine elastische Verformung auf. Das Verhältnis von viskosem zu elastischem Verformungsanteil ist zeitabhängig. Bei sehr kurzfristigen Belastungen, wie sie z. B. bei schnellem Straßenverkehr auf Asphalt einwirken, überwiegt der elastische Anteil. Bei längeren Belastungszeiten, wie sie z. B. für das Anfahren und Bremsen an Kreuzungen typisch sind, überwiegt der viskose Anteil, der zu bleibenden Verformungen führt.

Gute **Haftungseigenschaften** erhält Bitumen durch Erdölharze, die in reiner Form nahezu alle Festkörperoberflächen benetzen, wobei die Randwinkel kleiner als 10° sind. Die Haftung an silicatischen Mineralstoffen wird durch die basischen Gruppen der Erdölharze begünstigt. Asphaltene zeigen extrem schlechtes Benetzungsverhalten.

Als hydrophober Stoff, dessen Moleküle durch Dispersionskräfte oder schwache Richtkräfte zusammengehalten werden, wird Bitumen von Wasser oder wäßrigen Lösungen von Salzen (z. B. Tausalze) und Säuren nicht gelöst. Unbeständig ist Bitumen gegenüber Mineralölen, Benzin und apolaren Lösemitteln. Hochkonzentrierte Schwefel- und Salpetersäure gehen Substitutionsreaktionen mit aromatischen Ringsystemen ein und greifen deshalb Bitumen an.

Wie Funde zeigen, ist in Mesopotamien Bitumen bereits in prähistorischer Zeit zum Kleben, Abdichten und als Bindemittel für Mörtel verwendet worden. Der weitaus größte Teil der Bitumenproduktion wird heute zu Asphaltmischgut für den Straßenbau verarbeitet. **Asphaltmischgut** wird aus Mineralstoffen und Bitu-

men hergestellt, die dabei eine grenzflächenaktive Verbindung miteinander eingehen. Enthält das Mischgut noch Hohlräume, so daß es nach dem Einbau verdichtet werden muß, spricht man von Walzasphalt. Gußasphalt hat einen Bitumen-
überschuß und ist hohlraumfrei. Bei der industriellen Verwendung von Bitumen
steht die Herstellung von Dach- und Dichtungsbahnen an erster Stelle.

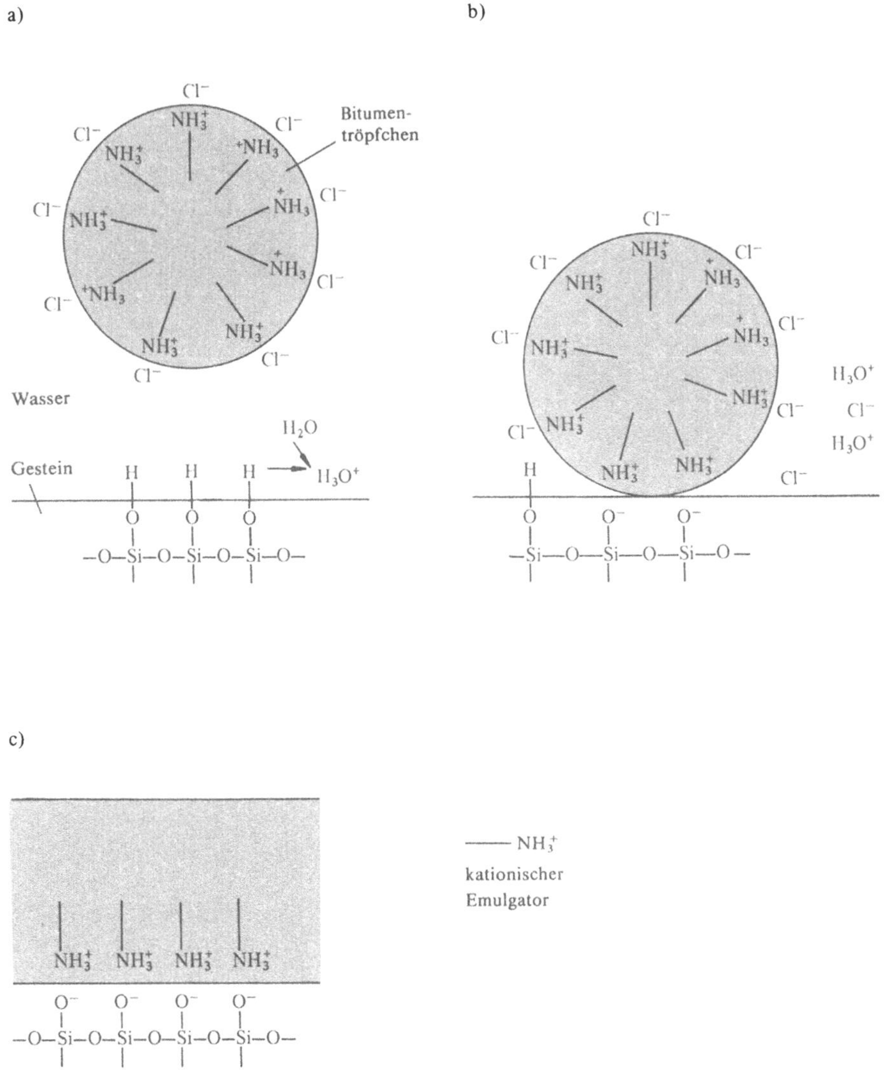

Abb. 15.8 Brechen einer kationischen Bitumenemulsion an quarzhaltigem Gestein

Bitumenemulsionen werden durch intensives Mischen von Destillationsbitumen und Wasser in Gegenwart von Emulgatoren hergestellt. Sie sind so dünnflüssig, daß sie auch in der Kälte verarbeitet werden können. Der Wasseranteil bewirkt, daß selbst feuchte Mineralstoffe gut benetzbar sind. Im Straßenbau werden Bitumenemulsionen vor allem für Oberflächenbehandlungen und Unterhaltungsarbeiten verwendet. Nach der Art des Emulgators wird zwischen kationischen und anionischen Bitumenemulsionen unterschieden (→13.). Als kationische Emulgatoren haben z. B. Chloride von Fettaminen und Imidazolinen, als anionische, Alkalisalze von Fettsäuren und Harzsäuren Bedeutung. Nach der Verarbeitung muß die Emulsion zerfallen (brechen), damit die Bitumentröpfchen an die Gesteinsoberfläche angelagert werden können. Der Brechvorgang wird durch die Art des Emulgators sowie durch den Mineral- und Kornaufbau der Gesteine beeinflußt. Abb. 15.8 zeigt schematisch das Brechen einer kationischen Bitumenemulsion an quarzhaltigem Gestein.

16. Polymere

16.1. Bildungsreaktionen und Struktur

Polymere sind überwiegend organische Stoffe mit molaren Massen von über
10 000 g mol^{-1}, deren sehr große Moleküle (**Makromoleküle**) nach einem relativ
einfachen Bauprinzip aus ständig wiederkehrenden Struktureinheiten zusammengesetzt sind. Ist die molare Masse kleiner als 10 000 g mol^{-1}, spricht man von
Oligomeren. Homopolymere bestehen aus gleichen, **Copolymere** aus mindestens
zwei verschiedenen Struktureinheiten. Je nach Anordnung der Struktureinheiten
innerhalb des Makromoleküls wird zwischen alternierenden Copolymeren, stati-
stischen Copolymeren, Blockcopolymeren und Pfropfcopolymeren unterschieden
(Abb. 16.1). Polymere können über eine der folgenden „Polyreaktionen" aus niedermolekularen Bausteinen (**Monomeren**) synthetisiert werden. Da die Entropie
beim Aufbau von Makromolekülen abnimmt, müssen Synthesereaktionen für Polymere exotherm sein ($\rightarrow$5.1.).

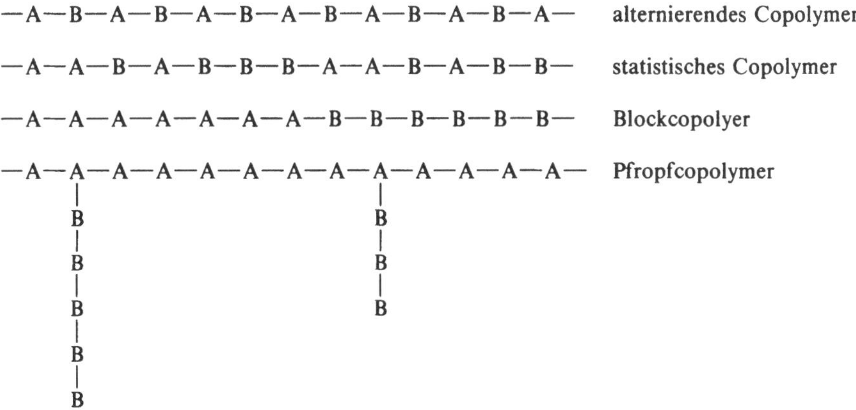

Abb. 16.1 Aufbau von Copolymeren aus den Struktureinheiten A und B

Polymerisation: Bei diesem Reaktionstyp werden die ungesättigten, meist mit einer Doppelbindung ausgestatteten Moleküle der Monomeren in sehr schneller
Folge an Radikale ($\rightarrow$14.2.) oder Ionen addiert. Die besonders wichtige radikalische Polymerisation wird dadurch gestartet, daß durch Erhitzen, durch Einwirkung energiereicher Strahlung oder durch Zusatz von Initiatoren Radikale gebildet werden. **Initiatoren** sind Peroxide oder andere Stoffe, die beim Erwärmen

sehr leicht in Radikale zerfallen. Die Reaktionsgleichung ist für das Beispiel Dibenzoylperoxid

oder verkürzt

$$I \longrightarrow 2R{-}O\cdot$$

Auf den Kettenstart folgt die eigentliche Polymerisationsreaktion, die z. B. bei Vinylchlorid zu Polyvinylchlorid führt:

Aus den Gleichungen ist ersichtlich, daß die Doppelbindung des Monomeren bei der Polymerisation verlorengeht. Die Produkte der Polymerisation werden als **Polymerisate** bezeichnet. Die ersten Kunststoffe, die durch Polymerisation produziert wurden, sind Polymethylmethacrylat (1928) und Polystyrol (1930).

Polykondensation: Die Verknüpfung der Monomeren erfolgt bei diesem Reaktionstyp unter Abspaltung von Wasser, Methanol oder anderen niedermolekularen Verbindungen. Damit eine Polykondensation ablaufen kann, müssen die Moleküle der Monomeren je zwei funktionelle Gruppen tragen, die zur Reaktion mit funktionellen Gruppen der gleichen oder einer anderen Monomerenart befähigt sind. Die polymeren Produkte werden als **Polykondensate** bezeichnet. Ein Beispiel ist die Reaktion von Ethylenglykol mit Terephthalsäuredimethylester zu dem Polyester **Polyethylenterephthalat**, PET, der vor allem für die Herstellung von Synthesefasern verwendet wird, der sich wegen seiner geringen Durchlässigkeit für Kohlendioxid aber auch als Material für Getränkeflaschen eignet:

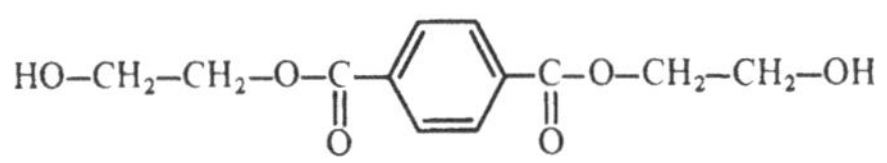

$$HO-CH_2-CH_2-O-\underset{O}{\overset{O}{C}}-\langle C_6H_4 \rangle-\underset{O}{\overset{O}{C}}-O-CH_2-CH_2-OH$$

usw.

Die erste technische Anwendung der Polykondensation war die Herstellung von Phenoplasten (Bakelite) im Jahre 1909.

Polyaddition: Bei dieser Art von Polyreaktion werden polare Gruppen eines Monomeren, meist OH-Gruppen, unter Aufhebung einer Mehrfachbindung oder Spaltung eines Molekülringes an ein anderes Monomeres angelagert. Im Gegensatz zur Polykondensation entstehen dabei keine niedermolekularen Nebenprodukte. Die durch Polyaddition erzeugten Produkte heißen **Polyaddukte.** Das Reaktionsprinzip wurde 1937 von O. Bayer zur Herstellung von **Polyurethanen** aus mehrwertigen Alkoholen und mehrwertigen, durch die funktionelle Gruppe $-N{=}C{=}O$ charakterisierten Isocyanaten eingeführt. Die Herstellung eines Polyurethans aus einem Polyalkylenglykol ($\rightarrow 15.2.$) und 2,4-Diisocyanato-toluol (Toluylendiisocyanat) kann durch die folgende Reaktionsgleichung wiedergegeben werden:

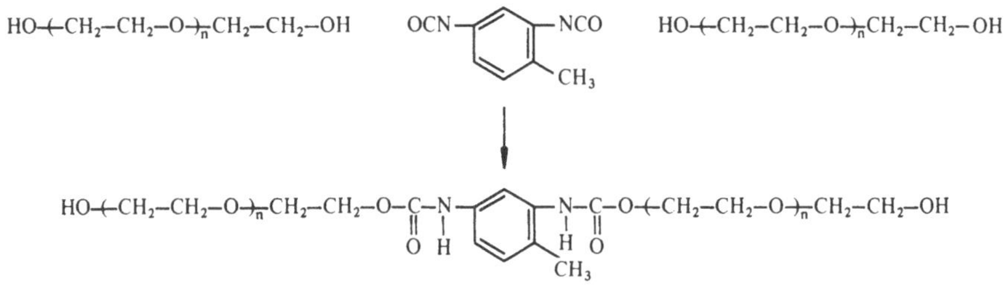

$$HO{+}CH_2{-}CH_2{-}O{+}_n CH_2{-}CH_2{-}OH \qquad OCN{-}\langle\rangle{-}NCO \qquad HO{+}CH_2{-}CH_2{-}O{+}_n CH_2{-}CH_2{-}OH$$

$$HO{+}CH_2{-}CH_2{-}O{+}_n CH_2{-}CH_2{-}O{-}\underset{O\ \ H}{\overset{O}{C}}{-}N{-}\langle\rangle{-}N{-}\underset{H\ \ O}{C}{-}O{+}CH_2{-}CH_2{-}O{+}_n CH_2{-}CH_2{-}OH$$

usw.

Eine weitere Möglichkeit der Herstellung technisch nutzbarer Polymerer ist die Modifizierung von natürlichen Polymeren. Besondere Bedeutung hat dabei das Polysaccharid **Cellulose,** das als Gerüstsubstanz von Pflanzen in der Natur weit verbreitet ist und das bevorzugt aus den kurzen, zum Verspinnen nicht geeigneten Haaren von Baumwollsamen, den Linters, gewonnen wird. Cellulosemoleküle sind aus 250 bis 14000 Glucoseeinheiten nach folgendem Prinzip aufgebaut:

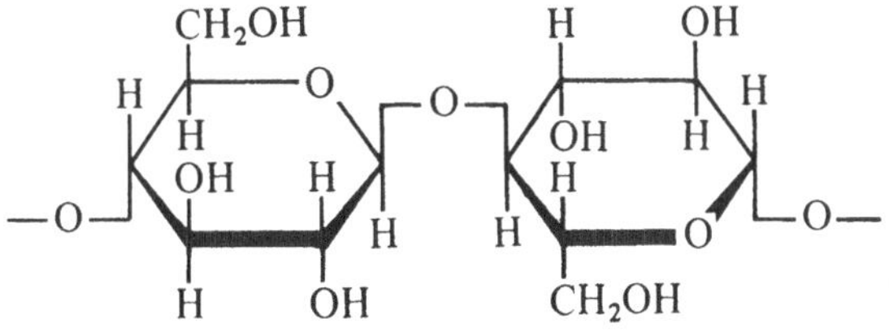

Die einzelnen Molekülketten sind durch Wasserstoffbrücken miteinander verknüpft. Um die alkoholischen Hydroxylgruppen für chemische Reaktionen zugänglich zu machen, müssen die Wasserstoffbrücken zunächst gespalten werden. Bei der Herstellung von **Celluloseethern** geschieht das durch Behandlung mit Natronlauge:

$$\text{Cell}-\overline{\text{O}}|\cdots\text{H}-\overline{\text{O}}-\text{Cell} + \text{Na}^+ + \text{OH}^- \longrightarrow$$
$$\phantom{\text{Cell}-\overline{\text{O}}}|$$
$$\phantom{\text{Cell}-\overline{\text{O}}}\text{H}$$

$$\text{Cell}-\overline{\text{O}} \longrightarrow \text{Na}^+ + \text{OH}^- + \text{H}-\overline{\text{O}}-\text{Cell}$$
$$\phantom{\text{Cell}-\overline{\text{O}}}|$$
$$\phantom{\text{Cell}-\overline{\text{O}}}\text{H}$$

Die gebildete Natroncellulose läßt sich durch Reaktion mit Chloralkanen oder mit dem Natriumsalz der Monochloressigsäure nach dem folgenden Reaktionsschema in Celluloseether überführen:

$$\text{Cell}-\overline{\text{O}} \longrightarrow \text{Na}^+ + \text{OH}^- + \text{Cl}-\text{R} \longrightarrow \text{Cell}-\text{O}-\text{R} + \text{NaCl} + \text{H}_2\text{O}$$
$$\phantom{\text{Cell}-\overline{\text{O}}}|$$
$$\phantom{\text{Cell}-\overline{\text{O}}}\text{H}$$

Wichtige Celluloseether sind **Methylcellulose**, MC ($R = -CH_3$), **Ethylcellulose,** EC ($R = -C_2H_5$), **Hydroxyethylcellulose**, HEC ($R = -CH_2-CH_2-OH$) und **Natriumcarboxymethylcellulose**, CMC ($R = -CH_2-COONa$). Die Verbindungen sind weiße, geruch- und geschmacklose Pulver, die mit Wasser quellen oder kolloiddisperse Systeme bilden. Sie finden in einer Vielzahl von technischen Produkten (z. B. Farben, Putze, Waschmittel) als Dispergiermittel, Verdickungsmittel oder Bindemittel für Wasser Verwendung.

Bei **Celluloseestern** sind Hydroxylgruppen der Cellulose mit Säuren verestert. Zur Herstellung von **Celluloseacetat, CA**, wird Cellulose in wasserfreier Essigsäure oder Dichlorethan unter der katalytischen Wirkung von Schwefelsäure mit Essigsäureanhydrid umgesetzt:

$$\text{Cell}(\text{OH})_3 + 3\,(\text{CH}_3\text{CO})_2\text{O} \longrightarrow \text{Cell}(\text{OCOCH}_3)_3 + 3\,\text{CH}_3\text{COOH}$$

Das entstehende Triacetat (Primäracetat) wird anschließend partiell hydrolysiert, so daß ein in Aceton lösliches Sekundäracetat entsteht, das im Mittel 2,5 Acetatgruppen je Glucoseeinheit enthält. Celluloseacetat wird zu Acetatfasern versponnen, die z. B. zur Herstellung von Zigarettenfiltern verwendet werden. Celluloseacetat und Mischester wie Celluloseacetobutyrat sind transparente Kunststoffe mit hoher Zähigkeit, die mechanische Spannungen durch Fließen ausgleichen und die deshalb besonders zum Umspritzen von Metallteilen (z. B. bei Brillengestellen und Werkzeuggriffen) geeignet sind. Celluloseacetatmembranen finden bei der Reversosmose Verwendung.

Natürliche Polymere, die Hauptbestandteile bestimmter Bakterienstämme sind (z. B. Alcaligenes eutrophus) und deshalb biotechnologisch gewonnen werden können, sind **Polyhydroxybuttersäure,** PHB, und die davon abgeleiteten Copolymere. Der Vorteil dieser natürlichen Polyester ist die biologische Abbaubarkeit. Ein Copolymer, dessen Molekülketten aus Einheiten der

$$
\begin{array}{ll}
\text{Hydroxybuttersäure} & \begin{array}{c} CH_3 \\ | \\ HO-CH-CH_2-COOH \end{array} \\[2em]
\text{und Hydroxyvaleriansäure} & \begin{array}{c} CH_2-CH_3 \\ | \\ HO-CH-CH_2-COOH \end{array}
\end{array}
$$

aufgebaut sind, zeigt niedrigere Kristallinität als PHB und ist damit weniger steif und brüchig. Ein Strukturausschnitt aus seiner Molekülkette sieht folgendermaßen aus:

$$
\begin{array}{cc}
CH_3 & CH_2-CH_3 \\
| & | \\
-CH-CH_2-CO-O-CH & -CH_2-CO-O-
\end{array}
$$

Polymere können nicht allein durch ihre Strukturformel (Konstitution) beschrieben werden. Tragen sie Seitengruppen an der Molekülkette, wie z. B. Polypropylen oder Polyvinylchlorid, können sie sich in ihrer räumlichen Anordnung (Konfiguration) voneinander unterscheiden. Abb. 16.2 zeigt verschiedene Möglichkeiten für die Anordnung der Methylgruppen im Polypropylen. Die Seitengruppen sind bei **isotaktischen Polymeren** alle auf der gleichen Seite, bei **syndiotaktischen Polymeren** abwechselnd auf der einen und auf der anderen Seite und bei **ataktischen Polymeren** statistisch verteilt auf beiden Seiten der Molekülkette angeordnet.

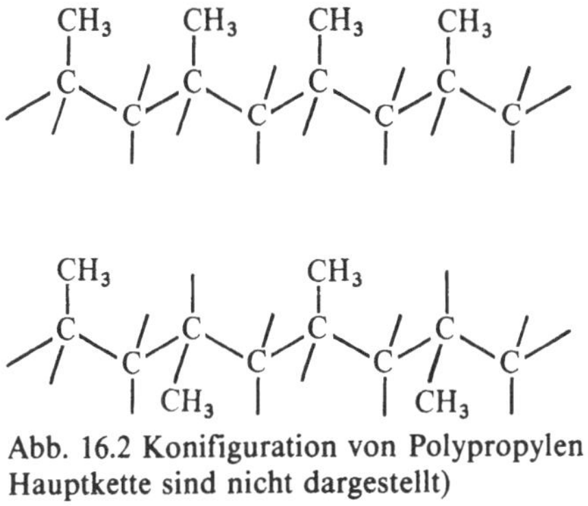

Abb. 16.2 Konifiguration von Polypropylen (die H-Atome der Hauptkette sind nicht dargestellt)

Ein weiteres wichtiges Strukturmerkmal von Polymeren ist die mittlere Kettenlänge der Makromoleküle, zu deren Charakterisierung die molare Masse oder der Polymerisationsgrad dienen kann. Der **Polymerisationsgrad** P gibt die Anzahl der Struktureinheiten in einem Makromolekül an. Man erhält ihn, indem man die molare Masse des Polymeren, in der Regel einen Mittelwert, durch die molare

Masse der Struktureinheit teilt. Mit steigendem Polymerisationsgrad nehmen die Dispersionskräfte zwischen den Makromolekülen zu ($\rightarrow$3.5.) und damit die Viskosität bzw. die Festigkeit des Polymeren. Das bedeutet, daß ein aus bestimmten Monomeren aufgebautes Polymer oder Oligomer je nach Polymerisationsgrad ölartig viskos, salbenartig weich oder hart und zäh sein kann.

Polymerwerkstoffe (**Kunststoffe**) liegen mit ihren molaren Massen zwischen 10^4 und 10^6 g mol^{-1}, wobei für die einzelnen Polymertypen meist enge Grenzen gelten. Das Optimum hängt von den geforderten Werkstoffeigenschaften und von der Verarbeitungstechnik ab. Bei ausreichend hoher Temperatur sind die Polymerketten beweglich und streben eine Knäuelform an. Das Polymer ist dann kautschukelastisch bis plastisch. Bei regelmäßiger Anordnung der Strukturelemente in der Molekülkette können Polymere kristallisieren ($\rightarrow$Abb. 1.3 und 1.4). Die Kristallisation wird allerdings durch die geringe Beweglichkeit der Moleküle erschwert, so daß meist amorphe Teilbereiche in Form von Schleifen und Windungen zwischen den geordneten Bereichen bestehenbleiben. Der Kunststoff ist dann teilkristallin. Auch wenn keine Kristallisation eintritt, vermindert sich beim Abkühlen die Kettenbeweglichkeit und damit die Verformbarkeit des Polymeren. Unterhalb der **Glastemperatur** T_g (Einfriertemperatur)[1] geht das Polymer in einen glasig-harten Zustand über. Durch sperrige Seitengruppen oder polare Bindungen (z. B. C—Cl) und die daraus resultierenden Anziehungskräfte wird die Kettenbeweglichkeit herabgesetzt und die Glastemperatur erhöht. Am stärksten wird die Beweglichkeit einer Molekülkette durch starre aromatische oder heterocyclische Kettenglieder behindert. Aus ringförmigen Kettengliedern können **hochtemperaturbeständige Kunststoffe** wie Polysulfone und Polyimide mit sehr hohen Glastemperaturen aufgebaut werden. Nachteilig ist, daß diese Polymere zum Teil nicht schmelzbar sind und deshalb auf den üblichen Kunststoffverarbeitungsmaschinen nicht verarbeitet werden können. Tab. 16.1 zeigt den Zusammenhang zwischen Struktur und Glastemperatur.

Polymere, deren Molekülketten hydrophile Seitengruppen tragen, sind wasserlöslich oder, genauer gesagt, bilden mit Wasser ein kolloiddisperses System. Dadurch kann z. B. die Viskosität von wäßrigen Phasen sehr stark erhöht werden. Ein wichtiges hydrophiles Polymer ist

Polyvinylalkohol —CH$_2$—CH—CH$_2$—CH—CH$_2$—CH—CH$_2$—CH—
                              | | | |
                             OH   OH   OH   OH

der durch Hydrolyse von Polyvinylacetat hergestellt und als Schutzkolloid (Dispergator) bei der Herstellung von Kunststoff-Dispersionen, als Basis von wäßrigen Klebstofflösungen und als Verdickungsmittel für flüssige Wasch- und Reini-

---

[1] entspricht dem Transformationspunkt in Abb. 9.6

gungsmittel verwendet wird. Polyacrylamide und Polyacrylsäuren haben bei der Wasseraufbereitung (→8.3.) und bei tertiären Erdölgewinnungsmethoden (→14.5.) Bedeutung.

Tab. 16.1 Zusammenhang zwischen Struktur und Glastemperatur von Polymeren

	Strukturausschnitt	T_g °C
Polyisobuten		-73
Polyvinylchlorid		80
Polystyrol		100
Polyphenylenoxid		230
Polyethersulfon		230
Polyimid		315

Es ist üblich, Kunststoffe nach ihrem mechanisch-thermischen Verhalten in Thermoplaste, Elastomere und Duroplaste einzuteilen.

Thermoplaste sind amorphe oder teilkristalline polymere Werkstoffe, deren Makromoleküle nicht miteinander vernetzt sind. Dadurch sind nicht nur einzelne Kettensegmente beweglich, sondern es können ganze Polymermoleküle irreversibel ihre Plätze wechseln. Die bei Raumtemperatur je nach Glastemperatur spröden oder zähelastischen Thermoplaste lassen sich durch Erwärmen in den plastischen Zustand überführen und verformen. Sie sind schmelzbar, schweißbar, quellbar und mehr oder weniger gut löslich (→Abb. 4.2).

Elastomere sind vorwiegend amorphe Polymere mit Glastemperaturen unterhalb Raumtemperatur, deren Makromoleküle weitmaschig durch chemische Bindungen vernetzt oder strukturell gleichwertig fixiert sind. Durch die weitmaschige Vernetzung wird zwar der Platzwechsel von Molekülen und damit eine plastische Verformung verhindert, die Beweglichkeit von Kettensegmenten bleibt aber erhalten, so daß elastische Formänderungen möglich sind. Elastomere sind bei Gebrauchstemperatur gummielastisch und bei tiefen Temperaturen hartelastisch. Die typische Gummielastizität ist ein Entropieeffekt (→4.1.). Bei der Dehnung des Elastomeren infolge einer Krafteinwirkung stellt sich ein Zustand höherer Ordnung ein, der, im Idealfall ohne Energieumsatz, bei Beendigung der Krafteinwirkung freiwillig in den Zustand größerer statistischer Unordnung zurückkehrt (Abb. 16.3). Elastomere schmelzen nicht und sind unlöslich, aber quellbar.

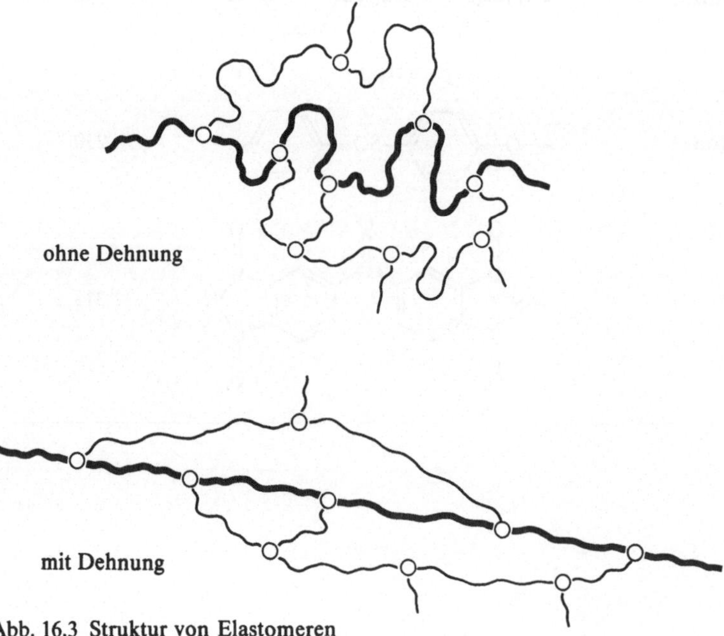

Abb. 16.3 Struktur von Elastomeren

Duroplaste (Duromere) sind amorphe oder teilkristalline polymere Werkstoffe mit Glastemperaturen bzw. Schmelztemperaturen oberhalb Raumtemperatur, deren Moleküle so engmaschig vernetzt sind, daß nur noch geringfügige Abstandsänderungen innerhalb der dreidimensionalen Struktur eintreten können. Duroplaste sind bei Raumtemperatur hart und spröde, bei höherer Temperatur mehr oder weniger zähelastisch, aber nicht plastisch verformbar. Sie sind weder schmelz- noch schweißbar, unlöslich und nur schwach quellbar.

Die wichtigsten polymeren Konstruktionswerkstoffe sind Thermoplaste, deren Molekülstruktur zur Erzielung ganz bestimmter Eigenschaften in weiten Grenzen variiert werden kann. Dabei können Produkte entstehen, die sich nicht eindeutig einer der drei Gruppen zuordnen lassen. **Thermoplastische Elastomere** sind gummielastisch, können aber bei hohen Temperaturen ohne zeitaufwendige Vulkanisation wie Thermoplaste verarbeitet werden. Diese Eigenschaft haben z. B. Blockcopolymere aus weichen, dehnbaren Segmenten mit niedriger Glastemperatur (z. B. Polybutadien) und Segmenten, die kristallisieren oder die eine hohe Glastemperatur haben (z. B. Polystyrol). Die „harten Blöcke" wirken bei Gebrauchstemperatur vernetzend, sie brechen aber bei hohen Temperaturen auf und ermöglichen dadurch die thermoplastische Verarbeitung.

Polymerlegierungen (Polymerblends) sind mehrphasige Polymergemische, bei denen die Phasen zur Stabilisierung des Systems durch chemische Bindungen, z. B. über Block- oder Pfropfcopolymere, miteinander verknüpft sind. Dadurch können sich Produkteigenschaften ergeben, die erheblich besser als die der Einzelkomponenten sind. Besondere Bedeutung haben schlagzähe Polymerlegierungen, die aus einer kompakten Polystyrol- oder Polyamid-Hartphase bestehen, in der ein Elastomer als Weichphase fein verteilt ist (Abb. 16.4). Werkstoffe dieser Art neigen unter Stoßbelastung selbst bei tiefen Temperaturen nicht zum Sprödbruch, eine Voraussetzung, die z. B. bei der Verwendung im Automobilbau erfüllt sein muß. Am längsten bekannt und auch heute noch von großer Bedeutung, sind die **ABS-Polymere**[1]. Sie bestehen aus einer harten Matrix aus Styrol-Acrylnitril-Copolymerisat, in das ein Elastomer auf Basis Polybutadien eingelagert ist. Polyphenylenoxid, PPO, besitzt zwar hohe Temperaturbeständigkeit und Steifigkeit, es ist aber nicht oxidationsbeständig und neigt in Gegenwart von Kohlenwasserstoffen (z. B. Kraftstoffen) zur Spannungsrißkorrosion. Polymerlegierungen aus Polyphenylenoxid und Polyamid haben diese Nachteile nicht. Sie sind deshalb und wegen ihrer hohen Wärmeformbeständigkeit und Zähigkeit für die Herstellung von Karosserieteilen besonders geeignet.

---

[1] ABS = Acrylnitril, Butadien, Styrol

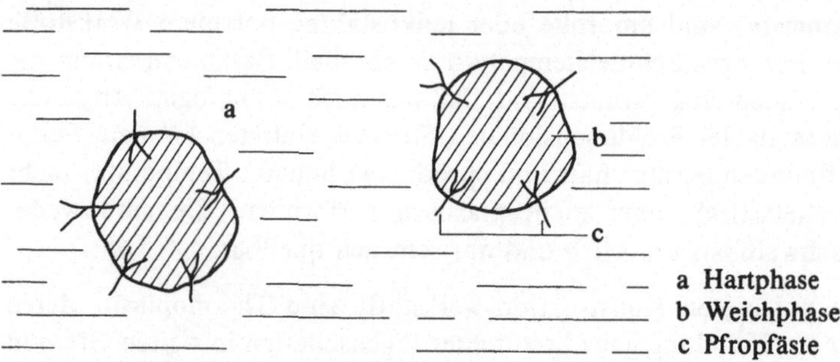

a Hartphase
b Weichphase
c Pfropfäste

Abb. 16.4 Schematischer Aufbau einer Polymerlegierung

Kunststoffen werden meistens nichtpolymere Zusätze wie Weichmacher, Stabilisatoren, Flammschutzmittel oder Pigmente zugemischt. Gefüllte Kunststoffe enthalten außerdem Füllstoffe, teils zur Verbilligung, teils zur Verbesserung der Verarbeitbarkeit oder der Verbrauchseigenschaften. Von Verstärkungsstoffen spricht man, wenn dabei die Verbesserung der mechanischen Eigenschaften im Vordergrund steht. Durch Einbetten von Glas- oder Kohlenstoffasern in eine Polymermatrix lassen sich Verbundwerkstoffe herstellen, deren Festigkeiten die von Metallen übersteigen können. **Polymerbeton** ist ein Verbundwerkstoff aus Quarzsand oder Quarzkies und polymeren Bindemitteln wie ungesättigten Polyesterharzen oder Polymethacrylatharzen. Sein Vorteil gegenüber Zementbeton beruht auf der kürzeren Erhärtungszeit und auf der höheren Festigkeit. Wegen der geringen Wasseraufnahme und hohen Chemikalienbeständigkeit ist Polymerbeton für Anwendungen in der Abwassertechnik besonders geeignet.

Organische Polymere sind in der Regel kovalente Verbindungen mit fest lokalisierten Bindungselektronen und deshalb elektrische Isolatoren ($\rightarrow$ 3.4.). In Makromolekülen mit konjugierten Doppelbindungen haben die π-Elektronen eine gewisse Beweglichkeit, die Delokalisation ist aber zu gering, um eine elektrische Leitfähigkeit zu bewirken. Im Bändermodell ($\rightarrow$ Abb. 3.10 und 3.12) heißt das, daß sich zwischen voll besetztem Valenzband und leerem Leitungsband eine zu große verbotene Zone befindet. **Metallisch leitfähige Polymere** entstehen, wenn Polymere mit konjugierten Doppelbindungen oxidiert oder reduziert werden. Bei der Oxidation werden Elektronen aus dem voll besetzten Valenzband entfernt, bei der Reduktion werden Elektronen in das leere Leitungsband eingeschleust. Metallische Leitfähigkeit zeigt z. B. **Polyacetylen,** das mit elementarem Iod oxidiert (dotiert) worden ist. Bei der Dotierung bilden sich in diesem Fall positive Ladungen in der Polymerkette, die durch eingelagerte I_3^-- und I_5^--Ionen kompensiert werden:

$$2 \, (\text{CH}=\text{CH})_n + 3\,I_2 \longrightarrow 2 \, (\text{CH}=\text{CH})_n^{+\cdot} + 2\,I_3^-$$

Die zum Teil delokalisierten – durch „·" gekennzeichneten – Ladungen bewirken die metallische Leitfähigkeit. Nachteilig ist die geringe Alterungsbeständigkeit des Polyacetylens. Bessere Langzeiteigenschaften hat

Polypyrrol

das durch elektrochemische Polymerisation von Pyrrol hergestellt wird. Die Leitfähigkeit entsteht dabei durch anodische Oxidation.

16.2. Thermoplaste

Typische thermoplastische Kunststoffe gehen beim Erwärmen zunächst in einen kautschukelastischen Zustand und schließlich in eine viskose Schmelze über. Beim Abkühlen auf Gebrauchstemperatur kehrt sich der Vorgang um, der Thermoplast wird wieder fest und formstabil. Durch dieses Verhalten wird die Herstellung von Folien, Tafeln, Profilen, Rohren und anderen Halbzeugen durch Extrudieren und von komplizierteren Formteilen durch Spritzgießen oder Blasformen ermöglicht. Die leichte Verarbeitbarkeit erklärt die dominierende Stellung der Thermoplaste. Zu ihnen gehören die **Standardkunststoffe** Polyethylen, Polypropylen, Polystyrol und Polyvinylchlorid, die den größten Anteil an der Kunststoffproduktion haben.

Polyethylen niedriger Dichte, LDPE[1], ist bei Raumtemperatur zäh-weich und hat eine Dichte von 918 bis 935 kg m^{-3}. Es besteht aus stark verzweigten Makromolekülen, die nur in geringem Maße zur Kristallisation befähigt sind. Der kristalline Anteil beträgt 30 bis 50%, die Kristallitschmelztemperatur liegt bei 111 °C. Bei der Hochdrucksynthese wird Ethylen unter einem Druck von 1400 bis 3500 bar zur Polymerisation gebracht. An die durch Sauerstoff oder Peroxide gebildeten Radikale werden dabei Ethylenmoleküle nach folgendem Muster angelagert:

$$R-O\cdot + CH_2{=}CH_2 \longrightarrow R-O-CH_2-CH_2\cdot$$

$$R-O-CH_2-CH_2\cdot + CH_2{=}CH_2 \longrightarrow$$

$$R-O-CH_2-CH_2-CH_2-CH_2\cdot \quad \text{usw.}$$

---

[1] engl. Low Density Polyethylene

Die hohe Reaktionstemperatur von 150 bis 350°C begünstigt Kettenübertragungsreaktionen, z. B.

$$R_1{-}CH_2{-}CH_2{\cdot} + R_1{-}CH_2{-}CH_2{-}R_3 \longrightarrow$$

$$R_1{-}CH_2{-}CH_3 + R_2{-}\overset{\cdot}{C}H{-}CH_2{-}R_3$$

die zu Kettenverzweigungen führen, z. B.

$$R_2{-}\overset{\cdot}{C}H{-}CH_2{-}R_3 + CH_2{=}CH_2 \longrightarrow R_2{-}\underset{\underset{CH_2{-}CH_2\cdot}{|}}{C}H{-}CH_2{-}R_3 \quad \text{usw.}$$

Das gebildete Polyethylen löst sich im monomeren Ethylen, das unter dem hohen Reaktionsdruck flüssigkeitsähnliches Verhalten zeigt. Durch Druckerniedrigung läßt sich das Polymerisat abscheiden.

LDPE wird überwiegend zu Folien (z. B. für Säcke, Tragetaschen und zum Kaschieren) verarbeitet. Durch Vernetzung mit Peroxiden oder durch energiereiche Strahlung läßt sich die Schmelztemperatur erhöhen. Bei der Vernetzung bilden sich zunächst Radikale, mit Elektronenstrahlen z. B. nach

$$-CH_2{-}\underset{\underset{H}{|}}{C}H{-}CH_2{-}CH_2{-} \qquad\qquad -CH_2{-}\overset{\bullet}{C}H{-}CH_2{-}CH_2{-} \qquad H\bullet$$

$$\xrightarrow{\;e^-\;} \qquad\qquad +$$

$$-CH_2{-}\underset{\underset{}{|}}{\overset{\overset{H}{|}}{C}}H{-}CH_2{-}CH_2{-} \qquad\qquad -CH_2{-}\overset{\bullet}{C}H{-}CH_2{-}CH_2{-} \qquad H\bullet$$

die unter Verknüpfung von Molekülketten rekombinieren:

$$\longrightarrow \quad \underset{\underset{-CH_2{-}CH{-}CH_2{-}CH_2{-}}{|}}{\overset{\overset{-CH_2{-}CH{-}CH_2{-}CH_2{-}}{|}}{}} \quad + \; H_2$$

Vernetztes LDPE hat vor allem als Isolierstoff für Energiekabel Bedeutung.

Die höhere Dichte (940 bis 965 kg m^{-3}) und Kristallinität (60 bis 80%) von **Polyethylen hoher Dichte, HDPE**[1], ist auf unverzweigte Molekülketten zurückzuführen. HDPE wurde erstmalig 1953 von K. Ziegler durch katalytische Niederdruckpolymerisation hergestellt. Als Katalysator diente feinteiliges Titan(III)-chlorid, das bei der Reaktion von Titan(IV)-Verbindungen mit aluminiumorganischen Verbindungen gebildet wurde. Heute haben hochaktive Katalysatoren aus Titan-

---

[1] engl. High Density Polyethylene

und Magnesiumverbindungen (**Ziegler-Natta-Katalysatoren**) oder Chromverbindungen und Kieselgel (Phillips-Katalysator) Bedeutung. Der komplizierte Reaktionsmechanismus ist nicht vollständig aufgeklärt, als gesichert gilt aber, daß das Ethylen mit seinen π-Elektronen zu den unbesetzten d-Atomorbitalen der katalytisch wirksamen Übergangsmetalle Titan oder Chrom Bindungen ausbildet. Dadurch wird die Bindung zwischen dem Metallatom und der chemisorbierten Polymerkette geschwächt und ein Einschieben des C_2H_4-Bausteins ermöglicht. Aus dem in Abb. 16.5 dargestellten Ablauf folgt, daß sich nur unverzweigte Molekülketten bilden können. Die Polymerisation kann bei 5 bis 40 bar und 60 bis 90 °C in der Gasphase oder, in Gegenwart von flüssigen Kohlenwasserstoffen wie Hexan und Benzin, in Suspension durchgeführt werden. Das Polyethylen fällt dabei in Pulverform an. Bei der höheren Temperatur des Lösungsverfahrens (150 bis 240 °C) bleibt das Polymerisat im flüssigen Kohlenwasserstoff gelöst.

$Me = Ti, Cr$

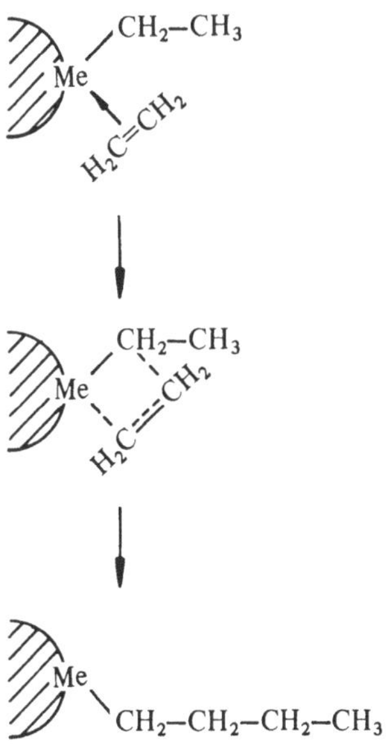

Abb. 16.5 Bildung von HDPE
an aktiven Zentren von
Übergangsmetall-Katalysatoren

HDPE ist ungewöhnlich beständig gegenüber Chemikalien, bei niedrigen Temperaturen selbst gegenüber organischen Lösemitteln. Es wird vor allem zu Verpackungsbehältern (Kanister, Flaschen, Mülltonnen), Rohren und Folien (z. B. zum Abdichten von Deponien) verarbeitet.

Bei der Copolymerisation von Ethylen mit 1-Alkenen wie Buten, Hexen oder Octen entstehen an Ziegler-Natta-Katalysatoren Polymerisate, deren Makromoleküle definierte kurze Seitenketten tragen, z. B.

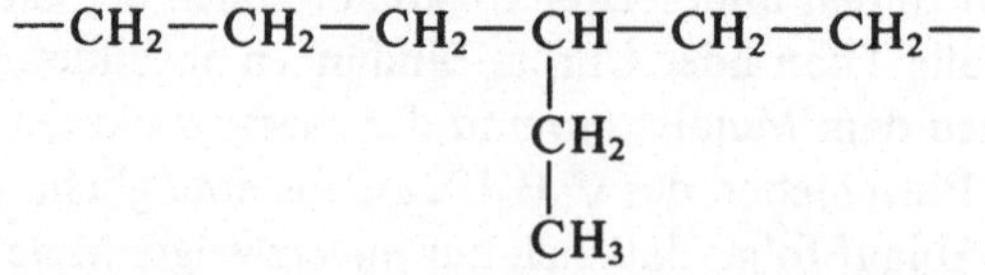

$$-CH_2-CH_2-CH_2-CH-CH_2-CH_2-$$
$$\vert$$
$$CH_2$$
$$\vert$$
$$CH_3$$

Ethylen   Buten   Ethylen

Produkte dieser Art unterscheiden sich von HDPE durch niedrigere Kristallinität und Dichte (918 bis 935 kg m^{-3}). Da ihre Makromoleküle nicht so stark und unregelmäßig verzweigt sind wie die von LDPE, werden sie als **lineares Polyethylen niedriger Dichte,** LLDPE, bezeichnet. Die Kristallitschmelztemperatur von LLDPE ist etwa 15 K höher als die von LDPE. LLDPE-Folien sind außerordentlich dehnbar und haben eine höhere Reißfestigkeit als LDPE-Folien.

Die Polymerisation von Propylen zu **Polypropylen,** PP, 1954 von G. Natta erstmalig durchgeführt, kann vereinfacht durch folgende Reaktionsgleichung wiedergegeben werden:

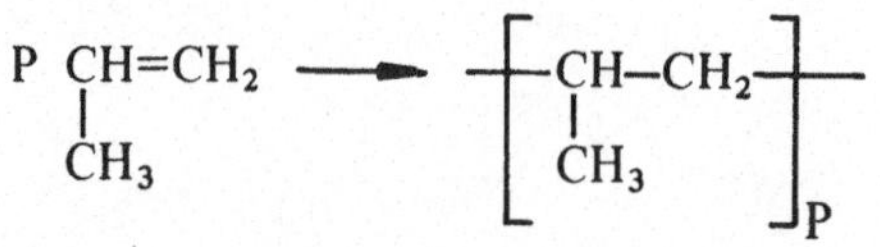

$$P\ \underset{\underset{CH_3}{\vert}}{CH{=}CH_2} \longrightarrow \left[\underset{\underset{CH_3}{\vert}}{CH{-}CH_2}\right]_P$$

An modernen Ziegler-Natta-Katalysatoren führt die Polymerisation zu linearem, weitgehend isotaktischem Polypropylen (Abb. 16.2). Die Schmelztemperatur des teilkristallinen Thermoplasten liegt je nach Anteil der isotaktischen Form zwischen 160 und 170°C. Daraus folgt die im Vergleich zum Polyethylen höhere Wärmeformbeständigkeit. Polypropylen hat mit 900 bis 910 kg m^{-3} von allen Thermoplasten die niedrigste Dichte. Es findet z. B. zur Herstellung von Teilen in der Automobilindustrie (Batteriekästen, Stoßfänger) und Medizin (Injektionsspritzen) vielfältige Anwendungen, wobei Steifigkeit und Festigkeit durch Verstärken mit Talkum, Kreide oder Textilglas verbessert werden können. Große Bedeutung hat Polypropylen als Material für Verpackungsfolien, Verpackungsbänder und strapazierfähige Textilfasern (z. B. für Bodenbeläge).

Polystyrol, PS, wird durch radikalische Polymerisation von Styrol nach der vereinfachten Reaktionsgleichung

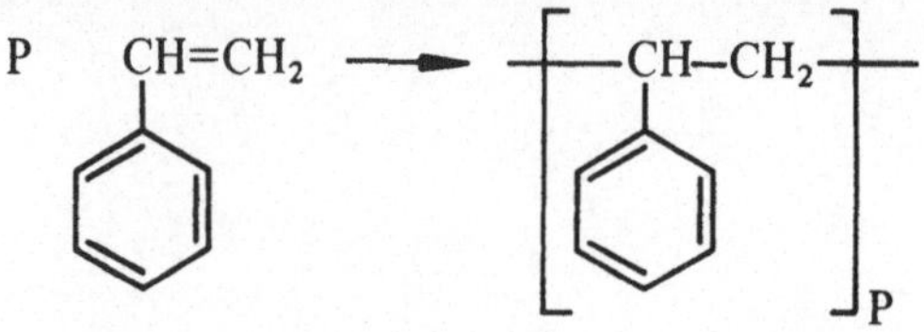

$$P\ \ CH{=}CH_2 \longrightarrow \left[CH{-}CH_2\right]_P$$

gewonnen. Bei der Massepolymerisation bleibt das Polymerisat im flüssigen Monomeren gelöst, und das Reaktionsgemisch geht im Verlauf der Polymerisation in eine zähe Schmelze über. Die Temperatur wird dabei von 80 bis 100 °C auf bis zu 220 °C gesteigert. Bei der Suspensionspolymerisation wird das Monomere in Form feiner Tröpfchen in Wasser verteilt und bei 70 bis 140 °C in Gegenwart von Initiatoren zur Reaktion gebracht. Das Polymerisat fällt in Form kleiner Perlen an.

Polystyrol besteht aus weitgehend unverzweigten ataktischen Molekülketten und ist amorph. Es ist glasklar und hat eine Dichte von 1050 kg m^{-3}.

Werden dem Monomeren bei der Suspensionspolymerisation leicht verdampfbare Treibmittel wie Pentan zugesetzt, entsteht **expandierbares Polystyrol**, EPS, dessen Partikel sich beim Wiedererwärmen zu kleinen Bläschen aufblähen, die miteinander zu Schaum-Formkörpern verschweißt werden können. Polystyrol-Partikelschaumstoff hat für Isolierzwecke in der Bauindustrie und als Verpackungsmaterial große Bedeutung.

Nachteilig ist die geringe Schlagzähigkeit von Polystyrol. Werden im Styrol-Monomeren vor der Polymerisation geringe Anteile Kautschuk (z. B. Polybutadien) gelöst, entstehen schlagzähe Polymerlegierungen, die als **schlagfestes Polystyrol** oder **kautschukmodifiziertes Polystyrol**, SB, bezeichnet werden. SB wird z. B. für Maschinenverkleidungen, Gehäuse von Elektrogeräten, Kühlschrankinnenteile und Sanitärartikel verwendet.

Der bedeutendste Standardkunststoff ist **Polyvinylchlorid**, PVC, dessen Entstehung bei der Polymerisation von Vinylchlorid bereits 1838 von V. Regnault beschrieben wurde. Im industriellen Maßstab wird die Reaktion

$$P\ CH_2{=}CH{-}Cl \longrightarrow {\left[\!{-}CH_2{-}CH{-}Cl\right]}_P$$

seit 1938 durchgeführt. Bevorzugtes Verfahren ist die Suspensionspolymerisation, bei der unter Druck verflüssigtes Vinylchlorid (Siedetemperatur bei Atmosphärendruck: -13 °C) mit Hilfe von Dispergiermitteln (z. B. Celluloseethern) in Wasser emulgiert und nach Zusatz von Initiatoren bei 40 bis 80 °C polymerisiert wird. Da das Polymerisat im Monomeren so gut wie unlöslich ist, fällt es in Pulverform aus. Monomeres Vinylchlorid zählt zu den krebserzeugenden Arbeitsstoffen. Aus diesem Grund müssen nicht umgesetzte Reste durch Entgasung bei Unterdruck oder mit Wasserdampf aus dem Polymerisat entfernt und in den Prozeß zurückgeführt werden.

Polyvinylchlorid ist ein amorpher Thermoplast, dessen wenig verzweigte Makromoleküle statistisch verteilte isotaktische und syndiotaktische Sequenzen enthalten. PVC spaltet in der Wärme oder bei Lichteinwirkung leicht Chlorwasserstoff ab. Die Dehydrochlorierung beginnt bei Unregelmäßigkeiten der Molekülkette, z. B. bei Chloratomen an Kettenverzweigungsstellen

$$\underset{\underset{Cl}{\overset{\displaystyle CH_2}{|}}{|}}{-CH_2-C}-CH_2-\underset{Cl}{\overset{|}{CH}}-CH_2-\underset{Cl}{\overset{|}{CH}}- \quad \xrightarrow{-HCl} \quad \underset{\overset{\displaystyle CH_2}{|}}{-CH_2-C}=CH-\underset{Cl}{\overset{|}{CH}}-CH_2-\underset{Cl}{\overset{|}{CH}}-$$

und setzt sich unter der katalytischen Wirkung des gebildeten Chlorwasserstoffs fort, wobei zunächst gelbe und schließlich braune und schwarze Polyene gebildet werden:

$$\underset{\overset{\displaystyle CH_2}{|}}{-CH_2-C}=CH-\underset{Cl}{\overset{|}{CH}}-CH_2-\underset{Cl}{\overset{|}{CH}}- \quad \xrightarrow{-HCl} \quad \underset{\overset{\displaystyle CH_2}{|}}{-CH_2-C}=CH-CH=CH-\underset{Cl}{\overset{|}{CH}}-$$

Damit PVC in der Wärme verarbeitet werden kann, müssen ihm **Stabilisatoren** zugesetzt werden. Besonders wirksame und häufig verwendete PVC-Stabilisatoren sind Bleiverbindungen wie basisches Bleisulfat, $PbSO_4 \cdot 3\,PbO \cdot H_2O$, oder basisches Bleiphosphit, $PbHPO_3 \cdot 2\,PbO \cdot \frac{1}{2}H_2O$. Bedeutung haben außerdem organische Zinnverbindungen und, wegen ihrer toxikologischen Unbedenklichkeit besonders für Lebensmittelverpackungen, Calcium-Zink-Salze höherer Carbonsäuren.

PVC hat eine Rohdichte von 1380 bis 1400 kg m^{-3}. Enthält es außer Stabilisatoren nur Gleitmittel und gegebenenfalls noch Farbmittel und Füllstoffe, wird es als **Hart-PVC** bezeichnet. Hart-PVC hat hohe Festigkeit, Steifigkeit und Härte und ist sehr beständig gegenüber anorganischen Säuren und Basen. Es wird unter anderem zur Herstellung von Kunststoffenstern, Kabelschutzrohren und Rohrleitungen in der chemischen Industrie verwendet.

Die weichgummi- bis lederähnliche Beschaffenheit von **Weich-PVC** wird durch Einarbeiten von 15 bis 50% Weichmacher erreicht. **Weichmacher** sind meist flüssige organische Stoffe mit niedrigem Dampfdruck, die mit dem Polymeren ein formbeständiges Gel bilden. Durch die Weichmachermoleküle werden die auf C—Cl-Dipolen beruhenden Anziehungskräfte zwischen den Polymerketten an einigen Stellen stark vermindert, ohne daß der Zusammenhalt vollständig verlorengeht. Das führt zu einer Erniedrigung der Glastemperatur von 80°C auf -10 bis -30°C. Der am häufigsten verwendete PVC-Weichmacher ist Di-2-ethylhexylphthalat (Dioctylphthalat, DOP)

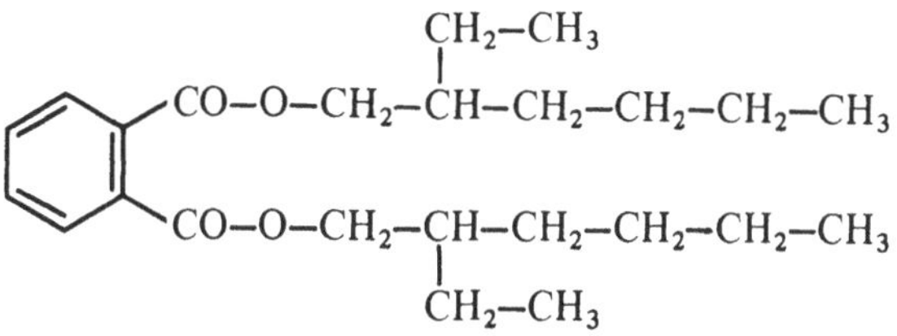

$$CO\!-\!O\!-\!CH_2\!-\!\overset{\displaystyle CH_2\!-\!CH_3}{\underset{\displaystyle CH_2\!-\!CH_3}{CH}}\!-\!CH_2\!-\!CH_2\!-\!CH_2\!-\!CH_3$$

das aus 2-Ethylhexanol und Phthalsäureanhydrid hergestellt wird. Weich-PVC dient unter anderem zur Herstellung von Folien, Schläuchen, Kabelisolierungen, Fußbodenbelägen und Kunstleder (z. B. für Autositze). PVC-Pasten mit hohem Weichmachergehalt werden als Unterbodenschutz verwendet. Die Pasten werden unter hohem Druck mit Düsen aufgetragen und anschließend bei 140 bis 200 °C eingebrannt.

Technische Kunststoffe dienen als Konstruktionswerkstoffe in den verschiedensten Bereichen der Technik, wobei je nach Anwendungszweck besondere Anforderungen an die Schlagzähigkeit, Wärmeformbeständigkeit, Maßhaltigkeit oder Lichtdurchlässigkeit gestellt werden.

Polyamide, PA, wurden unter den Bezeichnungen Nylon (W. H. Carothers, 1935) und Perlon (P. Schlack, 1938) zunächst als Synthesefasern auf den Markt gebracht. Erst in den 50er Jahren traten sie als Konstruktionswerkstoffe in Konkurrenz zu Duroplasten. Die Bildung von Polyamiden, deren gemeinsames Strukturmerkmal die Carbonsäureamidgruppe, $-CO-NH-$, ist, erfolgt in der Schmelze. Als Monomere kommen in Frage

- Aminocarbonsäuren oder deren cyclische Säureamide, die Lactame
- Diamine und Dicarbonsäuren.

Die unterschiedlichen Polyamidtypen werden durch die Anzahl der C-Atome in den Molekülen der Monomeren gekennzeichnet. Beim Aminocarbonsäure-Typ genügt eine Zahl zur Kennzeichnung, z. B. PA 6. Beim Diamin-Dicarbonsäure-Typ wird an erster Stelle die C-Zahl des Diamins und an zweiter die der Dicarbonsäure angegeben, z. B. PA 66.

Polyamid 6 bildet sich durch hydrolytische Polymerisation von Caprolactam bei 240 bis 300 °C. Das geschmolzene Lactam reagiert zunächst mit Wasser unter Ringöffnung zu 6-Aminocapronsäure

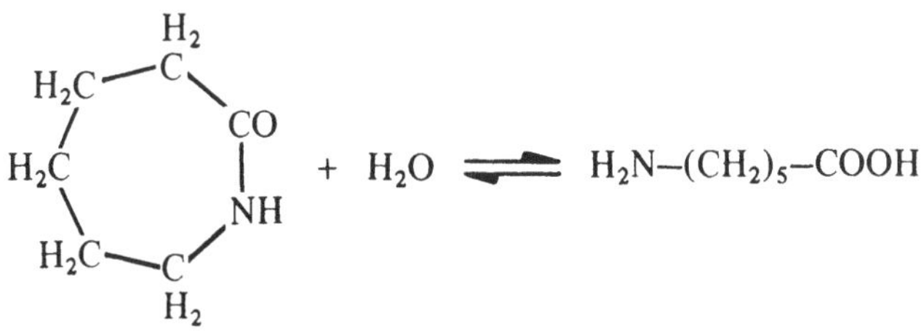

$$+ \; H_2O \;\rightleftharpoons\; H_2N\!-\!(CH_2)_5\!-\!COOH$$

die unter Rückbildung des Wassers der Polykondensation unterliegt:

$$H_2N-(CH_2)_5-COOH \;+\; H_2N-(CH_2)_5-COOH \;\rightleftharpoons$$

$$H_2N-(CH_2)_5-CO-NH-(CH_2)_5-COOH \;+\; H_2O \quad usw.$$

Daneben reagieren Polykondensate durch Polyaddition direkt mit Caprolactam:

$$H\text{-}[NH-(CH_2)_5-CO]_{n+1}OH \quad usw.$$

Auf ähnliche Weise werden

Polyamid 11, $\;H\text{-}[NH-(CH_2)_{10}-CO]_nOH$, aus 11-Aminoundecansäure

und

Polyamid 12, $\;H\text{-}[NH-(CH_2)_{11}-CO]_nOH$, aus Laurinsäurelactam

hergestellt.

Die Synthese von **Polyamid 66** erfolgt durch Polykondensation von Adipinsäure mit Hexamethylendiamin bei 215 bis 270°C unter Stickstoffatmosphäre:

$$HOOC-(CH_2)_4-COOH \;+\; H_2N-(CH_2)_6-NH_2 \;\rightleftharpoons$$

$$HOOC-(CH_2)_4-CO-NH-(CH_2)_6-NH_2 \;+\; H_2O \quad usw.$$

Ausgangsstoff für die technische Synthese ist das Salz, das sich zwischen Adipinsäure und der Base Hexamethylendiamin bildet (AH-Salz).

Der überwiegende Teil der Polyamide wird nach dem Schmelzspinnverfahren verarbeitet. Polyamidfasern finden wegen ihrer hohen Scheuerfestigkeit, Reißfestigkeit und Elastizität sowohl in der Bekleidungsindustrie (z. B. Damenstrümpfe, Sportbekleidung), als auch in technischen Bereichen (z. B. Reifen-Kord, Autositzbezüge, Netze) Verwendung. Unter den Kunststoffen haben Polyamide, vor allem PA 6 und PA 66, einen Anteil von nur 1%. Polyamide sind teilkristallin, ein hoher Kristallinitätsgrad wird durch langsames Abkühlen der Schmelze erreicht. PA 6 und PA 66 können bis zu etwa 10% Wasser aufnehmen. Die Wasseraufnahmefähigkeit von Polyamiden nimmt mit der Anzahl der C-Atome in den Monomeren und mit steigendem Kristallinitätsgrad ab. Härte, Zähigkeit und Abriebfestigkeit, die hervorstechendsten Eigenschaften der Polyamide, sind, wie auch die

Glastemperatur, vom Wassergehalt abhängig. Durch Glasfaserverstärkung und Zähmodifizierung mit Polyolefinen oder Elastomeren können Werkstoffe von hoher Bruchsicherheit erhalten werden, die z. B. zur Herstellung von Autolenkrädern sowie Gehäusen von Pumpen, Kugellagern und Kupplungen verwendet werden. Polyamide werden von Säuren angegriffen, sie sind aber außerordentlich beständig gegenüber Kohlenwasserstoffen (z. B. Kraftstoffen).

Aromatische Polyamide (**Aramide**) können zu Fasern verarbeitet werden, deren Zugfestigkeit die von Stahl um das fünffache übersteigt. Besondere Bedeutung hat das 1965 von S. Kwolek entdeckte Poly-1,4-phenylenterephthalamid (Kevlar) mit folgender Struktureinheit:

$$-NH-\langle\bigcirc\rangle-NH-CO-\langle\bigcirc\rangle-CO-$$

Wie schon in 16.1. erwähnt wurde, behindern starre aromatische Ringe in der Hauptkette die Kettenbeweglichkeit sehr stark. Das bedeutet, daß die Entropie beim Löse- oder Schmelzvorgang nur sehr wenig zunehmen kann (die starren Moleküle würden auch im gelösten oder geschmolzenen Zustand wie Baumstämme auf einem See einen Zustand hoher Ordnung einnehmen, →4.1.). Die Folge ist, daß Aramide in fast allen Lösemitteln unlöslich sind und überhaupt nicht oder erst bei sehr hohen Temperaturen schmelzen. Bei sehr hohen Solvatationsenthalpien, wie sie z. B. in Schwefelsäure auftreten, findet ein Lösen statt. Die entstehende Polymerlösung, die bei geeigneter Konzentration parallel ausgerichtete Makromoleküle (Flüssigkristalle) enthält, läßt sich zu Fasern verspinnen, in denen die Moleküle parallel zur Faserachse orientiert sind. Die Festigkeit ist dann nur durch die Stärke der chemischen Bindungen begrenzt. Aramidfasern finden für Schutzanzüge, für Reifen-Kord und, anstelle von Asbest, für Brems- und Kupplungsbeläge Verwendung.

Das wichtigste **Polycarbonat**, PC, ist der 1953 von H. Schnell entwickelte Polyester der Kohlensäure mit Bisphenol A. Das bevorzugte Syntheseverfahren beruht auf der Polykondensation von Natrium-Bisphenol A mit Phosgen:

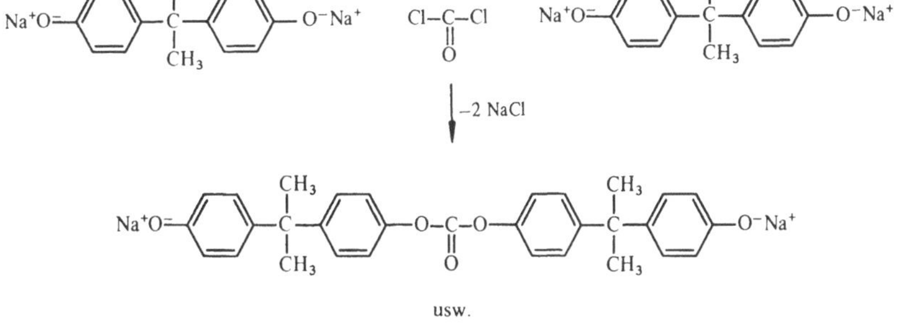

usw.

Bisphenol-A-Polycarbonat ist weitgehend amorph und hat eine Glastemperatur von 149 °C. Seine charakteristischen Eigenschaften sind Transparenz, Zähigkeit, Wärmeformbeständigkeit, hervorragend konstantes elektrisches Verhalten und Flammwidrigkeit. Es wird besonders in der Elektrotechnik (z. B. Schaltkästen, Gehäuse für Elektrozähler, Isolierfolien, Straßenleuchten), für Dachverglasungen und für CD-Träger verwendet.

Polyoxymethylen, POM, gehört zur Gruppe der Polyacetale und wird durch Polymerisation von Formaldehyd in Gegenwart ionischer Initiatoren (z. B. Amine) hergestellt:

$$P\ H_2C{=}O \rightarrow \ {+\!\!\!+}CH_2{-}O{+\!\!}_P$$

Die Polymerketten von Formaldehyd-Homopolymeren tragen an den Enden thermisch instabile Halbacetalgruppen, $-CH_2-O-CH_2-OH$, die eine Umkehrung der Polymerisation (Depolymerisation) bei hohen Temperaturen begünstigen. Durch Veresterung dieser Gruppen, z. B. mit Essigsäureanhydrid, kann eine Stabilisierung erreicht werden:

$$-CH_2-O-CH_2-OH + (CH_3CO)_2O \ \longrightarrow$$

$$-CH_2-O-CH_2-O-CO-CH_3 + CH_3COOH$$

Polyoxymethylen ist ein linear aufgebauter, teilkristalliner Thermoplast. Die wichtigsten Eigenschaften sind hohe Härte und Steifheit, hohe Zähigkeit bis -40 °C und hohe Wärmeformbeständigkeit bei max. 85 bis 100 °C. Die Hauptanwendung liegt in der Feinwerktechnik, speziell bei der Herstellung sehr kleiner Präzisionsteile.

Besonders leicht polymerisieren Derivate der Acrylsäure. Bei der Massepolymerisation von Methacrylsäuremethylester in Gegenwart von Radikalinitiatoren kann **Polymethylmethacrylat, PMMA,** in Form von glasklaren Platten oder Blöcken (**Acrylglas**) gewonnen werden:

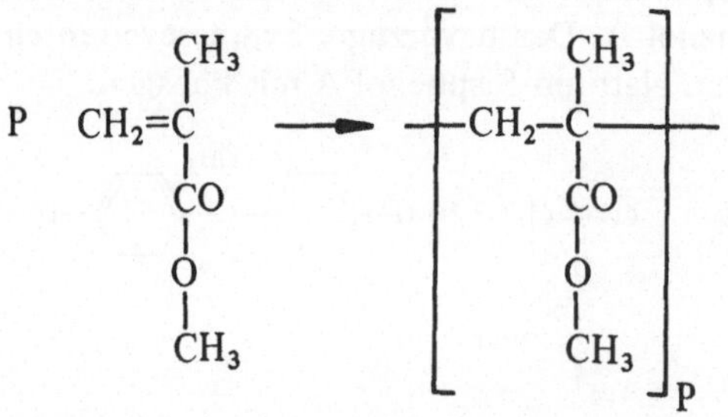

$$P \quad CH_2{=}\underset{\underset{CH_3}{\overset{\displaystyle|}{O}}}{\overset{\overset{\displaystyle CH_3}{\displaystyle|}}{\underset{|}{C}}}\text{—CO—} \longrightarrow \left[-CH_2-\underset{\underset{CH_3}{\overset{|}{O}}}{\overset{\overset{CH_3}{|}}{\underset{|}{C}}}\text{—CO—}-\right]_P$$

Reines PMMA ist amorph und hat eine Glastemperatur von 105 °C. Bei etwa 150 °C läßt es sich sehr leicht plastisch verformen. Wegen seiner ausgezeichneten Transparenz sowie Witterungs- und Alterungsbeständigkeit wird es für Verglasungen von Fahrzeugen und Dächern verwendet.

$$\text{Cyanacrylsäureester (\textbf{Cyanacrylat}),} \quad CH_2{=}\underset{\underset{COOR}{|}}{\overset{\overset{CN}{|}}{C}}$$

Cyanacrylsäureester (**Cyanacrylat**), $CH_2{=}C(CN){-}COOR$

polymerisieren in Gegenwart von Basen oder Wasser (Luftfeuchtigkeit) sehr schnell nach einem ionischen Mechanismus zu hochmolekularen, nahezu unvernetzten Polymeren. Sie haben Bedeutung als Einkomponenten-Klebstoffe („Sekundenkleber").

Fluorkunststoffe werden wegen ihrer extremen Temperatur- und Chemikalienbeständigkeit zu den Hochleistungskunststoffen gezählt.

Polytetrafluorethylen, PTFE, wurde 1938 erstmalig von R. Plunkett synthetisiert. Ausgangsstoff ist Tetrafluorethylen, ein äußerst reaktionsfähiges Gas, das unter Druck oder in Gegenwart von Sauerstoff explosionsartig zerfallen kann. Die Polymerisation erfolgt bei etwa 10 bar und 10 bis 80°C in wäßrigen Dispersionen (Suspensionspolymerisation oder Emulsionspolymerisation) nach

$$P \quad CF_2{=}CF_2 \quad \longrightarrow \quad {+}CF_2{-}CF_2{+}_P$$

PTFE ist ein hochmolekularer, kristalliner Thermoplast, der erst bei 320 bis 345°C schmilzt und im Temperaturbereich zwischen -200 und $+260$°C eingesetzt werden kann. Es ist nicht mit den für Thermoplaste üblichen Verfahren, sondern nur durch Pressen und Sintern verarbeitbar. PTFE ist mit Ausnahme von geschmolzenen Alkalimetallen und Fluor gegenüber allen Chemikalien beständig. Hauptanwendungsgebiet ist deshalb der chemische Apparatebau. Weitere wichtige Eigenschaften von PTFE sind die geringe Benetzbarkeit und die niedrige Reibungszahl.

Polyvinylidenfluorid, PVDF, wird auf ähnliche Weise wie PTFE durch radikalische Polymerisation von 1,1-Difluorethylen (Vinylidenfluorid) bei Temperaturen bis 40°C und Drücken von mindestens 35 bar hergestellt:

$$P \quad CH_2{=}CF_2 \quad \longrightarrow \quad {+}CH_2{-}CF_2{+}_P$$

PVDF ist hochkristallin, die Schmelztemperatur liegt bei etwa 170°C. Im Unterschied zu PTFE kann es ohne Probleme thermoplastisch verarbeitet und in bestimmten organischen Lösemitteln (z.B. Ester, Amine) gelöst werden. Außerordentlich beständig, selbst bei Temperaturen von 90°C, ist PVDF gegenüber Chlor, starken Säuren, Kohlenwasserstoffen und chlorierten Kohlenwasserstoffen. Der Einsatzbereich liegt zwischen -40 und $+150$°C. PVDF-Beschichtungen eignen sich nicht nur für den Korrosionsschutz, sondern sie können auch hochreine Medien (z.B. Reinstwasser für die Mikrochipherstellung) vor Verschmutzung schützen.

Mit Ausnahme einiger hochtemperaturbeständiger Typen lassen sich Thermoplaste daran erkennen, daß sie beim Erwärmen weich werden und daß sich an der erweichten Stelle, z.B. mit einem Zündholz, Fäden ziehen lassen. Einzelne Ther-

11*

moplaste können häufig durch ihre Dichte, ihre Löslichkeit oder durch ihr Brennverhalten und den Geruch der Verbrennungsschwaden voneinander unterschieden werden. Tab. 16.2 gibt wichtige Unterscheidungsmerkmale für ausgewählte Thermoplaste. Einige Kunststoffe lassen sich zwar mit einer Flamme entzünden, erlöschen aber außerhalb der Flamme (in Tab. 16.2 mit Brennverhalten 1 gekennzeichnet). Andere Kunststoffe brennen auch außerhalb der Flamme, zum Teil unter Abtropfen der Schmelze (Brennverhalten 2), wobei die Tropfen in einigen Fällen weiterbrennen (Brennverhalten 3). Bei Copolymerisaten und gefüllten, verstärkten oder treibmittelhaltigen Kunststoffen können Brennprobe und Schwimmprobe in Wasser zu falschen Aussagen führen.

Das Brennverhalten von Kunststoffen und Fasern wird häufig durch den **Sauerstoffindex (LOI-Wert**[1]**)** gekennzeichnet. Er ist definiert als der niedrigste Sauerstoffgehalt einer Sauerstoff-Stickstoff-Mischung in Volumenprozent, in der das Material gerade noch verbrennt. Kunststoffe mit einem LOI-Wert von über 21% sind an der Luft nicht entflammbar bzw. selbstverlöschend. Die LOI-Werte einiger Thermoplaste sind in Tab. 16.3 angegeben. Mit Hilfe von **Flammschutzmitteln** kann die Entflammbarkeit herabgesetzt werden. Verwendet werden z. B. Aluminiumoxidhydrate, Antimontrioxid, aromatische Bromverbindungen (z. B. Tetrabromphthalsäureanhydrid und dessen Derivate) sowie organische Phosphorverbindungen.

Tab. 16.3 Sauerstoffindizes von Thermoplasten

	LOI-Wert Vol.-%
PMMA	17,2
LDPE	17,5
PC	26
PVDF	44
PTFE	96

Zur Herstellung von **Kunststoffdispersionen** dienen vor allem Polyvinylacetat, Polyacrylsäureester und die von beiden abgeleiteten Copolymere. Bei der radikalischen Polymerisation von Vinylacetat zu **Polyvinylacetat**

$$P \quad CH_2{=}CH \longrightarrow \left[CH_2{-}CH \right]_P$$

(Strukturformeln: links Monomer Vinylacetat mit Seitenkette O–CO–CH$_3$, rechts Wiederholungseinheit mit Seitenkette O–CO–CH$_3$)

---

[1] engl. Limiting Oxygen Index

Tab. 16.2 Merkmale zum Erkennen thermoplastischer Kunststoffe

Kunststoff	schwimmt in Wasser	Brennprobe		Löslichkeit bei 20°C		Kratzen mit dem Daumennagel
		Brenn-verhalten[1]	Aussehen oder Geruch der Schwaden	löslich in	unlöslich in	
Polyethylen	+	3	paraffinartig (ver-löschende Kerze)		Toluol CKW[2] Aceton	Kratzspuren
Polypropylen	+	3	ähnlich PE		ähnlich PE	keine Kratzspuren
Polystyrol	–	2	stark rußend, leuchtgasähnlich	Toluol CKW Aceton		keine Kratzspuren
Polyvinylchlorid	–	1	stechend (Chlor-wasserstoff)		Toluol[3] CKW Aceton	keine Kratzspuren
Celluloseacetat	–	3	rußend, nach ver-branntem Papier	Aceton	Toluol CKW	keine Kratzspuren
Polyamid	–	2	nach verbrannten Haaren		Toluol CKW Aceton	keine Kratzspuren
Polycarbonat	–	1	nach Phenol	CKW	Toluol Aceton	keine Kratzspuren
Polyoxymethylen	–	3	stechend (Form-aldehyd)		Toluol CKW Aceton	keine Kratzspuren
Polymethylmethacrylat	–	3	fruchtartig	Toluol CKW Aceton		keine Kratzspuren
Polyvinylidenfluorid	–	1	stechend		Toluol CKW Aceton	keine Kratzspuren

[1] siehe Text; [2] Chlorkohlenwasserstoffe; [3] bei 20°C Quellung, bei höherer Temperatur Auflösung

wird das flüssige Monomere in Wasser emulgiert (Emulsionspolymerisation). In Gegenwart von Polyvinylalkohol als Schutzkolloid fallen Dispersionen mit einer durchschnittlichen Teilchengröße von 1 bis 3 µm an, die hauptsächlich als Holz- und Papierklebstoffe verwendet werden. Bei zusätzlicher Anwendung von Emulgatoren beträgt die Größe der dispergierten Teilchen 0,2 bis 1 µm.

Sehr feinteilige Dispersionen von **Polyacrylaten,** die durch Emulsionspolymerisation von Acrylsäureestern wie Butylacrylat gewonnen werden

$$P \quad CH_2=CH \qquad \longrightarrow \qquad \left[CH_2-CH \right]_P$$

haben vor allem als Bindemittel für Dispersionsfarben (z. B. zum Fassadenschutz) Bedeutung. Wenn das Wasser der Dispersion verdampft oder von einem porösen Untergrund aufgesaugt wird, bilden die Polymerteilchen einen dichten Film. Dispersionsfarbanstriche haben deshalb, im Unterschied zu Silicatfarbanstrichen, nur eine geringe Durchlässigkeit für Wasserdampf und Kohlendioxid. Für die Filmbildung ist eine Mindesttemperatur (MFT) erforderlich, die von der Glastemperatur des Polymeren abhängig ist. Die Glastemperatur von Polyvinylacetat liegt bei $+28\,°C$, die von Polybutylacrylat bei $-45\,°C$. Durch Copolymerisation von Vinylacetat und Acrylaten untereinander oder mit Ethylen, Styrol und anderen Monomeren lassen sich die MFT-Werte und damit Klebrigkeit bzw. Härte des Polymerfilms beeinflussen.

16.3. Kautschuk und Elastomere

Kautschuk ist ein Sammelbegriff für weitgehend amorphe Thermoplaste mit niedriger Glastemperatur, die bei Raumtemperatur gummielastisch sind und deren Makromoleküle sich durch Vulkanisation weitmaschig vernetzen lassen. Kautschuk ist der Ausgangsstoff für die Herstellung von Elastomeren (Weichgummi). Der Name, von den indianischen Wörtern caa = Holz und o-chu = fließen oder weinen abgeleitet, wurde zuerst für den im Milchsaft (Latex) bestimmter tropischer Bäume (z. B. Hevea Brasiliensis) vorkommenden **Naturkautschuk,** NR, verwendet. Latex, der 32 bis 35% Kautschuk in kolloiddisperser Form enthält, wird aus den Kautschukbäumen nach Anschneiden der Rinde gezapft. Durch Aufkonzentrierung und Koagulation mit Ameisensäure läßt sich daraus Festkautschuk abscheiden. Hauptproduzenten für Naturkautschuk sind Malaysia und Indonesien.

Naturkautschuk ist lineares cis-1,4-Polyisopren:

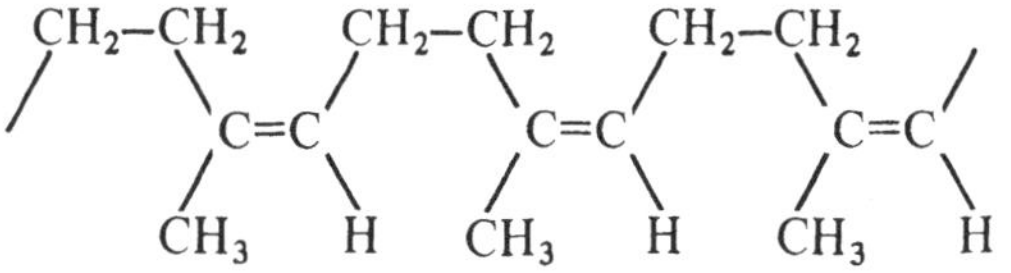

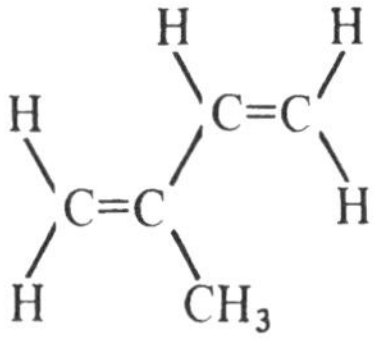

$$\cdots\mathrm{CH_2-CH_2} \quad \mathrm{CH_2-CH_2} \quad \mathrm{CH_2-CH_2}\cdots$$
$$\mathrm{C=C} \quad \mathrm{C=C} \quad \mathrm{C=C}$$
$$\mathrm{CH_3 \quad H \quad CH_3 \quad H \quad CH_3 \quad H}$$

Isopren
(2-Methyl-1,3-Butadien)

Durch **Vulkanisation**, 1839 von C. Goodyear erstmalig durchgeführt, wird der bei Raumtemperatur zwar gummielastische, in der Wärme aber weiche und klebrige Kautschuk in ein Elastomer (→16.1.) umgewandelt. Für Kautschukarten, deren Makromoleküle Doppelbindungen tragen, ist elementarer Schwefel das wichtigste Vulkanisierungsmittel. Da Schwefel allein zu langsam reagiert, werden zusätzlich Vulkanisationsbeschleuniger wie

2-Mercaptobenzothiazol

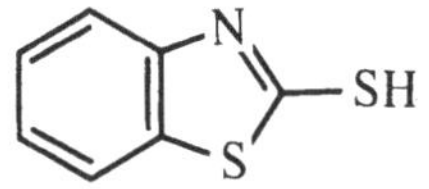

und Aktivatoren wie Zinkoxid verwendet. Bei der Vulkanisation, die gewöhnlich bei Temperaturen zwischen 120 und 220 °C durchgeführt wird, laufen folgende Vernetzungsreaktionen ab:

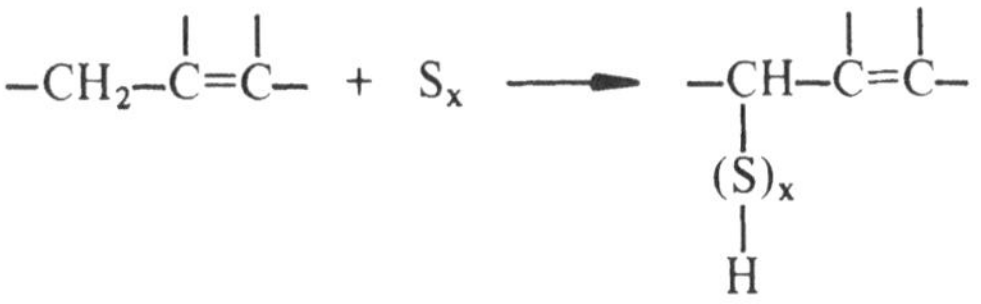

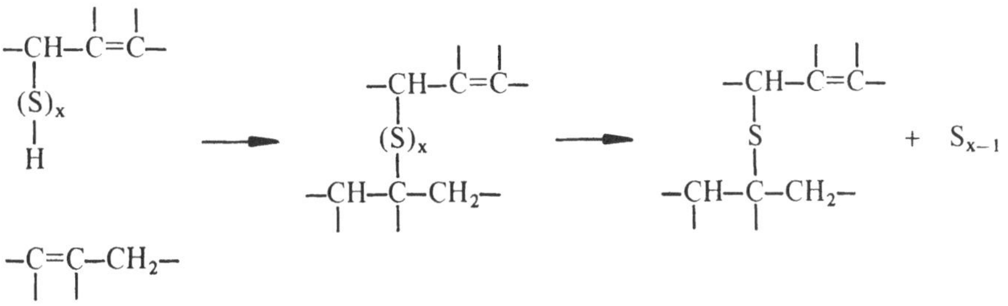

$$-\mathrm{CH_2-C=C-} \ + \ S_x \ \longrightarrow \ -\mathrm{CH-C=C-}$$
$$(\mathrm{S})_x$$
$$\mathrm{H}$$

Durch geeignete Wahl der Vulkanisationschemikalien können Vulkanisationstemperatur, Vulkanisationszeit und Verlauf der Vulkanisation in weiten Grenzen variiert werden. Bei der Herstellung von Autoreifen in Pressen muß z. B. sichergestellt werden, daß die Anvulkanisationszeit, während der sich die Kautschukmischung noch formen läßt, lang genug ist.

Elastomere auf Basis Naturkautschuk zeichnen sich durch hohe Zugfestigkeit und Elastizität, beste Kälteflexibilität und geringe Wärmeentwicklung bei dynamischer Beanspruchung aus. Sie werden bevorzugt auf dem Reifensektor und zur Herstellung dünnwandiger, weicher und fester Gummiartikel (z.B. chirurgische Handschuhe, Präservative, Luftballons) verwendet. An der gesamten Kautschukproduktion ist Naturkautschuk etwa mit einem Drittel beteiligt.

Synthesekautschuk, SR, wird durch Homo- oder Copolymerisation aus geeigneten Monomeren gewonnen. Nachdem F. Hofmann bereits 1909 ein Patent auf die Polymerisation von Isopren erhalten hatte, wurde im 1. Weltkrieg aus dem billigeren Monomeren Dimethylbutadien der erste wirtschaftlich verwertbare Synthesekautschuk hergestellt. Da eine Doppelbindung bei der Polymerisation verlorengeht, können Kautschuk-Klassen mit vernetzbaren Doppelbindungen nur dann erhalten werden, wenn Diene wie Butadien, Isopren oder Dimethylbutadien an der Polymerisation beteiligt sind. Aus der Art der Polymeren ergibt sich die Kautschuk-Klasse. Innerhalb einer Klasse lassen sich durch Art der Polymerisation, durch molare Masse und Verzweigungsgrad sowie durch Zusätze von Mineralölen, Ruß und anderen Stoffen die Eigenschaften verändern, so daß insgesamt über tausend Kautschuk-Typen herstellbar sind.

Styrol-Butadien-Kautschuk, SBR, ein statistisches Copolymer aus etwa 25% Styrol und 75% Butadien, ist mit Abstand die bedeutendste Kautschuk-Klasse. SBR wird vorzugsweise durch Emulsionspolymerisation bei niedriger Temperatur ($+5°C$) hergestellt. Die Verknüpfung der Monomeren kann vereinfacht wie folgt dargestellt werden:

$$1,3\text{-Butadien} \qquad \text{Styrol} \qquad 1,3\text{-Butadien}$$

$$CH_2{=}CH{-}CH{=}CH_2 \qquad CH{=}CH_2 \qquad CH_2{=}CH{-}CH{=}CH_2$$

$$-CH_2{-}CH{=}CH{-}CH_2{-}CH{-}CH_2{-}CH_2{-}CH{=}CH{-}CH_2-$$

Die Monomeren werden mit Hilfe von anionischen Emulgatoren in Wasser dispergiert. Der Start der Polymerisation erfolgt durch Radikale, die bei der Reaktion von Peroxiden mit Eisen(II)-Salzen gebildet werden:

$$R{-}O{-}O{-}H + Fe^{2+} \longrightarrow R{-}O\cdot + Fe^{3+} + OH^{-}$$

Aus der entstehenden Kautschukdispersion (Latex) wird Festkautschuk durch Einrühren von Schwefelsäure ausgefällt. Vulkanisate von SBR sind weniger elastisch als die von Naturkautschuk, haben aber höhere Abrieb-, Wärme- und Alterungsbeständigkeit. Der vorwiegende Anteil der SBR-Produktion geht in die Reifenherstellung. Der Rest verteilt sich auf Fußbodenbeläge, Fördergurte, Schläuche, Schuhsohlen und eine Vielzahl anderer Produkte.

Polybutadien, BR, wird durch Lösungspolymerisation von 1,3-Butadien in Gegenwart von Titan-, Kobalt- oder Nickel-Komplexverbindungen hergestellt. Das Polymere enthält über 90% cis-1,4-Verknüpfungen

$$
\begin{array}{ccccccc}
-CH_2 & & CH_2{-}CH_2 & & CH_2{-}CH_2 & & CH_2- \\
\diagdown & \diagup & & \diagdown & \diagup & & \diagdown \\
& C{=}C & & & C{=}C & & & C{=}C \\
\diagup & & \diagdown & \diagup & & \diagdown & \diagup & & \diagdown \\
H & & H & H & & H & H & & H
\end{array}
$$

und hat eine Glastemperatur von unter $-90\,°C$. Vulkanisate von BR sind elastischer als die des Naturkautschuks und haben darüber hinaus ausgezeichnete Abriebfestigkeit und Tieftemperaturflexibilität. BR wird im Verschnitt mit anderen Kautschuk-Klassen überwiegend zur Reifenherstellung verwendet.

Nitrilkautschuk, NBR, ist aus den Monomeren Butadien und Acrylnitril aufgebaut. Das folgende Formelbild zeigt einen Strukturausschnitt:

$$
{-}CH_2{-}CH{=}CH{-}CH_2{-}CH_2{-}\underset{\underset{CN}{|}}{CH}{-}CH_2{-}CH{=}CH{-}CH_2{-}
$$

Infolge der polaren Gruppe $-\overset{\delta^+}{C}{\equiv}\overset{\delta^-}{N}$ zeigen NBR-Vulkanisate in Kohlenwasserstoffen hohe Quellbeständigkeit. Sie werden deshalb bevorzugt für Schläuche und Dichtungen in Öl- und Kraftstoffsystemen verwendet. Durch Addition von Wasserstoffatomen an die Doppelbindungen der Molekülkette entsteht hydrierter Nitrilkautschuk, H-NBR, dessen Vulkanisate besonders wärmebeständig sind. Wegen der fehlenden Doppelbindungen kann hydrierter Nitrilkautschuk nicht mit Schwefel vulkanisiert werden. Die Vulkanisation erfolgt, wie auch bei anderen gesättigten Kautschuk-Typen, indem durch Peroxide an benachbarten Molekülketten radikalische Stellen erzeugt werden, die sich unter Vernetzung der Ketten absättigen ($\rightarrow$9.4.).

Chloroprenkautschuk, CR, wird durch Polymerisation von 2-Chlor-1,3-Butadien (Chloropren) hergestellt. Er enthält statt der unpolaren C—C-Bindungen des Naturkautschuks polare C—Cl-Bindungen. Daraus resultieren Flammwidrigkeit sowie erhöhte Wetter-, Alterungs- und Chemikalienbeständigkeit.

Butylkautschuk, IIR, entsteht bei der Polymerisation von i-Buten, dem 1 bis 4% Isopren zugesetzt werden, um die für die Schwefelvulkanisation erforderlichen Doppelbindungen zu erzeugen. Seine Vulkanisate zeichnen sich durch besonders geringe Gasdurchlässigkeit aus. **Ethylen-Propylen-Kautschuk,** EPM, ist ein Copolymer aus Ethylen und Propylen, das wegen seines gesättigten Charakters nur mit Peroxiden vernetzt werden kann. Durch geringe Anteile eines Diens können mit Schwefel vulkanisierbare Ethylen-Propylen-Terpolymere, EPDM, erhalten werden. Ethylen-Propylen-Kautschuk und Butylkautschuk sind arm an Doppelbindungen und deshalb besonders beständig gegenüber Sonnenlicht, Ozon und anderen Einflüssen, die die Autoxidation fördern (→14.3.).

16.4. Duroplaste[1] (Duromere)

Die für Duromere charakteristische engmaschige Vernetzung der Makromoleküle (→16.1.) kann dadurch erreicht werden, daß Polymerisation, Polykondensation oder Polyaddition in Gegenwart von „Brückenbildnern" durchgeführt werden. Setzt man z. B. bei der Suspensionspolymerisation von Styrol geringe Anteile an

$$\text{Divinylbenzol,} \quad CH_2=CH-\!\!\!\!\bigcirc\!\!\!\!-CH=CH_2$$

zu, so werden die mit zwei Doppelbindungen ausgestatteten Moleküle des Divinylbenzols in verschiedene Polymerketten eingebaut, und es kommt zu einer Verknüpfung dieser Ketten. Mit Divinylbenzol vernetztes Polystyrol in Perlform wird z. B. zu Ionenaustauschern weiterverarbeitet (→Abb. 8.7). Ein Nachteil der vernetzenden Polymersynthese ist, daß die Polymerisate nicht mehr umgeformt werden können. Als Ausweg bietet sich an, die Synthese des Polymeren mit der Formgebung zu verknüpfen. Das kann z. B. bei der Herstellung von Formkörpern in beheizten Werkzeugen, beim Ausschäumen eines Hohlraums mit Polyurethanschaum oder beim Einbrennen einer Lackschicht erfolgen. Ausgangsstoffe sind meist nicht die Monomeren, sondern vorgebildete Oligomere (Prepolymere), die beim Aushärten miteinander vernetzen.

---

[1] der aus lat. durus = hart und griech. plastikos = bildsam, formbar gebildete Begriff ist widersinnig

Phenolharze, Phenoplaste, PF, werden durch Polykondensation von Phenol und Formaldehyd hergestellt. Die Reaktion beginnt mit der Einführung einer Hydroxymethylgruppe, $-CH_2-OH$, in das Phenolmolekül, z. B. nach

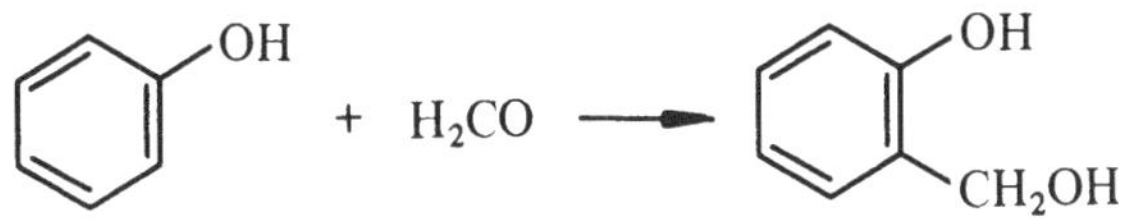

In Gegenwart von Basen und bei Formaldehydüberschuß reagieren die gebildeten Phenolalkohole untereinander oder mit Phenol unter Abspaltung von Wasser (Kondensation), z. B. nach

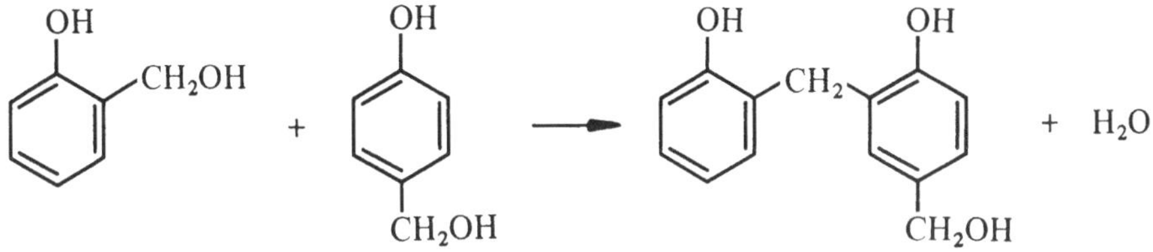

usw.

Bei der Kondensation entstehen schmelzbare und wasserlösliche Resole. Resole sind selbsthärtend. Sie reagieren, bei Raumtemperatur langsam, bei 100 bis 180 °C schneller, durch Polykondensation über noch schmelzbare Zwischenstufen (Resitol) zu unlöslichem, unschmelzbarem Resit. Resole haben Bedeutung als Bindemittel für Holzwerkstoffe (z. B. Spanplatten), Glas- und Mineralfaser-Dämmplatten sowie für Gießereisande.

Aminoplaste sind aushärtbare Kondensationsprodukte des Formaldehyds mit Harnstoff, Melamin oder anderen Stoffen, deren Moleküle NH_2-Gruppen haben. Die Bildungsreaktionen laufen ähnlich ab wie bei den Phenoplasten. Zunächst wird eine NH_2-Gruppe an ein Formaldehydmolekül addiert, bei der Herstellung von **Harnstoffharzen,** UF, z. B. nach

$$H_2N-CO-NH_2 + 2\,H_2CO \longrightarrow HOCH_2-HN-CO-NH-CH_2OH$$

Die entstehenden Hydroxymethylverbindungen kondensieren bei 50 bis 100 °C mit Harnstoff zu wasserlöslichen Oligomeren, z. B. nach

$$HOCH_2-HN-CO-NH-CH_2OH + H_2N-CO-NH_2 \longrightarrow$$

$$HOCH_2-HN-CO-NH-CH_2-HN-CO-NH_2 + H_2O \quad usw.$$

Die Härtung von Harnstoffharzen erfolgt in der Wärme nach Zusatz von Härtern wie Ammoniumchlorid, die beim Erhitzen katalytisch wirkende Säuren abspalten. Das entstehende Netzwerk hat etwa folgende Struktur:

$$
\begin{array}{ccc}
-N- & & -N- \\
| & & | \\
C=O & & C=O \\
| & & | \\
-CH_2-N-CH_2-N-CH_2-N-CH_2- \\
& | \\
& C=O \\
& | \\
& -CH_2-N-CH_2-
\end{array}
$$

Melaminharze, MF, lassen sich nach dem gleichen Reaktionsschema aus

Melamin

herstellen. Aminoplaste werden, genau wie Phenoplaste, als Leimharze in der holzverarbeitenden Industrie verwendet. Melaminharze, deren freie OH-Gruppen mit Alkoholen in Ethergruppen umgewandelt worden sind, haben in Mischung mit Alkydharzen bei der industriellen Metallackierung (z. B. von Autokarosserien) große Bedeutung.

Alkydharze sind Polyester, die durch Polykondensation von mehrwertigen Alkoholen mit Dicarbonsäuren hergestellt werden und darüber hinaus mit Fettsäuren oder Ölen modifiziert sind. Sie haben große Bedeutung als Lackbindemittel. Meist geht man bei ihrer Herstellung von Fetten oder Ölen (Triglyceriden) aus, die zunächst in Monoglyceride umgewandelt und anschließend z. B. mit Phthalsäureanhydrid verestert werden, z. B.

$$CH_2-CH-CH_2-OOC \qquad COO-CH_2-CH-CH_2$$

Alkydharze, die mit Sojaöl oder anderen Ölen mit hohem Linolensäuregehalt modifiziert sind, trocknen an der Luft. Dabei gehen die stark ungesättigten Molekülketten der Linolensäure Oxidations- und Polymerisationsreaktionen ein (→ 14.3.), die zur Vernetzung führen.

Alkydharze, die zusammen mit Melaminharzen als Einbrennbindemittel für Autolacke verwendet werden, enthalten gesättigte Fettsäuren. Die Vernetzung erfolgt bei erhöhter Temperatur durch Kondensation von freien OH-Gruppen des Polyesters mit Ethergruppen (R—O—) des Melaminharzes unter Abspaltung eines Alkoholmoleküls, z. B. nach

Bei der Herstellung von duromeren **Schaumstoffen** aus **Polyurethan,** PUR, werden flüssige Monomere oder Oligomere miteinander vermischt und durch ein Gas aufgeschäumt.

Der zunächst flüssige Schaum wird im Verlauf der Polyaddition (Reaktionsgleichung → 16.1.) und der dabei eintretenden Vernetzungen verfestigt. Ausgangsstoffe für Polyurethan-Schaumstoffe sind Diisocyanate und Polyalkylenglykole (→ 15.2.) Um ausreichende Vernetzung zu gewährleisten, müssen die Moleküle der Polyole im Mittel mehr als zwei Hydroxylgruppen enthalten, z. B.

$$CH_2-O-[CH_2-\overset{\displaystyle CH_3}{\underset{\displaystyle |}{C}}H-O]_n H$$

$$CH-O-[CH_2-\overset{\displaystyle CH_3}{\underset{\displaystyle |}{C}}H-O]_n H$$

$$CH_2-O-[CH_2-\overset{\displaystyle CH_3}{\underset{\displaystyle |}{C}}H-O]_n H$$

Polyole mit 2,5 bis 3 Hydroxylgruppen je Molekül führen zu Weichschäumen, stark verzweigte Polyolmoleküle mit 3 bis 7 Hydroxylgruppen ergeben Hartschäume. Bei genau dosiertem Zusatz von Wasser reagiert ein Teil der Isocyanatgruppen nach

$$-\overset{|}{\underset{|}{C}}-NCO + H_2O + OCN-\overset{|}{\underset{|}{C}}- \longrightarrow -\overset{|}{\underset{|}{C}}-\underset{H}{N}-\underset{O}{C}-\underset{H}{N}-\overset{|}{\underset{|}{C}}- + CO_2$$

unter Abspaltung von Kohlendioxid, das als chemisches Treibmittel das Polyaddukt zum Aufschäumen bringt. Bevorzugte Anwendungen für PU-Weichschäume liegen in der Möbelindustrie (z. B. Vollschaumsitze). Hartschaum dient zur Wärmedämmung in der Bauindustrie und zum Ausschäumen von Kühlmöbeln.

Die durch Polykondensation gebildeten Phenoplaste und Aminoplaste spalten beim Härten Wasser ab. Damit bei der Verarbeitung durch den gebildeten Wasserdampf die entstehenden Halbzeuge oder Formteile nicht aufreißen, muß unter Druck gearbeitet werden. **Reaktionsharze** sind flüssige oder verflüssigbare Oligomere, die für sich oder mit Reaktionsmitteln (z. B. Härter, Beschleuniger) ohne Abspaltung flüchtiger Komponenten durch Polyaddition oder Polymerisation härten. Sie lassen sich deshalb bei niedrigem Druck oder drucklos durch Gießen und, zusammen mit Verstärkungsstoffen, durch Laminieren verarbeiten.

Epoxidharze, EP, sind durch die Epoxidgruppe, $-\overset{\displaystyle O}{\overset{\diagup\diagdown}{C-C}}-$, charakterisiert.

Am wichtigsten sind Harztypen, die durch Reaktion von Epichlorhydrin mit Bisphenol A in Gegenwart von Natriumhydroxid hergestellt werden:

$$Cl-CH_2-\underset{O}{CH-}CH_2 \qquad HO-\!\!\!\!\bigcirc\!\!\!\!-\overset{\displaystyle CH_3}{\underset{\displaystyle CH_3}{C}}-\!\!\!\!\bigcirc\!\!\!\!-OH \qquad CH_2-\underset{O}{CH}-CH_2-Cl$$

$$Cl-CH_2-\underset{\underset{\textstyle OH}{|}}{CH}-CH_2-O-\!\!\!\left\langle\!\!\!\bigcirc\!\!\!\right\rangle\!\!-\underset{\underset{\textstyle CH_3}{|}}{\overset{\overset{\textstyle CH_3}{|}}{C}}-\!\!\!\left\langle\!\!\!\bigcirc\!\!\!\right\rangle\!\!-O-CH_2-\underset{\underset{\textstyle OH}{|}}{CH}-CH_2-Cl$$

$$+\ 2\ NaOH \Big|\ -2\ NaCl,\ -2\ H_2O\ \downarrow$$

$$CH_2-CH-CH_2-O-\!\!\!\left\langle\!\!\!\bigcirc\!\!\!\right\rangle\!\!-\underset{\underset{\textstyle CH_3}{|}}{\overset{\overset{\textstyle CH_3}{|}}{C}}-\!\!\!\left\langle\!\!\!\bigcirc\!\!\!\right\rangle\!\!-O-CH_2-CH-CH_2$$

usw.

Die flüssigen bis festen Oligomere werden zum Zeitpunkt der Verarbeitung mit Härtern versetzt. Bei kalthärtenden Epoxidharzen sind das meist mehrwertige aliphatische Amine, die zu den folgenden Vernetzungsreaktionen führen:

$$
\begin{array}{ccc}
-CH_2\!-\!\underset{\diagdown\,O\,\diagup}{CH}\!-\!CH_2 & H\!-\!\underset{|}{N}\!-\!H & CH_2\!-\!\underset{\diagdown\,O\,\diagup}{CH}\!-\!CH_2- \\
 & (CH_2)_2 & \\
 & N\!-\!H & CH_2\!-\!\underset{\diagdown\,O\,\diagup}{CH}\!-\!CH_2- \\
 & (CH_2)_2 & \\
-CH_2\!-\!\underset{\diagdown\,O\,\diagup}{CH}\!-\!CH_2 & H\!-\!\underset{|}{N}\!-\!H & CH_2\!-\!\underset{\diagdown\,O\,\diagup}{CH}\!-\!CH_2-
\end{array}
$$

$$\downarrow$$

$$
\begin{array}{l}
-CH_2-\underset{\underset{\textstyle OH}{|}}{CH}-CH_2-\underset{\underset{\textstyle (CH_2)_2}{|}}{N}-CH_2-\underset{\underset{\textstyle OH}{|}}{CH}-CH_2- \\[2em]
\quad N-CH_2-\underset{\underset{\textstyle OH}{|}}{CH}-CH_2- \\[1em]
\quad (CH_2)_2 \\[1em]
-CH_2-\underset{\underset{\textstyle OH}{|}}{CH}-CH_2-N-CH_2-\underset{\underset{\textstyle OH}{|}}{CH}-CH_2-
\end{array}
$$

Warmhärtende Epoxidharze werden meist zwischen 120 und 160 °C mit Anhydriden von Dicarbonsäuren (z. B. Phthalsäureanhydrid) oder aromatischen Aminen vernetzt. Die beste Chemikalienbeständigkeit wird mit aliphatischen Aminen, die beste Lösemittelbeständigkeit mit aromatischen Aminen und die beste Witterungsbeständigkeit mit Anhydriden als Härtern erreicht.

Epoxidharze werden als glasklare Gießharze oder, zusammen mit Quarzmehl, Metallpulver, Glasfasern und anderen Verstärkungsstoffen, als Formmassen bzw. Laminate verarbeitet. Besonders groß ist die Bedeutung als Lackbindemittel. Weitere Anwendungsschwerpunkte sind Elektrotechnik und Elektronik (z. B. Leiterplatten) sowie das Bauwesen (z. B. als Klebstoffe).

Ungesättigte Polyesterharze, UP, werden durch Veresterung von ungesättigten und gesättigten Dicarbonsäuren mit Diolen in der Schmelze hergesellt. Die Säuren können dabei in Form ihrer Anhydride eingesetzt werden. Die Veresterung von Maleinsäureanhydrid mit Propylenglykol läuft nach folgender Reaktionsgleichung ab:

$$HO-CH_2-\underset{\underset{CH_3}{|}}{CH}-OH \qquad \overset{HC=CH}{\underset{\underset{O}{OC\diagdown\;\;\diagup CO}}{}} \qquad HO-CH_2-\underset{\underset{CH_3}{|}}{CH}-OH$$

$$-H_2O\downarrow$$

$$HO-CH_2-\underset{\underset{CH_3}{|}}{CH}-O-CO-CH=CH-CO-O-CH_2-\underset{\underset{CH_3}{|}}{CH}-OH$$

usw.

Die Oligomere werden im geschmolzenen Zustand in Styrol gelöst und mit Inhibitoren versetzt, um eine vorzeitige Polymerisation zu verhindern. Zum Härten werden organische Peroxide wie Benzoylperoxid verwendet, die beim Erwärmen die Copolymerisation der Styrolmoleküle mit den Doppelbindungen der Polyestermoleküle starten und zu einer dreidimensionalen Vernetzung führen:

In Gegenwart von Kobaltverbindungen oder aromatischen Aminen als Beschleunigern ist auch die Kalthärtung möglich. Ungesättigte Polyesterharze können, wie Epoxidharze, als Gießharze, Formmassen oder durch Laminieren verarbeitet werden. Die größte Bedeutung haben glasfaserverstärkte Harze, die unter anderem im Behälter- und Rohrleitungsbau, im Bootsbau und in der Bauindustrie verwendet werden.

Ungesättigte Polyesterharze und andere Oligomere mit polymerisierbaren Doppelbindungen können in Mischung mit Reaktivverdünnern wie Hexandioldiacrylat, $CH_2{=}CHCOO{-}(CH_2)_6{-}OOCCH{=}CH_2$, und Photoinitiatoren durch UV-Strahlung gehärtet werden. UV-härtende Lacke finden z. B. bei der Lackierung von Platinen und beim Beschichten von Magnetbändern Verwendung.

17. Korrosion

Nach DIN ist **Korrosion** die Reaktion eines metallischen Werkstoffs mit seiner Umgebung, die eine meßbare Veränderung des Werkstoffs bewirkt und zu einer Beeinträchtigung der Funktion eines metallischen Bauteils oder eines ganzen Systems führen kann. In den meisten Fällen ist diese Reaktion elektrochemischer Natur, d. h. sie läuft unter Beteiligung einer ionenleitenden Phase ab. Im Prinzip kann der Begriff „Korrosion" auf Kunststoffe, Beton, Keramik oder andere Werkstoffe übertragen werden. Da nichtmetallische Werkstoffe aber in der Regel nicht elektrisch leitend sind, unterscheiden sich die Korrosionsvorgänge von denen, die für Metalle charakteristisch sind.

Die Korrosion ist von großer volkswirtschaftlicher Bedeutung. Man rechnet damit, daß 4% des Bruttosozialproduktes in den Industrieländern durch Korrosion vernichtet werden. Die große Aufgabe des Ingenieurs auf diesem Gebiet wird deutlich, wenn man bedenkt, daß 20 bis 30% der korrosionsbedingten Kosten eingespart werden könnten, wenn stets die neuesten Erkenntnisse des Korrosionsschutzes angewendet würden.

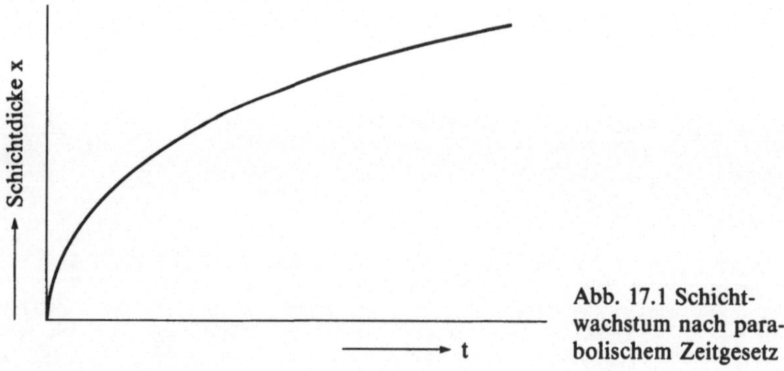

Abb. 17.1 Schichtwachstum nach parabolischem Zeitgesetz

17.1. Korrosion in heißen Gasen

Eine Reihe von Gasen kann bei hohen Temperaturen ohne Mitwirkung eines wäßrigen Elektrolyten korrodierend wirken. Die Korrosion durch oxidierende Gase wie Sauerstoff oder Wasserdampf wird als **Zunderung** bezeichnet. Sieht man von einigen Edelmetallen ab, so ist die Reaktion zwischen Metallen und Sauerstoff stets mit einer Abnahme der Freien Enthalpie verbunden, d. h. sie kann im Prinzip spontan ablaufen. Wenn ein Metall bei hohen Temperaturen in oxidierender Atmosphäre dennoch eine gewisse Korrosionsbeständigkeit besitzt, ist das auf die Ausbildung fest haftender, weitgehend porenfreier oxidischer Deckschichten (Zunderschichten) zurückzuführen. Bei Eisen, Nickel, Kupfer und einigen anderen Metallen wird die Korrosionsgeschwindigkeit von den in der Zunderschicht ablaufenden Diffusionsvorgängen bestimmt. Die Korrosionsgeschwindigkeit, ausgedrückt als differentielle zeitliche Zunahme der Schichtdicke x nimmt in diesem Fall mit der Zeit ab (Abb. 17.1). Es gilt das parabolische Zeitgesetz

$$x = \sqrt{kt},$$

k ist die vom jeweiligen Stoffsystem und von der Temperatur abhängige Zunderkonstante. Für die Diffusion gibt es zwei Grenzfälle, die mit Hilfe von Abb. 17.2 erläutert werden sollen. Im ersten Fall (Abb. 17.2 a) diffundieren Metallionen und Elektronen von der Metalloberfläche durch die Deckschicht an die Grenzfläche Deckschicht/Gasphase. Dort findet die Reaktion mit Sauerstoff statt. Die Deckschicht wächst in die Gasphase hinein. Dieser Grenzfall ist bei Deckschichten aus FeO, Fe_3O_4, CuO und NiO weitgehend verwirklicht. Im zweiten Fall (Abb. 17.2 b) diffundieren Elektronen von der Metalloberfläche zur Grenzfläche Deckschicht/Gasphase, wo sie die Bildung von O^{2-}-Ionen ermöglichen. Die O^{2-}-Ionen diffundieren zur Metalloberfläche und bilden dort mit den zurückgebliebenen Metallionen das Kristallgitter der Deckschicht aus. Dieser Grenzfall, der z. B. bei Fe_2O_3- und TiO_2-Deckschichten auftritt, ist dadurch gekennzeichnet, daß die Deckschicht in das Metall hineinwächst. Beide Diffusionsmechanismen können, wie z. B. in Aluminiumoxidschichten, nebeneinander ablaufen.

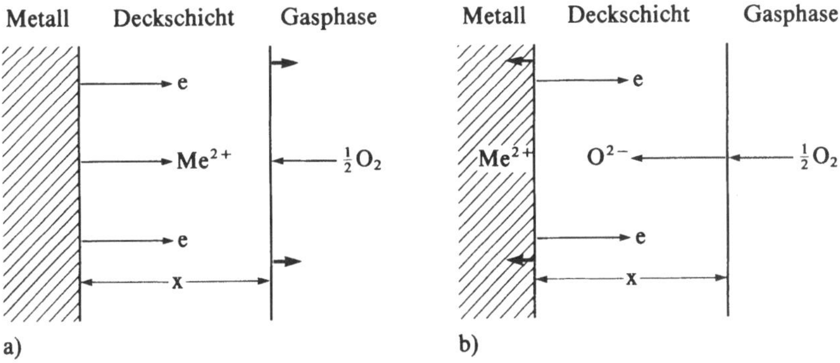

Abb. 17.2 Diffusionsvorgänge bei der Zunderung

Vom Eisen existieren mehrere Oxide, deren Stabilität sich mit der Temperatur ändert ($\rightarrow$11.1.). An der Oberfläche von unlegierten Stählen bildet sich deshalb eine heterogene, temperaturabhängige Zunderschicht aus. Unterhalb von 570 °C besteht diese Schicht überwiegend aus Magnetit (Abb. 17.3), der sich z. B. in Gegenwart von Wasserdampf bei Temperaturen ab 300 °C nach folgender Gleichung bildet:

$$3\,Fe + 4\,H_2O \rightleftharpoons Fe_3O_4 + 4\,H_2$$

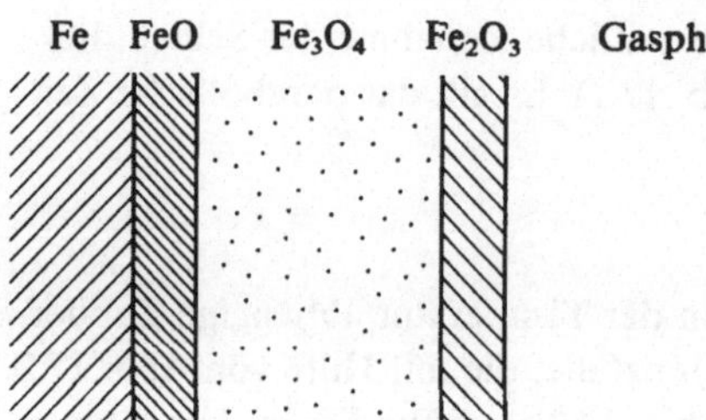

Abb. 17.3 Aufbau einer Zunderschicht auf Eisen bei Temperaturen unterhalb 570 °C

Innerhalb der Magnetschicht können Fe^{2+}- und Fe^{3+}-Ionen nur sehr langsam diffundieren, so daß diese einen wirksamen Korrosionsschutz darstellt. Oberhalb von 570 °C besteht die Zunderschicht überwiegend aus Wüstit. Das Kristallgitter des Wüstits enthält Kationenleerstellen (Abb. 17.4), die eine Fe^{2+}-Diffusion und damit die Korrosion begünstigen. Das bedeutet, daß unlegierte Stähle in oxidierender Atmosphäre bei Temperaturen oberhalb 500 bis 550 °C nicht verwendet werden können. Durch Aluminium, Chrom oder Silicium läßt sich die Zunderbeständigkeit von Eisen verbessern, da die Oxide dieser Legierungsbestandteile den Diffusionswiderstand der Zunderschichten erhöhen. Ferritische Chromstähle und austenitische Chrom-Nickel-Stähle sind z. B. in Luft bei 800 °C und darüber noch einsetzbar.

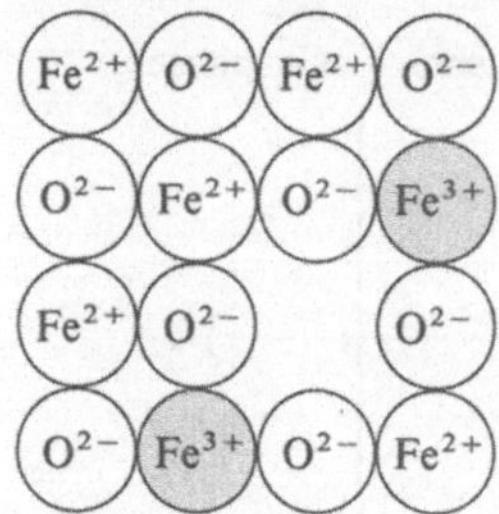

Abb. 17.4 Wüstitgitter mit Kationenleerstelle

Wasserstoff, der unter hohem Druck steht, greift unlegierte Stähle ab etwa 200 °C an. Mit steigender Temperatur dissoziiert molekularer Wasserstoff zunehmend nach Gleichung

$$H_2 \rightleftharpoons 2\,H$$

Die sehr kleinen H-Atome können in das Kristallgitter des Eisens eindiffundieren und die für die Festigkeit des Stahls verantwortliche Zementitphase unter Bildung von Methan reduzieren:

$$Fe_3C + 4H \longrightarrow CH_4 + 3Fe$$

Das unter Druck in Hohlräumen oder an den Korngrenzen des Stahls einge-
schlossene Methan und der Verlust an Festigkeit sind die Ursache für Rißbildun-
gen und für die Auflockerung des Gefüges. Stähle, die gegenüber **Druckwasser-
stoffangriff** beständig sind, enthalten Chrom, Molybdän und andere Legierungs-
elemente, die eine hohe Affinität zu Kohlenstoff haben und damit die Methanbil-
dung verhindern (Abb. 17.5).

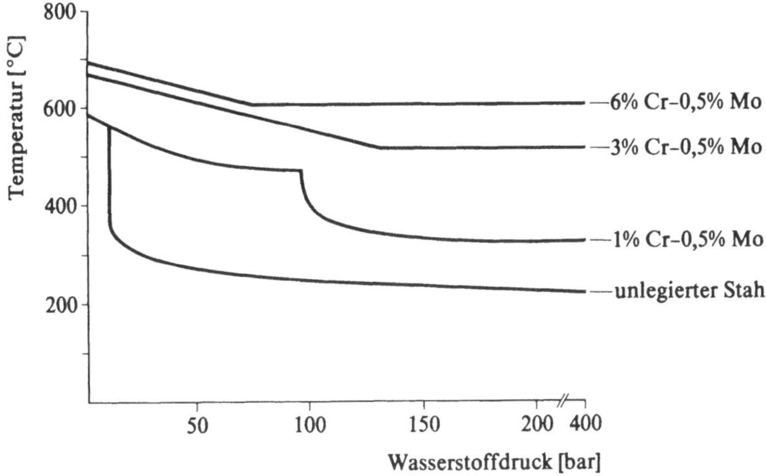

Abb. 17.5 Druckwasserstoffbeständigkeit von Stählen (Nelson-Diagramm)
———— Grenzkurven für Wasserstoffangriff oder Oberflächenentkohlung

17.2. Korrosion in feuchten Medien

Die meisten Korrosionsvorgänge laufen in Gegenwart eines wäßrigen Elektrolyten ab. Dazu gehört auch die atmosphärische Korrosion von Eisen, die bei Luft-
feuchtigkeiten unterhalb 70% sehr gering ist und die in reiner Luft auch bei hoher
Luftfeuchtigkeit nur schwach ansteigt. Stark beschleunigt wird die atmosphärische Korrosion, wenn sich bei hoher Luftfeuchtigkeit und hohem Schwefeldi-
oxid- oder Salzgehalt der Luft ein Elektrolytfilm auf der Eisenoberfläche ausbildet.

Korrosionselemente sind niederohmig kurzgeschlossene galvanische Elemente
(→7.2., →7.7.), bei denen anodische und kathodische Stellen von unterschiedlicher Beschaffenheit sein können. Werkstoffseitig kann es sich um verschiedene
Metalle handeln, die z. B. durch Schweiß- oder Schraubverbindungen leitend mit-

einander verbunden sind (Makroelemente), oder auch um Gefügeinhomogenitäten, ungleichmäßige Oberflächenbedeckungen und andere, mit dem bloßen Auge nicht erkennbare Mikroelemente (Lokalelemente). Die Ausbildung von Kathoden und Anoden kann auch auf Temperaturdifferenzen oder unterschiedliche Elektrolytkonzentrationen zurückzuführen sein ($\rightarrow$7.6.). Ein Stück Metall, das in einen Elektrolyten eintaucht und dabei korrodiert, ist eine **Mischelektrode**, d. h. an seiner Oberfläche laufen mehrere Elektrodenreaktionen gleichzeitig ab. Die metallabtragende Anodenreaktion

$$\text{Me} \rightleftharpoons \text{Me}^{z+} + z\,e$$

führt zu einem Gleichgewichtszustand und damit zum Stillstand der Korrosion, wenn nicht durch eine Kathodenreaktion ständig Elektronen aus dem Gleichgewicht entfernt werden. In sauren Elektrolyten (pH-Wert $\leqslant 4$) geschieht das bevorzugt durch die Reaktion

$$2\,\text{H}_3\text{O}^+ + 2\,e \rightleftharpoons \text{H}_2 + 2\,\text{H}_2\text{O}$$

in neutralen, basischen oder schwach sauren Elektrolyten bei Gegenwart von Sauerstoff durch die Reaktion

$$\tfrac{1}{2}\text{O}_2 + \text{H}_2\text{O} + 2\,e \rightleftharpoons 2\,\text{OH}^-$$

Die entstehenden Hydroxidionen reagieren mit den Metallionen zu schwerlöslichen Metallhydroxiden, wobei, wie beim Eisen, gleichzeitig eine Oxidation stattfinden kann:

$$2\,\text{Fe}^{2+} + \tfrac{1}{2}\text{O}_2 + 4\,\text{OH}^- \longrightarrow 2\,\text{FeOOH} + \text{H}_2\text{O}$$

Die aus unterschiedlichen Oxidhydraten zusammengesetzten Korrosionsprodukte von Eisen und Stahl werden als **Rost** bezeichnet. Je nach Art der Kathodenreaktion wird häufig zwischen **Säurekorrosion** und **Sauerstoffkorrosion** unterschieden (Abb. 17.6).

Säurekorrosion   Sauerstoffkorrosion

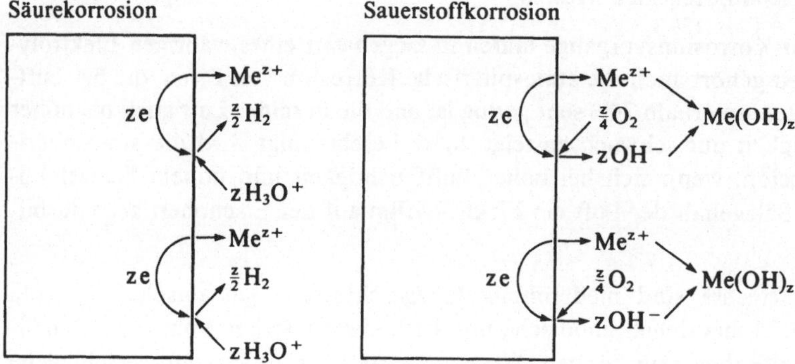

Abb. 17.6 Reaktionen an Mischelektroden

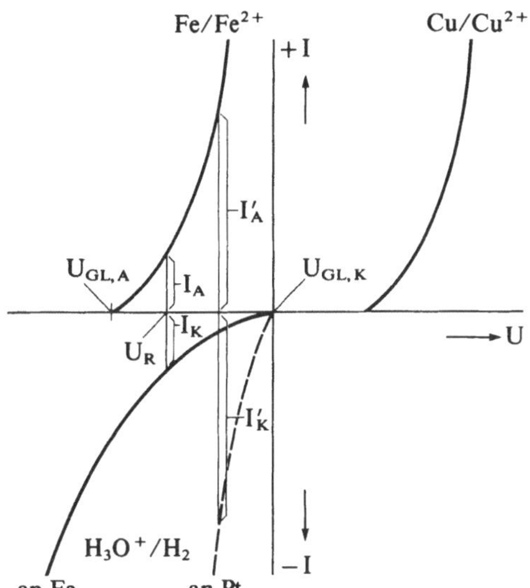

Abb. 17.7 Strom-Spannungs-Kurven für die Säurekorrosion

Bei einer homogenen Mischelektrode sind anodische und kathodische Stellen gleichmäßig über die gesamte Metalloberfläche verteilt. Das bedeutet, daß auch der Korrosionsangriff gleichmäßig ist. Bei heterogenen Mischelektroden überwiegen an einigen Stellen die anodischen und an anderen die kathodischen Teilreaktionen. Die Folge ist ein lokaler Korrosionsangriff. Ein Maß für die Korrosionsgeschwindigkeit ist der anodische Teilstrom (Korrosionsstrom), der sich nach chemischer Bestimmung des abgetragenen Metalls über das Faradaysche Gesetz ($\rightarrow$ 7.3.) berechnen läßt. Entsprechend kann der kathodische Teilstrom aus dem entwickelten Wasserstoff bzw. aus dem verbrauchten Sauerstoff errechnet werden. Auf eine frei korrodierende Mischelektrode wirken keine äußeren elektrischen Ströme ein. Anodischer und kathodischer Teilstrom müssen deshalb dem Betrag nach gleich sein. Es gilt

$$I_A + I_K = 0$$

$$I_A = -I_K = I_{Kor}$$

wobei vereinbarungsgemäß der anodische Teilstrom ein positives und der kathodische Teilstrom ein negatives Vorzeichen erhält. Elektrodenpotentiale können gegen eine Bezugselektrode als Spannung gemessen und in Abhängigkeit von der Stromstärke als Strom-Spannungs-Kurven dargestellt werden ($\rightarrow$ 7.8.). Abb. 17.7 zeigt die Strom-Spannungs-Kurven für die anodische Metallauflösung und die kathodische Wasserstoffentwicklung bei der Säurekorrosion einer homogenen Eisen-Mischelektrode. Bei der freien Korrosion stellt sich das **Ruhepotential,** bzw. die gegen die Standardwasserstoffelektrode gemessene Ruhespannung U_R ein, da bei diesem Potential die Bedingung $I_A = -I_K$ erfüllt ist. Wie aus Abb. 17.7

hervorgeht, kann Korrosion nur dann auftreten, wenn das Korrosionspotential größer als das Gleichgewichtspotential der Anodenreaktion, aber kleiner als das Gleichgewichtspotential der Kathodenreaktion ist. Für frei korrodierende homogene Mischelektroden, bei denen das Korrosionspotential gleich dem Ruhepotential ist, gilt demzufolge als Korrosionsbedingung

$$U_{GL,A} < U_R < U_{GL,K}$$

Diese Bedingung ist z. B. für die Säurekorrosion von Kupfer nicht erfüllt.

Die Überspannung der kathodischen Wasserstoffbildung ist für die Stärke des Korrosionsstroms und damit für die Korrosionsgeschwindigkeit von großer Bedeutung. Da diese an Platin niedriger ist als an Eisen und vielen anderen Metallen, läßt sich die Korrosion durch Berührung des korrodierenden Metalls mit einem Platindraht verstärken. Abb. 17.7 gibt die Erklärung für dieses Phänomen (I'_A, I'_K). Mit steigendem pH-Wert verschiebt sich die Kurve der kathodischen Wasserstoffbildung nach links, und die Geschwindigkeit der Säurekorrosion nimmt ab.

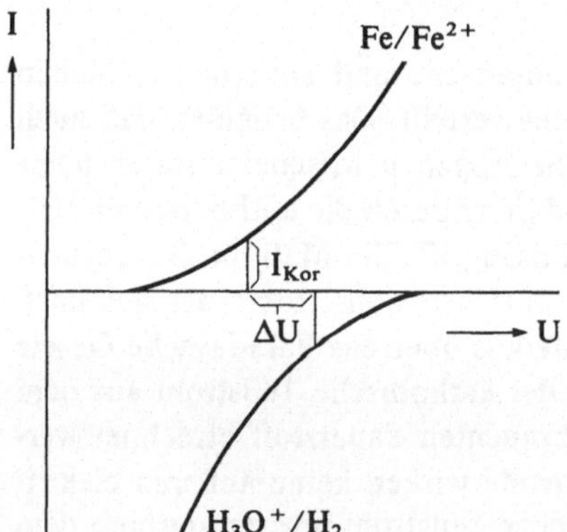

Abb. 17.8 Einfluß der Elektrolytkonzentration auf den Korrosionsstrom

Bei Elektrolyten mit sehr niedriger Salzkonzentration, wie sie sich z. B. in feuchter, reiner Luft auf Metalloberflächen ausbilden können, und bei räumlich getrennten Anoden und Kathoden ist der Ladungsausgleich behindert. Es tritt dann zwischen Anode und Kathode ein Spannungsabfall ΔU auf, der sich hemmend auf die Korrosion auswirkt (Abb. 17.8). Umgekehrt beschleunigen hohe Elektrolytkonzentrationen in Industrie- und Meeresluft den Ladungsausgleich und damit die Korrosion.

Abb. 17.9 zeigt die Strom-Spannungs-Kurven für die Sauerstoffkorrosion von Eisen. Die Stromstärke der kathodischen Sauerstoffreduktion nähert sich in diesem Fall einem Grenzwert, da die Kathodenreaktion nur in dem Maße ablaufen kann, wie Sauerstoff durch Diffusion oder Konvektion an die Kathode gelangt (Diffusionsüberspannung →7.8.).

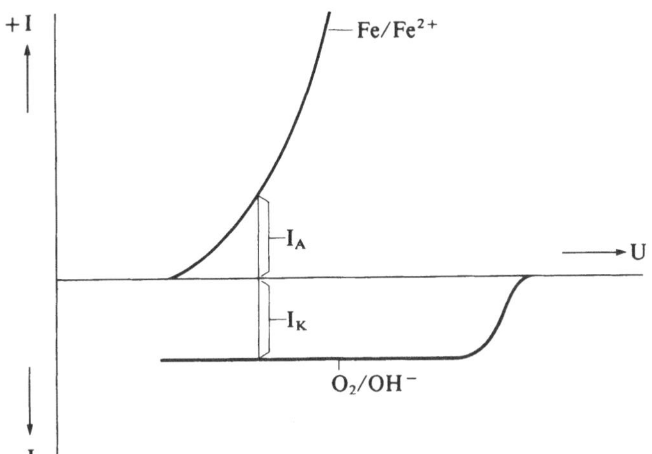

Abb. 17.9 Strom-Spannungskurven für die Sauerstoff-korrosion von Eisen

Einige Metalle sind trotz niedriger Standardspannung unerwartet korrosionsbeständig. Die **Passivität** dieser Metalle beruht auf der Ausbildung von fest haftenden, porenfreien oxidischen Oberflächenschichten, die nur wenige Nanometer dick sind. Diese Passivschichten können wie bei Eisen und Chrom eine relativ gute oder wie bei Aluminium, Titan und Tantal eine äußerst geringe Elektronenleitfähigkeit haben. Die Strom-Spannungs-Kurve der anodischen Teilreaktion nimmt bei passivierbaren Metallen einen charakteristischen Verlauf (Abb. 17.10). Im aktiven Zustand steigt die Stromstärke ganz normal mit dem Potential an. Das Metall korrodiert, wenn gleichzeitig eine Kathodenreaktion ablaufen kann. Wird beim Passivierungspotential - bzw. bei der gegen die Standardwasserstoffelektrode gemessenen Passivierungsspannung - der Passivierungsstrom erreicht, kommt es zur Ausbildung der Passivschicht und, als Folge davon, zum Absinken des Stromes auf einen sehr niedrigen, potentialunabhängigen Grenzwert. Das Metall befindet sich im passiven Zustand. Bei weiterer Erhöhung des Potentials kann, ermöglicht durch die Elektronenleitfähigkeit der Passivschicht, die Zersetzungsspannung der Reaktion

$$2\,OH^- \;\rightleftharpoons\; \tfrac{1}{2}O_2 + H_2O + 2e$$

oder einer anderen Anodenreaktion erreicht werden, so daß die Stromstärke wieder ansteigt (transpassiver Zustand). Zur Überführung eines passivierbaren Metalls in den passiven Zustand muß der Passivierungsstrom aufgebracht werden. Das kann durch die Kathodenreaktion eines geeigneten Oxidationsmittels oder durch einen äußeren Strom geschehen. Aus Abb. 17.10 geht hervor, daß Eisen, das z. B. durch Behandlung mit konzentrierter Salpetersäure passiviert worden ist, in sauerstoffhaltigen, neutralen Elektrolyten nur geringfügig korrodiert ($I_{Kor,1}$). Die Passivität ist aber nicht stabil. Wird die Passivschicht an einer Stelle zerstört, geht das Metall in den aktiven Zustand über ($I_{Kor,2}$). Die Folge ist ein lokaler Korrosionsangriff. Eisen bleibt in diesem Fall aktiv, da der für die Repassivierung erforderliche Passivierungsstrom bei der freien Korrosion nicht erreicht wird. Chrom unterscheidet sich von Eisen durch ein niedrigeres Passivierungspotential, einen niedrigeren Passivierungsstrom und einen niedrigeren Grenzstrom im passiven Zustand. Es wird deshalb in vielen Medien spontan und stabil passiviert, und es korrodiert im passiven Zustand nur mit sehr geringer Geschwindigkeit. Diese Eigenschaften haben auch rostfreie Chrom- und Chrom-Nickel-Stähle. Abb. 17.10 zeigt das Verhalten eines Chromstahls mit etwa 13% Chrom. Bei Verletzung der Passivschicht kann durch die Kathodenreaktion der Passivierungsstrom erzeugt werden, und es erfolgt spontane Repassivierung.

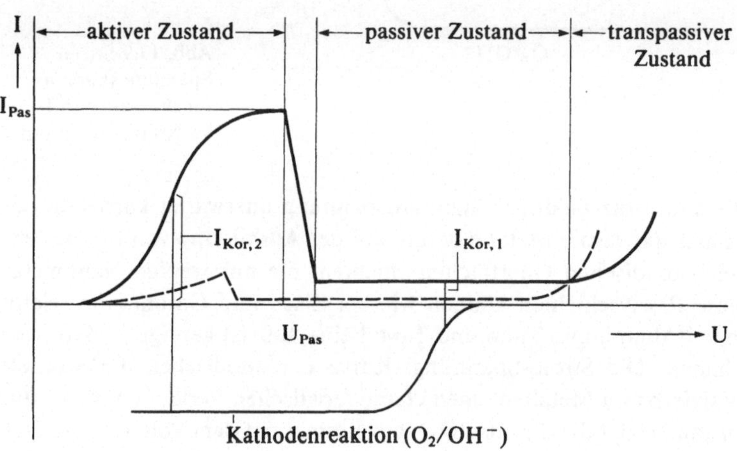

Abb. 17.10 Strom-Spannungs-Kurven für passivierbare Metalle (schematisch)
U_{Pas} = Passivierungsspannung
I_{Pas} = Passivierungsstrom
Anodische Teilreaktion bei Eisen ──────
Anodische Teilreaktion bei Chromstahl ── ── ──

Während die Passivschicht bei Chrom- und Chrom-Nickel-Stählen durch Chloridionen zerstört wird, bildet Titan auch in chloridhaltigen Medien beständige Passivschichten. Durch geringe Gehalte an Platin, Palladium oder anderen Metallen, die die Überspannung der Wasserstoffbildung herabsetzen, läßt sich die Korrosionsbeständigkeit von Titan gegenüber starken Säuren wesentlich verbessern (Abb. 17.11).

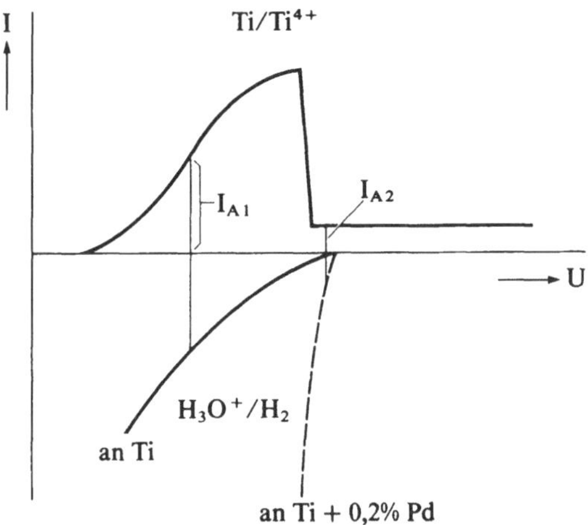

Abb. 17.11 Verminderung der Korrosionsgeschwindigkeit von Titan durch kathodisch wirksame Legierungsbestandteile (anodischer Korrosionsschutz)

In bestimmten Korrosionsmedien bilden sich mit der Zeit **schützende Deckschichten** aus, die z.T. mehrere Millimeter dick sind. Ein Beispiel ist die „**Kalkrostschutzschicht**" in Wasserrohren aus Gußeisen oder Stahl. Durch den Hydrogencarbonatgehalt von harten Wässern werden die bei der kathodischen Sauerstoffreduktion gebildeten Hydroxidionen nach Gleichung

$$OH^- + HCO_3^- \longrightarrow CO_3^{2-} + H_2O$$

abgepuffert. Das hat zur Folge, daß die Hydroxidionenkonzentration an der Metalloberfläche so niedrig ist, daß kein Rost gebildet werden kann. Stattdessen fällt nach Gleichung

$$Fe^{2+} + CO_3^{2-} \longrightarrow FeCO_3$$

bevorzugt Eisencarbonat (Siderit) aus, dessen Löslichkeitsprodukt kleiner ist als das von Calciumcarbonat. Siderit und durch Oxidation daraus entstandene amorphe Eisenoxide bilden an der Stelle des abgetragenen Metalls eine sehr dichte, korrosionshemmende Schicht (topotaktische Schicht). Über dieser Schicht lagert sich eine zweite, poröse Schicht ab, die als epitaktische Schicht bezeichnet wird. Durch die epitaktische Schicht, die überwiegend aus Goethit (FeOOH) und Magnetit (Fe_3O_4) besteht, wird die topotaktische Schicht vor Oxidation geschützt (Abb. 17.12).

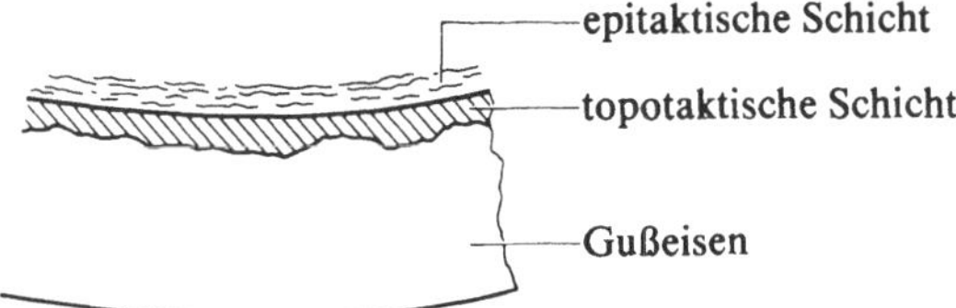

Abb. 17.12 Schützende Deckschichten in Wasserrohren aus Gußeisen

17.3. Korrosionsarten

Korrosionsangriffe lassen sich nach ihren Erscheinungsformen oder nach den Bedingungen für ihr Auftreten unterteilen. Bei der **gleichmäßigen Flächenkorrosion** erfolgt der Materialabtrag parallel zur Oberfläche, so daß sich die Dicke des Werkstückes gleichmäßig verringert. Eine wichtige Korrosionsgröße, die einen Vergleich der Lebensdauer technischer Bauteile aus unterschiedlichen Werkstoffen bei gleichmäßiger Flächenkorrosion erlaubt, ist die **lineare Abtragungsrate** w_{lin} in Millimeter pro Jahr. Sie errechnet sich aus der bei chemischen Korrosionsuntersuchungen bestimmten flächenbezogenen Massenverlustrate v – definiert als Massenverlust in g durch korrodierte Oberfläche in m^2 und Belastungsdauer in Tagen – und der Dichte des Werkstoffs in $g\,cm^{-3}$:

$$w_{\text{lin}} = 0,365\,\frac{v}{\rho}$$

Bei niedriglegierten Stählen ist eine lineare Abtragungsrate von 0,3 bis 0,6 mm a^{-1} meist tolerierbar, wenn bei der Konstruktion ein entsprechender Korrosionszuschlag berücksichtigt wird.

Kontaktkorrosion (Galvanische Korrosion) ist eine beschleunigte Korrosion, die auf Korrosionselemente zurückzuführen ist, die sich bei der Paarung von zwei Metallen oder einem Metall und einem elektronenleitenden Feststoff (z. B. Ruß) mit unterschiedlichen freien Korrosionspotentialen bilden. Sie tritt besonders dann auf, wenn unterschiedliche Metalle, die durch Schraub-, Niet- oder Schweißverbindungen leitend miteinander verbunden sind, in dasselbe Korrosionsmedium eintauchen. Die bei der Kontaktkorrosion ablaufenden Vorgänge können mit Hilfe von Strom-Spannungs-Kurven erklärt werden (Abb. 17.13). Korrodieren die beiden Metalle M 1 und M 2 im isolierten Zustand, dann stellen sich unter Einhaltung der Bedingung $I_A = -I_K$ die durch $U_{R,1}$ und $U_{R,2}$ charakterisierten Potentiale ein. Werden beide Metalle leitend miteinander verbunden, nehmen sie – im Idealfall – dasselbe Potential an. Dazu müssen Elektronen vom Metall mit dem niedrigeren freien Korrosionspotential (M 1) zum Metall mit dem höheren freien Korrosionspotential (M 2) abfließen, was einem Stromfluß in umgekehrter Richtung entspricht. Der zwischen beiden Metallen bei einem beliebigen Potential fließende Strom ergibt sich aus der Summe der anodischen und kathodischen Teilströme (Summenkurven). Beim gemeinsamen Korrosionspotential (gegeben durch U_{Kor}) müssen die Beträge beider Summenströme gleich sein ($I_A = -I_K$). Aus den in Abb. 17.13 dargestellten Kurven kann entnommen werden, daß durch die Potentialverschiebung, die bei der Verbindung der Metalle eintritt, der Korrosionsstrom von M 1 um ΔI_1 zunimmt und der Korrosionsstrom von M 2 um ΔI_2 abnimmt.

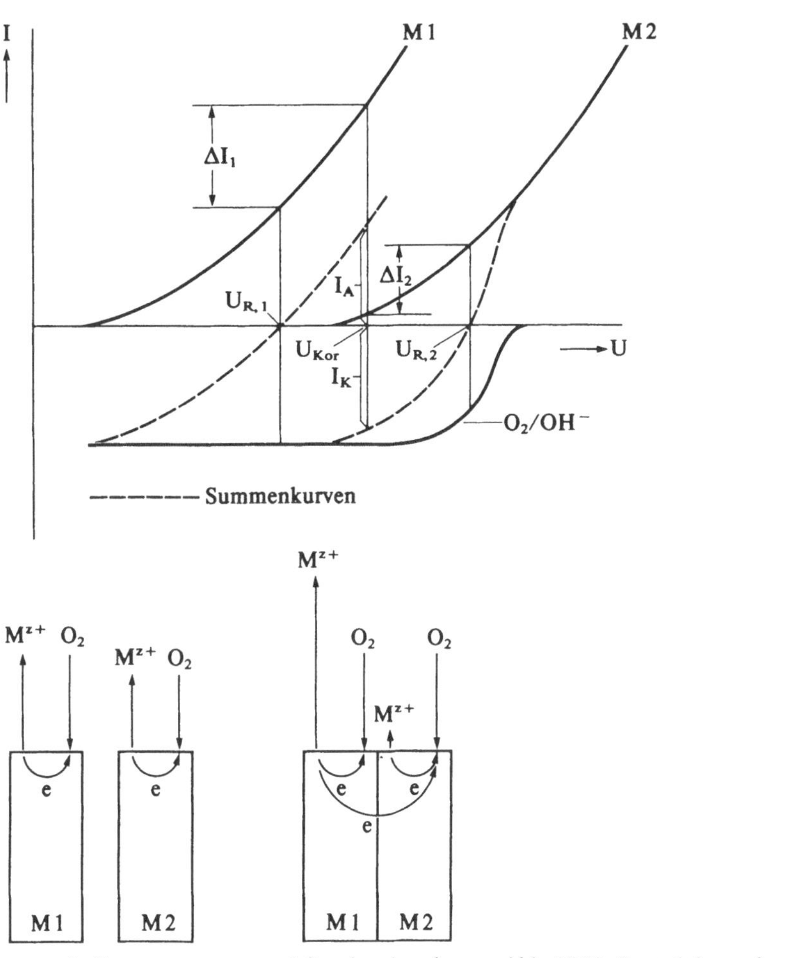

Abb. 17.13 Kontaktkorrosion

Spaltkorrosion ist eine lokale Korrosion in engen Spalten, wie sie unter anderem bei Niet-, Schraub- und Flanschverbindungen, Schweißverbindungen mit einer Heftnaht oder abgeplatzten Lackschichten auftreten. Sie ist darauf zurückzuführen, daß Feuchtigkeit in engen Spalten länger zurückgehalten wird und daß sich die Elektrolytkonzentration innerhalb des Spaltes ändert. Abb. 17.14 zeigt ein Belüftungselement an einer abgeplatzten Lackschicht. Da am Spaltausgang der Sauerstoffgehalt des Elektrolyten relativ hoch ist, wird dort die Kathodenreaktion bevorzugt, während im sauerstoffarmen Spaltinneren die metallabtragende Anodenreaktion abläuft.

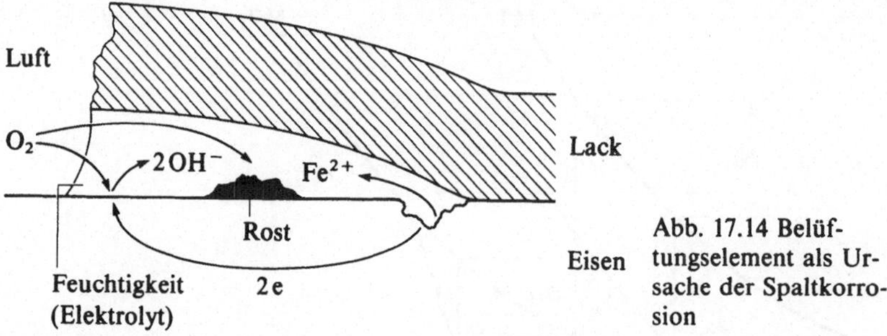

Abb. 17.14 Belüftungselement als Ursache der Spaltkorrosion

Ist der Metallabtrag auf sehr kleine Oberflächenbereiche beschränkt, spricht man von **Lochkorrosion** (Lochfraß). Lochkorrosion kann z. B. unter einem Wassertropfen, an beschädigten metallischen Überzügen oder bei passivierbaren Metallen in Gegenwart von Chloridionen stattfinden. Chloridionen schwächen die Passivschicht, so daß diese bei einem bestimmten Lochfraßpotential örtlich aufreißt und Metall in Lösung gehen kann. Im Loch wird durch eingewanderte Chloridionen und niedrige pH-Werte, die sich als Folgen der Protolyse von Metallionen einstellen, eine Repassivierung verhindert. Die Vorgänge sind für Aluminium in Abb. 17.15 dargestellt. Durch Kupfer und andere edle Legierungsbestandteile kann die schlecht elektronenleitende Oxidschicht unterbrochen werden, so daß die Kathodenreaktion und damit die Lochkorrosion begünstigt wird.

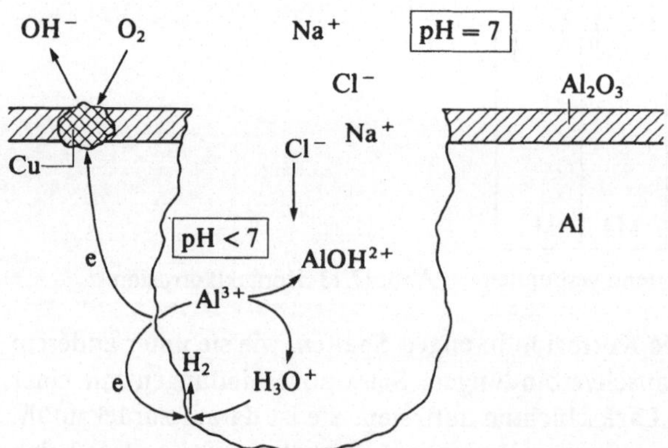

Abb. 17.15 Lochkorrosion bei Aluminium

Interkristalline Korrosion (Kornzerfall) greift bevorzugt an den Korngrenzen des Werkstoffs an, so daß die Kristallite der Metalloberfläche ihren Halt verlieren. Sie tritt vor allem bei austenitischen Chrom-Nickel-Stählen mit Kohlenstoffgehalten zwischen 0,08 und 0,10% auf. Chrom-Nickel-Stähle werden bei ihrer Herstellung von Temperaturen über 1000 °C auf Raumtemperatur abgeschreckt, damit die Ausscheidung chromreicher Carbide verhindert wird. Erhitzt man einen solchen Stahl beim Schweißen oder unter Betriebsbedingungen auf 400 bis

$800\,°C$, scheiden sich die Carbide mit der Zusammensetzung $(Fe,Cr)_{23}C_6$ bevorzugt an den Korngrenzen ab. Die korngrenzennahen Bereiche der Kristallite verarmen dadurch an Chrom und verlieren ihre Passivierbarkeit, so daß sie einem selektiven Korrosionsangriff unterliegen. Interkristalline Korrosion kann auf unterschiedliche Weise verhindert werden. Beim Stabilglühen erfolgt Diffusionsausgleich, und die chromverarmten Zonen werden aufgehoben. Durch Stabilisierung mit Niob, Titan oder anderen Legierungselementen, die hohe Affinität zu Kohlenstoff haben, läßt sich die Ausscheidung von Chromcarbiden verhindern. Eine weitere Möglichkeit besteht in der Erniedrigung des Kohlenstoffgehaltes auf 0,05 bis 0,02% (ELC-Stähle[1]).

Einige Korrosionsarten treten nur bei gleichzeitiger mechanischer Belastung auf.

Korrodierende Medien sind häufig strömende Flüssigkeiten, deren Strömungsgeschwindigkeit Einfluß auf die Korrosionsvorgänge haben kann. Abb. 17.16 zeigt die Korrosionsgeschwindigkeit an einem Rohr aus unlegiertem Stahl, durch das sauerstoffgesättigtes Wasser fließt. Mit steigender Strömungsgeschwindigkeit wird der Sauerstofftransport verbessert, was zunächst zu einem Ansteigen der Massenverlustrate führt. In chloridfreiem Wasser kann sich bei ausreichender Versorgung mit Sauerstoff eine Passivschicht ausbilden, so daß die Massenverlustrate auf sehr geringe Werte zurückgeht. Beim Übergang zu turbulenter Strömung wird durch Flüssigkeitsreibung die Passivschicht an einigen Stellen zerstört, und es kommt zur **Erosionskorrosion.** Dieser Vorgang verstärkt sich, wenn in der strömenden Flüssigkeit Feststoffe oder Gase dispergiert sind. Erosionskorrosion ist dadurch gekennzeichnet, daß eine Passivschicht oder schützende Deckschicht schneller abgetragen als gebildet wird. In chloridhaltigem Wasser ist die Ausbildung einer Passivschicht behindert. Die Korrosionsgeschwindigkeit steigt in diesem Fall mit der Strömungsgeschwindigkeit bis zu einem Grenzwert an. Im Grenzgebiet herrscht ein Sauerstoffüberangebot, so daß die Korrosion nicht mehr durch den Sauerstofftransport, sondern durch die Geschwindigkeit der Phasengrenzreaktionen kontrolliert wird. Beim Übergang zu turbulenter Strömung reduziert sich die Dicke der laminaren Grenzschicht an der Metalloberfläche auf wenige Mikrometer. Dadurch werden Diffusion und Abtransport der Eisenionen von der Phasengrenze beschleunigt, und die Massenverlustrate nimmt wieder zu.

Der mechanische Abtrag von Passivschichten – und von Metallpartikeln – ist auch die Ursache der **Reibkorrosion.** Reibkorrosion wird durch oszillierende Schlupfbewegungen zwischen zwei Metallen oder einem Metall und einem nichtmetallischen Festkörper ausgelöst. Durch Oxidation der ungeschützten Metall-

---

[1] engl.: Extra Low Carbon

oberfläche und des Metallabriebs bilden sich bei Stahl rotbraune Eisenoxide (**Passungsrost**), die zur Verstärkung des Verschleißes beitragen. Die Anfälligkeit gegenüber Reibkorrosion kann durch Schmierung vermindert werden.

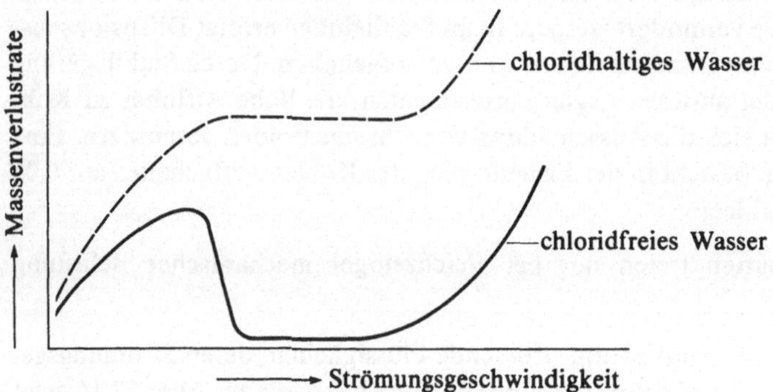

Abb. 17.16 Korrosionsgeschwindigkeit von unlegiertem Stahl in sauerstoffgesättigtem Wasser in Abhängigkeit von der Strömungsgeschwindigkeit

Spannungsrißkorrosion ist eine Rißbildung bei gleichzeitiger Einwirkung eines spezifischen Korrosionsmediums und einer rein statischen oder niederfrequenten schwellenden Zugbeanspruchung. Bei mechanischer Wechselbeanspruchung spricht man von Schwingungsrißkorrosion. Die Spannungsrißkorrosion ist eine der häufigsten Korrosionsarten in der chemischen Industrie, und sie ist, da die Rißbildung zum plötzlichen Versagen eines Anlagenteils führen kann, besonders gefürchtet. Korrosionsauslösende Zugspannungen können Eigenspannungen aus Abschreck- oder Schweißvorgängen sein, aber auch konstruktions- oder betriebsbedingte Spannungen (z. B. bei Druckbehältern). Spannungsrißkorrosion wird unter anderem bei Aluminiumlegierungen in Meerwasser, bei Kupferlegierungen in ammoniakhaltigen wäßrigen Lösungen und bei unlegierten Stählen in konzentrierter Natronlauge oder in nitrathaltigen Lösungen beobachtet. Besondere Bedeutung hat die Spannungsrißkorrosion austenitischer Chrom-Nickel-Stähle in chloridhaltigen Lösungen.

Spannungsrißkorrosion wird in der Regel dadurch ausgelöst, daß bei Überschreitung werkstoffspezifischer Zugbeanspruchungen in einigen Kristalliten plastische Verformungen auftreten. Dabei kann die Passivschicht durch Gleitstufen verletzt werden. Chloridionen verhindern bei austenitischen Chrom-Nickel-Stählen die Repassivierung, so daß, ähnlich wie bei der Lochkorrosion, anodische Stellen entstehen, die sich unter wechselseitigem Einfluß von Zugspannung und Korrosionsmedium zu Rissen fortpflanzen (Abb. 17.17).

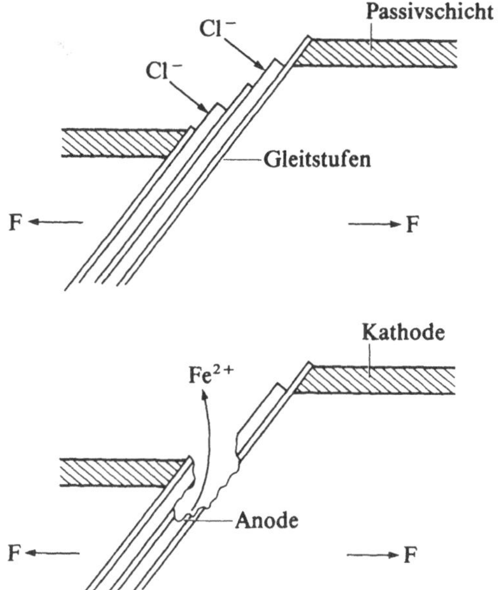

Abb. 17.17 Spannungsrißkorrosion

17.4. Korrosionsschutz

Der Korrosionsschutz umfaßt die unterschiedlichen Maßnahmen, die zur Verhinderung oder Verminderung von Korrosionsschäden geeignet sind. Häufig läßt sich Korrosion durch geeignete Konstruktion verhindern. Das kann z. B. dadurch geschehen, daß enge Spalten vermieden, Metallpaarungen durch Isolation voneinander getrennt und Behälter so konstruiert werden, daß sie bei Stillstand der Anlage vollständig entleerbar sind.

Die elektrochemischen Vorgänge der Korrosion lassen sich durch elektrochemische Methoden unterdrücken. Beim **kathodischen Korrosionsschutz** wird das zu schützende Metall durch einen aufgezwungenen Strom zur Kathode gemacht. Diese Methode kann angewandt werden, wenn eine Metallkonstruktion in einen ausgedehnten Elektrolyten eintaucht, was z. B. bei erdverlegten Rohrleitungen, unterirdischen Lagerbehältern, Seewasserbauten (z. B. Offshore-Anlagen, Ladebrücken), Seeschiffen und mit Elektrolyten gefüllten Behältern der Fall ist. Der Schutzstrom kann durch ein galvanisches Element erzeugt werden, das z. B. aus einer zu schützenden Rohrleitung und einer unedlen Anode besteht, die – elektrisch leitend verbunden – in die Bodenlösung eintauchen (Abb. 17.18). Als Anodenmaterial werden Magnesiumlegierungen oder sehr reines Zink verwendet, die Anoden sind fast immer in eine gut leitende Masse (z. B. Bentonit und Kupfersulfat) eingebettet. Die für den Schutz erforderlichen Elektronen werden durch Auflösung des Anodenmaterials („Opferanode") erzeugt. Die Vorgänge können mit Hilfe von Abb. 17.13 erklärt werden. Da die erreichbaren Spannungen durch die Metallpaarung im galvanischen Element gegeben und damit begrenzt sind, eignen sich galvanische Anoden nur für Objekte mit geringem Schutzstrombedarf. Durch Fremdstrom über Gleichrichter erzeugte Schutzströme können beliebig groß gewählt werden, so daß sich auch ausgedehnte Objekte (z. B. lange Rohrleitungen) schützen lassen. Als Anodenmaterial, das in diesem Fall möglichst nicht abgetragen werden soll, wird Gußeisen-Silicium oder Graphit, bei innengeschützten Behältern auch platiniertes Titan verwendet. Erdverlegte Leitungen und Lagerbehälter werden zusätzlich durch Polyethylen- oder Bitumenüberzüge geschützt. Der kathodische Korrosionsschutz konzentriert sich dadurch auf die meist kleinen Beschädigungen der Beschichtung, so daß der Schutzstrombedarf um den Faktor 10^{-3} bis 10^{-6} reduziert werden kann.

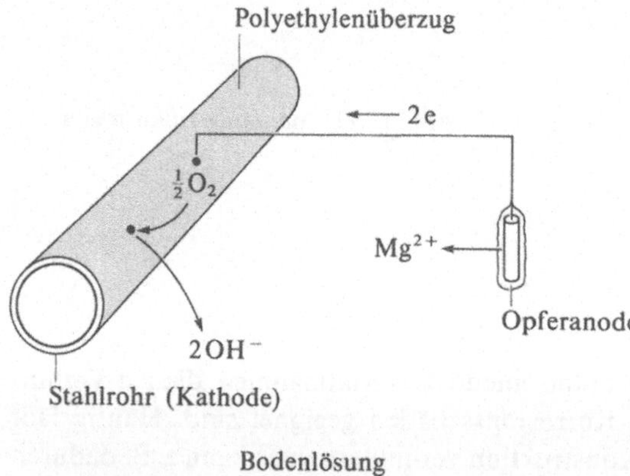

Abb. 17.18 Kathodischer Schutz einer Rohrleitung durch eine Opferanode

Der **anodische Korrosionsschutz** ist nur bei passivierbaren Metallen anwendbar. Die Methode beruht darauf, daß das Potential durch einen Fremdstrom oder durch kathodisch wirksame Legierungsbestandteile (Abb. 17.11) in den Bereich verschoben wird, in dem das Metall passiv ist.

Korrosionsinhibitoren sind Stoffe, die bereits in geringer Konzentration die Korrosion hemmen. Zur Beurteilung ihrer Wirkung wird häufig die Schutzwirkung Z in Prozent verwendet:

$$Z = \frac{v_0 - v}{v_0} \cdot 100$$

v_0 = flächenbezogene Massenverlustrate ohne Inhibitor;
v = flächenbezogene Massenverlustrate mit Inhibitor.

Besonders wirksame Inhibitoren für die Säurekorrosion von Eisen sind Oniumverbindungen der allgemeinen Formel

$$[R_4Y]^+ X^- \qquad Y = N, P, As; \qquad X^- = Cl^-, Br^-$$

oder Verbindungen, die durch Anlagerung eines Protons zu Oniumverbindungen
werden wie

$$\text{Amine} \qquad R-NH_2 + H_3O^+ \rightleftharpoons [R-NH_3]^+ + H_2O$$

oder

$$\text{Sulfoxide} \quad R_2SO \quad + H_3O^+ \rightleftharpoons [R_2SOH]^+ + H_2O$$

Die positiv geladenen Oniumionen werden zu kathodischen Bereichen der Metalloberfläche transportiert und dort durch Elektronen abgebaut, z. B.

$$[R_4N]^+ \quad + 2e + H_3O^+ \rightleftharpoons R_3N| + RH + H_2O$$

$$[R_2SOH]^+ + 2e + H_3O^+ \rightleftharpoons R_2\overset{\backslash}{S} + 2H_2O$$

Dabei entstehen Moleküle, die über ihre nichtbindenden Elektronenpaare an der
Metalloberfläche gebunden werden und dadurch die Kathodenreaktion der Säurekorrosion hemmen.

Verbindungen dieser Art werden als Beizinhibitoren verwendet, um bei der Entfernung von Rost und Zunder mit Säuren den Angriff auf das Grundmetall zu
vermindern.

Zur Inhibierung der Sauerstoffkorrosion von Eisen in neutralen Lösungen eignen
sich

$$\text{N-acylierte Sarkoside} \qquad R-CO-\underset{\underset{CH_3}{|}}{N}-CH_2-COOH$$

und

Phosphonsäuren, z. B. 1,7-Heptandiphosphonsäure

$$(HO)_2OP-(CH_2)_7-PO(OH)_2$$

die mit dem Metall unter Bildung schützender Eisensalz-Deckschichten reagieren
und dadurch die weitere anodische Metallauflösung unterdrücken. In Metallbe-
arbeitungsölen und Schmierfetten werden neben Sarkosiden häufig Petroleumsulfonate oder Naphthenate (z. B. Zinknaphthenat) als Korrosionsinhibitoren
verwendet. Die Korrosion von Kupfer in sauren, sauerstoffhaltigen Medien wird
durch Triazolderivate wie

Benzotriazol

inhibiert.

Passivatoren begünstigen die Ausbildung von Passivschichten. Sie sind entweder, wie Natriumchromat, Na_2CrO_4, und Natriumnitrit, $NaNO_2$, leicht reduzierbare Oxidationsmittel oder sie fördern, wie Borax, $Na_2B_4O_7$, und Natriumbenzoat, C_6H_5COONa, die passivierende Wirkung des Sauerstoffs.

Hydrazin, $H_2N\!-\!NH_2$, eine wasserlösliche, basische, zu den krebserzeugenden Arbeitsstoffen zählende Verbindung, die als Korrosionsinhibitor in Kesselspeisewasser verwendet wird, wirkt auf zweierlei Art. Nach Gleichung

$$N_2H_4 + O_2 \longrightarrow N_2 + 2\,H_2O$$

kann es mit gelöstem Sauerstoff zu inerten Stoffen reagieren und damit die Kathodenreaktion der Sauerstoffkorrosion unterbinden. Die Reaktion zwischen Hydrazin und Sauerstoff ist bei Raumtemperatur sehr langsam, kann aber durch Aktivkohle oder palladiumhaltige Ionenaustauscher beschleunigt werden.

Hydrazin katalysiert außerdem die Reaktion

$$2\,Fe^{2+} + \tfrac{1}{2}O_2 + 4\,OH^- \longrightarrow Fe_2O_3 + 2\,H_2O$$

durch Bildung von Eisen-Hydrazin-Komplexen und wirkt dadurch als Passivator. Fe_2O_3-Schutzschichten, zu deren Ausbildung, wie die Reaktionsgleichung zeigt, ein Mindestsauerstoffgehalt im Kesselspeisewasser erforderlich ist, sind bei neutraler Fahrweise beständiger als Fe_3O_4-Schutzschichten ($\rightarrow$17.1.).

Für den Korrosionsschutz durch Überzüge wird meist der Begriff **passiver Korrosionsschutz** gebraucht. Die Überzüge können zeitlich begrenzt aufgebracht werden, um z. B. Maschinen, Apparate oder Bleche zwischen Fertigstellung und Montage oder Weiterverarbeitung vor atmosphärischer Korrosion zu schützen (temporärer Korrosionsschutz). In den meisten Fällen ist das Ziel aber ein dauerhafter Verbundwerkstoff aus einem preisgünstigen, leicht umformbaren Trägermetall mit hoher Festigkeit – meist Stahl – und einem korrosionsbeständigen Auflagematerial. Abb. 17.19 gibt eine Einteilung für Korrosionsschutzüberzüge mit wichtigen Beispielen.

Um gleichmäßige, gut haftende Oberflächenschichten zu erhalten, wird die Metalloberfläche vor dem Aufbringen der Überzüge gereinigt. Fett- und harzartige Verunreinigungen, die Staub und lockere Korrosionsprodukte enthalten können, lassen sich mit Chlorkohlenwasserstoffen ($\rightarrow$12.3.) oder wäßrigen Reinigungsbädern ($\rightarrow$13.) entfernen. Festhaftende anorganische Verunreinigungen werden durch **Beizen** chemisch umgesetzt und in Lösung gebracht. Zum Beizen von Eisen finden Salzsäure und Schwefelsäure Verwendung, wobei die Säuregehalte der Beizlösungen je nach Anwendungsart bei Massenanteilen zwischen 3 und 25% liegen. Zwischen der Säure und den oxidischen oder hydroxidischen Oberflächenverbindungen laufen unter anderem folgende Reaktionen ab:

$$FeOOH + 3\,H_3O^+ \longrightarrow Fe^{3+} + 5\,H_2O$$

$$Fe_3O_4 + 8\,H_3O^+ \longrightarrow 2\,Fe^{3+} + Fe^{2+} + 12\,H_2O$$

Dabei kann nach

$$Fe + 2\,H_3O^+ \longrightarrow Fe^{2+} + H_2 + 2\,H_2O$$

das Grundmetall mehr oder weniger stark angegriffen werden.

Bei der Auswahl des Auftragverfahrens für metallische Überzüge muß neben der geforderten Schichtdicke auch die Haftfestigkeit und Porosität des Überzugs berücksichtigt werden. Die Schichtdicke liegt beim Ionenimplantieren zwischen 10 nm und 1 µm, bei elektrolytischen (galvanischen) Verfahren zwischen 1 µm und 10 mm, beim Schmelztauchen zwischen 8 µm und 1 mm, beim thermischen Spritzen zwischen 100 µm und 1 mm und beim Plattieren zwischen 10 und 100 mm.

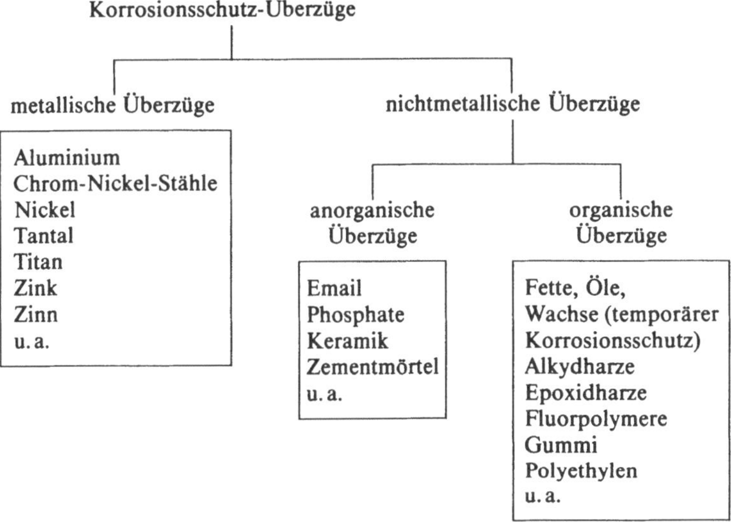

Abb. 17.19 Passiver Korrosionsschutz

Zinküberzüge auf Stahl wirken nicht nur abdeckend, sondern – im Falle ihrer Beschädigung – zusätzlich als kathodischer Schutz. Die Durchtrittsüberspannung für die Reaktion

$$2\,H_3O^+ + 2\,e \rightleftharpoons H_2 + 2\,H_2O$$

ist an Zink sehr hoch, das Metall wird deshalb trotz seiner niedrigen Standardspannung von Wasser und schwachen Säuren nicht merklich angegriffen. An feuchter Luft unterliegt Zink der Sauerstoffkorrosion. Da sich seine Oberfläche dabei mit einer korrosionshemmenden Deckschicht aus basischem Zinkcarbonat, $ZnCO_3 \cdot 3\,Zn(OH)_2$, überzieht, ist die Korrosionsgeschwindigkeit an reiner Luft selbst bei hoher Luftfeuchtigkeit gering. Bereits im schwach sauren Bereich, der sich bei Wässern mit überschüssigem Kohlendioxid oder sauren Niederschlägen leicht einstellen kann, wird die Deckschicht abgebaut und die Korrosionsgeschwindigkeit nimmt zu. Wird der Zinküberzug auf verzinktem Stahl beschädigt, geht das Zink als Metall mit dem niedrigeren freien Korrosionspotential anodisch in Lösung. Das freigelegte Eisen wird kathodisch geschützt. Anodisch gebildete Zinkionen und kathodisch gebildete Hydroxidionen reagieren unter Bildung von Zinkhydroxid, das an der beschädigten Oberfläche eine Deckschicht ausbildet (Abb. 17.20). Bei Temperaturen oberhalb 60 °C wird die verletzte Zinkschicht so schnell durch eine Deckschicht geschützt, daß der kathodische Schutz der Eisenoberfläche nicht mehr gewährleistet ist. In diesem Fall korrodiert das freigelegte Eisen unter Narben- und Grübchenbildung.

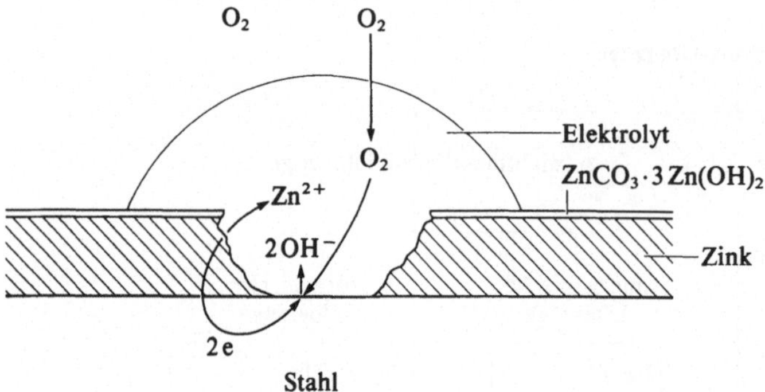

Abb. 17.20 Kathodischer Schutz durch Zinküberzüge

Stahl- und verzinkte Stahloberflächen werden vor der Lackierung meist mit wäßrigen Lösungen von Phosphaten (z. B. Zinkphosphat) und Phosphorsäure behandelt. Bei der **Phosphatierung** bilden sich Oberflächenschichten aus, die häufig nur etwa 1 µm dick sind, und deren Hauptbestandteile die Verbindungen Hopeit, $Zn_3(PO_4)_3 \cdot 4\,H_2O$, und Phosphophyllit, $Zn_2Fe(PO_4)_2 \cdot 4\,H_2O$, sind. Phosphatschichten stellen einen zusätzlichen Korrosionsschutz dar und bilden darüber hinaus einen ausgezeichneten Haftgrund für Lacke.

Beim Korrosionsschutz durch organische Überzüge müssen in erster Linie die chemische und thermische Beständigkeit der Polymeren, daneben aber auch die Durchlässigkeit des Überzugs für das korrosive Medium beachtet werden. Die Durchlässigkeit (Permeation) steigt mit zunehmender Temperatur und abnehmender Schichtdicke. Dünnschichtsysteme (Lackierungen) mit Schichtdicken von weniger als 0,4 mm sind nur bei niedrigen Temperaturen – z. B. als Schutz gegen atmosphärische Korrosion – anwendbar. Höhere Anforderungen können an Dickschichtsysteme (Beschichtungen) mit Schichtdicken zwischen 0,4 und 1,5 mm gestellt werden. Basis für Beschichtungen sind kalthärtende Harze oder Kunststoffpulver, die beim Schmelzen einen porenfreien Film auf der Metalloberfläche bilden. Bei Auskleidungen werden vorgefertigte Halbzeuge wie Bahnen oder Tafeln mit dem zu schützenden Metall verklebt. Dadurch können größere Schichtdicken und Korrosionsschutz bei höherer Temperatur erreicht werden. Besondere Bedeutung haben Auskleidungen mit Kautschuk, die durch anschließendes Erhitzen auf 95°C vulkanisiert werden (Gummierungen), und mit Fluorpolymeren.

18. Literaturverzeichnis

Allgemeine Grundlagen

1 A. Blaschette: Allgemeine Chemie. Akademische Verlagsanstalt, Frankfurt/Main 1974 (Bd. 1) und 1979 (Bd. 2).
2 W. Kullbach: Mengenberechnungen in der Chemie. Verlag Chemie, Weinheim 1980.
3 E. Riedel: Allgemeine und Anorganische Chemie. Walter de Gruyter, Berlin 1988.
4 P. W. Atkins: Physikalische Chemie. VCH Verlagsgesellschaft, Weinheim 1987.

Standardwerke der angewandten Chemie

5 Ullmanns Encyklopädie der technischen Chemie, 4. Auflage, Verlag Chemie, Weinheim 1972–1984.
6 Ullmann's Encyclopedia of Industrial Chemistry, 5. Auflage, VCH Verlagsgesellschaft, Weinheim ab 1985.

Weiterführende Literatur zu den einzelnen Kapiteln

Kapitel 3 und 4

7 O. Fuchs: Die zwischenmolekularen Kräfte und ihr Einfluß auf die Eigenschaften von Stoffen und Stoffgemischen. CLB Chemie für Labor und Betrieb **36**, 378 (1985); **37**, 59, 224 und 574 (1986); **38**, 106, 412 und 593 (1987); **39**, 25 und 110 (1988).

Kapitel 5

8 G. Emig: Wirkungsweise und Einsatz von Katalysatoren. Chemie in unserer Zeit **21**, 128 (1987).
9 G. C. Bond: Heterogeneous Catalysis: Principles and Applications. Clarendon Press, Oxford 1987.

Kapitel 6

10 C. Bliefert: pH-Wert-Berechnungen. Verlag Chemie, Weinheim 1978.
11 F. Strohbusch: Neuere Erkenntnisse der Säure-Basen-Theorie. Chemie in unserer Zeit **16**, 103 (1982).

Kapitel 7

12 H. Spähn und H. Speckhardt: Funktionelle Galvanotechnik heute. Z. Werkstofftech. **12**, 110 (1981).
13 D. Rathmann: Kunststoffgalvanisierung. Chemie in unserer Zeit **15**, 201 (1981).

Kapitel 8

14 S. D. Faust und O. M. Aly: Chemistry of Water Treatment. Butterworth, Woburn 1983.

15 R. K. Freier: Chemie des Wassers in Thermischen Kraftanlagen. Walter de Gruyter, Berlin 1984.
16 K. Holl: Wasser. Walter de Gruyter, Berlin 1986.
17 L. A. Hütter: Wasser und Wasseruntersuchung. Diesterweg, Frankfurt/M. und Sauerländer, Aarau 1988.

Kapitel 9

18 H. A. Aulich, F.-W. Schulze und J. G. Grabmaier: Verfahren zur Herstellung von Solarsilicium. Chem.-Ing.-Tech. **56**, 667 (1984).
19 L. Puppe: Zeolithe – Eigenschaften und technische Anwendungen. Chemie in unserer Zeit **20**, 117 (1986).
20 R. Schliebs und J. Ackermann: Chemie und Technologie der Silicone. Chemie in unserer Zeit **21**, 121 (1987) und **23**, 86 (1989).

Kapitel 10

21 H. Knoblauch und U. Schneider: Bauchemie. Werner-Verlag GmbH, Düsseldorf 1987.

Kapitel 11

22 D. Jahnke: Moderne Stahlerzeugung. Chemie in unserer Zeit **15**, 10 (1981).
23 H. Bösch: Tüpfelreaktionen zur Identifizierung von hochlegierten Edelstählen. Z. Werkstofftech. **11**, 265 (1980).

Kapitel 12

24 K. J. Hüttinger: Kohlenstoffwerkstoffe – Vom Graphitkristall zum Hochleistungswerkstoff. Chemiker-Zeitung **112**, 355 (1988).
25 H. Beyer und W. Walter: Lehrbuch der Organischen Chemie. S. Hirzel Verlag, Stuttgart 1988.
26 K. Weissermel und H.-J. Arpe: Industrielle Organische Chemie. VCH Verlagsgesellschaft, Weinheim 1988.

Kapitel 13

27 H. Stache (Hrsg.): Tensid-Taschenbuch. Carl Hanser Verlag, München 1981.

Kapitel 14

28 J. Warnatz: Elementarreaktionen in Verbrennungsprozessen. BWK **37**, 11 (1985).
29 G. Cerbe: Grundlagen der Gastechnik. Carl Hanser Verlag, München 1981.
30 K. Kosswig: Steigerung der Erdölproduktion mit Chemikalien. Chemie in unserer Zeit **18**, 87 (1984).
31 W. Dabelstein und A. Reglitzky: Kraftstoffe für den Straßenverkehr im Wandel der Zeit. Erdöl, Erdgas, Kohle **102**, 93, 246 und 355 (1986).
32 C. Jentsch: Unverbleite Ottokraftstoffe. Chemie in unserer Zeit **20**, 105 (1986).
33 C. Spindelbalker und A. Schmidt: Sauerstoffhaltige Kraftstoffextender. Erdöl, Erdgas, Kohle **102**, 469 (1986).
34 M. W. Haenel, G. Collin und M. Zander: Kohlechemie – Stand, Forschungsrichtungen und Perspektiven. Erdöl, Erdgas, Kohle **105**, 71 und 131 (1989).
35 E. Koberstein: Katalysatoren zur Reinigung von Autoabgasen. Chemie in unserer Zeit **18**, 37 (1984).

36 P. Öser und W. Brandstetter: Grundlagen zur Abgasreinigung von Ottomotoren mit der Katalysatortechnik: MTZ Motortechnische Zeitschrift **45**, 201 (1984).
37 U. Hoffmann und A. Löwe: Das Verhalten katalytischer Abgas-Konverter aus reaktionstechnischer Sicht. Chem.-Ing.-Tech. **58**, 777 (1986).
38 H.-G. Schäfer und F. N. Riedel: Über die Bildung von Stickoxiden in Großfeuerungsanlagen, deren Einfluß auf die Umwelt, ihre Verminderung sowie ihre Entfernung aus den Abgasen der Kraftwerke. Chemiker-Zeitung **113**, 65 (1989).

Kapitel 15

39 W. Schaper: Additive für Kühlschmierstoffe für die spanende Metallbearbeitung. Tribologie + Schmierungstechnik **30**, 6 (1983).
40 A. Hubmann und F. Pass: Aufbau neuzeitlicher Motorenöle. Tribologie + Schmierungstechnik **31**, 330 (1984).
41 W. J. Bartz: Zur Bedeutung synthetischer Schmierstoffe – Übersicht und Ausblick. Tribologie + Schmierungstechnik **34**, 262 (1987).
42 C. Rasp: Wäßrige Hydraulikflüssigkeiten mit synthetischen Bestandteilen. Tribologie + Schmierungstechnik **35**, 185 (1988).
43 G. Schmidt: Synthetische Schmierfette – Stand der Technik – Industrielle Anwendung. Tribologie + Schmierungstechnik **35**, 9 (1988).
44 H.-J. Neumann: Bitumen – neue Erkenntnisse über Aufbau und Eigenschaften. Erdöl und Kohle – Erdgas – Petrochemie **34**, 336 (1981).

Kapitel 16

45 H. Batzer (Hrsg.): Polymere Werkstoffe. Georg Thieme Verlag, Stuttgart 1984/85.
46 H. Saechtling: Kunststoff-Taschenbuch. 23. Ausgabe. Carl Hanser Verlag, München 1986.
47 K. Menke und S. Roth: Metallisch leitfähige Polymere. Chemie in unserer Zeit **20**, 1 und 30 (1986).
48 W. H. Meyer: Polymer-Legierungen. Chemie in unserer Zeit **21**, 59 (1987).
49 M. Ballauff: Flüssig-kristalline Polymere. Chemie in unserer Zeit **22**, 63 (1988).

Kapitel 17

50 K. Müller: Lehrbuch der Metallkorrosion. Eugen G. Leuze Verlag, Saulgau 1975.
51 P. J. Gellings: Korrosion und Korrosionsschutz von Metallen. Carl Hanser Verlag, München 1981.
52 G. Wranglen: Korrosion und Korrosionsschutz. Springer Verlag, Berlin 1985.
53 L. Horner: Inhibitoren der Korrosion des Eisens – Wirkungsweise, elektronische und strukturelle Voraussetzungen. Chemiker-Zeitung **100**, 247 (1976).
54 W. Kölle und H. Sontheimer: Untersuchungen zur Schutzschichtbildung in Gußrohren. Vom Wasser **49**, 277, Verlag Chemie 1977.
55 H. Sontheimer, W. Kölle und R. Rudek: Aufgaben und Methoden der Wasserchemie – dargestellt an der Entwicklung der Erkenntnisse zur Bildung von Korrosionsschutzschichten auf Metallen. Vom Wasser **52**, 1, Verlag Chemie 1979.
56 G. Bohnsack: Hydrazin als Inhibitor der Korrosion von Stahl in reinem Wasser. Vom Wasser **53**, 147, Verlag Chemie 1979.
57 H. Gräfen: Die Arten der rißbildenden Korrosion und ihre Bedeutung für die Betriebsbereitschaft von Komponenten der Chemietechnik. Chem.-Ing.-Tech. **60**, 662 (1988).

19. Anhang

19.1. Symbolverzeichnis

		Kapitel
A	Massenzahl	1.2.
A_r	relative Atommasse	1.2.
a	Aktivität	5.2.
B_R	Raumbelastung	8.4.
B_{TS}	Schlammbelastung	8.4.
BSB	Biochemischer Sauerstoffbedarf	8.2.
b	Molalität	4.2.
CSB	Chemischer Sauerstoffbedarf	8.2.
c	Stoffmengenkonzentration	4.2.
$*c$	relative Stoffmengenkonzentration	7.6.
c_{eq}	Äquivalentkonzentration	4.2.
D	Geschwindigkeitsgefälle	15.1.
DOC	Gehalt an gelöstem organischen Kohlenstoff	8.2.
d	d-Atomorbital	2.
d	relative Dichte	14.4.
e	Elektron (Elementarladung)	1.2.
F	Faradaykonstante	7.3.
F_{es}	elektrostatische Kraft	3.1.
F_N	Normalkraft	15.1.
F_R	Reibungskraft	15.1.
f	f-Atomorbital	2.
f_a	Aktivitätskoeffizient	5.2.
ΔG	Änderung der Freien Enthalpie	4.1.; 5.1.
H	Enthalpie	4.1.
H	Henrykonstante	8.2.
H_o	Brennwert	14.2.
H_u	Heizwert	14.2.
ΔH	Enthalpieänderung	4.1.
ΔH_f°	Standard-Bildungsenthalpie	5.1.
ΔH_{git}	Gitterenthalpie	4.1.
ΔH_{hyd}	Hydratationsenthalpie	4.1.
ΔH_{ls}	Lösungsenthalpie	4.1.
ΔH_r	Reaktionsenthalpie	5.1.
ΔH_r°	Standard-Reaktionsenthalpie	5.1.
I	Stromstärke	7.3.
I_A	Stärke des anodischen Teilstroms	17.2.
I_K	Stärke des kathodischen Teilstroms	17.2.
K_a	Säurekonstante	6.3.
$K_{B4,3}$	Basekapazität bis zum pH-Wert 4,3	8.2.
$K_{B8,2}$	Basekapazität bis zum pH-Wert 8,2	8.2.
K_b	Basenkonstante	6.3.

K_c	Gleichgewichtskonstante bei Verwendung von Stoffmengenkonzentrationen	5.2.
K_L	Löslichkeitsprodukt	5.2.
K_M	Michaelis-Konstante	8.4.
K_p	Gleichgewichtskonstante bei Verwendung von Partialdrücken	5.2.
$K_{S4,3}$	Säurekapazität bis zum pH-Wert 4,3	8.2.
$K_{S8,2}$	Säurekapazität bis zum pH-Wert 8,2	8.2.
K_w	Ionenprodukt des Wassers	6.4.
KI	Kolloid-Index	8.2.
KSt	Kalkstandard	10.3.
k	Geschwindigkeitskonstante einer Reaktion	5.2.
LOI	Sauerstoffindex	16.2.
l	Nebenquantenzahl	2.
M	molare Masse	1.3.
MAK	Maximale Arbeitsplatzkonzentration	12.3.
MOZ	Motoroctanzahl	14.2.
m	Masse	1.2.; 1.3.
m	Richtungskonstante nach Ubbelohde-Walther	15.1.
N	Neutronenzahl	1.2.
N	Teilchenzahl (allgemein)	1.3.
N_A	Avogadrokonstante	1.3.
n	Neutron	1.2.
n	Stoffmenge	1.3.
n	Hauptquantenzahl	2.
P	Polymerisationsgrad	16.1.
p	Proton	1.2.
p	Druck	1.4.
p	p-Atomorbital	2.
p_0	Normdruck	1.4.
$p(B)$	Partialdruck einer Gasgemisch-Komponente B	1.4.
pH		6.4.
pK_a	Säureexponent	6.3.
pK_b	Basenexponent	6.3.
pOH		6.4.
Q	Ladung	3.1.
R	universelle Gaskonstante	1.4.
R	elektrischer Widerstand	7.4.
R	Rückhaltevermögen	8.3.
ROZ	Research-Octanzahl	14.2.
r	Radius, Abstand	3.1.; 3.2.
r	Reaktionsgeschwindigkeit	5.2.
r_0	Bindungslänge	3.2.
S	Entropie	4.1.
S	Oberfläche (Grenzfläche)	13.
ΔS	Entropieänderung	4.1.; 5.1.
s	s-Atomorbital	2.
T	thermodynamische Temperatur	1.4.
T_0	Normtemperatur	1.4.
T_g	Transformationspunkt, Glastemperatur	9.3.; 16.1.
TOC	Gesamtgehalt an organisch gebundenem Kohlenstoff	8.2.
t	Zeit	
U	Spannung	7.4.

U_0	Standardspannung	7.5.
U_{GL}	Gleichgewichtsspannung	7.6.
U_R	Ruhespannung	17.2.
U_Z	Zellspannung	7.6.
V	Volumen	1.4.; 4.2.
V_0	Gasvolumen unter Normbedingungen	1.4.
$V(B)$	Partialvolumen einer Gemischkomponente B	1.4.
VI	Viskositätsindex	15.1.
v	flächenbezogene Massenverlustrate	17.3.
W	Energie	
W	Wobbeindex	14.4.
W	Walthersche Funktion	15.1.
W_A	Aktivierungsenergie	5.3.
W_D	Dissoziationsenergie	3.2.
w	Massenanteil	4.2.
w_{lin}	lineare Abtragungsrate	17.3.
x	Stoffmengenanteil (Flüssigphase)	4.2.
x	Schichtdicke	17.1.
y	Stoffmengenanteil (Dampfphase)	14.5.
Z	Kernladungszahl	1.2.
Z	Schutzwirkung	17.4.
z	Verbindungswertigkeit	4.2.
α	Trennfaktor	8.3.
γ	Massenkonzentration	8.2.
γ	Oberflächenspannung (Grenzflächenspannung)	13.
δ^+, δ^-	Partialladungen	3.4.
ε	Verdichtungsverhältnis	14.2.
ε_0	elektrische Feldkonstante	3.1.
ε_r	relative Dielektrizitätskonstante	3.1.
η	Wirkungsgrad	7.7.
η	dynamische Viskosität	15.1.
η_s	Stromausbeute	7.3.
Θ	Randwinkel (Netzwinkel)	13.
$\varkappa$	spezifische elektrische Leitfähigkeit	7.4.
λ	Luftverhältnis	14.2.
μ	Reibungszahl	15.1.
ν	kinematische Viskosität	15.1.
π	π-Bindung	3.2.
ρ	Dichte	4.2.
σ	σ-Bindung	3.2.
τ	Schubspannung	15.1.
φ	Volumenanteil	4.2.

19.2. Molare Massen von ausgewählten natürlichen Elementen und chemischen Verbindungen

Name	Formel	M $\mathrm{g\,mol^{-1}}$	Name	Formel	M $\mathrm{g\,mol^{-1}}$
Aluminium	Al	27,0	Perchlorsäure	$HClO_4$	100,5
-chlorid	$AlCl_3$	133,3	Chrom	Cr	52,0
-hydroxid	$Al(OH)_3$	78,0	-(III)-oxid	Cr_2O_3	152,0
-oxid	Al_2O_3	102,0	-(VI)-oxid	CrO_3	100,0
-sulfat	$Al_2(SO_4)_3$	342,1			
Ammoniak	NH_3	17,0	Eisen	Fe	55,9
			-carbonat	$FeCO_3$	115,9
Ammonium	NH_4^+	18,0	-(II)-chlorid	$FeCl_2$	126,8
-carbonat	$(NH_4)_2CO_3$	96,1	-(III)-chlorid	$FeCl_3$	162,2
-chlorid	NH_4Cl	53,5	-(II)-hydroxid	$Fe(OH)_2$	89,9
-molybdat	$(NH_4)_2MoO_4$	196,0	-(II)-oxid	FeO	71,8
-nitrat	NH_4NO_3	80,0	-(II,III)-oxid	Fe_3O_4	231,6
-sulfat	$(NH_4)_2SO_4$	132,1	-(III)-oxid	Fe_2O_3	159,7
Arsen	As	74,9	-(II)-sulfat heptahydrat	$FeSO_4\cdot 7\,H_2O$	278,0
Barium	Ba	137,3	-(II)-sulfid	FeS	87,9
-chlorid	$BaCl_2$	208,2	-disulfid	FeS_2	120,0
-hydroxid	$Ba(OH)_2$	171,4	Fluor	F	19,0
-sulfat	$BaSO_4$	233,4	-wasserstoff	HF	20,0
Blei	Pb	207,2			
-(IV)-oxid	PbO_2	239,2	Gallium	Ga	69,7
-sulfat	$PbSO_4$	303,3	Germanium	Ge	72,6
Bor	B	10,8	Iod	I	126,9
-säure	H_3BO_3	61,8	-wasserstoff	HI	127,9
Brom	Br	79,9	Kalium	K	39,1
-wasserstoff	HBr	80,9	-carbonat	K_2CO_3	138,2
Cadmium	Cd	112,4	-chlorid	KCl	74,6
			-dichromat	$K_2Cr_2O_7$	294,2
Calcium	Ca	40,1	-hydroxid	KOH	56,1
-carbonat	$CaCO_3$	100,1	-iodid	KI	166,0
-chlorid	$CaCl_2$	111,0	-nitrat	KNO_3	101,1
-fluorid	CaF_2	78,1	-oxid	K_2O	94,2
-hydroxid	$Ca(OH)_2$	74,1	-perchlorat	$KClO_4$	138,6
-nitrat	$Ca(NO_3)_2$	164,1	-permanganat	$KMnO_4$	158,0
-oxalat	$Ca(COO)_2$	128,1	-phosphat		
-oxid	CaO	56,1	prim.	KH_2PO_4	136,1
-phosphat prim.	$Ca(H_2PO_4)_2$	234,1	Kobalt	Co	58,9
sek.	$CaHPO_4$	136,1	Kohlenstoff	C	12,0
tert.	$Ca_3(PO_4)_2$	310,2	-monoxid	CO	28,0
-sulfat	$CaSO_4$	136,1	-dioxid	CO_2	44,0
Cer	Ce	140,1	Blausäure	HCN	27,0
			Harnstoff	$CO(NH_2)$	60,1
Chlor	Cl	35,5	Methan	CH_4	16,0
-wasserstoff	HCl	36,5	Ethan	C_2H_6	30,1

19.2. Molare Massen von Elementen und chemischen Verbindungen

Name	Formel	M g mol^{-1}	Name	Formel	M g mol^{-1}
Propan	C_3H_8	44,1	Molybdän	Mo	95,9
Butan	C_4H_{10}	58,1	-(VI)-oxid	MoO_3	144,0
Pentan	C_5H_{12}	72,1	-(IV)-sulfid	MoS_2	160,1
Hexan	C_6H_{14}	86,2			
Heptan	C_7H_{16}	100,2	Natrium	Na	23,0
Octan	C_8H_{18}	114,2	-acetat	CH_3COONa	82,0
Ethylen	C_2H_4	28,1	-tetraborat	$Na_2B_4O_7$	201,2
Propylen	C_3H_6	42,1	-bromid	NaBr	102,9
Butadien	C_4H_6	54,1	-carbonat	Na_2CO_3	106,0
Acetylen	C_2H_2	26,0	-hydrogen-		
Benzol	C_6H_6	78,1	carbonat	$NaHCO_3$	84,0
Toluol	$C_6H_5CH_3$	92,1	-chlorid	NaCl	58,5
Xylol	$C_6H_4(CH_3)_2$	106,2	-fluorid	NaF	42,0
Styrol	$C_6H_5CHCH_2$	104,2	-hydroxid	NaOH	40,0
Chlormethan	CH_3Cl	50,5	-iodid	NaI	149,9
Dichlormethan	CH_2Cl_2	84,9	-nitrat	$NaNO_3$	85,0
Vinylchlorid	CH_2CHCl	62,5	-phosphat		
Methanol	CH_3OH	32,0	prim.	NaH_2PO_4	120,0
Ethanol	C_2H_5OH	46,1	sek.	Na_2HPO_4	142,0
Propanol	C_3H_7OH	60,1	tert.	Na_3PO_4	163,9
Ethylenglykol	$CH_2(OH)CH_2OH$	62,1	-silicat	Na_2SiO_3	122,1
Ameisensäure	HCOOH	46,0	-sulfat	Na_2SO_4	142,0
Essigsäure	CH_3COOH	60,1	-thiosulfat	$Na_2S_2O_3$	158,1
Propionsäure	C_2H_5COOH	74,1	Nickel	Ni	58,7
Oxalsäure	$(COOH)_2$	90,0	-sulfat	$NiSO_4$	154,8
Formaldehyd	HCHO	30,0			
Acetaldehyd	CH_3CHO	44,1	Phosphor	P	137,3
Aceton	CH_3COCH_3	58,1	-(V)-oxid	P_4O_{10}	284,0
Diethylether	$C_2H_5OC_2H_5$	74,1	-säure	H_3PO_4	98,0
Ethylenoxid	$(CH_2CH_2)O$	44,1	Quecksilber	Hg	200,6
Kupfer	Cu	63,5	Sauerstoff	O	16,0
-(I)-oxid	Cu_2O	143,1			
-(II)-oxid	CuO	79,5	Schwefel	S	32,1
-(II)-sulfat	$CuSO_4$	159,6		S_8	256,5
Lithium	Li	6,9	-dioxid	SO_2	64,1
			-trioxid	SO_3	80,1
Magnesium	Mg	24,3	-säure	H_2SO_4	98,1
-carbonat	$MgCO_3$	84,3	-wasserstoff	H_2S	34,1
-chlorid	$MgCl_2$	95,2			
-hydroxid	$Mg(OH)_2$	58,3	Silber	Ag	107,9
-oxid	MgO	40,3	-bromid	AgBr	187,8
-sulfat	$MgSO_4$	120,4	-chlorid	AgCl	143,3
Mangan	Mn	54,9	Silicium	Si	28,1
-(II)-hydroxid	$Mn(OH)_2$	89,0	-tetrachlorid	$SiCl_4$	169,9
-(II)-oxid	MnO	70,9	-dioxid	SiO_2	60,1
-(IV)-oxid	MnO_2	86,9	Monosilan	SiH_4	32,1
(II)-sulfat	$MnSO_4$	151,0	Trichlorsilan	$SiHCl_3$	135,5

Name	Formel	M g mol^{-1}	Name	Formel	M g mol^{-1}
Stickstoff	N	14,0	Vanadin	V	50,9
-(I)-oxid	N_2O	44,0			
-(II)-oxid	NO	30,0	Wasserstoff	H	1,0
-(IV)-oxid	N_2O_4	92,0	-oxid (Wasser)	H_2O	18,0
Hydrazin	N_2H_4	32,0	-peroxid	H_2O_2	34,0
Salpetersäure	HNO_3	63,0	Wismut	Bi	209,0
Strontium	Sr	87,6	Wolfram	W	183,8
Tantal	Ta	181	Zink	Zn	65,4
Thallium	Tl	204,4	-oxid	ZnO	81,4
Titan	Ti	47,9	-sulfat	$ZnSO_2$	161,4
-(IV)-oxid	TiO_2	79,9	Zinn	Sn	118,7
Uran	U	238,0	Zirkon	Zr	91,2

Register

Halbfette Zahlen kennzeichnen die Seiten von Hauptstichwörtern; kursive Seitenzahlen weisen auf Abbildungen und Tabellen hin.